教育部高等学校电子信息类专业教学指导委员会规划教材

普通高等教育电子信息类专业系列教材

嵌入式系统
原理与应用

基于Arm Cortex-M4、STM32Cube 与FreeRTOS的开发方法

李正军 李潇然 编著

清华大学出版社
北京

内容简介

本书以"新工科"教育理念为指导，以产教融合为突破口，面向产业需求，全面重构课程内容，将产业界的最新技术引入教学。从科研、教学和工程实际应用出发，理论联系实际，全面系统地讲述了基于 STM32CubeMX＋Keil MDK 和 STM32Cube(STM32CubeMX 和 STM32CubeIDE) 开发方式的嵌入式系统设计与应用实例。

全书共 12 章，选择 STM32F407ZGT6 为模型机，主要内容包括绪论、Arm 处理器体系架构、STM32 嵌入式微控制器、STM32CubeMX 和 HAL 库、STM32CubeIDE 开发平台、STM32 通用输入输出接口、STM32 中断系统、STM32 定时器系统、STM32 通用同步/异步收发器、STM32 模数转换器、STM32 DMA 控制器和嵌入式实时操作系统 FreeRTOS。全书内容丰富，体系先进，结构合理，理论与实践相结合，尤其注重工程应用技术。

本书是作者在教学与科研实践经验的基础上，结合多年的 STM32 嵌入式系统的发展编写而成的。通过阅读本书，读者可以掌握 STM32Cube 开发方式和工具软件的使用，掌握基于 HAL 库的 STM32F407 系统功能、常用外设的编程开发方法和嵌入式实时操作系统 FreeRTOS。本书具有全面性、实践导向性、系统性，将最新技术的应用、理论与实践结合，适用范围广。

本书可作为高等院校自动化、机器人、自动检测、机电一体化、人工智能、电子与电气工程、计算机应用、信息工程、物联网等相关专业的学生及研究生的教材，也适合从事 STM32 嵌入式系统开发的工程技术人员参考。

版权所有，侵权必究。举报：010-62782989，beiqinquan@tup.tsinghua.edu.cn。

图书在版编目（CIP）数据

嵌入式系统原理与应用：基于 Arm Cortex-M4、STM32Cube 与 FreeRTOS 的开发方法 / 李正军，李潇然编著. -- 北京：清华大学出版社，2025.6(2025.9重印). --（普通高等教育电子信息类专业系列教材）.
ISBN 978-7-302-68870-9

Ⅰ. TP332.021

中国国家版本馆 CIP 数据核字第 20256AR282 号

责任编辑：曾　珊
封面设计：李召霞
责任校对：郝美丽
责任印制：刘海龙

出版发行：清华大学出版社
网　　址：https://www.tup.com.cn，https://www.wqxuetang.com
地　　址：北京清华大学学研大厦 A 座　　邮　编：100084
社 总 机：010-83470000　　邮　购：010-62786544
投稿与读者服务：010-62776969，c-service@tup.tsinghua.edu.cn
质量反馈：010-62772015，zhiliang@tup.tsinghua.edu.cn
课件下载：https://www.tup.com.cn，010-83470236

印 装 者：涿州市般润文化传播有限公司
经　　销：全国新华书店
开　　本：185mm×260mm　　印　张：21.5　　字　数：527 千字
版　　次：2025 年 6 月第 1 版　　印　次：2025 年 9 月第 2 次印刷
印　　数：1501~2300
定　　价：79.00 元

产品编号：108123-01

前言
PREFACE

在现代工业与信息技术迅速发展的背景下，嵌入式系统作为一种专用的计算机系统，因具有高效、可靠、体积小和功耗低等特点，被广泛应用于自动控制、航空航天、医疗设备、工业自动化、机电控制、变频器、消费电子、物联网、通信网络和汽车等多个领域。在万物互联、信息共享的时代，嵌入式系统的应用变得更加广泛和深入，对微控制器的性能需求也在不断提高。

Arm架构的微控制器在芯片性能、设计资源、性价比等方面体现出来的显著优越性，使其成为当前嵌入式微控制器的主流架构。ARM公司以其不生产微控制器而只开发控制器内核架构的特殊角色吸引了国内外众多半导体厂家，这些半导体厂家纷纷通过获得ARM公司IP授权的方式来开发Arm系列微控制器，从而出现了Arm系列微控制器的应用热潮。微控制器已经从最初的8位、16位、32位向64位乃至更高位演变，嵌入式系统的运行速度也变得更快，资源更为丰富。

STM32作为一种高性能的Arm Cortex-M微控制器，以其丰富的功能集、强大的处理能力和低功耗设计，在嵌入式系统中占据了重要的地位。本书旨在为读者提供一个系统的STM32学习和应用指南，通过详细的理论讲解和丰富的实践案例，帮助读者深入理解STM32的架构、编程和应用开发。

本书从基础知识到高级应用，从理论讲解到实践案例，全方位地介绍了以STM32F407ZGT6为模型机的使用和开发。内容涵盖了嵌入式系统的基础知识、Arm处理器体系架构、STM32微控制器的详细介绍、开发工具与环境的搭建、STM32的高级特性和应用开发等。

本书把使用STM32CubeMX和STM32CubeIDE的开发方式称为STM32Cube开发方式，这种开发方式有以下几个优点。

（1）使用的软件都是意法半导体有限公司（ST公司）提供的免费软件，可以及时获取ST公司官方的更新，而且避免了使用商业软件可能出现的知识产权风险。

（2）使用STM32CubeMX进行MCU图形化配置并生成初始化代码，可大大提高工作效率，并且生成的代码准确性高、结构性好，降低了STM32开发的学习难度。

（3）在STM32CubeIDE中基于HAL库编程，只需遵循一些基本编程规则（例如中断处理的编程规则、外设初始化与应用分离的规则），就可以编写出高质量的程序，比纯手工方式编写代码效率高、质量高。

STM32Cube生态系统已经完全抛弃了早期的标准外设库，STM32系列MCU都提供HAL固件库以及其他一些扩展库。STM32Cube生态系统的两个核心软件是STM32CubeMX和STM32CubeIDE，都是由ST公司官方免费提供的。使用STM32CubeMX可以进行MCU的系统功能和外设图形化配置，可以生成MDK-Arm或STM32CubeIDE项目框架代码，包括系统初始化代码和已配置外设的初始化代码。如果用户想在生成的MDK-Arm或STM32CubeIDE初始项目的基础上添加自己的应用程序代码，只需把用户代码写在代码沙箱内，就可以在

STM32CubeMX 中修改 MCU 设置，重新生成代码，而不会影响用户已经添加的程序代码。

本书共分 12 章。

第 1 章 绪论。介绍嵌入式系统的基本概念、组成、操作系统、分类及应用领域，为读者提供嵌入式系统的基础知识。

第 2 章 Arm 处理器体系架构。深入讲解 Arm 处理器的体系架构、编程模型、内存管理和异常处理，为理解 STM32 微控制器奠定坚实的基础。

第 3 章 STM32 嵌入式微控制器。概述 STM32 微控制器、STM32F407ZGT6，并详细介绍 STM32F407VGT6 芯片的内部结构和引脚、功能及最小系统设计，全面剖析 STM32 微控制器的核心要素。

第 4 章 STM32CubeMX 和 HAL 库。通过讲解 STM32CubeMX 的安装、使用和项目配置，指导读者利用 STM32CubeMX 快速开始 STM32 的应用开发。

第 5 章 STM32CubeIDE 开发平台。介绍 STM32CubeIDE 的安装、操作、项目管理以及 STM32 仿真器的选择，帮助读者搭建 STM32 应用开发环境。

第 6 章 STM32 通用输入输出接口。详细介绍 STM32 的 GPIO 功能、配置方法和应用实例，展示如何通过 STM32Cube 和 HAL 库操作 GPIO。

第 7 章 STM32 中断系统。深入讲解 STM32 中断系统的原理、配置和应用，通过外部中断设计实例，展示中断在 STM32 应用中的重要作用。

第 8 章 STM32 定时器系统。详细介绍 STM32 定时器的种类、功能和应用开发，通过定时器应用实例，指导读者利用定时器实现精确的时间控制和事件管理。

第 9 章 STM32 通用同步/异步收发器。介绍串行通信的基础知识和 STM32 的 USART 功能，通过串行通信应用实例，展示如何实现 STM32 的数据通信。

第 10 章 STM32 模数转换器（ADC）。深入讲解 STM32 的 ADC 结构、功能和应用开发，通过 ADC 应用实例，展示如何采集和处理模拟信号。

第 11 章 STM32 DMA 控制器。介绍 STM32 DMA 的概念、结构、功能和应用开发，通过 DMA 应用实例，指导读者高效地进行数据传输。

第 12 章 嵌入式实时操作系统 FreeRTOS。介绍 FreeRTOS 系统的特点、功能和应用开发，通过任务管理应用实例，展示如何在 STM32 项目中使用 FreeRTOS 进行多任务管理和调度。

本书结合作者多年的科研和教学经验，遵循循序渐进、理论与实践并重、共性与个性兼顾的原则，将理论实践一体化的教学方式融入其中。书中实例开发过程用到的是目前使用最广的"正点原子 STM32F407 探索者开发板"，由此开发各种功能，书中实例均进行了调试。读者也可以结合实际或者手里现有的开发板展开实验，均能获得实验结果。

本书数字资源丰富，配有教学课件、程序代码、电路文件、教学大纲、习题答案和官方手册。读者可以在清华大学出版社网站下载。

对本书所引用参考文献的作者，在此一并表示真诚的感谢。

由于作者水平有限，加上时间仓促，书中错误和不妥之处在所难免，敬请广大读者不吝指正。

编 者

2025 年 3 月

微课视频目录
VIDEO CONTENTS

视频名称	时长/min	位置
第 01 集 嵌入式系统	9	1.1 节节首
第 02 集 嵌入式系统的组成	10	1.2 节节首
第 03 集 嵌入式处理器概述	11	2.1 节节首
第 04 集 Arm 体系架构与编程模型	13	2.2 节节首
第 05 集 Cortex-M4 的内部结构	12	2.5 节节首
第 06 集 STM32 微控制器概述	8	3.1 节节首
第 07 集 STM32F407ZGT6 概述	6	3.2 节节首
第 08 集 STM32CubeMX	5	4.1 节节首
第 09 集 STM32CubeIDE 开发平台	10	5.1 节节首
第 10 集 STM32 通用输入输出接口概述	16	6.1 节节首
第 11 集 GPIO 的 HAL 驱动程序	11	6.3 节节首
第 12 集 STM32F4 中断系统	13	7.2 节节首
第 13 集 STM32F4 中断 HAL 驱动程序	8	7.4 节节首
第 14 集 STM32 定时器概述	9	8.1 节节首
第 15 集 STM32 基本定时器	6	8.2 节节首
第 16 集 STM32 定时器 HAL 库函数	6	8.4 节节首
第 17 集 STM32 的 USART 工作原理	9	9.2 节节首
第 18 集 USART 的 HAL 驱动程序	8	9.3 节节首
第 19 集 STM32F407 微控制器的 ADC 结构	12	10.3 节节首
第 20 集 ADC 的 HAL 驱动程序	8	10.5 节节首
第 21 集 STM32 DMA 的结构和主要特征	4	11.2 节节首
第 22 集 DMA 的 HAL 驱动程序	11	11.4 节节首
第 23 集 FreeRTOS 系统概述	6	12.1 节节首
第 24 集 FreeRTOS 文件组成	6	12.4 节节首
第 25 集 FreeRTOS 的任务管理	9	12.6 节节首
第 26 集 信号量	5	12.8 节节首

目录
CONTENTS

第1章 绪论 ……………………………………………………………………………… 1
  1.1 嵌入式系统 ………………………………………………………………………… 1
    1.1.1 嵌入式系统概述 …………………………………………………………… 2
    1.1.2 嵌入式系统和通用计算机系统比较 ……………………………………… 3
    1.1.3 嵌入式系统的特点 ………………………………………………………… 4
  1.2 嵌入式系统的组成 ………………………………………………………………… 5
    1.2.1 嵌入式系统的架构 ………………………………………………………… 5
    1.2.2 嵌入式系统硬件组成 ……………………………………………………… 5
    1.2.3 嵌入式系统软件组成 ……………………………………………………… 7
  1.3 典型嵌入式操作系统 ……………………………………………………………… 10
    1.3.1 FreeRTOS ………………………………………………………………… 10
    1.3.2 RT-Thread ………………………………………………………………… 10
    1.3.3 μC/OS-Ⅱ ………………………………………………………………… 11
    1.3.4 嵌入式 Linux ……………………………………………………………… 13
  1.4 嵌入式系统的分类 ………………………………………………………………… 13
    1.4.1 按应用对象分类 …………………………………………………………… 13
    1.4.2 按功能和性能分类 ………………………………………………………… 14
    1.4.3 按结构复杂度分类 ………………………………………………………… 14
  1.5 嵌入式系统的应用领域 …………………………………………………………… 15
  1.6 嵌入式系统应用实例 ……………………………………………………………… 15
    1.6.1 智能机器人 ………………………………………………………………… 15
    1.6.2 智能终端 …………………………………………………………………… 15
    1.6.3 VR/AR 产品 ……………………………………………………………… 16
    1.6.4 苹果 Vision Pro 的功能 ………………………………………………… 16
    1.6.5 老年人健康监护系统 ……………………………………………………… 17
    1.6.6 自动驾驶 …………………………………………………………………… 17
    1.6.7 APAX-5580/AMAX-5580 边缘智能控制器 ……………………………… 18
    1.6.8 缝纫机器人 ………………………………………………………………… 18
    1.6.9 智能家用呼吸机 …………………………………………………………… 19
    1.6.10 智能家居控制系统 ………………………………………………………… 20
    1.6.11 国防工业嵌入式应用实例 ………………………………………………… 20
  1.7 嵌入式微处理器 …………………………………………………………………… 21
    1.7.1 嵌入式处理器分类 ………………………………………………………… 21

1.7.2　嵌入式处理器内核架构 ··· 23
第 2 章　Arm 处理器体系架构 ··· 25
　2.1　嵌入式处理器概述 ··· 25
　　　2.1.1　微处理器的结构 ··· 26
　　　2.1.2　微处理器指令执行过程 ·· 27
　　　2.1.3　微处理器的体系结构 ·· 30
　2.2　Arm 体系架构与编程模型 ·· 33
　　　2.2.1　Arm 处理器体系架构概述 ··· 33
　　　2.2.2　Arm 编程模型 ··· 36
　2.3　Arm 处理器内存管理 ·· 40
　　　2.3.1　内存映射 ·· 41
　　　2.3.2　集成外设寄存器访问方法 ··· 43
　2.4　Arm 架构异常处理 ·· 46
　　　2.4.1　Arm 处理器异常类型 ·· 46
　　　2.4.2　Arm 处理器对异常的响应 ··· 47
　2.5　Cortex-M4 处理器的内部结构 ·· 49

第 3 章　STM32 嵌入式微控制器 ·· 53
　3.1　STM32 微控制器概述 ··· 53
　　　3.1.1　STM32 微控制器产品线 ··· 55
　　　3.1.2　STM32 微控制器的命名规则 ·· 58
　3.2　STM32F407ZGT6 概述 ·· 61
　　　3.2.1　STM32F407 的主要特性 ··· 62
　　　3.2.2　STM32F407 的主要功能 ··· 63
　3.3　STM32F407ZGT6 芯片内部结构 ·· 64
　3.4　STM32F407VGT6 芯片引脚和功能 ·· 66
　3.5　STM32F407VGT6 最小系统设计 ·· 67

第 4 章　STM32CubeMX 和 HAL 库 ·· 70
　4.1　安装 STM32CubeMX ·· 70
　4.2　安装 MCU 固件包 ··· 72
　　　4.2.1　软件库文件夹设置 ·· 72
　　　4.2.2　管理嵌入式软件包 ·· 73
　4.3　软件功能与基本使用 ·· 75
　　　4.3.1　软件界面 ·· 75
　　　4.3.2　新建项目 ·· 77
　　　4.3.3　MCU 图形化配置界面总览 ··· 82
　　　4.3.4　MCU 配置 ··· 83
　　　4.3.5　时钟配置 ·· 88
　　　4.3.6　项目管理 ·· 91
　　　4.3.7　生成报告和代码 ··· 95

第 5 章　STM32CubeIDE 开发平台 ·· 96
　5.1　安装 STM32CubeIDE ·· 96
　5.2　STM32CubeIDE 的操作 ··· 100

		5.2.1 新建和导入工程	100
		5.2.2 项目管理	101
		5.2.3 打开/关闭/删除/切换/导出工程	103
		5.2.4 固件库管理	103
		5.2.5 代码编译	104
		5.2.6 调试及运行配置	104
		5.2.7 启动调试	105
	5.3	STM32CubeProgrammer 软件	105
	5.4	STM32CubeMonitor 软件	109
	5.5	STM32F407 开发板的选择	111
	5.6	STM32 仿真器的选择	113

第 6 章 STM32 通用输入输出接口 … 116

	6.1	STM32 通用输入输出接口概述	116
		6.1.1 输入通道	119
		6.1.2 输出通道	119
	6.2	STM32 的 GPIO 功能	120
		6.2.1 普通 I/O 功能	120
		6.2.2 单独的位设置或位清除	120
		6.2.3 外部中断/唤醒线	121
		6.2.4 复用功能	121
		6.2.5 软件重新映射 I/O 复用功能	121
		6.2.6 GPIO 锁定机制	121
		6.2.7 输入配置	121
		6.2.8 输出配置	122
		6.2.9 复用功能配置	122
		6.2.10 模拟输入配置	123
		6.2.11 STM32 的 GPIO 操作	124
		6.2.12 外部中断映射和事件输出	126
		6.2.13 GPIO 的主要特性	126
	6.3	GPIO 的 HAL 驱动程序	126
	6.4	STM32 的 GPIO 使用流程	129
		6.4.1 普通 GPIO 配置	129
		6.4.2 I/O 复用功能 AFIO 配置	130
	6.5	采用 STM32Cube 和 HAL 库的 GPIO 输出应用实例	130
		6.5.1 STM32 的 GPIO 输出应用硬件设计	130
		6.5.2 STM32 的 GPIO 输出应用软件设计	130
	6.6	采用 STM32Cube 和 HAL 库的 GPIO 输入应用实例	159
		6.6.1 STM32 的 GPIO 输入应用硬件设计	159
		6.6.2 STM32 的 GPIO 输入应用软件设计	160

第 7 章 STM32 中断系统 … 163

	7.1	中断概述	163
		7.1.1 中断	164
		7.1.2 中断的功能	164

7.1.3　中断源与中断屏蔽 165
　　　7.1.4　中断处理过程 166
　　　7.1.5　中断优先级与中断嵌套 167
　7.2　STM32F4 中断系统 168
　　　7.2.1　STM32F4 的嵌套向量中断控制器 NVIC 168
　　　7.2.2　STM32F4 中断优先级 169
　　　7.2.3　STM32F4 中断向量表 170
　　　7.2.4　STM32F4 中断服务程序 172
　7.3　STM32F4 外部中断/事件控制器 EXTI 173
　　　7.3.1　STM32F4 的 EXTI 内部结构 173
　　　7.3.2　STM32F4 的 EXTI 主要特性 176
　7.4　STM32F4 中断 HAL 驱动程序 176
　　　7.4.1　中断设置相关 HAL 驱动程序 177
　　　7.4.2　外部中断相关 HAL 函数 178
　7.5　STM32F4 外部中断设计流程 181
　7.6　采用 STM32Cube 和 HAL 库的外部中断设计实例 182
　　　7.6.1　STM32F4 外部中断的硬件设计 183
　　　7.6.2　STM32F4 外部中断的软件设计 183

第 8 章　STM32 定时器系统 190
　8.1　STM32 定时器概述 190
　8.2　STM32 基本定时器 192
　　　8.2.1　基本定时器介绍 192
　　　8.2.2　基本定时器的功能 192
　　　8.2.3　STM32 基本定时器的寄存器 194
　8.3　STM32 通用定时器 195
　　　8.3.1　通用定时器介绍 195
　　　8.3.2　通用定时器的功能 196
　　　8.3.3　通用定时器的工作模式 200
　　　8.3.4　通用定时器的寄存器 203
　8.4　STM32 定时器 HAL 库函数 204
　　　8.4.1　基本定时器 HAL 驱动程序 204
　　　8.4.2　外设的中断处理概念小结 210
　8.5　采用 STM32Cube 和 HAL 库的定时器应用实例 213
　　　8.5.1　STM32 的通用定时器配置流程 213
　　　8.5.2　STM32 的定时器应用硬件设计 216
　　　8.5.3　STM32 的定时器应用软件设计 216

第 9 章　STM32 通用同步/异步收发器 222
　9.1　串行通信基础 222
　　　9.1.1　串行异步通信数据格式 223
　　　9.1.2　串行同步通信数据格式 223
　9.2　STM32 的 USART 工作原理 223
　　　9.2.1　USART 介绍 224
　　　9.2.2　USART 的主要特性 224

  9.2.3　USART 的功能 ·· 225
  9.2.4　USART 的通信时序 ··· 228
  9.2.5　USART 的中断 ·· 229
  9.2.6　USART 相关寄存器 ··· 229
 9.3　USART 的 HAL 驱动程序 ·· 229
  9.3.1　常用功能函数 ·· 230
  9.3.2　常用的宏函数 ·· 233
  9.3.3　中断事件与回调函数 ··· 234
 9.4　采用 STM32Cube 和 HAL 库的 USART 串行通信应用实例 ································· 235
  9.4.1　STM32 的 USART 的基本配置流程 ··· 235
  9.4.2　USART 串行通信应用硬件设计 ·· 238
  9.4.3　USART 串行通信应用软件设计 ·· 238

第 10 章　STM32 模数转换器 ·· 248

 10.1　模拟量输入通道 ··· 248
  10.1.1　模拟量输入通道的组成 ·· 248
  10.1.2　ADC 的工作原理 ··· 249
 10.2　模拟量输入信号类型与量程自动转换 ··· 249
  10.2.1　模拟量输入信号类型 ··· 249
  10.2.2　量程自动转换 ··· 250
 10.3　STM32F407 微控制器的 ADC 结构 ·· 250
 10.4　STM32F407 微控制器的 ADC 功能 ·· 255
  10.4.1　ADC 使能和启动 ··· 255
  10.4.2　时钟配置 ·· 256
  10.4.3　转换模式 ·· 256
  10.4.4　DMA 控制 ·· 259
  10.4.5　STM32 的 ADC 应用特征 ·· 259
 10.5　ADC 的 HAL 驱动程序 ·· 260
  10.5.1　常规通道 ·· 261
  10.5.2　注入通道 ·· 264
 10.6　采用 STM32Cube 和 HAL 库的 ADC 应用实例 ·· 264
  10.6.1　STM32 的 ADC 配置流程 ·· 264
  10.6.2　ADC 应用的硬件设计 ··· 266
  10.6.3　ADC 应用的软件设计 ··· 267

第 11 章　STM32 DMA 控制器 ·· 274

 11.1　STM32 DMA 的基本概念 ·· 274
  11.1.1　DMA 的定义 ·· 275
  11.1.2　DMA 传输的基本要素 ··· 275
  11.1.3　DMA 传输过程 ··· 276
 11.2　STM32 DMA 的结构和主要特征 ··· 276
 11.3　STM32 DMA 的功能描述 ·· 277
  11.3.1　DMA 处理 ··· 278
  11.3.2　仲裁器 ··· 278
  11.3.3　DMA 通道 ··· 278

- 11.3.4 DMA 中断 279
- 11.4 DMA 的 HAL 驱动程序 280
  - 11.4.1 DMA 的 HAL 函数概述 280
  - 11.4.2 DMA 传输初始化配置 281
  - 11.4.3 启动 DMA 数据传输 282
  - 11.4.4 DMA 的中断 283
- 11.5 采用 STM32Cube 和 HAL 库的 DMA 应用实例 284
  - 11.5.1 STM32 的 DMA 配置流程 284
  - 11.5.2 DMA 应用的硬件设计 287
  - 11.5.3 DMA 应用的软件设计 287

第 12 章 嵌入式实时操作系统 FreeRTOS 294
- 12.1 FreeRTOS 系统概述 294
  - 12.1.1 FreeRTOS 的特点 294
  - 12.1.2 FreeRTOS 的商业许可 295
  - 12.1.3 FreeRTOS 的发展历史 296
  - 12.1.4 FreeRTOS 的功能 296
- 12.2 FreeRTOS 的源码和相应官方手册获取 297
- 12.3 FreeRTOS 系统移植 299
- 12.4 FreeRTOS 的文件组成 302
- 12.5 FreeRTOS 的编码规则及配置和功能裁剪 307
- 12.6 FreeRTOS 的任务管理 308
  - 12.6.1 任务相关的一些概念 308
  - 12.6.2 FreeRTOS 的任务调度 312
  - 12.6.3 任务管理相关函数 314
- 12.7 进程间通信与消息队列 315
  - 12.7.1 进程间通信 315
  - 12.7.2 队列的特点和基本操作 316
- 12.8 信号量 320
  - 12.8.1 二值信号量 320
  - 12.8.2 计数信号量 321
  - 12.8.3 互斥量 322
  - 12.8.4 递归互斥量 322
  - 12.8.5 相关函数概述 323
- 12.9 FreeRTOS 任务管理应用实例 323

参考文献 332

第1章 绪 论

CHAPTER 1

本章介绍嵌入式系统的基本概念、组成,与通用计算机系统的比较,嵌入式系统的特点,以及典型的嵌入式操作系统,如 FreeRTOS 和嵌入式 Linux 等;介绍嵌入式系统的分类,包括按应用对象、功能性能和结构复杂度进行分类;详述嵌入式系统在多个领域的应用实例,如智能机器人、健康监护系统和自动驾驶等;最后,探讨嵌入式微处理器的不同类型,包括微控制器、数字信号处理器(Digital Signal Processor,DSP)、片上系统(System on Chip,SoC),以及 RISC-V 微控制器的应用和特性。

本章的学习目标:

(1) 理解嵌入式系统的基本概念。
(2) 掌握嵌入式系统的特点。
(3) 了解嵌入式系统的组成。
(4) 熟悉典型的嵌入式操作系统。
(5) 掌握嵌入式系统的分类方法。
(6) 认识嵌入式系统的应用领域和实例。
(7) 了解嵌入式微处理器的种类和特点。

通过这些学习目标,学习者应该能够全面理解嵌入式系统的理论基础、技术架构、操作系统选择、应用开发和实际部署的关键要素。

1.1 嵌入式系统

随着计算机技术的不断发展,计算机的处理速度越来越快,存储容量越来越大,外围设备的性能越来越好,满足了高速数值计算和海量数据处理的需要,形成了高性能的通用计算机系统。

以往按照计算机的体系结构、运算速度、结构规模、适用领域,将其分为大型机、中型机、小型机和微型机,并以此来组织学科和产业分工,这种分类方法沿袭了约 40 年。近 20 年,随着计算机技术的迅速发展,以及计算机技术和产品对其他行业的广泛渗透,以应用为中心的分类方法变得更为切合实际。

国际电气和电子工程师协会(Institute of Electrical and Electronics Engineers,IEEE)定义的嵌入式系统(Embedded Systems)是"用于控制、监视或者辅助操作机器和设备运行的装置"(原文为 devices used to control, monitor, or assist the operation of equipment, machinery or plants)。这主要是从应用上加以定义的,从定义中可以看出嵌入式系统是软件和硬件的综合体,还可以涵盖机械等附属装置。

国内普遍认同的嵌入式系统定义是,以计算机技术为基础,以应用为中心,软件、硬件可剪裁,适合应用系统对功能可靠性、成本、体积、功耗要求严格的专业计算机系统。在构成上,嵌入式系统以微控制器及软件为核心部件,两者缺一不可;在特征上,嵌入式系统具有方便、灵活地嵌入其他应用系统的特征,即具有很强的可嵌入性。

按嵌入式微控制器类型划分,嵌入式系统可分为以单片机为核心的嵌入式单片机系统、以工业计算机板为核心的嵌入式计算机系统、以 DSP 为核心的嵌入式 DSP 系统、以现场可编程逻辑门阵列(Field Programmable Gate Array, FPGA)为核心的嵌入式可编程片上系统(System on a Programmable Chip, SOPC)等。

嵌入式系统在定义上与传统的单片机系统和计算机系统有很多重叠部分。为了方便区分,在实际应用中,嵌入式系统还应该具备下述三个特征。

(1) 嵌入式系统的微控制器通常是由 32 位及以上的精简指令集计算机(Reduced Instruction Set Computer, RISC)处理器组成的。

(2) 嵌入式系统的软件系统通常以嵌入式操作系统为核心,外加用户应用程序。

(3) 嵌入式系统具有明显的可嵌入性。

嵌入式系统的应用经历了无操作系统、单操作系统、实时操作系统和面向互联网四个阶段。21 世纪无疑是一个网络的时代,互联网的快速发展及广泛应用为嵌入式系统的发展及应用提供了良好的机遇。人工智能技术一夜之间人尽皆知,而嵌入式系统在其发展过程中扮演着重要角色。

嵌入式系统的广泛应用和互联网的发展导致了物联网概念的诞生,设备与设备之间、设备与人之间以及人与人之间要求实时互联,导致了大量数据的产生,大数据一度成为科技前沿,世界各地每天产生的数据量呈指数增长,数据远程分析成为必然要求。云计算被提上日程。数据存储、传输、分析等技术的发展无形中催生了人工智能,因此人工智能看似突然出现在大众视野,实则经历了近半个世纪的漫长发展,其制约因素之一就是大数据。而嵌入式系统正是获取数据最关键的系统之一。人工智能的发展可以说是嵌入式系统发展的产物,同时人工智能的发展要求更多、更精准的数据,更快、更方便的数据传输,这又促进了嵌入式系统的发展,两者相辅相成,嵌入式系统必将进入一个更加快速的发展时期。

1.1.1 嵌入式系统概述

嵌入式系统的发展大致经历了以下三个阶段。

(1) 以嵌入式微控制器为基础的初级嵌入式系统。

(2) 以嵌入式操作系统为基础的中级嵌入式系统。

(3) 以互联网和实时操作系统(Real Time Operating System, RTOS)为基础的高级嵌入式系统。

嵌入式技术与互联网技术的结合推动着嵌入式系统的飞速发展,为嵌入式系统市场展现出了美好的前景,也对嵌入式系统的生产厂商提出了新的挑战。

通用计算机具有计算机的标准形式,通过装配不同的应用软件,应用在社会的各方面。

如今在办公室、家庭中广泛使用的个人计算机就是通用计算机最典型的代表。

而嵌入式计算机则是以嵌入式系统的形式隐藏在各种装置、产品和系统中。在许多应用领域，如工业控制、智能仪器仪表、家用电器、电子通信设备等，对嵌入式计算机的应用有着不同的要求。主要要求如下。

(1) 能面对控制对象。例如面对物理量传感器的信号输入，面对人机交互的操作控制，面对对象的伺服驱动和控制。

(2) 可嵌入应用系统中。由于体积小，功耗低，价格低廉，可方便地嵌入应用系统和电子产品中。

(3) 能在工业现场环境中长时间可靠运行。

(4) 控制功能优良。对外部的各种模拟和数字信号能及时地捕捉，对多种不同的控制对象能灵活地进行实时控制。

可以看出，满足上述要求的计算机系统与通用计算机系统是不同的。换句话讲，能够满足和适合以上这些应用的计算机系统与通用计算机系统在应用目标上有巨大的差异。一般将具备高速计算能力和海量存储，用于高速数值计算和海量数据处理的计算机称为通用计算机系统。而将面向工控领域对象，嵌入各种控制应用系统、各类电子系统和电子产品中，实现嵌入式应用的计算机系统称为嵌入式计算机系统，简称嵌入式系统。

嵌入式系统将应用程序和操作系统与计算机硬件集成在一起，简单地讲，就是系统的应用软件与系统的硬件一体化。这种系统具有软件代码小、高度自动化、响应速度快等特点，特别适应于面向对象的要求实时和多任务的应用。

1.1.2 嵌入式系统和通用计算机系统比较

作为计算机系统的不同分支，嵌入式系统和人们熟悉的通用计算机系统既有共性也有差异。

1. 嵌入式系统和通用计算机系统的共同点

嵌入式系统和通用计算机系统都属于计算机系统，从系统组成上讲，它们都是由硬件和软件构成的；工作原理是相同的，都是存储程序机制。从硬件上看，嵌入式系统和通用计算机系统都是由 CPU、存储器、I/O 接口和中断系统等部件组成的；从软件上看，嵌入式系统的软件和通用计算机系统的软件都可以划分为系统软件和应用软件两类。

2. 嵌入式系统和通用计算机系统的不同点

作为计算机系统的一个新兴分支，嵌入式系统与人们熟悉和常用的通用计算机系统相比又具有以下不同点。

(1) 形态。通用计算机系统具有基本相同的外形(如主机、显示器、鼠标和键盘等)并且独立存在；而嵌入式系统通常隐藏在某个具体产品或设备(称为宿主对象，如空调、洗衣机、数字机顶盒等)中，它的形态随着产品或设备的不同而不同。

(2) 功能。通用计算机系统一般具有通用而复杂的功能，任意一台通用计算机系统都具有文档编辑、影音播放、娱乐游戏、网上购物和通信聊天等通用功能；而嵌入式系统嵌入某个宿主对象中，功能由宿主对象决定，具有专用性，通常是为某个应用量身定做的。

(3) 功耗。目前，通用计算机系统的功耗一般为 200 W 左右；而嵌入式系统的宿主对象通常是小型应用系统，如手机、MP3 和智能手环等，这些设备不可能配置容量较大的电源,因此,低功耗一直是嵌入式系统追求的目标,如日常生活中使用的智能手机,其待机功率为100～200 mW,即使在通话时功率也只有4～5 W。

(4) 资源。通用计算机系统通常拥有大而全的资源(如鼠标、键盘、硬盘、内存条和显示器等);而嵌入式系统受限于嵌入的宿主对象(如手机、MP3和智能手环等),通常要求小型化和低功耗,其软硬件资源受到严格的限制。

(5) 价值。通用计算机系统的价值体现在"计算"和"存储"上,计算能力(处理器的字长和主频等)和存储能力(内存和硬盘的大小和读取速度等)是通用计算机系统的通用评价指标;而嵌入式系统往往嵌入某个设备和产品中,其价值一般不取决于其内嵌的处理器的性能,而体现在它所嵌入和控制的设备。

1.1.3 嵌入式系统的特点

通过嵌入式系统的定义和嵌入式系统与通用计算机系统的比较,可以看出嵌入式系统具有以下特点。

1. 专用性强

嵌入式系统通常是针对某种特定的应用场景,与具体应用密切相关,其硬件和软件都是面向特定产品或任务而设计的。一种产品中的嵌入式系统不但不能应用到另一种产品中,而且不能嵌入同一种产品的不同系列中。例如,洗衣机的控制系统不能应用到洗碗机中,甚至不同型号洗衣机中的控制系统也不能相互替换,因此嵌入式系统具有很强的专用性。

2. 可裁剪性

受限于体积、功耗和成本等因素,嵌入式系统的硬件和软件必须高效率地设计,根据实际应用需求量体裁衣,去除冗余,从而使系统在满足应用要求的前提下达到最精简的配置。

3. 实时性好

应用于宿主对象系统的数据采集、传输与控制过程时,普遍要求嵌入式系统具有较好的实时性。例如,现代汽车中的制动器、安全气囊控制系统,武器装备中的控制系统,某些工业装置中的控制系统等。这些应用对实时性有着极高的要求,一旦达不到应有的实时性,就有可能造成极其严重的后果。另外,虽然有些系统本身的运行对实时性要求不是很高,但实时性也会对用户体验产生影响,例如,需要避免人机交互和遥控反应迟钝等情况。

4. 可靠性高

嵌入式系统的应用场景多种多样,面对复杂的应用环境,嵌入式系统应能够长时间稳定可靠地运行。

5. 体积小、功耗低

由于嵌入式系统要嵌入具体的应用对象体中,其体积大小受限于宿主对象,因此往往对体积有着严格的要求,例如,心脏起搏器的大小就像一粒胶囊。2020年8月,埃隆·马斯克发布的拥有1024个信道的Neuralink脑机接口只有一枚硬币大小。同时,由于嵌入式系统嵌入移动设备、可穿戴设备以及无人机、人造卫星等这样的应用设备中,不可能配置交流电源或大容量电池,因此低功耗也往往是嵌入式系统所追求的一个重要指标。

6. 注重制造成本

与其他商品一样,制造成本会对嵌入式系统设备或产品在市场上的竞争力有很大的影响。嵌入式系统产品通常会进行大量生产,例如,现在的消费类嵌入式系统产品,通常的年产量会在百万数量级、千万数量级甚至亿数量级。节约单个产品的制造成本,意味着总制造成本的海量节约,会产生可观的经济效益。因此注重嵌入式系统的硬件和软件的高效设计,量体裁衣、去除冗余,在满足应用需求的前提下有效地降低单个产品的制造成本,也成为嵌入式系统所追求的重要目标之一。

7. 生命周期长

随着计算机技术的飞速发展,像桌面计算机、笔记本电脑以及智能手机这样的通用计算机系统的更新换代速度大大加快,更新周期通常为18个月左右。然而嵌入式系统是与实际具体应用装置或系统紧密结合的,一般会伴随具体嵌入的产品维持8~10年相对较长的使用时间,其升级换代往往是和宿主对象系统同步进行的。因此,相较于通用计算机系统而言,嵌入式系统产品一旦进入市场后,不会像通用计算机系统那样频繁换代,通常具有较长的生命周期。

8. 不可垄断性

代表传统计算机行业的Wintel(Windows-Intel)联盟统治桌面计算机市场长达30多年,形成了事实上的市场垄断。而嵌入式系统是将先进的计算机技术、半导体电子技术和网络通信技术与各个行业的具体应用相结合的产物,它拥有更为广阔和多样化的应用市场,行业细分市场极其宽泛,这就决定了嵌入式系统必然是一个技术密集、资金密集、高度分散、不断创新的知识集成系统。特别是5G技术、物联网技术以及人工智能技术与嵌入式系统的快速融合,使嵌入式系统创新产品不断涌现,给嵌入式系统产品的设计研发提供了广阔的市场空间。

1.2 嵌入式系统的组成

嵌入式系统由特定的硬件和软件构成,旨在执行一项或多项专用功能。在架构层面,这些系统通常包括处理器、内存、I/O接口以及与任务相关的特定硬件。硬件组成可能涉及微控制器、传感器和执行器等。软件部分则包括操作系统、设备驱动程序和应用程序,这些软件确保系统能够高效、稳定地运行。整体而言,嵌入式系统的设计需考虑资源限制、功耗和实时性能等关键因素。

1.2.1 嵌入式系统的架构

嵌入式系统的架构主要包括硬件层、中间层、系统软件层和应用层4部分,如图1-1所示。

硬件层主要包括提供嵌入式系统正常运行的最小系统(如电源、系统时钟、复位电路、存储器等)、通用I/O接口和一些外设及其他设备。中间层又称嵌入式硬件抽象层,主要包括硬件驱动程序(简称为驱动)、系统启动软件等;系统软件层为应用层提供系统服务,如操作系统、文件系统、图形用户接口等;而应用层主要是用户应用程序。

1.2.2 嵌入式系统硬件组成

嵌入式系统硬件主要包括微处理器、外围部件及外部设备三大部分。微处理器将个人计算机中许多外接板卡集成到芯片内部,有利于系统设计小型化、高效率和高可靠性。外围

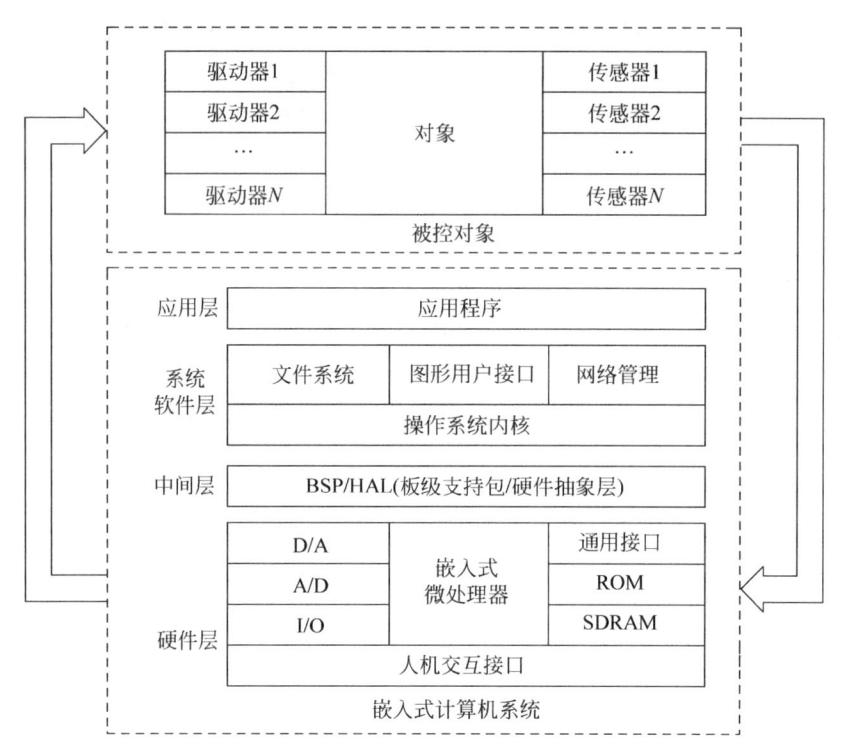

图 1-1 嵌入式系统的架构

部件一般由时钟电路、复位电路、程序存储器（如ROM）、数据存储器（如RAM）和电源模块等部件组成。外部设备包括显示器、键盘、USB等设备及相关接口电路。一般情况下，在微处理器的基础上增加电源电路、时钟电路和存储器（ROM和RAM等）电路，就可以构成一个嵌入式核心控制模块（也称为系统核心板）。在软件部分，为了增强嵌入式系统的可靠性，通常将嵌入式操作系统和应用程序都固化在程序存储器（如ROM）中。典型的嵌入式系统硬件结构如图1-2所示。

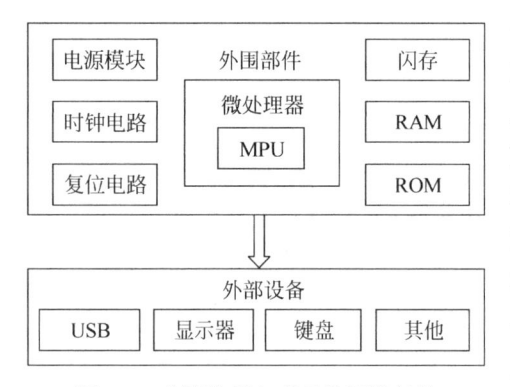

图 1-2 典型的嵌入式系统硬件结构

硬件层包含嵌入式微处理器、存储器（SDRAM、ROM、闪存等）、通用设备接口和I/O接口（A/D、D/A、I/O等）。在一片嵌入式处理器基础上添加电源电路、时钟电路和存储器电路，就构成了一个嵌入式核心控制模块。其中操作系统和应用程序都可以固化在ROM中。

1. 嵌入式微处理器

嵌入式系统硬件层的核心是嵌入式微处理器，嵌入式微处理器与通用CPU最大的不同在于嵌入式微处理器大多在特定用户群专用的系统中工作，高度集成化的设计有利于嵌入式系统在设计时趋于小型化，同时还具有很高的效率和可靠性。

嵌入式微处理器可以采用冯·诺依曼体系或哈佛体系结构，指令系统可以选用RISC，也可以选用复杂指令系统（Complex Instruction Set Computer，CISC）。目前大部分的嵌入式微处理器都使用 RISC,这种系统只包含最有价值的指令,确保数据通道快速执行每一条指令,从而提高了执行效率并使硬件结构设计变得更为简单。

2. 存储器

嵌入式系统需要存储器来存放和执行代码。嵌入式系统的存储器主要有主存、高速缓冲存储器(Cache 存储器)和辅助存储器。

(1) 主存。主存是嵌入式微处理器能直接访问的寄存器,用来存放系统和用户的程序及数据。它可以位于微处理器的内部或外部,容量为 256 KB～1 GB,根据具体的应用而定。一般片内存储器容量小、速度快,片外存储器容量大。常用作主存的存储器有 ROM 类的 NOR 型闪存、EPROM 和 PROM 等,RAM 类的 SRAM、DRAM 和 SDRAM 等。其中 NOR 型闪存凭借可擦写次数多、存储速度快、存储容量大、价格便宜等优点,在嵌入式系统领域得到了广泛应用。

(2) Cache 存储器。Cache 存储器是一种容量小、速度快的存储器阵列,它位于主存和嵌入式微处理器内核之间,用于存放最近一段时间微处理器使用最多的程序代码和数据。在需要进行数据读取操作时,微处理器尽可能地从 Cache 存储器中读取数据,而不是从主存中读取,这样就大大改善了系统的性能,提高了微处理器和主存之间的数据传输速率。Cache 存储器的主要目标就是减小存储器(如主存和辅助存储器)给微处理器内核造成的存储器访问瓶颈,使处理速度更快,实时性更强。在嵌入式系统中,Cache 存储器被集成在嵌入式微处理器内,可分为数据 Cache 存储器、指令 Cache 存储器、混合 Cache 存储器,Cache 存储器的大小依不同处理器而定。

(3) 辅助存储器。辅助存储器(外存)用来存放大数据量的程序代码或信息,它的容量大,但读取速度与主存相比慢很多,用来长期保存用户的信息。嵌入式系统中常用的外存有硬盘、NAND 闪存、CF 卡、MMC 和 SD 卡等。

3. 通用设备接口和 I/O 接口

嵌入式系统和外界交互需要一定形式的通用设备接口,如模/数转换(A/D)、数/模转换(D/A)、I/O 等外设通过与片外其他设备或传感器的连接来实现微处理器的输入/输出功能。每个外设通常都只有单一的功能,它可以在芯片外也可以内置芯片中。外设的种类很多,从简单的串行通信设备到非常复杂的无线设备都有涉及。

目前嵌入式系统中常用的通用设备接口有 A/D 接口、D/A 接口,I/O 接口有 RS232 接口(串行通信接口)、以太网接口、通用串行总线(Universal Serial Bus,USB)接口、音频接口、VGA 视频输出接口、I2C(现场总线)接口、串行外围设备接口(Serial Peripheral Interface,SPI)和 IrDA(红外线接口)等。

1.2.3 嵌入式系统软件组成

嵌入式系统的软件系统是指实现嵌入式系统功能的软件,一般由嵌入式系统软件、支撑软件和应用软件构成。其中,嵌入式系统软件的作用是控制、管理计算机系统的资源,包括嵌入式操作系统、嵌入式中间件等。支撑软件是辅助软件开发的工具,包括系统分析设计工具、仿真开发工具、交叉开发工具、测试工具、配置管理工具和维护工具等。应用软件面向应用领域,如手机软件、路由器软件、交换机软件、视频图像软件、语音软件、网络软件等。应用软件控制着嵌入式系统的动作和行为,嵌入式操作系统控制着应用程序与嵌入式系统硬件的交互。

在嵌入式系统发展的初期,运行在嵌入式系统上的软件是一体化的,即没有把嵌入式系统软件和应用软件独立开来,整个软件是一个大的循环控制程序,功能执行模块、人机操作模块、硬件接口模块等通常在这个大循环中。但是,随着应用变得越来越复杂,例如需要嵌入式系统能连接互联网、具有多媒体处理功能、具有丰富的人机操作界面等,若按照传统方法把嵌入式系统设计成一个大的循环控制程序,不仅费时、费力,而且设计的程序也可能不满足需求。因此,嵌入式系统的系统软件平台(即嵌入式操作系统)得到了迅速发展。

嵌入式系统软件的要求与通用计算机系统软件有所不同,主要有以下特点。

(1) 软件要求固化在存储器中。为了提高执行速度和系统的可靠性,嵌入式系统软件和应用软件一般都要求固化在外部存储器或微处理器的内部存储器中,而不是存储在磁盘等载体中。

(2) 软件代码要求高效率、高可靠性。由于嵌入式系统资源有限,为此要求程序编写和编译工具的效率要高,以减少代码长度、提高执行速度,较短的代码同时也会提高系统的可靠性。

(3) 嵌入式系统软件有较高的实时性要求。在多任务嵌入式系统中,对重要性各不相同的任务进行统筹兼顾、合理调度是保证每个任务及时执行的关键,而任务调度只能由优化编写的嵌入式系统软件来完成,因此实时性是嵌入式系统软件的基本要求。

从结构上来说,嵌入式系统软件框架共包含四个层次,分别是驱动层、操作系统层、中间件层、应用层,也有些书籍将应用程序接口(Application Programming Interface,API)归属于操作系统层。由于硬件电路的可裁剪性和嵌入式系统本身的特点,其软件部分也是可裁剪的。嵌入式系统软件的体系结构如图1-3所示。

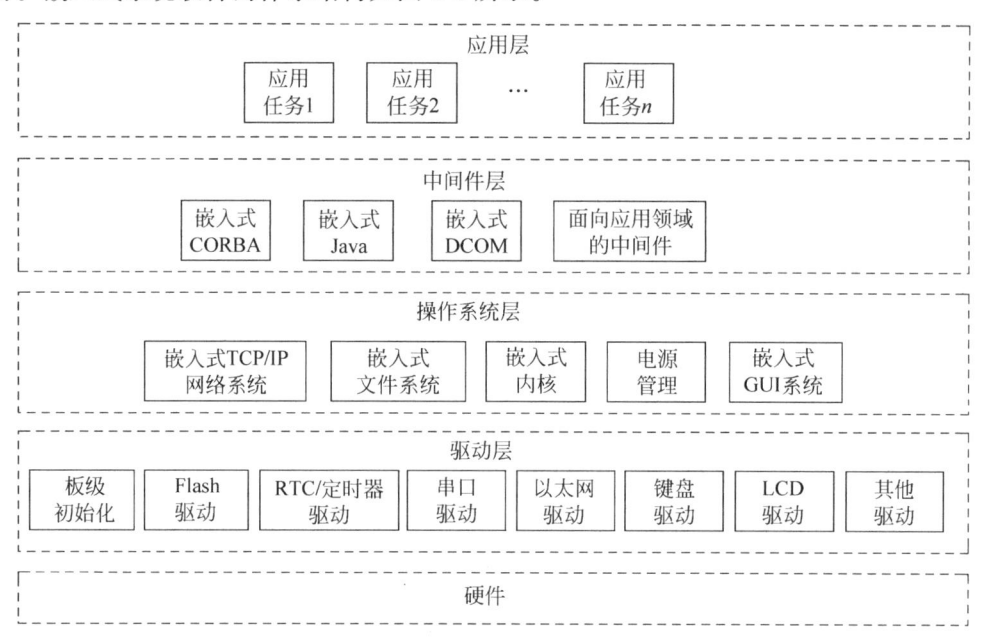

图 1-3 嵌入式系统软件的体系结构

1. 驱动层

驱动层程序是嵌入式系统中不可缺少的重要部分,使用任何外部设备都需要相应驱动层程序的支持。驱动层为上层软件提供了设备的接口,上层软件不必关注设备的具体内部操作,只需要调用驱动层提供的设备接口即可。驱动层程序一般包括硬件抽象层(Hardware Abstraction Layer,HAL,用于提高系统的可移植性)、板级支持包(Board Support Package,BSP,用于提供访问硬件设备寄存器的函数包)以及为不同设备配置的驱动程序。

板级初始化程序的作用是在嵌入式系统上电后初始化系统的硬件环境,包括嵌入式微处理器、存储器、中断控制器、直接内存访问(Direct Memory Access,DMA)、定时器等的初始化。与嵌入式系统软件相关的驱动程序是操作系统和中间件等系统软件所需的驱动程序,它们的开发要按照嵌入式系统软件的要求进行。

2. 操作系统层

操作系统的作用是隐含底层不同硬件的差异,为应用程序提供一个统一的调用接口,主要完成内存管理、多任务管理和外围设备管理三个任务。在设计一个简单的应用程序时,可以不使用操作系统,仅有应用程序和设备驱动程序即可。例如,一个指纹识别系统要完成指纹的录入和指纹识别功能,尤其是在指纹识别的过程中需要高速算法,所以需要 32 位处理器,但是指纹识别系统本身的任务并不复杂,也不涉及烦琐的协议和管理。由于运行和存储操作系统需要大量的 RAM 和 ROM,启动操作系统也需要时间,因此对于这样的系统就没有必要安装操作系统,安装的话反而会带来新的系统开销,降低系统性能。而在系统运行任务较多、任务调度、内存分配复杂,系统需要大量协议支持等情况下,就需要一个操作系统来管理和控制内存、多任务、周边资源等。另外,如果想让系统有更好的可扩展性或可移植性,那么使用操作系统也是一个不错的选择。因为操作系统中含有丰富的网络协议和驱动程序,可以大大简化嵌入式系统的开发难度,并提高嵌入式系统的可靠性。现代高性能嵌入式系统的应用越来越广泛,操作系统的使用成为必然发展趋势。

概括来说,操作系统的功能就是隐藏硬件细节,只提供给应用程序开发人员抽象的接口。用户只需要和这些抽象的接口打交道,而不用在意这些抽象的接口和函数是如何与物理资源联系的,也不去考虑这些功能是如何通过操作系统调用具体的硬件资源来完成的。即使硬件体系发生变化,只要在新的硬件体系下仍运行着同样的操作系统,那么原来的程序仍能完成原有的功能。

操作系统层包括嵌入式内核、嵌入式 TCP/IP 网络系统、嵌入式文件系统、嵌入式图形用户界面系统和电源管理等部分。其中,嵌入式内核是基础和必备的部分,其他部分可根据嵌入式系统的需要来确定。对于使用操作系统的嵌入式系统而言,操作系统一般是以内核映像的形式下载到目标系统中的。

3. 中间件层

一些复杂的嵌入式系统也开始采用中间件技术,主要包括嵌入式公共对象请求代理体系结构(Common Object Request Broker Architecture,CORBA)、嵌入式 Java 体系、嵌入式分布式组件对象模型(Microsoft Distributed Component Object Model,DCOM)体系和面向应用领域的中间件软件等,如基于嵌入式 CORBA 的应用于软件无线电台的中间件软件通信架构(Software Communication Architecture,SCA)等。

4. 应用层

应用层软件由多个相对独立的应用任务组成,每个应用任务完成特定的工作,如 I/O

任务、计算任务、通信任务等,由操作系统调度各个任务的运行。实际的嵌入式系统应用软件建立在系统的主任务基础之上,用户应用程序主要通过调用系统的 API 函数对系统进行操作,完成用户应用功能的开发。在用户的应用程序中,也可创建用户自己的任务,任务之间的协调主要依赖于系统的消息队列。

1.3 典型嵌入式操作系统

使用嵌入式操作系统主要是为了有效地对嵌入式系统的软硬件资源进行分配、任务调度切换、中断处理,以及控制和协调资源与任务的并发活动。由于 C 语言可以更好地对硬件资源进行控制,嵌入式操作系统通常采用 C 语言来编写。为了获得更快的响应速度,有时也需要采用汇编语言来编写一部分代码或模块,以达到优化的目的。嵌入式操作系统与通用操作系统相比在这两方面有很大的区别。一方面,通用操作系统为用户创建了一个操作环境,在这个环境中,用户可以和计算机相互交互,执行各种各样的任务;而嵌入式操作系统一般只是执行有限类型的特定任务,并且一般不需要用户干预。另一方面,在大多数嵌入式操作系统中,应用程序通常作为操作系统的一部分内置于操作系统中,随同操作系统启动时自动在 ROM 或闪存中运行;而在通用操作系统中,应用程序一般是由用户来选择加载到 RAM 中运行的。

随着嵌入式技术的快速发展,国内外先后问世了 150 多种嵌入式操作系统,较为常见的国外嵌入式操作系统有 μC/OS、FreeRTOS、Embedded Linux、VxWorks、QNX、RTX、Windows IoT Core、Android Things 等。虽然国产嵌入式操作系统发展相对滞后,但在物联网技术与应用的强劲推动下,国内厂商也纷纷推出了多种嵌入式操作系统,并得到了日益广泛的应用。目前较为常见的国产嵌入式操作系统有华为 Lite OS、华为 HarmonyOS、阿里 AliOS Things、翼辉 SylixOS、睿赛德 RT-Thread 等。

1.3.1 FreeRTOS

FreeRTOS 是 Richard Barry 于 2003 年发布的一款"开源免费"的嵌入式实时操作系统,它作为一个轻量级的实时操作系统内核,包括任务管理、时间管理、信号量、消息队列、内存管理、软件定时器等功能,可基本满足较小系统的需要。在过去的 20 年,FreeRTOS 历经了 10 个版本,并与众多厂商合作密切,拥有数百万开发者,目前市场占有率相对较高。为了更好地反映内核不是发行包中唯一单独版本化的库,FreeRTOS V10.4 版本之后的 FreeRTOS 发行时将使用日期戳版本而不是内核版本。

FreeRTOS 体积小巧,支持抢占式任务调度。FreeRTOS 由 Real Time Engineers 公司生产,支持市场上大部分处理器架构,可以在资源非常有限的微控制器中运行,甚至可以在 MCS-51 架构的微控制器上运行。此外,FreeRTOS 是一个开源、免费的嵌入式实时操作系统,相较于 μC/OS-Ⅱ 等需要收费的嵌入式实时操作系统,尤其适合在嵌入式系统中使用,能有效降低嵌入式产品的生产成本。

1.3.2 RT-Thread

RT-Thread 的全称是 Real Time-Thread,是由上海睿赛德电子科技有限公司推出的一个开源嵌入式实时多线程操作系统。

RT-Thread 是一个开源、跨平台的 RTOS。它主要用于嵌入式设备,提供了丰富的实时操作系统功能,包括多线程调度、信号量、互斥锁、消息队列、定时器、事件标志等。RT-Thread 设计上注重实时性和资源使用的高效性,适合于资源受限的嵌入式设备。

RT-Thread 提供了一个完整的开发环境,包括操作系统内核、中间件、各种库以及开发工具,使得开发者可以快速地开发和部署嵌入式应用程序。此外,RT-Thread 社区活跃,提供了大量的文档、教程和技术支持,帮助开发者解决开发中遇到的问题。

RT-Thread 还有一个扩展的物联网(Internet of Things,IoT)平台 RT-Thread IoT OS,它是为物联网设备设计的,支持云连接、设备管理等功能,使得设备能够轻松接入各种云服务。

RT-Thread 主要由内核层、组件与服务层、软件包三部分组成。其中,内核层包括 RT-Thread 内核和 libcpu/BSP(芯片移植相关文件)。RT-Thread 内核是整个操作系统的核心部分,包括多线程及其调度、信号量、邮箱、消息队列、内存管理、定时器等内核系统对象的实现,而 libcpu/BSP 与硬件密切相关,由外设驱动和 CPU 移植构成。组件与服务层是 RT-Thread 内核层之上的上层软件,包括虚拟文件系统、FinSH 命令行界面、网络框架、设备框架等,采用模块化设计,实现组件内部高内聚、组件之间低耦合。软件包是运行在操作系统平台上且面向不同应用领域的通用软件组件,包括物联网相关的软件包、脚本语言相关的软件包、多媒体相关的软件包、工具类软件包、系统相关的软件包以及外设库与驱动类软件包等。

RT-Thread 支持所有主流的微控制器(Microcontroller Unit,MCU)架构,如 Arm Cortex-M/R/A、MIPS、x86、Xtensa、C-SKY、RISC-V,即支持市场上几乎所有主流的 MCU 和 Wi-Fi 芯片。相较于 Linux 操作系统,RT-Thread 具有实时性高、占用资源少、体积小、功耗低、启动快速等特点,非常适用于各种资源受限的场合。经过多年的发展,RT-Thread 已经拥有一个国内较大的嵌入式开源社区,同时被广泛应用于能源、车载、医疗、消费电子等多个行业。

1.3.3 μC/OS-II

μC/OS-II(Micro-Controller Operating System II)是一种基于优先级的抢占式硬实时内核。它属于一个完整、可移植、可固化、可裁剪的抢占式多任务内核,包含了任务调度、任务管理、时间管理、内存管理和任务间的通信和同步等基本功能。μC/OS-II 可用于各类 8 位单片机、16 位和 32 位微控制器和数字信号处理器。

μC/OS-II 源于 Jean J. Labrosse 在 1992 年编写的一个嵌入式多任务 RTOS,1999 年改名为μC/OS-II,并在 2000 年被美国航空管理局认证。μC/OS-II 具有足够的安全性和稳定性,可以运行在诸如航天器等对安全要求极为苛刻的系统之中。

μC/OS-II 是专门为计算机的嵌入式应用而设计的。μC/OS-II 中 90% 的代码是用 C 语言编写的,与 CPU 硬件相关部分的代码是用汇编语言编写的。用户只要有标准的美国国家标准学会(American National Standards Institute,ANSI)的 C 交叉编译器,有汇编器、连接器等软件工具,就可以将μC/OS-II 嵌入所要开发的产品中。μC/OS-II 具有执行效率高、占用空间小、实时性能优良和可扩展性强等特点,目前已经移植到了几乎所有知名的

CPU 上。

μC/OS-Ⅱ的主要特点如下。

(1) 开源性。

μC/OS-Ⅱ的源代码全部公开,用户可直接登录μC/OS-Ⅱ的官方网站下载,网站上公布了针对不同微处理器的移植代码。用户也可以从有关出版物上找到详尽的源代码讲解和注释。这使μC/OS-Ⅱ变得透明,极大地方便了μC/OS-Ⅱ的开发,提高了开发效率。

(2) 可移植性。

绝大部分μC/OS-Ⅱ的源码是用移植性很强的 ANSI C 语句写的,和微处理器硬件相关的部分是用汇编语言写的。汇编语言编写的部分已经压缩到最小限度,使得μC/OS-Ⅱ便于移植到其他微处理器上。

μC/OS-Ⅱ能够移植到多种微处理器上的条件是,只要该微处理器有堆栈指针,有 CPU 内部寄存器入栈、出栈指令。另外,使用的 C 编译器必须支持内嵌汇编或者该 C 语言可扩展、可连接汇编模块,使得关中断、开中断能在 C 语言程序中实现。

(3) 可固化。

μC/OS-Ⅱ是为嵌入式应用而设计的,只要具备合适的软、硬件工具,μC/OS-Ⅱ就可以嵌入用户的产品中,成为产品的一部分。

(4) 可裁剪。

用户可以根据自身需求只使用应用程序中需要的μC/OS-Ⅱ服务。这种可裁剪性是靠条件编译实现的。只要在用户的应用程序中(用♯define constants 语句)定义哪些μC/OS-Ⅱ中的功能是应用程序需要的就可以了。

(5) 抢占式。

μC/OS-Ⅱ是完全抢占式的实时内核。μC/OS-Ⅱ总是运行就绪条件下优先级最高的任务。

(6) 多任务。

μC/OS-Ⅱ 2.8.6 版本可以管理 256 个任务,目前给系统预留 8 个任务,因此应用程序最多可以有 248 个任务。系统赋予每个任务的优先级是不相同的,μC/OS-Ⅱ不支持时间片轮转调度法。

(7) 可确定性。

μC/OS-Ⅱ全部的函数调用与服务的执行时间都具有可确定性。也就是说,μC/OS-Ⅱ的所有函数调用与服务的执行时间是可知的。进而言之,μC/OS-Ⅱ服务的执行时间不依赖于应用程序任务的多少。

(8) 任务栈。

μC/OS-Ⅱ的每一个任务有自己单独的栈,允许每个任务有不同的栈空间,以便压低应用程序对 RAM 的需求。使用μC/OS-Ⅱ的栈空间校验函数,可以确定每个任务到底需要多少栈空间。

(9) 系统服务。

μC/OS-Ⅱ提供很多系统服务,例如邮箱、消息队列、信号量、块大小固定的内存的申请与释放、时间相关函数等。

(10) 中断管理,支持嵌套。

中断可以使正在执行的任务暂时挂起。如果优先级更高的任务被该中断唤醒,则高优先级的任务在中断嵌套全部退出后立即执行,中断嵌套层数可达 255 层。

1.3.4 嵌入式 Linux

嵌入式 Linux 是指将 Linux 操作系统用于嵌入式系统的一种应用形式。嵌入式系统通常指专用计算机系统,它们通常集成在更广泛的设备或系统中,用于执行特定的功能或任务。Linux 由于其开源、高度可配置的特性,成为嵌入式系统中非常受欢迎的选择。

(1) 嵌入式 Linux 的特点。

开源性:Linux 的源代码是开放的,这使得开发者可以自由地修改和定制操作系统以满足特定的嵌入式应用需求。

可配置性:Linux 内核非常灵活,可以根据需要添加或删除功能,这样可以创建一个精简的系统,仅包含必要的组件,以减少系统资源消耗。

多平台支持:Linux 支持多种处理器架构,包括但不限于 Arm、x86、MIPS、Power PC 等,这使得它可以在各种嵌入式硬件上运行。

强大的社区和支持:Linux 有一个庞大的开发者社区,提供丰富的文档、工具和支持,这对于开发和维护嵌入式系统非常有帮助。

丰富的应用生态:Linux 上有大量可用的软件和库,这使得开发复杂的嵌入式应用成为可能。

(2) 应用领域。

嵌入式 Linux 被广泛应用于多个领域,包括消费电子(如智能电视、智能家居设备)、工业控制、网络设备(如路由器、交换机)、汽车电子、医疗设备等。

(3) 开发环境和工具。

为了支持嵌入式 Linux 的开发,存在多种开发工具和环境,如 Yocto Project、Buildroot 等。这些工具可以帮助开发者构建定制的 Linux 系统镜像,包括选择所需的库和应用程序,配置内核等。

嵌入式 Linux 因具有强大的功能、灵活性和广泛的支持,成为嵌入式系统开发中非常重要的操作系统选择。

1.4 嵌入式系统的分类

嵌入式系统应用非常广泛,其分类也可以有多种多样的方式。可以按嵌入式系统的应用对象进行分类,也可以按嵌入式系统的功能和性能进行分类,还可以按嵌入式系统的结构复杂度进行分类。

1.4.1 按应用对象分类

按应用对象来分类,嵌入式系统主要分为军用嵌入式系统和民用嵌入式系统两大类。

军用嵌入式系统又可分为车载、舰载、机载、弹载、星载等,通常以机箱、插件甚至芯片形式嵌入相应设备和武器系统之中。军用嵌入式系统除了在体积小、重量轻、性能好等方面有要求之外,往往也对苛刻工作环境的适应性和可靠性提出了严格的要求。

民用嵌入式系统又可按其应用的商业、工业和汽车等领域来进行分类,主要考虑的是温度适应能力、抗干扰能力以及价格等因素。

1.4.2 按功能和性能分类

按功能和性能来分类,嵌入式系统主要分为独立嵌入式系统、实时嵌入式系统、网络嵌入式系统和移动嵌入式系统等。

独立嵌入式系统是指能够独立工作的嵌入式系统,它们从模拟或数字端口采集信号,经信号转换和计算处理后,通过所连接的驱动、显示或控制设备输出结果数据。常见的计算器、音视频播放机、数码相机、视频游戏机、微波炉等就是独立嵌入式系统的典型实例。

实时嵌入式系统是指在一定的时间约束(截止时间)条件下完成任务执行过程的嵌入式系统。根据截止时间的不同,实时嵌入式系统又可分为硬实时嵌入式系统和软实时嵌入式系统。硬实时嵌入式系统是指必须在给定的时间期限内完成指定任务,否则就会造成灾难性后果的嵌入式系统,例如,在军事、航空航天、核工业等一些关键领域中的嵌入式系统。软实时嵌入式系统是指偶尔不能在给定时间范围内完成指定的操作,或在给定时间范围外执行的操作仍然是有效和可接受的嵌入式系统,例如,人们日常生活中所使用的消费类电子产品、数据采集系统、监控系统等。

网络嵌入式系统是指连接着局域网、广域网或互联网的嵌入式系统。网络连接方式可以是有线的,也可以是无线的。嵌入式网络服务器就是一种典型的网络嵌入式系统,其中所有的嵌入式设备都连接到网络服务器,并通过 Web 浏览器进行访问和控制,如家庭安防系统、ATM、物联网设备等。这些系统中所有的传感器和执行器节点均通过某种协议来进行连接、通信与控制。网络嵌入式系统是目前嵌入式系统中发展最快的分类。

移动嵌入式系统是指具有便携性和移动性的嵌入式系统,如手机、手表、智能手环、数码相机、便携式播放器以及智能可穿戴设备等。移动嵌入式系统是目前嵌入式系统中最受欢迎的分类。

1.4.3 按结构复杂度分类

按结构复杂度来分类,嵌入式系统主要分为小型嵌入式系统、中型嵌入式系统和复杂嵌入式系统三大类。

小型嵌入式系统通常是指以 8 位或 16 位处理器为核心设计的嵌入式系统。其处理器的内存(RAM)、程序存储器(ROM)和处理速度等资源都相对有限,应用程序一般用汇编语言或者嵌入式 C 语言来编写,通过汇编器或/和编译器进行汇编或/和编译后生成可执行的机器码,并采用编程器将机器码烧写到处理器的程序存储器中。例如,电饭锅、洗衣机、微波炉、键盘等就是小型嵌入式系统的一些常见实例。

中型嵌入式系统通常是指以 16 位、32 位处理器或数字信号处理器为核心设计的嵌入式系统。这类嵌入式系统相较于小型嵌入式系统具有更高的硬件和软件复杂性,嵌入式应用要用 C、C++、Java、实时操作系统、调试器、模拟器和集成开发环境等工具进行开发,如 POS 机、不间断电源(Uninterruptible Power Supply,UPS)、扫描仪、机顶盒等。

复杂嵌入式系统与小型和中型嵌入式系统相比具有极高的硬件和软件复杂性,可执行更为复杂的功能,需要采用性能更高的 32 位或 64 位处理器、专用集成电路(Application Specific Integrated Circuit,ASIC)或 FPGA 器件来进行设计。这类嵌入式系统有着很高的性能要求,需要通过软、硬件协同设计的方式将图形用户界面、多种通信接口、网络协议、文件系统甚至数据库等软、硬件组件进行有效封装。例如,网络交换机、无线路由器、IP 摄像头、嵌入式 Web 服务器等系统就属于复杂嵌入式系统。

1.5 嵌入式系统的应用领域

嵌入式系统主要应用在以下领域。

(1) 智能消费电子产品。嵌入式系统最为成功的应用是在智能设备中的应用,如智能手机、平板电脑、家庭音响、玩具等。

(2) 工业控制。目前已经有大量 32 位嵌入式微控制器应用在工业设备中,如打印机、工业过程控制、数字机床、电网设备检测等。

(3) 医疗设备。嵌入式系统已经在医疗设备中广泛应用,如血糖仪、血氧计、人工耳蜗、心电监护仪等。

(4) 信息家电及家庭智能管理系统。信息家电及家庭智能管理系统将是嵌入式系统未来最大的应用领域之一。例如,冰箱、空调等的网络化、智能化将引领人们的生活步入一个崭新的时代,即使用户不在家,也可以通过电话线、网络进行远程控制。又如,水、电煤气表的远程自动抄表,以及安全防水、防盗系统,其中的嵌入式专用控制芯片将代替传统的人工检查,并实现更高效、更准确和更安全的性能。目前在餐饮服务领域,已经体现了嵌入式系统的优势,如远程点菜器等。

(5) 网络与通信系统。嵌入式系统将广泛用于网络与通信系统之中。

(6) 环境工程。嵌入式系统在环境工程中的应用也很广泛,如水文资源实时监测、防洪体系及水土质量检测、堤坝安全、地震监测网、实时气象信息网、水源和空气污染监测。在很多环境恶劣、地况复杂的地区,依靠嵌入式系统将能够实现无人监测。

(7) 机器人。嵌入式芯片的发展将使机器人在微型化、高智能方面的优势更加明显,同时会大幅降低机器人的价格,使其在工业领域和服务领域获得更广泛的应用。

1.6 嵌入式系统应用实例

嵌入式系统是专为执行特定任务而设计的计算机系统,它们通常嵌入更大的设备中,并对该设备的功能进行控制和增强。嵌入式系统的应用范围极其广泛,覆盖了从日常家用电器到复杂的工业控制系统等多个领域。

1.6.1 智能机器人

智能机器人按照应用场景可以分为工业机器人、家用机器人、公共服务机器人、特种机器人等。酒店服务机器人如图 1-4 所示。

1.6.2 智能终端

智能终端是一类嵌入式计算机系统设备,其体系结构框架

图 1-4 酒店服务机器人

与嵌入式系统体系结构一致,同时,智能终端作为嵌入式系统的一个应用方向,其应用场景设定较为普遍,体系结构比普通嵌入式系统结构更加明确,粒度更细,且拥有一些自身的特点。

典型的智能终端产品包括智能手机、智能手环、智能手表、智能摄像头等。智能手表如图 1-5 所示。

1.6.3　VR/AR 产品

虚拟现实(Virtual Reality,VR)技术集计算机、电子信息、仿真技术于一体,其基本实现方式是计算机模拟虚拟环境从而给人以环境沉浸感。

增强现实(Augmented Reality,AR)技术是一种将虚拟信息与真实世界巧妙融合的技术。

典型的产品有个人计算机端 VR、一体机 VR、VR 眼镜等。VR 眼镜如图 1-6 所示。

图 1-5　智能手表 　　　　图 1-6　VR 眼镜

1.6.4　苹果 Vision Pro 的功能

苹果 Vision Pro 是一款集 AR 和 VR 技术于一体的混合现实设备,它通过高分辨率显示屏和先进的材料实现了卓越的性能、移动性和可穿戴性。Vision Pro 能够将数字内容与现实世界融合,提供沉浸式的体验。用户可以通过眼镜、手势和语音等多种交互方式与数字内容互动,无须使用额外的控制器或硬件。

苹果 Vision Pro 打造了无边际画布,让 App 突破传统显示屏的限制,为用户带来全新的 3D 交互体验,以最自然、最直观的输入方式来控制眼睛、双手与语音。苹果 Vision Pro 搭载全球首创的空间操作系统 Vision OS,通过用户与数字内容互动的模式,让数字内容如同存在于真实世界。苹果 Vision Pro 的突破性设计包括将 2300 万像素置于两个显示屏中的超高分辨率显示系统和采用独特双芯片设计的定制苹果芯片,从而为每个用户带来身临其境的即时体验。

苹果 Vision Pro 如图 1-7 所示。

图 1-7　苹果 Vision Pro

1.6.5 老年人健康监护系统

老年人健康监护系统分为三部分,即生理参数检测终端、安卓手机客户端、服务器。

体温、血氧、脉搏、心率等生命体征的重要指标直观反映人体健康状况,对人体各项生理指标进行检测是实现健康监护和评估的基础,生理参数检测终端处于整个监护系统的末端,用于完成各项生理参数的采集。老年人健康监护系统总体结构如图 1-8 所示。

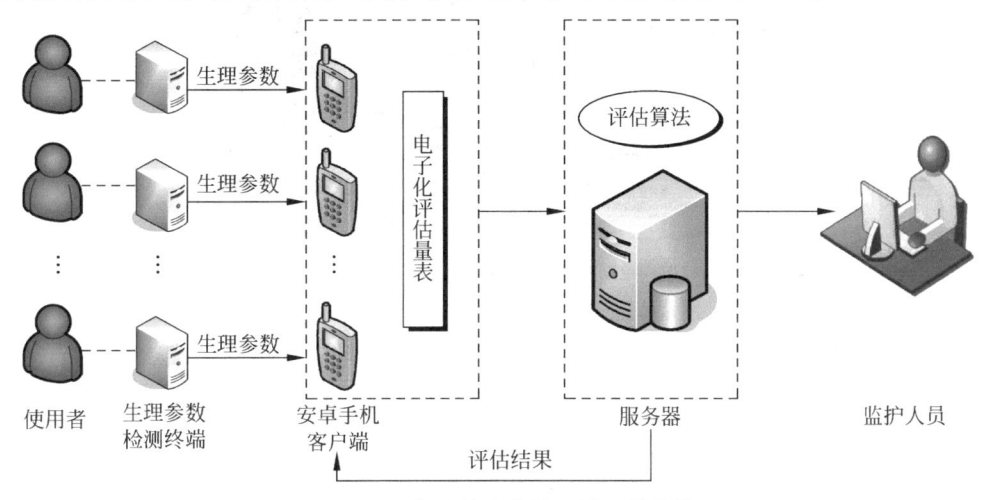

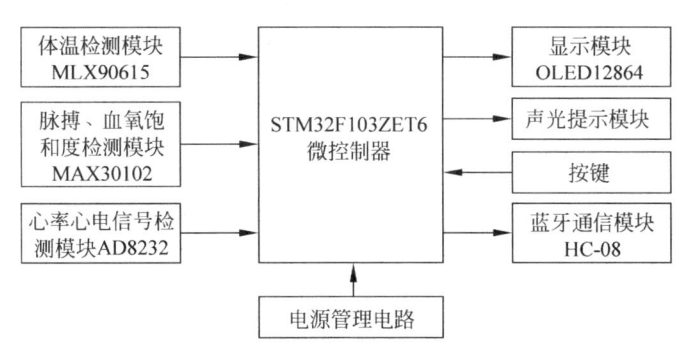

图 1-8　老年人健康监护系统总体结构

健康监护系统的生理参数检测终端主要用于检测人体的体温、心率、心电、脉搏、血氧饱和度等生理参数。它以 STM32F103ZET6 微控制器为控制核心,还包括多个生理信息采集传感器模块、通信模块以及电源管理模块。健康监护系统的生理参数检测终端如图 1-9 所示。

图 1-9　健康监护系统的生理参数检测终端

1.6.6 自动驾驶

自动驾驶技术是指通过计算机系统实现车辆的自主控制,无须人类司机干预。这种技术依赖于传感器、摄像头、雷达和人工智能来感知环境、做出决策并执行操作。自动驾驶车辆能够识别道路标志、监测周围交通状况,并进行导航。自动驾驶技术的发展,从辅助驾驶到完全自动驾驶分为几个级别。自动驾驶技术的目标是提高道路安全、减少交通拥堵和降低环境影响。自动驾驶车辆的广泛应用预计将彻底改变人们的交通系统和日常出行方式。

特斯拉公司是一家美国电动汽车和可再生能源公司，由埃隆·马斯克等于2003年创立。特斯拉公司致力于推动全球向可持续能源过渡，主要产品包括电动汽车、太阳能产品及储能设备。特斯拉汽车的驾驶辅助系统 AutoPilot 如图 1-10 所示。

图 1-10　特斯拉汽车的驾驶辅助系统 AutoPilot

1.6.7　APAX-5580/AMAX-5580 边缘智能控制器

边缘智能控制器是一种高级计算设备，用于在数据源附近（即"边缘"）处理和分析数据。这种控制器通过实时处理数据减少了对云中心的依赖，从而降低了延迟，提高了响应速度和系统效率。边缘智能控制器广泛应用于 IoT、工业自动化、智能城市和智能交通等领域，使设备能够快速做出智能决策，优化操作和增强用户体验。

在智能制造浪潮下，自动化架构将从传统的可编程逻辑控制器（Programmable Logic Controller，PLC）向基于 IoT 的边缘智能控制器发展。

未来的趋势：在 IoT 时代，远程 I/O 正在加速取代 PLC。

（1）边缘网关/边缘计算直接连接扩展远程 I/O。

（2）远程 I/O 的通道成本低于 PLC。

（3）系统整合无须 PLC 梯形图编程。

AMAX-5580 边缘智能控制器如图 1-11 所示。

APAX-5580/ AMAX-5580 边缘智能控制器已在智慧城市（如电力与新能源、市政基础环境设施、城市地下综合管廊和建筑中央空调节能等）、智慧运维服务、整合能源与设施管理系统（Energy and Facility Management System，EFMS）＋优化控制、环境与能源数据采集与监控（Supervisory Control And Data Acquisition，SCADA）系统和整合 IT 与 OT 等领域或行业得到广泛的应用。

图 1-11　AMAX-5580 边缘智能控制器

APAX-5580 边缘智能控制器的应用实例如图 1-12 所示。

1.6.8　缝纫机器人

缝纫机器人是一种自动化缝纫设备，能够在人工干预最少的情况下完成缝纫任务。这种机器人利用先进的计算机技术、机器视觉和机械自动化技术，自动完成布料的定位、输送、缝纫和切割等一系列缝纫工序。

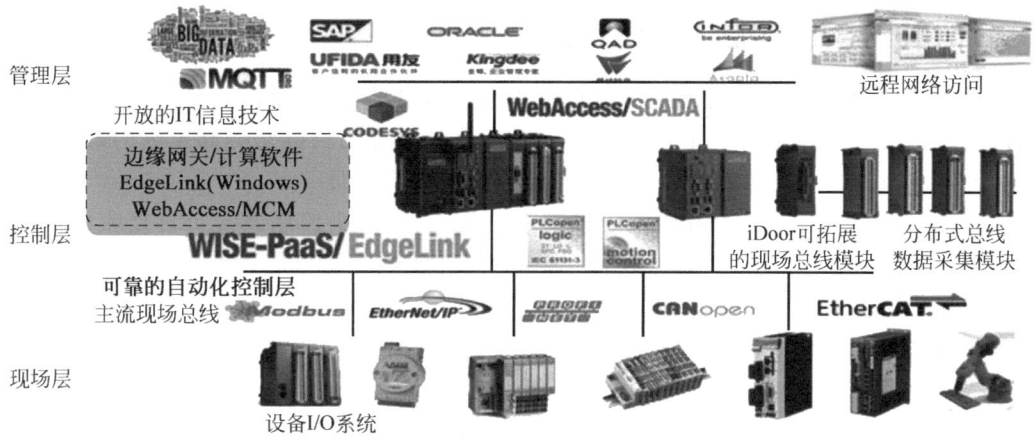

图 1-12　APAX-5580 边缘智能控制器的应用实例

美国的缝纫机器人由沃尔玛公司和美国国防部推出。

缝纫机器人如图 1-13 所示。一件服装的制作成本：人工成本 7 美元左右，缝纫机器人成本只有几十美分。

图 1-13　缝纫机器人

1.6.9　智能家用呼吸机

智能家用呼吸机是一种为患者提供呼吸支持和治疗的医疗设备，它通过电子控制系统自动调节气流，以辅助或完全代替患者的自主呼吸。这种设备特别适用于患有睡眠呼吸障碍、慢性阻塞性肺疾病、肺炎、肌肉萎缩等疾病导致呼吸困难的患者。智能家用呼吸机如图 1-14 所示。

图 1-14　智能家用呼吸机

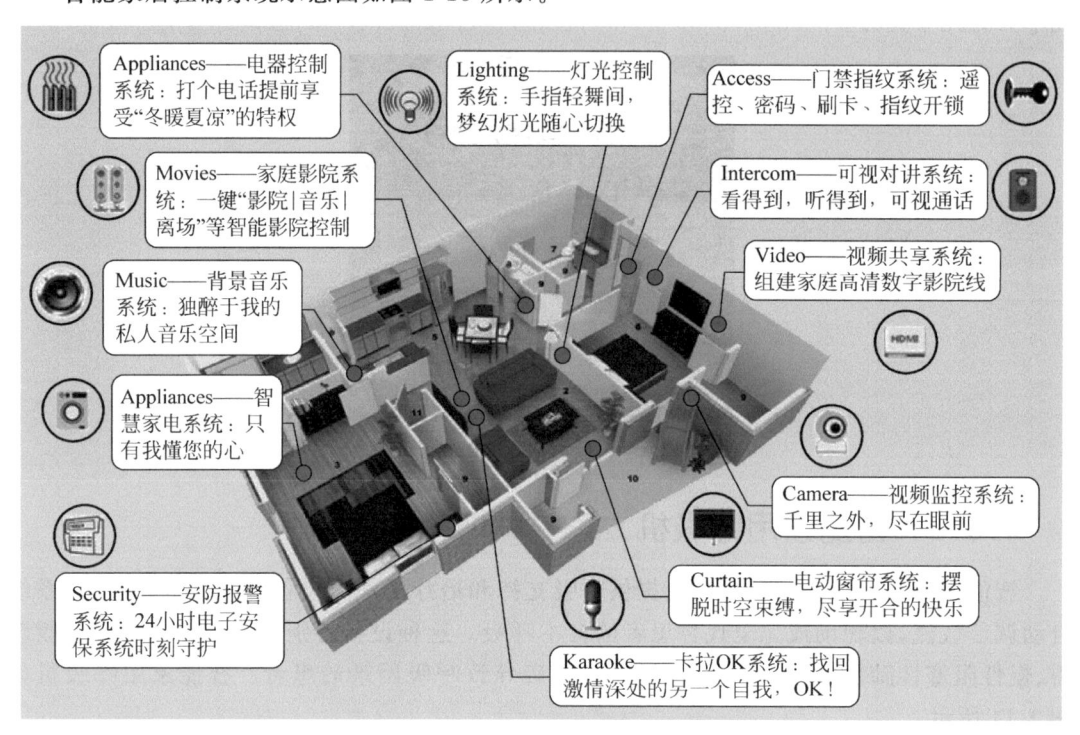

1.6.10 智能家居控制系统

智能家居控制系统是一种通过集成技术实现家庭自动化的系统，它允许用户通过智能设备或远程控制来管理家中的各种设备和系统。这种系统的目标是提高家庭的舒适度、安全性、方便性和能效。智能家居控制系统通常包括以下几方面。

（1）中央控制系统：作为智能家居控制系统的大脑，中央控制系统负责接收用户的指令并将其转发给相应的设备。它可以是一个物理设备，如智能家居中心；也可以是一个软件平台，如智能手机应用程序。

（2）智能设备：包括各种能够接收和执行中央控制系统指令的设备，如智能灯泡、智能插座、智能锁、智能恒温器、智能安全摄像头等。

（3）通信协议：智能家居设备之间的通信依赖于特定的协议，如 ZigBee、Z-Wave、Wi-Fi、蓝牙等。这些协议确保了设备之间通信的兼容性和可靠性。

（4）用户界面：用户与智能家居控制系统交互的界面，可以是物理的（如墙面触摸屏、遥控器）或虚拟的（如智能手机或平板电脑上的应用程序）。

智能家居控制系统示意图如图 1-15 所示。

图 1-15 智能家居控制系统示意图

1.6.11 国防工业嵌入式应用实例

嵌入式系统在国防工业、军事工业和兵器工业中的应用非常广泛，嵌入式系统的高度集成和专用化特性使其成为现代军事装备中不可或缺的一部分。

国防工业嵌入式系统应用实例如图 1-16 所示。

图 1-16　国防工业嵌入式系统应用实例

1.7　嵌入式微处理器

在嵌入式系统中,微处理器的分类和内核架构是核心组件的重要方面。嵌入式处理器可以根据其功能、应用需求和处理能力进行分类,常见的类型包括嵌入式微处理器、嵌入式微控制器、嵌入式 DSP 和嵌入式 SoC。此外,处理器内核架构如 Arm、MIPS 和 RISC-V 等,决定了处理器的指令集、性能优化和能效比。了解这些分类和架构有助于选择适合特定应用的嵌入式处理器。

1.7.1　嵌入式处理器分类

嵌入式处理器可以分成不同的种类,按照内部寄存器的字符宽度可以将其分为 4 位、8 位、16 位、32 位和 64 位嵌入式处理器。其中,4 位嵌入式处理器通常是面向低端应用设计的;8 位嵌入式处理器一般被使用在小型装置中,或是作为辅助芯片用在外围设备或内存控制器中;16 位嵌入式处理器通常被用在计算要求较高的场合;32 位嵌入式处理器大多都搭载了 RISC,可以提供更高的处理性能;64 位嵌入式处理器和 32 位的应用场合类似,但有更强的数据处理能力和内存寻址能力。

除了按照寄存器字符宽度进行分类外,还可以按照应用领域将嵌入式处理器分为以下 5 种:嵌入式微处理器、嵌入式 MCU、嵌入式 DSP、嵌入式 SoC 和 RISC-V 微控制器。

1. 嵌入式微处理器

嵌入式微处理器(Embedded Microprocessor Unit,EMPU)是由通用微处理器演变而来的。一般 32 位及以上的嵌入式处理器称为 EMPU。与通用微处理器主要的不同是,在实际嵌入式应用中,EMPU 仅保留了与嵌入式应用紧密相关的功能部件,去除了其他冗余功能部件,并配备必要的外围扩展电路,如存储器扩展电路、I/O 扩展电路及其他一些专用的接口电路等,这样就能以很低的功耗和资源满足嵌入式应用的特殊需求。由于嵌入式系统通常应用于比较恶劣的环境中,因此 EMPU 在工作温度、电磁兼容性以及可靠性方面的要求比通用微处理器高。与工业控制计算机相比,EMPU 组成的系统具有体积小、重量轻、成本低和可靠性高的优点。

CISC 和 RISC 是目前设计制造 EMPU 的两种典型技术,为了达到相应的技术性能,它们所采用的方法有所不同,主要差异表现在以下几点。

（1）指令系统。RISC 的设计者把主要精力放在那些经常使用的指令上，尽量使指令具有简单高效的特色。对不常用的功能，则通过组合指令来实现。而 CISC 的指令系统比较丰富，有专用指令来完成特定的功能。

（2）存储器操作。RISC 对存储器操作有限制，使控制简单化；而 CISC 的存储器操作指令多，操作直接。

（3）程序。RISC 的汇编语言程序一般需要较大的内存空间，实现特殊功能时程序复杂，不易设计；而 CISC 的汇编语言程序编程相对简单，科学计算及复杂操作的程序设计相对容易，效率较高。

（4）中断。RISC 微处理器在一条指令执行的适当地方可以响应中断；而 CISC 微处理器是在一条指令执行结束后响应中断。

（5）CPU。由于 RISC 微处理器的 CPU 包含较少的单元电路，因而面积小、功耗低；而 CISC 微处理器的 CPU 包含丰富的电路单元，因而功能强、面积大、功耗大。

（6）设计周期。RISC 微处理器结构简单，布局紧凑，设计周期短，且易于采用最新技术；CISC 微处理器结构复杂，设计周期长。

（7）使用性。RISC 微处理器结构简单，指令规整，性能容易把握，易学易用；CISC 微处理器结构复杂，功能强大，实现特殊功能容易。

（8）应用范围。RISC 更适用于嵌入式系统，而 CISC 则更适合于通用计算机系统。

另外，EMPU 是嵌入式系统的核心。EMPU 一般具备 4 个特点。

（1）对实时和多任务应用有很强的支持能力、有较短的中断响应时间，从而使实时操作系统的执行时间减少到最低限度。

（2）具有功能很强的存储区保护功能，嵌入式系统的软件结构已模块化，为了避免在软件模块之间出现错误的交叉作用，就需要设计强大的存储区保护功能，同时，这样也有利于软件诊断。

（3）具有可扩展的处理器结构，能迅速地扩展出满足应用的高性能 EMPU。

（4）功耗低，尤其是在便携式无线及移动的计算和通信设备中靠电池供电的嵌入式系统，其功耗达到 mW 级甚至 μW 级。

2. 嵌入式 MCU

嵌入式 MCU 也被称为"单片机"，是一种在生活中极为常见的嵌入式处理器。一般把 16 位及以下的嵌入式处理器称为嵌入式 MCU。MCU 是将整个计算机系统集成到一块芯片中。嵌入式 MCU 一般以某种微处理器内核为核心，根据某些典型的应用，在芯片内部集成了 ROM/EPROM、RAM、总线、总线逻辑、定时/计数器、看门狗、I/O、串行口、脉宽调制输出、A/D、D/A、Flash RAM 和 EEPROM 等各种必要功能部件和外设。为适应不同的应用需求，可对功能的设置和外设的配置进行必要的修改和裁剪定制，使得一个系列的单片机具有多种衍生产品。每种衍生产品的处理器内核都相同，只是存储器和外设的配置及功能的设置不同。这样可以使单片机最大限度地和应用需求相匹配，从而降低整个系统的功耗和成本。和嵌入式微处理器相比，MCU 的单片化使应用系统的体积大大减小，从而使功耗和成本大幅下降，可靠性提高。由于嵌入式 MCU 目前在产品的品种和数量上是所有嵌入式处理器种类中最多的，加之有上述诸多优点，故成为嵌入式系统应用的主流。MCU 的片上外设资源一般比较丰富，适合于控制。

3. 嵌入式 DSP

嵌入式 DSP 是一种专门用于处理数字信号的嵌入式处理器。在数字信号处理应用中,各种处理算法极为复杂,一般结构的处理器无法实时地完成这些运算。由于 DSP 对系统结构和指令进行了特殊设计,因此它更适合实时地进行数字信号处理。在数字滤波、快速傅里叶变换(Fast Fourier Transform,FFT)、谱分析等方面,DSP 算法正大量进入嵌入式领域,DSP 应用正从在通用单片机中以普通指令实现 DSP 功能,过渡到采用嵌入式 DSP。另外,在有关智能方面的应用中,也需要嵌入式 DSP,例如各种带有智能逻辑的消费类产品、生物信息识别终端、带有加/解密算法的键盘、ADSL 接入、实时语音压缩解压系统和虚拟现实显示等。这类智能化算法一般运算量都较大,特别是向量运算、指针线性寻址等较多,而这些正是 DSP 的优势所在。

嵌入式 DSP 有两类:一是 DSP 经过单片化、EMC 改造、增加片上外设成为嵌入式DSP,TI 公司的 TMS320 C2000/C5000 等属于此范畴;二是在通用单片机或片上系统中增加 DSP 协处理器,如英特尔公司的 MCS-296。嵌入式 DSP 的设计者通常把重点放在处理连续的数据流上。如果嵌入式应用中强调对连续数据流的处理及高精度复杂运算,则应该优先考虑选用嵌入式 DSP 器件。

4. 嵌入式 SoC

嵌入式 SoC 指的是在单个芯片上集成一个完整的系统,对所有或部分必要的电子电路进行包分组的技术。SoC 的出现得益于集成电路技术和半导体工艺的迅速发展,各种通用处理器内核和其他外围设备都将成为 SoC 设计公司标准库中的器件,用标准的超高速集成电路硬件描述语言(Very High Speed Integrated Circuit Hardware Description Language,VHDL)等硬件描述语言来描述,用户只需定义整个应用系统,仿真通过后就可以将设计图交给半导体工厂制作芯片样品。这样,整个嵌入式系统大部分都可以集成到一块芯片中,应用系统的电路板将变得很简洁,这将有利于减小体积和功耗,提高系统的可靠性。

1.7.2 嵌入式处理器内核架构

嵌入式处理器由处理器内核和不同功能的模块组成。每个处理器内核都有对应的架构和指令集,不同的内核结构赋予了嵌入式处理器不同的处理性能和运算效率。

目前,主要的嵌入式处理器内核架构有 4 种:Arm 架构、MIPS 架构、Power PC 架构和 RISC-V 架构。

基于 Arm 架构的处理器芯片在手持终端、智能手机、手持 GPS、机顶盒、游戏机、数码相机、打印机等许多产品中都有广泛应用。Arm 既可以表示一种内核体系架构,也可以表示此架构的设计者 Arm(Acorn RISC Machine)公司。

ARM 公司系列产品主要有 Arm7、Arm9E、Arm10E、SecurCore、Arm11 和 Cortex 等。其中 Arm Cortex 系列产品是基于 Armv7 指令集架构的新一代微处理器内核,分为 Cortex-A、Cortex-R 和 Cortex-M 共 3 个系列。Cortex-A 系列内核主要用于高端应用处理,比如现在苹果公司的主流产品都采用 Cortex-A 内核作为处理器;Cortex-R 系列的内核主要用于实时系统中,响应速度快、能够满足苛刻的实时处理要求;Cortex-M 系列内核的处理性能并没有 Cortex-A 和 Cortex-R 系列出色,但有着运行功耗最低、成本最低的特点,主要用于对功耗和成本敏感的产品。

RISC-V 架构的微控制器是基于 RISC-V 指令集架构（Instruction Set Architecture，ISA）设计的。RISC-V 作为一种开放的 ISA，由于其简洁、模块化和可扩展的特点，吸引了众多设计师和研发团队的兴趣。RISC-V 微控制器在嵌入式系统领域尤其受到青睐，因为它能够在提供灵活性和高性能的同时，降低成本和缩短产品上市时间。

RISC-V 微控制器的关键特点如下。

（1）开放标准：RISC-V 作为一个开放的 ISA，允许任何人免费使用，这促进了创新并降低了入门门槛。企业和研究人员可以自由地开发基于 RISC-V 的微控制器，而无须担心版权或许可费用。

（2）模块化和可扩展：RISC-V 的设计非常模块化，它包含一组基本指令和多个可选的扩展，如乘法、原子操作、浮点运算等。这种设计使得 RISC-V 微控制器可以根据特定应用的需求进行定制，优化性能和资源使用。

（3）高效性能：RISC-V 指令集的简洁性和高效性使得基于 RISC-V 的微控制器能够提供出色的性能，尤其是在功耗和处理速度方面。

（4）生态系统支持：尽管 RISC-V 相对较新，但它已经建立了一个快速发展的生态系统，包括各种工具链、操作系统、中间件和应用程序。这为基于 RISC-V 的项目提供了强大的支持。

（5）广泛的应用：基于 RISC-V 的微控制器可应用于各种领域，包括 IoT 设备、智能家居系统、工业控制、汽车电子、可穿戴设备等。

RISC-V 微控制器的应用实例如下。

（1）IoT 设备：RISC-V 微控制器因其低功耗和高性能特性，非常适合用于需要电池寿命长的 IoT 设备。

（2）智能家居和自动化：在智能家居和工业自动化领域，基于 RISC-V 的微控制器可以提供可靠的控制和数据处理功能。

（3）可穿戴技术：RISC-V 微控制器的低功耗特性使其成为可穿戴设备，如健康监测手环和智能手表的理想选择。

RISC-V 微控制器以其开放性、灵活性和高效性能，正在成为嵌入式系统设计和开发中的一个重要选择。随着 RISC-V 生态系统的不断成熟和扩展，将在未来的技术创新中扮演更加重要的角色。

第 2 章 Arm 处理器体系架构

CHAPTER 2

本章详细介绍 Arm 处理器的体系架构,包括基本的微处理器结构、指令执行过程和体系结构;进一步探讨 Arm 体系结构及其编程模型,包括处理器的基本组成和编程方法。在内存管理方面,本章讲解内存映射和集成外设寄存器的访问方法。此外,本章内容涵盖 Arm 处理器的异常处理机制,包括不同类型的异常和处理器对异常的响应。最后,本章提供 Cortex-M4 处理器的内部结构分析,使读者能够更好地理解其设计和功能实现。本章对于理解 Arm 处理器在嵌入式系统中的应用提供了重要的理论和实践知识。

本章的学习目标:
(1) 掌握微处理器的基本结构。
(2) 理解微处理器的指令执行过程。
(3) 深入学习 Arm 处理器的体系架构。
(4) 熟悉 Arm 编程模型。
(5) 了解 Arm 处理器的内存管理。
(6) 掌握 Arm 处理器的异常处理机制。
(7) 具体分析 Cortex-M4 处理器的内部结构。

通过达成这些学习目标,学习者将能够有效地应用 Arm 处理器技术于嵌入式系统设计和开发中,提升嵌入式系统的性能和可靠性。

2.1 嵌入式处理器概述

嵌入式系统是专为特定任务设计的计算机系统,它们通常以高效率和低功耗为目标,以适应特定的应用需求。嵌入式系统的核心是嵌入式处理器,它们与其他关键硬件组件共同工作,形成了一个完整的嵌入式解决方案。嵌入式系统广泛应用于各个领域,包括消费电子、汽车、工业自动化、医疗设备和物联网(IoT)等。

嵌入式系统硬件包括嵌入式处理器、嵌入式存储器、嵌入式 I/O 接口及设备等,在进行硬件设计时,先要了解各种硬件的结构及性能,然后选择相应硬件进行设计。

(1) 嵌入式处理器。

嵌入式处理器是专门设计用来执行特定计算任务的微处理器。与通用处理器相比,它们更加专注于特定应用的需求,例如效率、功耗控制和实时性能。嵌入式处理器可以根据应用需求的不同,采用不同的架构和设计,包括 MCU、DSP、应用特定指令集处理器(Application Specific Instruction Set Processor,ASIP)和 SoC 等。

(2) 嵌入式存储器。

嵌入式存储器是嵌入式系统中用于存储代码和数据的组件。它可以是非易失性的,如闪存,用于存储固件和应用程序;也可以是易失性的,如 SRAM 和 DRAM,用于临时存储和数据处理。嵌入式存储器的选择依赖于应用的性能需求、成本和功耗限制。

(3) 嵌入式 I/O 接口及设备。

嵌入式系统通常需要与外部世界进行交互,这就需要 I/O 接口和设备。这些接口包括通用输入输出(General Purpose Input Output,GPIO)接口、串行通信接口(如 UART、SPI 和 I2C)和特定的传感器接口。I/O 设备可能包括各种传感器、执行器、显示屏和通信模块等。设计合适的 I/O 接口和选择适当的 I/O 设备对于确保系统能够有效地收集和处理外部数据非常关键。

(4) 硬件设计过程。

在进行嵌入式系统硬件的设计时,首先需要了解应用的具体需求,包括性能、功耗、成本和尺寸等。然后,根据这些需求选择合适的嵌入式处理器和嵌入式存储器。接下来,设计必要的 I/O 接口,以及选择与应用需求相匹配的外围设备和传感器。此外,还需要考虑电源管理和通信需求,以确保系统的可靠性和效率。

整个设计过程需要综合考虑各种因素,包括硬件的性能、成本、功耗以及与软件的兼容性等。设计师还需要考虑未来的扩展性和可维护性,以适应可能的需求变化。通过精心设计,嵌入式系统可以为特定应用提供高效、可靠和成本效益的解决方案。

2.1.1 微处理器的结构

微处理器作为现代计算机系统和嵌入式系统的大脑,其结构设计对于其性能和功能至关重要。一个典型的微处理器结构如图 2-1 所示。微处理器包含几个关键组件,它们协同工作,执行各种计算任务。这些组件包括控制单元(Control Unit,CU)、程序计数器(Program Counter,PC)、指令寄存器(Instruction Register,IR)、数据通道(数据总线)、存储器接口以及算术逻辑单元(Arithmetic and Logic Unit,ALU)等。

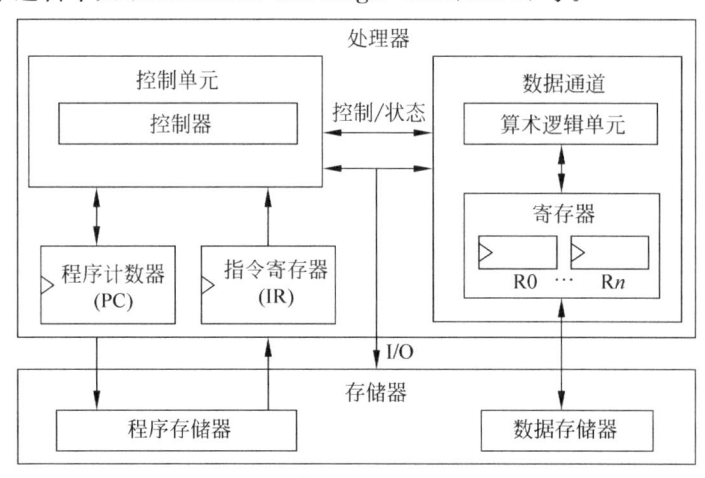

图 2-1 典型的微处理器结构

下面是这些组件的详细概述以及它们在微处理器中的作用。

(1) CU。

CU是微处理器的核心组成部分之一,负责解释IR中的指令并生成相应的控制信号,以指导其他部件完成特定的操作。它协调整个微处理器的活动,确保指令的正确执行顺序,并管理数据流向不同的处理器部件。

(2) PC。

PC是一个特殊的寄存器,用于跟踪微处理器当前正在执行的指令的地址。每完成一条指令的执行,PC就会更新,指向下一条指令的地址。这确保了指令能够按正确的顺序执行。

(3) IR。

IR暂时存储从存储器中取出的当前正在执行的指令。CU使用这些信息来解析指令,并决定执行哪些操作。一旦指令被执行,IR将会被更新为下一条指令。

(4) 数据通道(数据总线)。

数据通道,通常称为数据总线,是一组线路,用于在微处理器的各个部件之间传输数据、地址和控制信号。数据总线的宽度(即线路的数量)直接影响微处理器的数据处理能力和性能。

(5) 存储器接口。

存储器接口是微处理器与外部存储器(如RAM、ROM)之间的桥梁。它管理着数据和指令在处理器和存储器之间的传输,确保数据的正确读写。

(6) ALU。

ALU是处理器的另一个核心组件,负责执行所有的算术和逻辑操作,如加法、减法、乘法、除法、逻辑与、逻辑或和逻辑非等。ALU的性能直接影响微处理器的计算能力。

(7) 其他组件。

除了上述主要组件外,现代微处理器可能还包括其他特殊的硬件单元,如浮点单元(Floating Point Unit,FPU)、缓存、特殊的指令集支持等,以提升特定类型计算的性能。

微处理器的结构设计是高度复杂且精密的,旨在提供高效、可靠的计算能力。每个组件都发挥着关键的作用,确保微处理器能够顺畅地执行各种计算任务。随着技术的发展,微处理器的设计也在不断进化,以满足不断增长的计算需求。

控制单元主要进行程序控制和指令解析,将指令解析结果传递给数据通道。微处理器的数据通道内有算术逻辑单元和一组寄存器(也称为通用寄存器),算术逻辑单元主要根据控制单元提供的分析结果,通过通用寄存器从数据存储器中读入需要的数据进行数字计算,如加、减、乘、除等,然后将结果通过通用寄存器保存到相应的数据存储器单元。通用寄存器用于临时存放处理器正在计算的值。比如,在对数据进行诸如算术运算这类操作之前,大多数微处理器必须把数据存放到寄存器中。对于寄存器的数量和每个寄存器的命名,不同的微处理器系列也是不同的。

2.1.2 微处理器指令执行过程

处理器指令的执行过程是计算机执行任何任务的基础。这一过程涉及几个关键步骤,通常包括取指(Fetch)、译码(Decode)、执行(Execute)、存储(Memory Access)和写回(Write Back)等。

(1) 取指。在取指阶段,处理器从 PC 指向的内存地址中读取下一条要执行的指令。读取完成后,PC 会更新,指向下一条指令的地址。这一步骤确保了指令能够按顺序被处理器读取和执行。

(2) 译码。在译码阶段,处理器解析刚才取得的指令,确定它的操作类型(如算术运算、逻辑运算、数据传输等)。处理器还会识别指令中涉及的寄存器或内存地址,并准备好在接下来的执行阶段使用这些资源。

(3) 执行。在执行阶段,处理器根据译码阶段的结果进行相应的运算。这可能涉及 ALU 进行数学和逻辑运算,或者是其他类型的操作,如移位、比较等。如果指令是一个分支指令,处理器还会计算新的跳转地址,并更新 PC 以反映这一变化。

(4) 存储。在存储阶段,如果执行的指令需要读取或写入内存,这一步骤将被执行。包括从内存中读取数据到寄存器,或者将数据从寄存器写入内存中。不是所有的指令都需要访问内存,因此这一步骤并不总是必需的。

(5) 写回。在写回阶段,执行的结果(如果有的话)被写回目标寄存器中。这确保了执行的结果可以被后续的指令使用,或者保存在内存中以便将来使用。

处理器指令执行过程是在处理器的每个时钟周期中不断重复的,使得指令能够连续执行,从而完成复杂的计算任务。现代处理器通常采用流水线技术同时在不同阶段处理多条指令,大大提高了处理器的效率和性能。

下面详细说明前 4 项操作。

(1) 取指:处理器从程序存储器中取出指令。

处理器根据 PC 中的值获得下一条执行的指令的地址,从程序存储器中读出该指令,送到 IR。取指过程如图 2-2 所示,处理器根据 PC 中的指令地址 100,从程序存储器中将指令 load R0,M[500] 读入 IR 中。

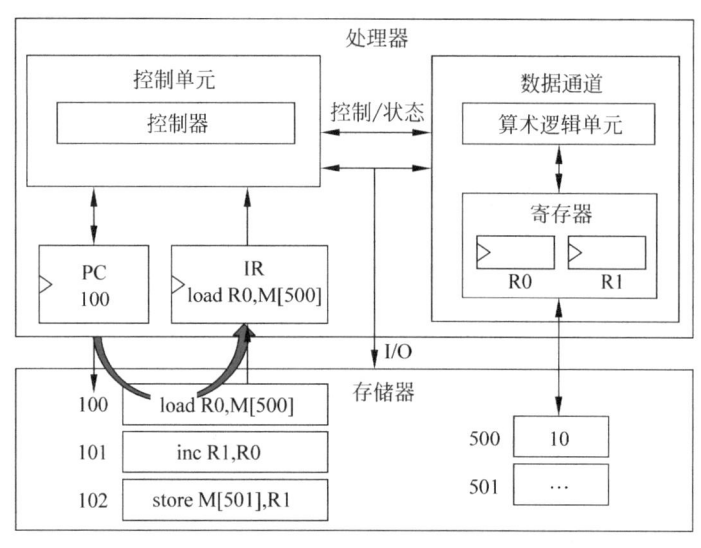

图 2-2 取指过程

(2) 译码：解释指令，决定指令的执行结构。

将 IR 中的指令操作码取出后进行译码，分析其指令性质。如指令要求操作数，则寻找操作数地址。如图 2-3 所示，控制单元将指令读入控制器进行解析，然后将结果传递给数据通道。

计算机工作时，一般先通过外部设备把程序代码和数据通过输入接口电路和数据总线送入存储器，然后逐条取出指令执行。但单片机中的程序一般事先都已通过写入器固化在片内或片外程序存储器中，因而一开机即可执行指令。

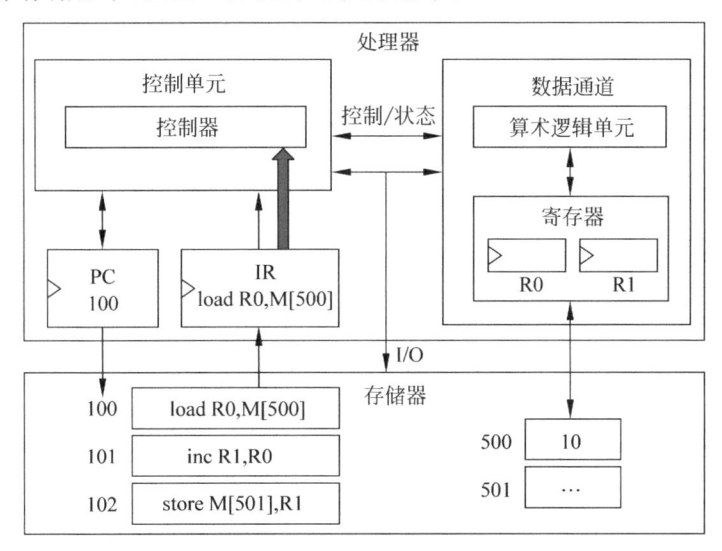

图 2-3 译码过程

(3) 执行：把数据从存储器读入算术逻辑单元操作的过程。

数据通道根据控制单元解析的指令结果，将数据存储器地址为 500 的数读入通用寄存器 R0 中，然后通过 ALU 进行数据操作。执行过程如图 2-4 所示。

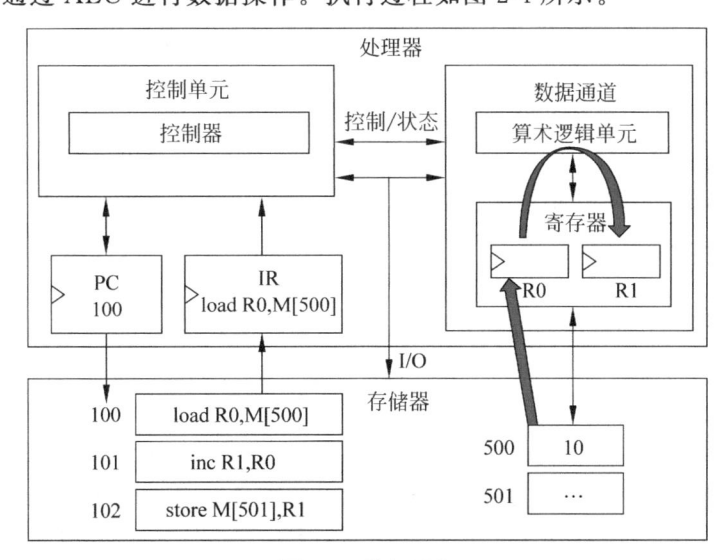

图 2-4 执行过程

(4)存储：把执行的结果从寄存器写入存储器对应单元中。

数据通道把 ALU 的执行结果从寄存器 R1 写入存储器地址为 501 的存储单元中。存储过程如图 2-5 所示。

计算机执行程序的过程实际上就是逐条指令地重复上述操作过程,直至遇到停机指令或可循环等待指令。

在一些微处理器上,如 Arm 系列处理器、DSP 等,指令实现了流水线作业,指令执行过程按流水线的数目来进行划分。如 Arm9 系列处理器将指令分为取指、译码、执行、存储、写回 5 个阶段执行。

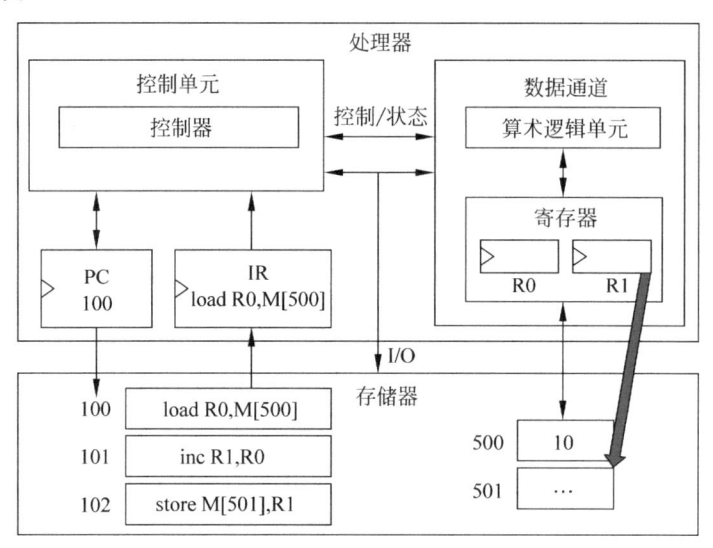

图 2-5 存储过程

2.1.3 微处理器的体系结构

按照存储器结构,处理器可分为冯·诺依曼体系结构处理器和哈佛体系结构处理器；按指令类型,处理器可分为 CISC 和 RISC。

1. 冯·诺依曼体系结构和哈佛体系结构

(1) 冯·诺依曼体系结构。

冯·诺依曼体系结构也称普林斯顿结构,是一种将程序指令存储器和数据存储器合并在一起的存储器结构。处理器使用同一个存储器,经由同一组总线传输,如图 2-6 所示。程序指令存储地址和数据存储地址指向同一个存储器的不同物理位置,因此程序指令和数据的宽度相同,访问数据和程序只能顺序执行。如英特尔公司的 8086 处理器的程序指令和数据都是 16 位宽。

冯·诺依曼的主要贡献是提出并实现了"存储程序"的概念。由于程序指令和数据都是二进制码,程序指令和操作数的地址又密切相关,因此,当初选择这种结构是自然的。但是,这种程序指令和数据共享同一组总线的结构,在对数据进行读取时,程序指令和数据必须通过同一通道依次访问,首先从程序指令存储区读出程序指令内容,然后从数据存储区读出数据,这使得信息流的传输成为限制计算机性能的瓶颈,影响了数据处理速度的提高。

目前,使用冯·诺依曼体系结构的处理器和微控制器有很多。除了英特尔公司的

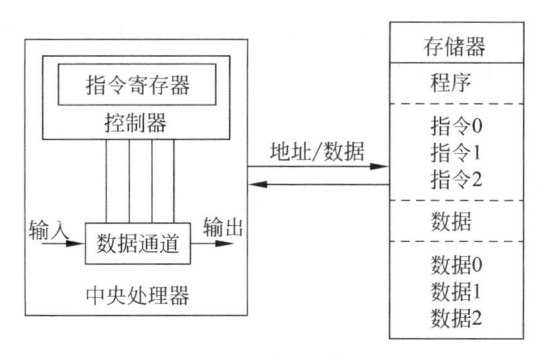

图 2-6 冯·诺依曼体系结构

8086,英特尔公司的其他处理器、Arm7 处理器、MIPS 公司的 MIPS 处理器也采用冯·诺依曼体系结构。

(2) 哈佛体系结构。

哈佛体系结构是一种将程序指令存储和数据存储分开的存储器结构,目的是减轻程序运行时的访存瓶颈,如图 2-7 所示。

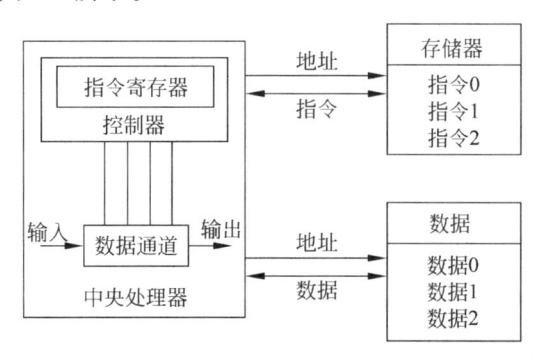

图 2-7 哈佛体系结构

处理器首先在程序指令存储器中读取程序指令内容,解码后得到数据地址,再到相应的数据存储器中读取数据,并进行下一步的操作(通常是执行)。哈佛结构的微处理器通常具有较高的执行效率。其程序指令和数据是分开组织和存储的,执行时可以预先读取下一条程序指令,程序指令和数据可以有不同的数据宽度。如 Microchip 公司的 PIC16 芯片的程序指令是 14 位宽度,而数据是 8 位宽度。

目前使用哈佛体系结构的处理器和微控制器有很多,除了 Microchip 公司的 PIC 系列芯片,还有摩托罗拉公司的 MC68 系列、Zilog 公司的 Z8 系列、Atmel 公司的 AVR 系列、Arm9E 及以上型号处理器、TI 公司的 DSP 等。

例如,在最常见的卷积运算中,一条指令同时取两个操作数。在流水线处理时,除了取数据操作外,还有一个取指令操作,如果程序指令和数据通过一条总线访问,取指令和取数据必将产生冲突,而这对大运算量的循环的执行效率是很不利的。哈佛体系结构能基本上解决取指令和取数据的冲突问题。

在典型情况下,完成一条指令至少需要 3 个步骤,即取指令、指令译码和执行指令。从指令流的定时关系也可看出冯·诺依曼体系结构与哈佛体系结构处理方式的差别。举一个最简单的对存储器指令进行读写操作的例子,指令 1 至指令 3 均为存、取数据指令,对于冯·诺依曼体系结构处理器,由于取指令和存取数据要经由同一总线传输,因而它们无法重叠执行,只能在一个指令完成后再进行下一个。

2. CISC 与 RISC

(1) CISC

长期以来,计算机性能的提高往往通过增加硬件的复杂性来获得。随着集成电路技术,特别是超大规模集成电路(Very Large Scale Integration Circuit, VLSI)技术的迅速发展,为了软件编程方便和提高程序的运行速度,硬件工程师采用的办法是不断增加可实现复杂功能的指令和多种灵活的编址方式。但这样的结构致使硬件越来越复杂,造价也越来越高。为实现复杂操作,微处理器除向程序员提供类似各种寄存器和机器指令功能外,还通过存储于只读存储器(ROM)中的微程序来实现其极强的功能,在分析每一条指令之后执行一系列初级指令运算来完成所需的功能,这种设计的形式被称为 CISC 结构。一般 CISC 处理器所含的指令数目在 300 条以上,有的甚至超过 500 条。

CISC 具有如下显著特点。

① 指令格式不固定,指令长度不一致,操作数可多可少。

② 寻址方式复杂多样,以利于程序的编写。

③ 采用微程序结构,执行每条指令均需完成一个微指令序列。

④ 每条指令需要若干机器周期才能完成,指令越复杂,花费的机器周期越多。

属于 CISC 结构的单片机有英特尔公司的 8051 系列、Atmel 公司的 AT89 系列等。

采用 CISC 结构的处理器大多数据线和指令线分时复用,它的指令丰富,功能较强,但取指令和取数据不能同时进行,速度受限,价格高。

CISC 处理器在编程时,一般只使用 20% 左右的指令,约有 80% 的指令没有用到,这就造成程序中存在大量指令闲置的情况。复杂的指令系统带来结构的复杂性,不但增加了设计的时间与成本,还容易造成设计失误。因而,针对 CISC 的这些弊病,人们开始寻找更简单、执行效率更高的指令,RISC 就是在这种情况下产生的。

(2) RISC

采用复杂指令系统的计算机有着较强的处理高级语言的能力,这对提高计算机的性能是有益的。但是,IBM 公司的研究中心于 1975 年研究指令系统的合理性问题时发现,日趋庞杂的指令系统不但不易实现,而且还可能降低系统性能。1979 年,以帕特逊教授为首的一批科学家开始在美国加州大学伯克利分校开展这一研究。帕特逊等提出了精简指令的设想,即指令系统应当只包含那些使用频率很高的少量指令,并提供一些必要的指令以支持操作系统和高级语言。按照这个原则发展而成的计算机被称为 RISC 结构。

RISC 的特点是指令数目少,每条指令都采用标准字长,执行时间短,CPU 的实现细节对于机器级程序是可见的,等等。它的指令系统相对简单,只要求硬件执行有限且常用的那部分指令,大部分复杂的操作则使用成熟的编译技术,由简单指令合成。这种指令结构便于硬件实现哈佛体系结构和流水线作业,从而使得取指令和取数据可同时进行,且由于指令线一般宽于数据线,指令较同类 CISC 单片机指令包含更多的处理信息,执行效率更高,速度更快。同时,RISC 处理器的指令多为单字节和双字节,程序存储器的空间利用率大大提高,有利于实现超小型化,便于优化编译。

目前,在中高档服务器中普遍采用 RISC 的 CPU,特别是高档服务器,全都采用 RISC

的 CPU。在中高档服务器中,采用 RISC 的 CPU 主要有 Compaq(康柏,即新惠普)公司的 Alpha、惠普公司的 PA-RISC、IBM 公司的 Power PC、MIPS 公司的 MIPS 和 SUN 公司的 Spare。

(3) CISC 与 RISC 的区别。

从硬件角度来看,CISC 处理的是不等长指令集,它必须对不等长指令进行分割,因此在执行单一指令时需要更多处理单元进行较多的处理工作。而 RISC 执行的是等长精简指令集,CPU 在执行指令时速度较快且性能稳定。因此,在并行处理方面,RISC 明显优于 CISC。RISC 可同时执行多条指令,它可将一条指令分割成若干进程或线程,交由多个处理器同时执行。由于 RISC 执行的是精简指令集,所以它的制造工艺简单且成本低廉。RISC 与 CISC 的对比分析如表 2-1 所示。

表 2-1 RISC 与 CISC 的对比分析

指标	RISC	CISC
指令集	指令定长,指令执行周期短,通过指令组合实现复杂操作,指令译码采用硬布线逻辑	指令不定长,指令执行周期长,可以通过单条指令实现复杂操作,采用微程序译码
流水线	易于实现指令流水线	不易于实现指令流水线
寄存器	更多通用寄存器	用于特定目的专用寄存器
Load/Store 结构	独立的 Load 和 Store 指令完成数据在寄存器和外部存储器之间的传输	处理器能够直接处理存储器的数据
编译器优化	对编译器要求高,需要编译器对代码进行更多优化	对编译器要求低

从软件角度来看,CISC 运行的是我们所熟知的 DOS、Windows 操作系统,主要应用于 PC 与服务器等系统中。而且它拥有大量的应用程序,因为全世界 65% 以上的软件厂商都是为基于 CISC 体系结构的 PC 及其兼容机服务的,微软公司就是其中的一家。虽然 RISC 也可运行 Windows,但是需要一个翻译过程,所以运行速度要慢得多。但是,在嵌入式系统中,受存储空间和功耗的限制,RISC 却大行其道,基本上都采用基于 RISC 的处理器进行嵌入式系统设计,支持 RISC 的嵌入式操作系统种类繁多,使得 RISC 处理器应用越来越广泛。

2.2 Arm 体系架构与编程模型

Arm 体系架构是一种广泛使用的计算机处理器架构,以其高性能、低功耗和低成本而闻名,特别适用于移动设备和嵌入式系统。Arm 架构的处理器采用 RISC 设计原则,这意味着它使用较少的、更简单的指令来执行操作,从而实现更高的指令执行效率。Arm 架构之所以能够在移动和嵌入式市场取得巨大成功,很大程度上归功于其高效的设计原则、灵活的编程模型和对低功耗的重视。

2.2.1 Arm 处理器体系架构概述

ARM(Advanced RISC Machine)公司是一家微处理器行业的知名企业,设计了大量高性能、廉价、低耗能的 RISC 处理器。该公司的特点是只设计芯片而不生产,它将技术授权给世界上许多半导体、软件和 OEM 厂商,并提供服务。ARM 公司是为数不多以嵌入式处理器IP核设计起家、获得巨大成功的IP核设计公司。

ARM公司自20世纪90年代成立以来,在32位RISC CPU的开发上不断取得突破,RISC CPU的结构已经从v1发展到v9,从v8开始支持64位指令,其主频已经超过1 GHz。ARM公司将其IP核出售给各大半导体制造商,它的IP核有功耗低、成本低等显著优点,因此,获得了众多半导体厂家和整机厂商的大力支持,在32位嵌入式应用领域获得了巨大的成功,目前已经占有75%以上的32位嵌入式产品市场。现在设计、生产Arm芯片的国际大公司已经超过50家,国内的很多知名企业包括中兴通讯、华为、上海华虹、复旦微电子等公司,都购买了ARM公司的IP核用于通信专用芯片的设计。

ARM公司除了获得了半导体厂家的支持外,也获得了许多操作系统的支持,比较知名的有WinCE、Linux、Plam OS、Symbian OS、pSOS、VxWorks、Nucleus、EPOC、µC/OS、iOS、HarmonyOS等。对于开发工程师来说,这些操作系统针对Arm处理器提供的BSP,对于迅速开始Arm平台上的开发至关重要。

Arm处理器的特点如下。

(1) Arm指令是32位定长的(除AArch64架构部分增加指令为64位外)。
(2) 寄存器数量丰富(37个寄存器)。
(3) 普通的Load/Store指令。
(4) 多寄存器的Load/Store指令。
(5) 指令的条件执行。
(6) 单时钟周期中的单条指令完成数据移位操作和ALU操作。
(7) 通过变种和协处理器来扩展Arm处理器的功能。
(8) 扩展了16位的Thumb指令来提高代码密度。

Arm处理器体系架构经历了v1到v9版本,如表2-2所示。Arm架构在不断演进的同时保持了很好的兼容性。

表2-2　Arm处理器体系架构对应处理器型号

架构版本	处理器家族	备　　注
Armv1	Arm1	
Armv2	Arm2、Arm3	
Armv3	Arm6、Arm7	
Armv4	Strong Arm、Arm7TDMI、Arm9TDMI	
Armv5	Arm7EJ、Arm9E、Arm10E、XScale	
Armv6	Arm11、Cortex-M0/M0+、Cortex-M1	Arm11 MPcore支持多核
Armv7	含有Cortex-A、Cortex-M、Cortex-R三个系列,其中A系列:Cortex-A5、A7、A8、A9、A12、A15、A17	
Armv8	Cortex-A32(32位)、A35、A53、A57、A72、A73、A78	除A32外,其他处理器都支持64/32位
Armv9	Cortex-X2、Cortex-A510、Cortex-A710	

Arm的Cortex-M系列处理器包括了多个不同的型号,每个型号都是针对不同的应用场景和性能需求设计的。Cortex-M系列处理器以其高效的性能、低功耗和易于使用的特性,在嵌入式系统和微控制器市场中占据了重要地位。Cortex-M处理器有以下几种。

(1) Cortex-M0:最基础的Cortex-M系列处理器,针对成本和能效非常敏感的应用设计。它是最低功耗的 Arm 处理器之一。

（2）Cortex-M0＋：Cortex-M0 的改进版本，具有更高的能效。它保留了与 Cortex-M0 相同的指令集，但在性能和功耗方面进行了优化。

（3）Cortex-M1：专为 FPGA 实现而设计，适用于需要在 FPGA 中嵌入微控制器的应用。

（4）Cortex-M3：引入了更多的性能特性，包括增强的中断处理能力和更高的处理速度，适用于需要更高性能的嵌入式应用。

（5）Cortex-M4：在 Cortex-M3 的基础上增加了 FPU 和 DSP 指令，适用于需要进行浮点计算和数字信号处理的应用。

（6）Cortex-M7：Cortex-M 系列中性能最强的处理器之一，具有更高的时钟频率、更大的缓存和双精度 FPU，以及更高效的分支预测等特性。适用于高性能的嵌入式应用。

（7）Cortex-M23：基于 Armv8-M 架构，专为低成本和能效敏感的物联网应用设计。它引入了 TrustZone 技术，提供了改进的安全功能。

（8）Cortex-M33：也是基于 Armv8-M 架构，相比 Cortex-M23 提供了更高的性能，同时也支持 TrustZone 技术，适用于需要更高安全性和性能的物联网和嵌入式应用。

这些 Cortex-M 系列处理器覆盖了从简单的低功耗应用到复杂的高性能嵌入式系统的广泛需求，使得它们在物联网设备、工业控制、汽车电子、可穿戴设备和医疗设备等领域得到了广泛应用。

Armv7 架构是 Arm 处理器家族中的一个重要里程碑，它标志着对性能、功能和效率的显著提升。Armv7 架构引入了多个版本，包括 Armv7-A（面向应用处理器）、Armv7-R（面向实时处理器）和 Armv7-M（面向微控制器），以适应不同市场和应用需求。这一架构为现代移动设备、嵌入式系统和微控制器提供了强大的支持，推动了智能手机、平板电脑和其他便携式设备的快速发展。

Armv7 架构的主要特性如下。

（1）增强的性能和效率：Armv7 架构通过改进的指令集、更高的时钟频率和更高效的微架构设计，提供了更好的性能和能效比。

（2）NEON（高级 SIMD（Single Instruction Multiple Data，单指令多数据））扩展：Armv7-A 引入了 NEON 技术，这是一种高级 SIMD 扩展，用于加速多媒体和信号处理应用，如音频和视频编解码、图像处理和 3D 图形。

（3）硬件虚拟化支持：Armv7 架构中的 Armv7-A 版本支持硬件虚拟化，这使得在移动设备上运行多个操作系统和应用成为可能，提高了资源利用率和安全性。

（4）增强的安全功能：通过 TrustZone 技术，Armv7 架构提供了硬件级别的安全功能，支持安全启动、安全支付和敏感数据保护等应用。

（5）向后兼容性：Armv7 架构向后兼容以前的 Arm 架构，保证了软件生态系统的连续性和广泛的应用支持。

（6）浮点和向量浮点协处理器支持：Armv7 架构提供了改进的浮点和向量浮点协处理器（VFPv3 或 VFPv4），为需要高精度浮点运算的应用提供了硬件加速。

Armv7 架构广泛应用于各种设备和领域，如下所示。

（1）移动设备：智能手机、平板电脑和其他便携式设备广泛使用基于 Armv7-A 架构的处理器,以提供高性能和低功耗的用户体验。

(2) 嵌入式系统:基于 Armv7-R 和 Armv7-M 架构的处理器被用于汽车电子、工业控制、物联网设备等领域,提供实时处理能力和低功耗操作。

(3) 微控制器:Armv7-M 架构特别为微控制器设计,适用于低功耗、高效率的嵌入式应用,如传感器管理、小型设备控制等。

Armv7 架构通过其多样化的版本和强大的功能集,为现代电子设备提供了强大的计算能力和高效的能源管理,是当今广泛使用的处理器架构之一。

Armv7 架构分为 3 类处理器。

(1) Cortex-A:应用处理器,此类处理器在拥有内存管理单元(Memory Management Unit,MMU)、用于多媒体应用的可选 NEON 处理单元,以及支持半精度、单精度和双精度运算的高级硬件浮点单元的基础上,实现了虚拟内存系统架构。它适用于高端消费类电子产品、网络设备、移动互联网设备和企业市场,如 Cortex-A9、Cortex-A8 和 Cortex-A5。

(2) Cortex-R:实时处理器,此类处理器针对低功耗、良好的中断行为、卓越性能以及与现有平台的高兼容性这些需求,在内存保护单元(Memory Protection Unit,MPU)的基础上实现了受保护内存系统架构。它适用于高性能实时控制系统(包括汽车和大容量存储设备),如 Cortex-R4(F)。

(3) Cortex-M:微控制器,主要是针对微控制器领域开发的,此类控制器可进行快速中断处理,适用于需要高度确定的行为和最少门数的成本敏感型设备,如 Cortex-M3、Cortex-M4。

2.2.2　Arm 编程模型

Arm 的编程模型涵盖了处理器的寄存器、状态寄存器和指令集等方面,这些都是进行有效编程和系统设计的关键组成部分。

这些特性共同构成了 Arm 的编程模型,使其在嵌入式系统、移动设备和广泛的应用领域中成为一个非常受欢迎和强大的处理器架构。

1. Arm 处理器核心组成

Arm 处理器核心组成如下。

(1) 寄存器:Arm 处理器提供了一组通用寄存器,用于存储指令执行过程中的临时数据。在不同的 Arm 架构版本中,寄存器的数量和类型可能有所不同。例如,Armv7 架构通常包括 15 个通用寄存器(R0~R14)和一个程序计数器(PC),以及一个当前程序状态寄存器(CPSR)。

(2) 状态寄存器:状态寄存器(如 CPSR)存储了处理器的当前状态信息,包括条件标志(如零标志、负标志等)和当前操作模式(如用户模式或系统模式)。

(3) 指令集:Arm 提供了一套丰富的指令集,包括数据处理指令、控制流指令、加载/存储指令和特殊指令等。Arm 架构还支持条件执行特性,允许在满足特定条件时执行指令,这有助于减少分支指令的使用,提高程序执行效率。

Cortex-M4 处理器提供了大量的通用寄存器用来进行数据处理和控制,这些寄存器统称为寄存器组。Arm 处理器在对数据进行处理时,会首先使用 LOAD 指令将数据从 RAM 加载到处理器内部的寄存器组中,然后对数据进行操作,在处理完毕后使用 STORE 指令将寄存器组内的结果写回 RAM,这个过程被称为 Arm 处理器的加载-存储。这种设计很容易实现,并且使用 C 编译器能够生成高效代码。Cortex-M3/M4 处理器体系结构拥有 13 个 32 位的通用寄存器(如果加上 R13、R14 和 R15,共有 16 个)和数个特殊功能寄存器,Cortex-M4 处理器的寄存器组如图 2-8 所示。

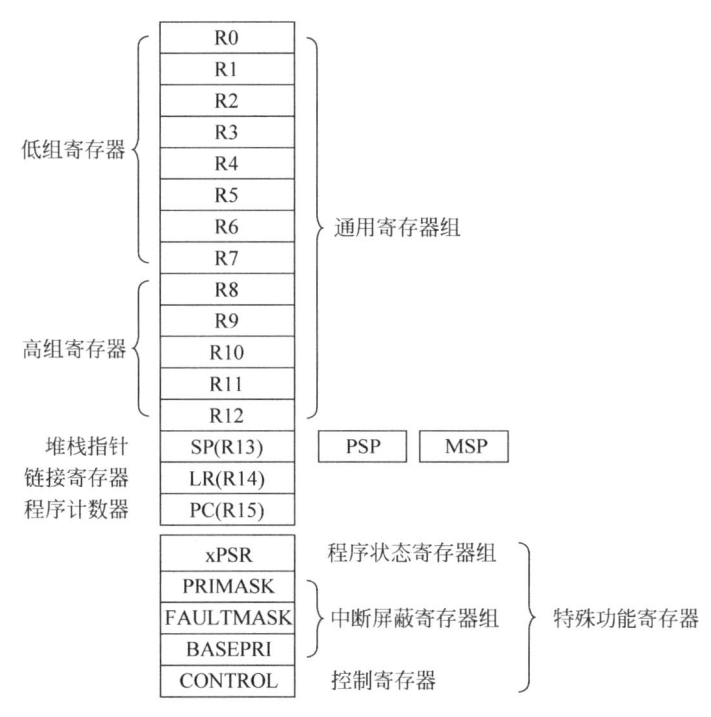

图 2-8 Cortex-M4 处理器的寄存器组

(1) 寄存器 R0~R12。

R0~R12 是通用寄存器,用于数据操作。其中,R0~R7 被称为低组寄存器,R8~R12 被称为高组寄存器。绝大多数的 16 位 Thumb 指令只能访问寄存器 R0~R7,而 32 位的 Thumb-2 指令则可以访问所有寄存器。通用寄存器的字长都是 32 位,处理器复位后这些寄存器的初始值是不确定的。

(2) 寄存器 R13。

R13 为堆栈指针(Stack Pointer,SP)。当执行进栈(PUSH)和出栈(POP)操作时,处理器通过 SP 指向的地址来访问存储器中的堆栈。Cortex-M3/M4 处理器中存在 MSP 和 PSP 两个堆栈指针,虽然在编程时 MSP 和 PSP 都可被写成 R13 或 SP,但在某一时刻只有一个堆栈起作用。编程中为了区分这两个堆栈,一般将 MSP 写成 SP_main。MSP 是复位后默认使用的堆栈指针,用于操作系统内核以及异常处理流程。PSP 则被写成 SP_process,用于应用程序代码。在 Cortex-M3/M4 处理器中,堆栈指针的最低两位永远是 0,也就是说,堆栈地址总是 4 字节对齐的。

当嵌入式系统运行简单的控制任务时,无须使用嵌入式操作系统,此时程序使用 MSP 就足够了,不需要使用 PSP。基于嵌入式操作系统的任务会使用 PSP,因为嵌入式操作系统中的内核堆栈和应用程序堆栈是分开的。当处理器复位时,PSP 的初始值没有定义,MSP 的初始值取自存储器中的第一个 32 位字。

(3) 寄存器 R14。

R14 为链接寄存器(Link Register,LR),用于在调用函数或子程序时保存返回地址。当程序中使用了跳转指令 BL、BLX 或者产生异常时,处理器会自动将程序的返回地址填充到 LR 中。当函数调用或子程序运行结束时,函数或子程序会在程序的末尾将 LR 的值填入程序计数器中,此时执行流将返回主程序并继续执行。有了 LR 以后,很多只有一级子程序调用的代码无须使用堆栈,从而提高了子程序调用的效率。多于一级的子程序调用,在调用子程序之前需要将前一级的 R14 的值保存到堆栈中,并在子程序调用结束时依次弹出。R14 也可作为通用寄存器使用。

(4) 寄存器 R15。

R15 为 PC,用于指向当前正在取址的指令的地址。Cortex-M3/M4 处理器使用了 3 级流水线,如果将当前正在执行的指令约定为第一条指令,那么读取 PC 时返回的值将指向第三条指令。也就是说,读取 PC 时返回的值等于当前正在执行的指令的地址加 4。修改 PC 的值可以改变程序的执行顺序。PC 的最低一位永远是 0,也就是说,PC 总是 2 字节对齐或 4 字节对齐的。

(5) 特殊功能寄存器。

特殊功能寄存器用来设定和读取处理器的工作状态,包括屏蔽和允许中断。应用程序一般不需要访问这些寄存器,通常仅在嵌入式操作系统中或者产生嵌套中断时才需要访问这些寄存器。特殊功能寄存器不在存储器映射的地址范围内,只能通过特殊寄存器访问指令 MSR 和 MRS 来访问它们,下面列举一些常用的特殊功能寄存器。

① 程序状态寄存器组。

程序状态寄存器组(PSR 或 xPSR)由三个子状态寄存器构成:应用程序状态寄存器(APSR)、中断/异常状态寄存器(IPSR)和执行状态寄存器(EPSR)。

② 中断屏蔽寄存器组。

Cortex-M4 处理器中的中断屏蔽寄存器组用于控制中断的使能和屏蔽,包括 PRIMASK、FAULTMASK 和 BASEPRI 寄存器。处理器的每个异常或中断都有优先级,其中,编号越小的异常或中断优先级越高。这些特殊功能寄存器用于根据优先级来屏蔽异常,它们只能在特权模式下访问。

③ 控制寄存器。

控制(CONTROL)寄存器在特权和非特权模式下都可以进行读取,但只能在特权模式下进行修改。CONTROL 寄存器只使用了 32 位中的最低两位,分别用于定义特权级别和选择当前使用的堆栈指针。

2. Arm 数据类型

Arm 体系结构支持多种基本数据类型,这些数据类型是构建和优化软件应用的基石,尤其是在嵌入式系统和移动设备中。Arm 体系结构中定义的主要数据类型如下。

(1) 双字(Double-Word):一种 64 位的数据类型。在处理大量数据或进行高精度计算时,双字提供了足够的数据宽度,使得数据处理更为高效和精确。它常用于处理复杂的算术运算、大规模数据处理任务,以及操作系统中的某些关键功能,如内存管理。

(2) 字(Word):在 Arm 体系结构中,字是一种 32 位的数据类型。字是 Arm 处理器最常用的数据单位,用于标准的数据处理和控制流操作。32 位的宽度提供了良好的平衡,在性能和数据大小之间取得折中。

(3) 半字(Half-Word)：一种16位的数据类型。半字用于处理那些不需要32位宽度的数据，从而节省存储空间和数据带宽。它适用于处理较小的数值和控制字段。

(4) 字节(Byte)：最小的数据单位，长度为8位。尽管字节的信息容量有限，但它在处理文本数据、小数值或其他需要按字节寻址的数据时非常有用。

这些数据类型的支持使得Arm处理器能够在不牺牲性能的前提下，有效地处理不同大小和类型的数据。这种灵活性是Arm处理器在多种应用领域，如智能手机、平板电脑、嵌入式系统等，广泛使用的一个重要原因。

3. Arm处理器存储格式

Arm处理器是一种广泛使用的32位微处理器，其设计支持大量的存储寻址能力和灵活的数据存储格式。在详细了解Arm处理器的存储格式之前，重要的是要理解其基本的存储视图和数据存储方法。

(1) 存储视图。

Arm体系结构将存储视为从0地址开始的连续字节序列。作为一个32位的微处理器，Arm体系结构支持最大4GB的寻址空间，这意味着它可以直接访问高达232232个独立的字节地址。

(2) 数据存储格式。

在Arm体系结构中，数据可以以两种主要的字节序存储：大端模式和小端模式。这两种模式影响数据字节在内存中的排列顺序。

大端模式(Big-Endian)：在大端模式下，字数据的高字节(即最重要的字节)存储在较低的地址中，而字数据的低字节(即最不重要的字节)存储在较高的地址中。

小端模式(Little-Endian)：与大端模式相反，在小端模式下，字数据的低字节存储在较低的地址中，而字数据的高字节存储在较高的地址中。

(3) 选择字节序。

Arm处理器通常可以配置为大端或小端模式，这取决于应用需求或特定硬件的设计。这种灵活性允许Arm处理器更好地适应不同的操作系统和网络协议，其中一些可能规定了特定的字节序。

总的来说，Arm处理器的存储格式和字节序的灵活配置使其能够在多种计算环境中高效地运行，满足不同应用程序的性能和数据处理需求。

例如，按照大端模式将数据0x12345678存放到从0x00020000开始的地址单元中，如表2-3所示。

表2-3 大端模式存储数据格式

地址	0x00020003	0x00020002	0x00020001	0x00020000
数据	0x78	0x56	0x34	0x12

小端模式(高地高字)：字的高字节数据存储在高地址单元中，字的低字节数据存储在低地址单元中。例如，按照小端模式将数据0x12345678存放到从0x00020000开始的地址单元中，如表2-4所示。

表 2-4 小端模式存储数据格式

地址	0x00020003	0x00020002	0x00020001	0x00020000
数据	0x12	0x34	0x56	0x78

4. Arm 处理器工作状态

从编程的角度来看，Arm 处理器的工作状态一般有 Arm 状态和 Thumb 状态两种，并可在两种状态之间切换。

（1）Arm 状态：此时处理器执行 32 位的字对齐 Arm 指令。绝大部分 Arm 处理器工作在此状态下。

（2）Thumb 状态：此时处理器执行 16 位的半字对齐的 Thumb 指令。

Arm 处理器是一种广泛应用于移动设备、嵌入式系统和其他类型计算设备中的微处理器。它们以低功耗和高性能而著称，部分原因是它们能够在不同的指令集状态下运行，以适应不同的应用需求。从编程的角度来看，Arm 处理器主要有两种工作状态：Arm 状态和 Thumb 状态。这两种状态允许处理器在执行效率和代码密度之间进行权衡，以优化应用程序的性能和存储需求。

5. 典型 Arm 处理器工作模式

典型 Arm 处理器的工作模式主要有 7 种，如表 2-5 所示。

除了用户模式，其余 6 种模式都是特权模式；除了用户模式和系统模式，其余 5 种模式都是异常模式。在特权模式下，程序可以访问所有的系统资源。非特权模式和特权模式的区别在于有些操作只能在特权模式下才被允许，例如，直接改变模式和中断使能等。为了保证数据安全，一般 MMU 会对地址空间进行划分，只有特权模式才能访问所有的地址空间。而在用户模式下，必须切换到特权模式下才允许访问硬件。

表 2-5 典型 Arm 处理器工作模式

处理器工作模式			说　　明	备　　注
用户(USR)			正常程序工作模式	不能直接切换到其他模式
特权模式		系统(SYS)	用于支持操作系统的特权任务等	与用户模式类似，但可以直接切换到其他模式
	异常模式	快速中断(FIQ)	支持高速数据传输及通道处理	FIQ 异常响应时进入此模式
		中断(IRQ)	用于通用外部中断处理	IRQ 异常响应时进入此模式
		管理(SVC)	运行具有特权的操作系统任务	系统复位和软件中断(SWI)响应时进入此模式
		中止(ABT)	用于处理存储器故障、实现虚拟存储器和存储器保护	当访问存储器数据或指令预取终止时进入该模式
		未定义(UND)	支持硬件协处理器的软件仿真	遇到未定义指令操作产生异常响应时进入此模式

2.3　Arm 处理器内存管理

Arm 处理器的内存管理是其架构中一个核心和复杂的部分，它涉及如何有效地组织、控制和保护系统内存。内存管理的目的是优化性能，确保系统的稳定性和安全性，同时为应用程序和操作系统提供必要的支持。

(1) 内存模型。

Arm 处理器支持扁平的内存地址空间模型。这意味着从处理器的视角,内存被视为一个连续的地址空间,这个空间可以通过 32 位或 64 位的地址来访问,具体取决于处理器的架构(Armv7 或 Armv8)。这种模型简化了内存的访问和管理,但也要求有效的内存保护和隔离机制以防止应用程序间的冲突和安全问题。

(2) MPU。

MPU 是一种硬件机制,用于在没有完整内存 MMU 支持的系统中提供基本的内存保护功能。MPU 允许操作系统为每个任务或线程定义内存区域的访问权限,从而提高系统的安全性和稳定性。通过定义不同的访问权限(如读、写、执行权限),MPU 有助于防止任务间的非法内存访问和数据篡改。

(3) MMU。

MMU 是更高级的内存管理硬件,它提供了虚拟内存支持和更复杂的内存保护机制。MMU 允许操作系统将物理内存映射到虚拟地址空间,从而实现更灵活和高效的内存管理,包括内存分页、地址转换、访问权限控制等功能。MMU 的使用使得操作系统能够实现进程隔离、内存分配优化和动态内存管理等高级功能。

(4) 缓存和写缓冲区。

为了提高内存访问的速度,Arm 处理器通常包含一级(L1)和二级(L2)缓存。缓存是一种小但非常快速的内存,用于存储最近访问的数据和指令,以减少对慢速主内存的访问次数。写缓冲区则用于暂存要写入主内存的数据,可以提高写操作的效率。缓存和写缓冲区的管理对于提高系统的整体性能至关重要。

(5) TrustZone 技术。

ARM 公司的 TrustZone 技术提供了一种安全的执行环境,允许在同一处理器上安全地运行敏感和非敏感的应用程序。通过在物理硬件级别上分隔内存和其他资源,TrustZone 技术确保了敏感数据和应用程序的安全性,即使非敏感部分被攻破也不会受到影响。

Arm 处理器的内存管理旨在提供灵活、高效和安全的内存访问和控制机制,以满足不同应用和操作系统的需求。通过合理的内存管理策略,可以确保系统的高性能运行和数据安全。

2.3.1 内存映射

Arm 架构的内存映射机制是其处理器设计中的一个重要特征,它定义了如何在处理器的地址空间中安排和访问内存、外设以及其他资源。这种映射机制对于优化性能、实现有效的资源管理以及保障系统的安全性至关重要。在 Arm 处理器中,内存映射涉及多方面,包括虚拟内存管理、内存保护机制、外设映射等。

1. 什么是内存映射

内存映射指的是在 Arm 处理器的存储系统中,使用 MMU 实现虚拟地址到实际物理地址的映射,如图 2-9 所示。图中的地址转换器就是 MMU,CPU 操作的地址称为虚拟地址,MMU 操作的地址是实际的物理地址。

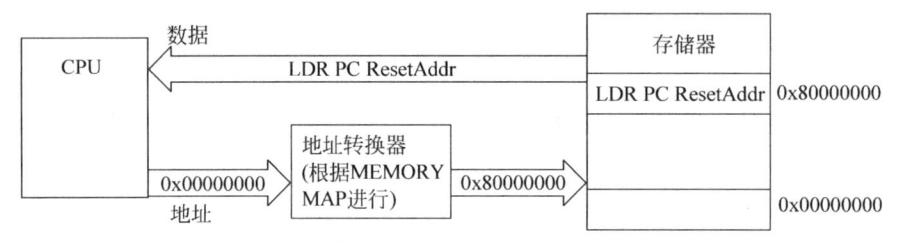

把扩展存储器中异常向量映射到地址 0x00000000

图 2-9 MMU 实现虚拟地址到实际物理地址的映射示意图

2. 为什么要内存映射

A32 架构的 Arm 处理器的地址总线为 32 位，故 CPU 可寻址范围为 0x00000000～0xFFFFFFFF，寻址空间为 4 GB，所有内部和外部存储或外设单元都需要通过对应的地址来操作，不同芯片外设的种类数量寻址空间不一样，为让内核更方便地管理不同的芯片设计，Arm 内核会先给出预定义的存储空间分配，如图 2-10 所示。

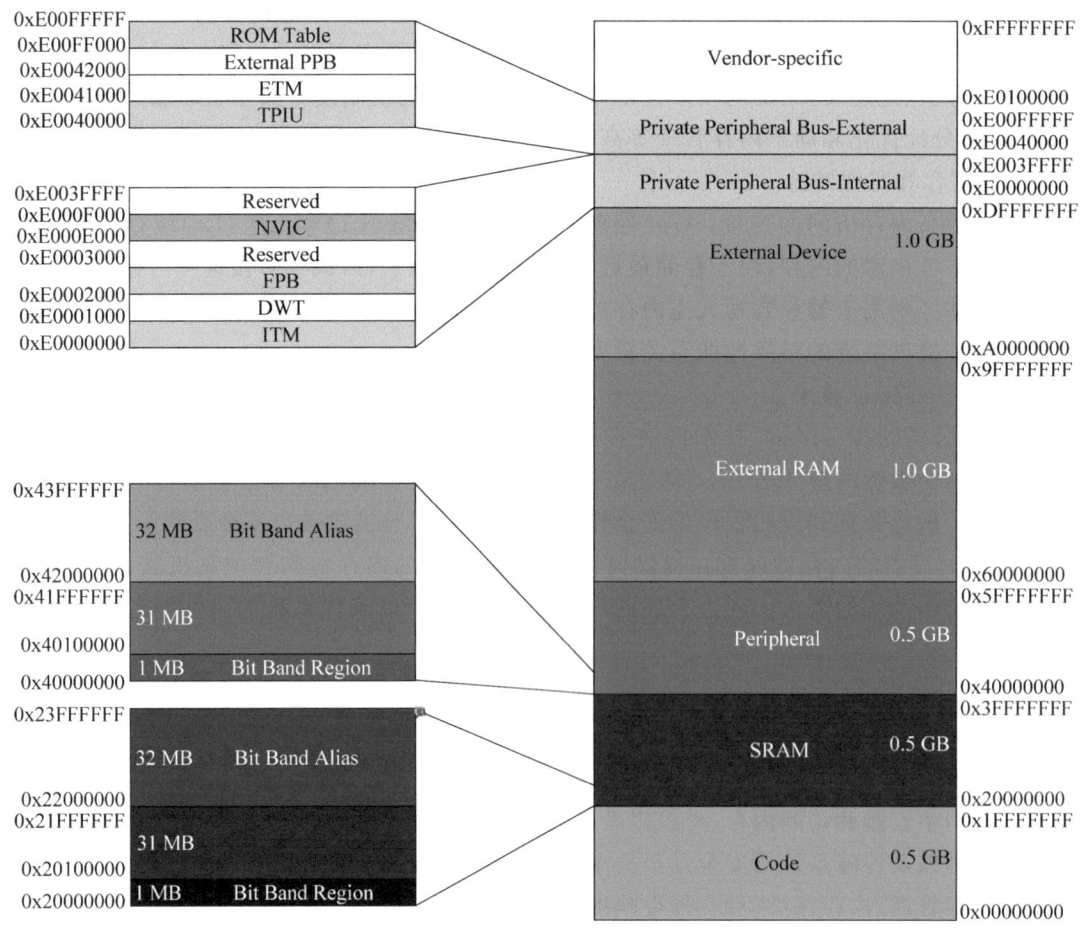

ROM Table—ROM 表；External PPB—外部 PPB；Vendor-specific—厂商特定；ETM—嵌入式跟踪宏单元；TPIU—跟踪端口接口单元；Private Peripheral Bus-External—私有外设总线-外部；Private Peripheral Bus-Internal—私有外设总线-内部；Reserved—保留；NVIC—嵌套向量中断控制器；External Device—外部设备；FPB—闪存补丁和断点单元；DWT—数据观察和跟踪单元；ITM—仪表追踪宏单元；External RAM—外部 RAM；Bit Band Alias—位带别名；Peripheral—外设；Bit Band Region—位带区域；SRAM—静态随机存取存储器；Code—代码

图 2-10 处理器预定义的存储空间分配示意图

芯片设计公司要根据内核提供的预定义的存储器映射来定义芯片内部外设和外部的保留接口,这样做的好处是,极大地减少了同一内核不同芯片间地址转换的麻烦(CPU 对统一的虚拟地址进行操作,实际物理地址转换交由 MMU 管理)。

3. Arm MMU 的工作原理

在 Arm 处理器的存储系统中,使用 MMU 实现虚拟地址到实际物理地址的映射。利用 MMU,可把 SDRAM 的地址完全映射到 0x00000000 起始的一片连续地址空间中,而把原来占据这片空间的闪存或 ROM 映射到其他不冲突的存储空间位置中。

例如,闪存的地址范围是 0x00000000～0x00FFFFFF,而 SDRAM 的地址范围是 0x30000000～0x31FFFFFF,则可把 SDRAM 地址映射到 0x00000000～0x01FFFFFF,而闪存的地址可以映射到 0x90000000～0x90FFFFFF(此处地址空间为空闲,未被占用)。映射完成后,如果处理器发生异常,假设依然为 IRQ 中断,PC 指针指向 0x00000018 处的地址,而这时 PC 实际上是从位于物理地址的 0x30000018 处读取指令。

通过 MMU 的映射,可实现程序完全运行在 SDRAM 之中。在实际应用中,可能会把两片不连续的物理地址空间分配给 SDRAM。而在操作系统中,习惯于把 SDRAM 的空间连续起来,方便内存管理,且应用程序申请大块的内存时,操作系统内核也可方便地分配。通过 MMU 可实现将不连续的物理地址空间映射为连续的虚拟地址空间。操作系统内核或一些比较关键的代码,一般是不希望被用户应用程序访问的。通过 MMU 可以控制地址空间的访问权限,从而保护这些代码不被破坏。

2.3.2 集成外设寄存器访问方法

在嵌入式系统应用的多数处理器中集成了许多外设以便于用户扩展应用,处理器对这些外设的控制是通过其内部的寄存器读写来完成的。学过单片机的读者都知道,在采用统一 I/O 地址空间管理的模式中,集成外设和存储器一样,这些外设的寄存器就是一个个存储单元,每个寄存器都分配有一个固定的地址。在访问这些寄存器时,很多时候需要单独对某些位进行操作,因此需要采用位带操作来对这些寄存器进行读写控制。

1. 位带操作

(1) 什么是位带操作?

举个简单的例子,在使用 51 单片机操作 P1.0 为低电平时,实际上就是往某个寄存器的某个比特位中写 1 或 0 的过程,但在 CPU 操作的过程中,每一个地址对应的都是一个 8 位的字节,怎么实现对其中某一位的直接操作呢? 这时就需要位带操作。

(2) 哪些地址可以进行位带操作?

不同处理器可以进行位带操作的区域设置不一样,位带操作区就像 51 单片机中的位操作存储区一样。图 2-10 中有两个区中实现了位带。其中一个是 SRAM 区的最低 1 MB 范围(Bit Band Region),另一个则是片内外设区的最低 1 MB 范围。这两个区中的地址除可以像普通的 RAM 一样使用外,还有自己的位带别名区(Bit Band Alias),位带别名区把每个比特膨胀成一个 32 位的字。位带操作所使用的膨胀地址原本位于位带别名区,由于现在都指向了位带区的特殊位,这些膨胀地址都不能再指向一个 8 位的空间。

2. 寄存器的地址计算

在 Arm 中,所有的外设地址基本都挂载在 AHB(Advanced High-Performance Bus,先

进高性能总线)或 APB(Advance Peripheral Bus,先进外设总线)上,因此往往采用基地址+偏移地址+结构体的方式,快速计算某一外设具体寄存器的访问地址,如图2-11所示。

```
外设基地址 ──→  #define PERIPH_BASE((uint32_t) 0x40000000)

AHB1     ──→   #define AHBIPERIPH_BASE (PERIPH_BASE+ 0x00020000)

GPIOA    ──→   #define GPIOA_BASE (AHBIPERIPH_BASE + 0x0000)
               #define GPIOA ((GPIO_TypeDef*) GPIOA_BASE)
               typedef struct{
                   __IO uint32_t MODER;
                   __IO uint32_t MODER;
                   __IO uint32_t MODER;
                   __IO uint32_t MODER;
                   __IO uint32_t MODER;
                   …
               } GPIO_TypeDef;
```

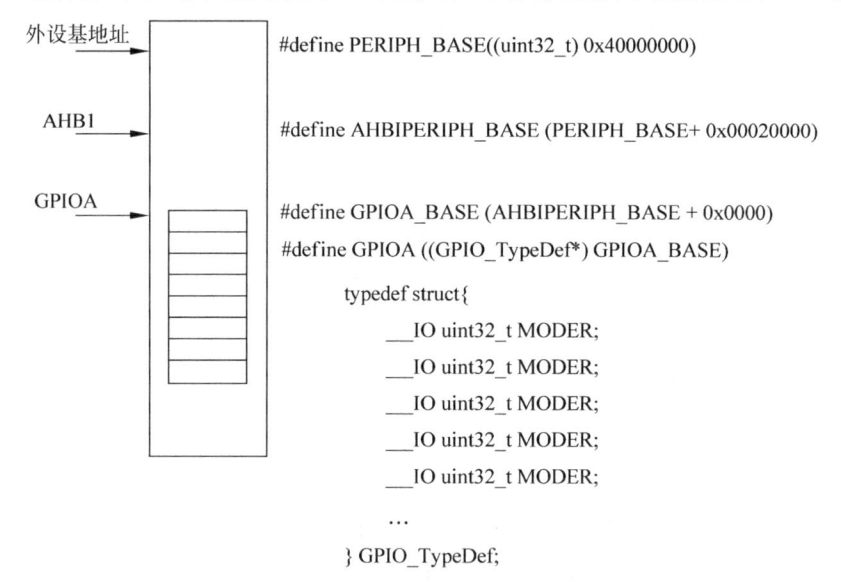

图 2-11 外设寄存器访问地址定义方式

举个例子,当要操作 GPIOA 模块中的 ODR 寄存器时,只要直接操作寄存器定义 GPIO→ODR,该寄存器的实际地址已经通过外设基地址 PERIPH_BASE(内核预定义地址)+AHB1 总线偏移地址(具体由芯片设计公司决定)+GPIOA 的偏移地址(具体由芯片设计公司决定)+GPIO 模块的寄存器分布结构体决定。再将模块的寄存器分布结构体指针指向模块基地址(#define GPIOA((GPIO_TypeDef *)GPIOA_BASE)),这样做的好处是,调用 GPIOA 时就定位到该模块的基地址及内部每个寄存器的地址偏移。

注意:当使用位带功能和寄存器宏定义时,对要访问的寄存器变量声明必须用 volatile 来定义。通过 volatile,可以使编译器每次都把新的数值写入寄存器,而不会进行优化操作。代码如下。

```
//把"位带地址 + 位序号"转换成别名地址的宏
#define BITBAND(add, bitnum)   ((addr 80 × F00000000) + 0 × 2000000 + ((addr 0xFFFFF)< 5) + (bitnum << 2))
//把地址换行为一个指针
#define MEM_ADDR(addr)   * (volatile unsigned long * (addr))
```

上面的代码段定义了两个宏,用于 Arm 架构中的位带操作,这是一种特殊的内存映射机制,允许对单个位进行原子操作,而不仅是整个字节或字。这种机制在嵌入式系统编程中非常有用,尤其是在需要对特定硬件寄存器位进行精确控制时。下面是对这两个宏的具体说明。

(1) BITBAND 宏。

```
#define BITBAND(addr, bitnum)   ((0x42000000) + ((addr&0xFFFFF)<< 5) + (bitnum << 2))
```

这个宏将一个普通的内存地址和位序号转换成对应的位带别名地址。这里有几个关键点需要注意。

① 0x42000000 是位带区域的基地址。

②(addr&0xFFFFF)将原始地址限制在其低 20 位,这是因为位带区域映射了一个 1 MB 的地址空间。

③ <<5 和 <<2 分别是对地址和位序号的位移操作,用于计算在位带区域中的正确偏移。每个位带别名占用 4 字节,所以位序号需要乘以 4(或者左移 2 位)来计算偏移。

通过这种方式,可以直接访问和控制特定地址的特定位,而不影响其他位。

(2) MEMADDR 宏。

```
#define MEMADDR(addr)    *(volatile unsigned long *)(addr)
```

这个宏将一个地址转换为指向该地址的 volatile unsigned long 类型的指针,并且引用该指针。使用关键字 volatile 是因为在嵌入式系统中,寄存器的值可能会由硬件改变,而不是仅由程序控制。volatile 告诉编译器,每次访问这个地址时都需要从该地址读取数据,而不是使用可能已经缓存的值,这确保了对硬件寄存器的直接和实时访问。

这两个宏共同提供了一种方便的方法来直接访问和控制寄存器或内存中单个的位,这对于需要精确控制硬件行为的嵌入式系统编程非常有用。

在此基础上,可以修改代码如下:

```
MEM_ADDR(DEVICE_REG0) = 0×AB;                              //使用正常地址访问寄存器
MEMADDR(DEVICE_REG0) = MEMADDR(DEVICE_REG0) |0x02;         //传统方法
MEM_ADDR(BITBAND(DEVICE_REG0,1)) = 0x1;                    //使用位带别名地址对位进行访问
```

上述代码段展示了 3 种不同的方法来访问和修改嵌入式系统中的硬件寄存器值。第一种是使用正常地址访问,第 2 种是传统方法,第 3 种是使用位带别名地址对位进行访问。这 3 种方法在嵌入式系统编程中非常常见,尤其是在需要精确控制硬件寄存器的位时。

(1) 使用正常地址访问寄存器。

```
MEM_ADDR(DEVICE_REG0) = 0xAB;
```

这行代码直接将 DEVICE_REG0 寄存器的值设置为 0xAB。MEM_ADDR 应该是一个宏或函数,用于将 DEVICE_REG0 的地址转换为一个可以直接赋值的指针。但是,根据上下文,这里应该是 MEMADDR 宏的一个错误拼写,正确的使用应该是 MEMADDR(DEVICE_REG0) = 0xAB;。

(2) 传统方法。

```
MEMADDR(DEVICE_REG0) = MEMADDR(DEVICE_REG0) | 0x02;
```

这行代码使用传统的方法来设置 DEVICE_REG0 寄存器中的第二位(从 0 开始计数)。它首先读取当前寄存器的值,然后通过位或操作|0x02 来设置第二位,最后将新的值写回寄存器。这种方法可以确保除了需要设置的位外,其他位的值不会改变。

(3) 使用位带别名地址对位进行访问。

```
MEM_ADDR(BITBAND(DEVICE_REG0, 1)) = 0x1;
```

这行代码使用位带功能来直接设置 DEVICE_REG0 寄存器的第二位。BITBAND(DEVICE_REG0,1)宏计算出该位对应的位带别名地址,然后将该地址处的值设置为 0x1。这实际上是将第二位设置为 1 的一种更直接和高效的方法。同样,这里的 MEM_ADDR 应该是 MEMADDR 的错误拼写,正确的使用应该是 MEMADDR(BITBAND(DEVICE_REG0,1)) = 0x1;。

这些代码段展示了在嵌入式系统编程中，如何使用不同的方法来访问和修改硬件寄存器的值。使用位带功能可以更加直接和高效地进行位级别的操作，这对于需要精确控制硬件行为的应用来说非常有用。

2.4 Arm 架构异常处理

Arm 架构的异常处理是一种关键机制，用于响应系统中发生的各种异常事件，如中断、系统调用、错误等。这些异常事件可能由外部设备、软件错误、安全违规等原因引起。Arm 处理器通过异常处理机制来确保系统能够安全、有效地响应这些事件，维护系统的稳定运行。

异常处理在 Arm 架构中扮演着至关重要的角色，它不仅保证了系统的稳定性和可靠性，还为操作系统提供了实现高级功能（如多任务处理、系统调用等）的基础。通过有效的异常处理机制，可以优化系统的性能，提高系统对错误和外部事件的响应能力。

2.4.1 Arm 处理器异常类型

中断对于任何处理器都是至关重要的。典型的 Arm 处理器提供 7 种可以使正常指令中止的异常情况：数据终止、快速中断请求、外部中断请求、预取指终止、软件中断、复位及定义的指令。Arm 把中断定义为一类特殊的异常，实际上这些异常都可以看成中断。

在 Arm 中，异常处理用于处理由错误、中断或其他由外部系统触发的事件。在 Arm 文档中，使用术语 Exception 来描述异常。Exception 主要是从处理器被动接受异常的角度描述，而 Interrupt 带有向处理器主动申请的含义。在本书中，对"异常"和"中断"不作严格区分，都是指请求处理器打断正常的程序执行流程、进入特定程序循环的一种机制。

Arm 处理器的 7 种类型异常，按优先级从高到低排列如下。

(1) Reset：复位。

(2) Data Abort：数据终止。

(3) FIQ：快速中断请求。

(4) IRQ：外部中断请求。

(5) Prefetch Abort：预取指终止。

(6) SWI：软件中断。

(7) Undefined Instruction：未定义的指令。

Arm 处理器有两种类型的中断，一类是由外设引起的，即 IRQ 和 FIQ；另一类是一条引发中断的特殊指令 SWI。两种中断都会挂起正常执行的程序，转而去处理中断。

异常是需要中止指令正常执行的任何情形，包括 Arm 内核产生复位、取指或存储器访问失败，遇到未定义指令，执行了软件中断指令或者出现外部中断等。异常处理就是处理这些异常情况的方法。大多数异常都对应软件的一个异常处理程序——一个在异常发生时执行的软件程序。

每种异常都导致内核进入一种特定的模式，Arm 处理器异常及其模式如表 2-6 所示。每个处理器模式都有一组各自的分组寄存器，处理器模式决定了哪些寄存器是活动的以及对当前程序状态寄存器（Current Program Status Register, CPSR）的完全读/写访问。同时，通过编程改变 CPSR，可以进入 Arm 处理器任何模式。从其他模式进入用户模式和新模式,也可以通过修改 CPSR 来完成。

表 2-6　Arm 处理器异常及其模式

异　　常	模式	目　　的
快速中断请求	FIQ	处理快速中断请求
外部中断请求	IRQ	处理中断请求
软件中断和复位	SVC	处理操作系统的受保护模式异常
预取指终止和数据终止	ABT	处理虚存或存储器保护异常
未定义的指令	UND	处理软件模拟硬件协处理器异常

中断是由 Arm 外设引起的一种特殊的异常。IRQ 异常用于处理器响应外设中断,如 WDT、定时器、UART、I2C、SPI、RTC、ADC 等。FIQ 异常一般是为单独的中断源保留的。IRQ 可以被 FIQ 中断,但 IRQ 不能中断 FIQ。为了使 FIQ 更快,这种模式有更多的影子寄存器。FIQ 不能调用 SWI(软件中断)。FIQ 还必须禁用中断。

每个外围设备都有一条中断线连接到向量中断控制器,可以通过寄存器设置这些中断的优先级。Arm 处理器的中断处理需要注意以下问题。

(1) Arm 状态下的寄存器包括通用寄存器、程序计数器和状态寄存器。

(2) 在模式切换的过程中,要保护系统模式和用户模式下的通用寄存器状态,以便异常处理完成后程序能正常返回。因为 FIQ 模式下 R8~R14 为其私有寄存器,所以切换过程中,系统模式和用户模式下的通用寄存器 R8~R14 就不用保护了,这就减少了对寄存器存取的需要,从而可以快速地进行 FIQ 处理,故称为 FIQ。

(3) 异常处理的动作。触发异常并通知处理器是由相应的硬件自动完成的。

2.4.2　Arm 处理器对异常的响应

Arm 处理器对异常的响应是其核心功能之一,确保了系统能够在遇到非预期事件时保持可靠和高效的运行。异常是指任何中断正常程序执行流程的事件,包括硬件故障、软件错误、外部中断等。Arm 架构定义了多种类型的异常,以及处理这些异常的具体机制。

Arm 处理器对异常的响应过程是从中断向量表开始的。一般来说,Arm 处理器中断向量表的地址是放在从 0 开始的 32 字节内,Arm 处理器异常中断向量及优先级如表 2-7 所示。

表 2-7　Arm 处理器异常中断向量及优先级

入口地址	异常中断类型	入口是处理器的操作模式	跳转指令实例	优先级
0x00000000	复位	超级用户	B Reset_Handler	0
0x00000004	未定义的指令	未定义	LDR PC,Undefined_Handler	6
0x00000008	软件中断	超级用户	LDR PC,SVC_Handler	5
0x0000000C	终止(预取指)	终止	LDR PC,PrefAbort_Handler	4
0x00000010	终止(数据)	终止	LDR PC,DataAbort_Handler	1
0x00000014	保留	保留	LDR PC, NotUsed_Handler	未分配
0x00000018	IRQ	IRQ	LDR PC, IRQ_Handler	3
0x0000001C	FIQ	FIQ	LDR PC,FIQ_Handler	2

表 2-7 中第一列是指令存放的地址,也就是对应中断响应时读取的第一条指令存放的

位置。一般在该位置存放异常服务程序的跳转指令,在中断向量表中填写跳转指令。

CPU对一个中断的操作过程包括下面几方面。

(1) 保存断点:保存下一个将要执行的指令的地址,也就是把这个地址送入堆栈;

(2) 寻找中断入口:根据不同中断源产生的中断,查找不同的入口地址;

(3) 执行中断处理程序;

(4) 中断返回:执行完中断指令后,就从中断返回到主程序继续执行。

在Arm处理器作中断响应时,CPU主动完成以下动作。

(1) 保存断点处指令地址:将下一条将要执行的指令的地址存入相应链接寄存器LR,以便程序在处理异常后返回时能从正确的位置重新开始执行。若异常是从Arm状态进入的,则LR中保存的是下一条指令的地址(当前PC+4或当前PC+8,与异常的类型有关),Arm进入/退出异常的PC和LR值如表2-8所示。

表2-8 Arm进入/退出异常的PC和LR值

异常或入口	返回指令	中断执行之前的状态 Arm	中断执行之前的状态 Thumb	备注
BL	MOV PC,R14	PC+4	PC+2	此处PC为BL、SWI、未定义的取指或预取指终止指令的地址
SWI	MOVS PC,R14_svc	PC+4	PC+2	
未定义指令	MOVS PC,R14_und	PC+4	PC+2	
预取指终止	SUBS PC,R14_abt,#4	PC+4	PC+4	
FIQ	SUBS PC,R14_fiq,#4	PC+4	PC+4	此处PC为被FIQ、IRQ抢占下一步执行指令的地址
IRQ	SUBS PC,R14_irq,#4	PC+4	PC+4	
数据终止	SUBS PC,R14_abt,#4		PC+8	此处PC为产生数据终止装载或保存指令的地址
复位	—	—	—	复位时保存在R14_svc中的值不可预知

若异常是从Thumb状态进入的,则在LR中保存当前PC的偏移量,这样,异常处理程序就不需要确定异常是从何种状态进入的。

例如,在SWI异常中,指令MOVS PC,R14_svc总是返回到下一条指令,不管SWI是在Arm状态执行还是在Thumb状态执行。

(2) 将CPSR复制到相应的程序状态保存寄存器(Saved Program Status Register,SPSR)中。

(3) 根据异常类型,强制设置CPSR的运行模式位。

(4) 寻找中断入口:强制PC从相关的异常向量地址取下一条指令执行,从而跳转到相应的异常处理程序处。

如果异常发生时处理器处于Thumb状态,则当异常向量地址加载入PC时,处理器自动切换到Arm状态。

当每一个异常发生时,总是从异常向量表开始跳转,最简单的一种情况是:向量表中的每一条指令直接跳向对应的异常处理函数。其中,函数FIQ_Handler()可以直接从地址0x0000001C处开始,向下一条指令跳转。但是,当执行跳转时有两个问题需要讨论:跳转范围和异常分支。

例如,当发生 IRQ 中断时,有以下情况。

(1) 进入 IRQ 模式,CPU 自动完成以下动作。

① 将原来执行程序的下一条指令地址保存到 LR 中,就是将 R14 保存到 R14_irq 中。

② 将 CPSR 复制到 SPSR_irq 中。

③ 改变 CPSR 模式位的值为 IRQ 模式。

④ 改变 PC 值为 0x00000018,将其指向 IRQ 异常的向量地址,准备读取 IRQ 的跳转指令。

(2) CPU 从 PC 指向 0x00000018 处读取跳转指令。这是 IRQ 的中断入口,存放 IRQ 跳转指令。

(3) 通过执行 0x00000018 处指令 LDR PC,IRQ_Handler,跳转到相应的中断服务程序。这里就有确定中断源的问题,也就有优先级的问题。

在典型的 Arm 处理器中,多个外部中断源共享一个 IRQ 中断入口,而每个外部中断源都有自己的中断服务程序,因此在 IRQ_Handler 中需要对不同的中断源进行识别。

(4) 执行中断服务程序。调用相应的中断服务程序执行。

异常处理完毕,Arm 处理器执行以下几步操作,从异常状态返回。

① 通用寄存器的恢复。将异常中断位置保存的状态恢复到异常响应前的状态,即从栈空间中恢复被压栈的通用寄存器,出栈顺序和入栈顺序相反。

② 状态寄存器的恢复。从栈空间中恢复被压栈的程序状态寄存器,在不同工作模式时将对应模式的 SPSR 恢复到 CPSR 中。比如,IRQ 异常返回时需要将 SPSR_irq 的值复制到 CPSR 中。

③ PC 指针的恢复。异常返回的最后一步是对 PC 值的恢复,在大多数 Arm 处理器的 Arm 状态中,异常响应时,LR 中备份了下一条将执行指令的位置,因此,在异常返回的最后,将压栈的 LR 值复制到 PC 中,一般是通过中断返回指令完成该操作。

在 IRQ 异常模式返回时,需要将 LR(R14_irq)的值减去相应的偏移量后送到 PC 中,代码如下。

```
SUBS  PC, LR_irq, #4
```

当异常中断发生时,PC 所指的位置对于不同的异常中断是不同的,同样,返回指令对于不同的异常中断也是不同的,如表 2-7 所示。例外的是,复位异常中断处理程序不需要返回,因为整个应用系统是从复位异常中断处理程序开始执行的。

2.5　Cortex-M4 处理器的内部结构

Cortex-M4 处理器的内部结构如图 2-12 所示。

1. Cortex-M4 内核

Cortex-M4 内核是 Cortex-M4 处理器的核心,具备以下特点:采用 3 级流水线结构;支持 Thumb-2 指令集,能以 16 位的代码密度提供 32 位的性能;内部集成了单周期乘法指令、硬件撤法指令;内置了快速中断控制器,具有较好的实时特性。

2. 嵌套向量中断控制器

嵌套向量中断控制器(Nested Vectored Interrupt Controller,NVIC)是内建在 Cortex-

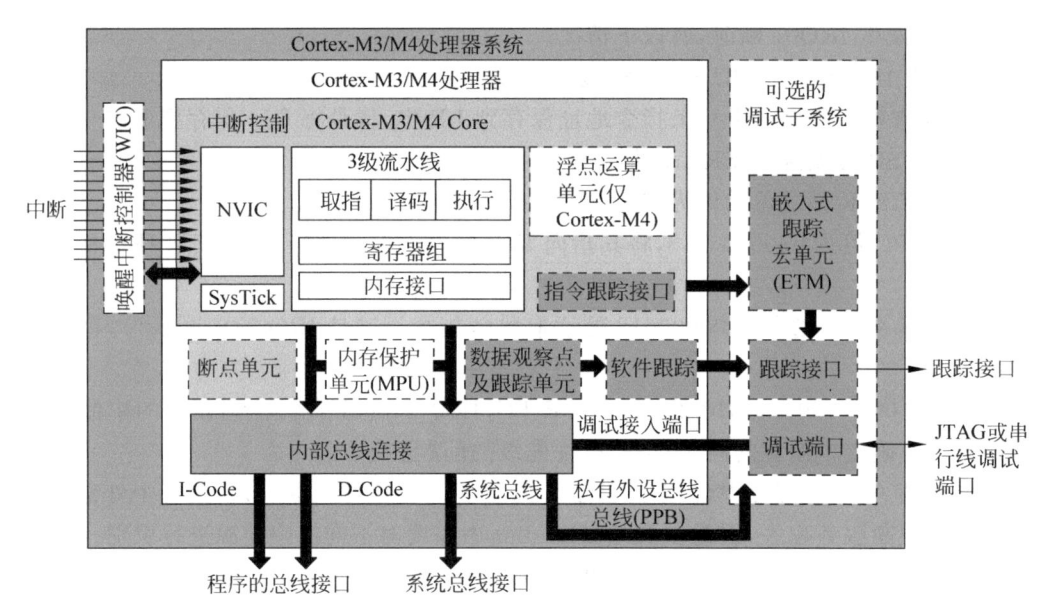

图 2-12 Cortex-M4 处理器的内部结构

M4 内核中的中断控制器,支持的中断数量可由芯片制造商自行定义。NVIC 支持中断嵌套,使得 Cortex-M4 具有较强的中断嵌套功能。NVIC 采用了向量中断机制,当中断产生时,中断控制器会自动取出对应的中断服务程序入口地址,并调用中断服务程序,无须软件判定中断源,从而缩短了中断响应时间。

3. 系统定时器

系统定时器(System Tick Timer,SysTick)是 NVIC 内部的 24 位倒计时定时器,它每隔一定的周期产生一次时钟中断,对操作系统来说这类似于心跳信号。SysTick 使得处理器在睡眠模式下也能间歇性工作,从而大大降低了功耗。

4. 内存保护单元

除了 Cortex-M0,其他的 Cortex-M 处理器都有可选的 MPU 来实现存储空间访问权限和存储空间属性的定义。MPU 可以把存储器划分成一些区域,并分别设定访问规则,从而实现存储区域保护。例如,MPU 可以让某些存储区域在用户态变成只读,从而阻止程序对存储区域内关键数据的破坏。MPU 还为多任务之间的隔离提供了硬件支持,这对于实时操作系统来说是非常重要的。实时操作系统通过 MPU 为每个任务配置存储空间,并定义存储空间的访问权限,从而保证每个任务都不会越界破坏其他任务的地址空间。

5. 内部总线连接

内部总线连接(Internal Bus Interconnect)包括总线矩阵、高速总线、外设总线以及总线之间的桥接,是处理器内核与外设以及外设之间的数据传输通道。微控制器芯片内部会集成不同速度的外设控制器,这些外设中既有高速设备(如 SRAM),也有低速设备(如 USART),内部总线需要协调不同速度设备间的数据传输需求。

Cortex-M4 处理器采用了 AHB 和 APB 来应对嵌入式系统对不同传输速度的需求,AHB 用于高性能、高时钟速率模块之间的通信,APB 则用于处理器核心与低速外设之间的数据传输。

总线矩阵(Bus Matrix)可以让数据在不同的总线之间并行传输且不发生干扰。总线矩阵使得多个主设备可以并行访问不同的从设备，增强了数据传输能力，提高了访问效率，同时也改善了功耗。

AHB 到 APB 桥（AHB to APB bridge）是 AHB 和 APB 的一个总线桥，它用于实现 AHB 和 APB 之间的数据传输。

私有外设总线（Private Peripheral Bus，PPB）包括内部私有外设总线和外部私有外设总线。内部私有外设总线挂在 AHB 上，用于连接高速外设，如 NVIC 和调试组件。外部私有外设总线挂在 APB 上，用于连接低速外设。Cortex-M4 处理器允许芯片生产厂家把附加的外部设备挂在外部私有外设总线上，处理器核心通过 APB 来访问这些外部设备。由于 APB 地址空间的一部分已经被 TPIU、ETM 以及 RO 表用掉，因此系统仅预留了 0xE0042000～0xE00FF000 地址区间用于访问附加的外部设备。

6. AHB-Lite 总线协议

AHB-Lite 总线协议是 AHB 协议的子集，仅支持一个总线主设备，不需要总线仲裁器及相应的总线请求/授权机制。由于 Cortex-M4 处理器采用了哈佛结构，其指令总线和数据总线是分开的，因此 Cortex-M4 处理器中包含了三条基于 AHB-Lite 总线协议的总线，分别是 I-Code 总线（指令总线）、D-Code 总线（数据总线）和系统总线，这三条总线都是 32 位总线。

（1）I-Code 总线。

I-Code 总线负责 0x00000000～0x1FFFFFFF 地址区间内的取指操作。I-Code 总线的取指操作总是以 32 位的字长执行，即使对于 16 位指令也是如此，因此处理器核心可以一次取出两条 16 位的 Thumb 指令。

（2）D-Code 总线。

D-Code 总线负责 0x00000000～0x1FFFFFFF 地址区间内的数据访问操作。尽管 Cortex-M4 支持非对齐访问，但 D-Code 总线会把非对齐的数据传送都转换成对齐的数据传送。因此，连接到 D-Code 总线的任何设备都只需要支持 AHB-Lite 总线协议的对齐访问，不需要支持非对齐访问。

（3）系统总线。

系统总线负责 0x20000000～0xDFFFFFFF 和 0xE0100000～0xFFFFFFFF 地址区间内的所有数据传输，包括取指、外设访问以及 SRAM 中的数据访问。与 D-Code 总线相同，系统总线所有的数据传输都采用对齐访问方式。

7. 闪存地址重载及断点单元

闪存地址重载及断点单元（Flash Patch and Breakpoint，FPB）提供了两种功能：一是可以产生硬件断点；二是可以为闪存中的代码提供补丁功能。FPB 包含了 8 个比较器用于地址比较，当预设的断点地址与正在执行的指令地址匹配时，FPB 将触发断点调试事件，从而停止程序的正常执行。FPB 还可以将针对不可写区域（比如存储介质是掩模 ROM 或 PROM）的访问重映射到 SRAM 区域，开发人员可以利用此功能为已经烧录的代码提供补丁。

8. ROM 表

ROM 表是一个简单的查找表，用于保存处理器中包含调试和跟踪组件的地址。调试工具通过 ROM 表可以确定处理器中有哪些调试组件可用。

9. 系统控制空间

系统控制空间(System Control Space,SCS)是一块 4 KB 的地址空间,提供了若干 32 位寄存器用于配置或者报告处理器状态。

10. 各种调试功能

嵌入式系统调试功能的实现离不开处理器中调试组件的支持。Cortex-M4 处理器提供了强大的调试功能,以便设计人员了解处理器核心和各个外设的工作状态。这些调试功能由以下调试组件构成。

(1) 调试端口。

调试端口(Debug Interface)包括串行线调试端口(Serial Wire Debug Port,SW-DP)和串口线 JTAG 调试端口(Serial Wire and JTAG Debug Port,SWJ-DP)。SWJ-DP 支持串行线协议和 JTAG 协议,而 SW-DP 只支持串行线协议。调试端口与 AHB 协同工作,使得调试器可以通过调试端口发起 AHB 上的数据传输,从而控制处理器进行调试活动。

(2) 嵌入式跟踪宏单元。

嵌入式跟踪宏单元(Embedded Trace Macrocell,ETM)可以实现实时指令跟踪,用于查看指令的执行过程。在调试复杂程序时,ETM 非常有用,它能提供指令执行的历史序列,用于软件评测和代码覆盖分析。ETM 是选配组件,并不是所有的 Cortex-M 产品都具有实时指令跟踪能力。

(3) 数据观察点及跟踪单元。

数据观察点及跟踪(Data Watchpoint and Trace,DWT)单元是执行数据观察和跟踪功能的模块,既能够产生数据观察点事件,也能够产生数据跟踪包。DWT 单元让开发人员能够访问被跟踪的存储区域,以及查看程序计数器、事件计数器和中断执行信息等。

(4) 软件跟踪接口。

软件跟踪接口通过 DWT 单元来设置数据观察点。当数据的地址或值匹配观察点时,就会产生一次匹配命中事件。匹配命中事件能够触发观察点事件,观察点事件用于激活调试器以产生数据跟踪信息或使 ETM 单元发生联动。

(5) 跟踪端口的接口单元。

跟踪端口的接口单元(Trace Port Interface Unit,TPIU)用于和外部的跟踪装置(如调试器)进行数据交互。在 Cortex-M4 处理器中,跟踪信息都被封装成"高级跟踪总线包",TPIU 会重新封装这些数据,从而让调试器能够捕捉到它们。

(6) 仪器化跟踪宏单元。

仪器化跟踪宏单元(Instrumentation Trace Macrocell,ITM)是由程序驱动的跟踪宏单元,开发人员可以通过 ITM 将下位机上任意类型的数据封装成软件测量跟踪(Software Instrumentation,SWIT)事件并传输到上位机。ITM 用来跟踪操作系统和应用程序产生的事件,不仅支持 printf 风格的调试,而且提供粗略的时间戳功能。

第 3 章 STM32 嵌入式微控制器

CHAPTER 3

本章深入探讨 STM32 微控制器,从 STM32 的产品线、命名规则到具体选型方法提供了全面的概述;重点介绍 STM32F407ZGT6 微控制器,包括其主要特性、功能以及内部结构,详细讲解 STM32F407VGT6 的引脚布局和功能,以及如何设计一个基于 STM32F407VGT6 的最小系统。本章为读者提供了关于 STM32 微控制器系列的深入理解,特别是对 STM32F407 系列的详细介绍,为后续的应用开发奠定了基础。

本章的学习目标:
(1) 掌握 STM32 微控制器的基本概念。
(2) 深入了解 STM32F407ZGT6 的特性和功能。
(3) 熟悉 STM32F407ZGT6 的内部结构。
(4) 学习 STM32F407VGT6 芯片的引脚布局和功能。
(5) 设计 STM32F407VGT6 的最小系统。

通过这些学习目标,学生将具备使用 STM32F407 系列微控制器进行嵌入式系统设计和开发的能力,为未来在嵌入式系统领域的工作或进一步学习奠定坚实的基础。

3.1 STM32 微控制器概述

STM32 是意法半导体(ST Microelectronics)有限公司(简称 ST 公司)较早推向市场的基于 Cortex-M 内核的微处理器系列产品,该系列产品具有成本低、功耗优、性能高、功能多等优势,并且以系列化方式推出,方便用户选型,在市场上获得了广泛好评。

STM32 目前常用的有 STM32F103~107 系列,简称"1 系列",最近又推出了高端系列 STM32F4xx 系列,简称"4 系列"。前者基于 Cortex-M3 内核,后者基于 Cortex-M4 内核。STM32F4xx 系列在以下诸多方面做了优化。

(1) 增加了浮点运算。
(2) DSP 处理。
(3) 存储空间更大,1 MB 以上。
(4) 运算速度更高,以 168 MHz 高速运行时可达到 210 DMIPS 的处理能力。
(5) 更高级的外设,新增外设,例如,照相机接口、加密处理器、USB 高速 OTG 接口等,更高性能,更快的通信接口,更高的采样率,带 FIFO 的 DMA 控制器。

STM32系列微控制器具有以下优点。

1. 先进的内核结构

STM32系列微控制器基于高效的Arm Cortex-M内核,提供从Cortex-M0到Cortex-M7的多种选择,支持高达400 MHz的处理速度。这些内核支持浮点运算(M4/M7),具备高级中断管理和多级流水线技术,确保高效的任务处理和优化的能耗表现。STM32还支持位带操作和多种低功耗模式,适合需求多样的嵌入式系统应用,从简单控制到复杂的数字信号处理均能胜任。

(1) 哈佛结构使其在处理器整数性能测试上有着出色的表现,可以达到1.25 DMIPS/MHz、而功耗仅为0.19 mW/MHz。

(2) Thumb-2指令集以16位的代码密度带来了32位的性能。

(3) 内置了快速的中断控制器。提供了优越的实时特性,中断的延迟时间降到只需6个CPU周期,从低功耗模式唤醒的时间也只需6个CPU周期。

(4) 单周期乘法指令和硬件除法指令。

2. 三种功耗控制

STM32经过特殊处理,针对应用中三种主要的能耗要求进行了优化,这三种能耗需求分别是运行模式下高效率的动态耗电机制、待机状态时极低的电能消耗和电池供电时的低电压工作能力。为此,STM32提供了三种低功耗模式和灵活的时钟控制机制,用户可以根据自己所需要的耗电/性能要求进行合理的优化。

3. 最大程度集成整合

STM32微控制器通过高度集成的设计显著降低了对外部器件的需求,集成了电源监控器、单一晶振驱动全系统、内置调校好的RC振荡器及低频RC电路优化时钟和看门狗功能。此外,最小系统配置仅需少量外部器件,大大简化了硬件设计和开发过程。ST公司的全面开发工具和库函数进一步加速了产品开发,使STM32成为高效、经济的解决方案。

(1) STM32内嵌电源监控器,包括上电复位、低电压检测、掉电检测和自带时钟的看门狗定时器,减少了对外部器件的需求。

(2) 使用一个主晶振可以驱动整个系统。低成本的4~16 MHz晶振即可驱动CPU、USB以及所有外设,使用内嵌锁相环(Phase Locked Loop,PLL)产生多种频率,可以为内部实时时钟选择32 kHz的晶振。

(3) 内嵌出厂前调校好的8 MHz RC振荡电路,可以作为主时钟源。

(4) 针对实时时钟(Real Time Clock,RTC)或看门狗的低频率RC电路。

(5) LQPF100封装芯片的最小系统只需要7个外部无源器件。

因此,使用STM32可以很轻松地完成产品的开发。ST公司提供了完整、高效的开发工具和库函数,帮助开发者缩短系统开发时间。

4. 出众及创新的外设

STM32的优势来源于两路高级外设总线,连接到该总线上的外设能以更高的速度运行。

(1) USB接口速度可达12 Mb/s。

(2) USART接口速度高达4.5 Mb/s。

(3) SPI接口速度可达18 Mb/s。

(4) I2C 接口速度可达 400 kHz。

(5) GPIO 的最大翻转频率为 18 MHz。

(6) 脉冲宽度调制(Pulse Width Modulation,PWM)定时器最高可使用 72 MHz 时钟输入。

3.1.1 STM32 微控制器产品线

目前,市场上常见的基于 Cortex-M3 内核的 MCU 有 ST 公司的 STM32F103 微控制器、德州仪器(TI)公司的 LM3S8000 微控制器和恩智浦(NXP)公司的 LPC1788 微控制器等,应用遍及工业控制、消费电子、仪器仪表、智能家居等各个领域。

在诸多半导体制造商中,ST 公司是较早在市场上推出基于 Cortex-M 内核的 MCU 产品的公司,根据 Cortex-M 内核设计生产的 STM32 微控制器充分发挥了低成本、低功耗、高性价比的优势,以系列化的方式推出方便用户选择,受到了广泛的好评。

STM32 系列微控制器适合的应用:替代绝大部分 8/16 位 MCU 的应用,替代目前常用的 32 位 MCU(特别是 Arm7)的应用,小型操作系统相关的应用以及简单图形和语音相关的应用等。

STM32 系列微控制器不适合的应用有:程序代码大于 1 MB 的应用,基于 Linux 或安卓的应用,基于高清或超高清的视频应用等。

STM32 系列微控制器的产品线包括高性能类型、主流类型和超低功耗类型三大类,分别面向不同的应用,STM32 产品线如图 3-1 所示。

	Cortex-M0/M0+	Cortex-M3	Cortex-M4	Cortex-M7
高性能类型		STM32F2 398 CoreMark 120 MHz 150 DMIPS	STM32F4 608 CoreMark 180 MHz 225 DMIPS	STM32F7 1000 CoreMark 220 MHz 428 DMIPS
主流类型	STM32F0 106 CoreMark 48 MHz 38 DMIPS	STM32F1 177 CoreMark 72 MHz 61 DMIPS	STM32F3 245 CoreMark* 72 MHz 90 DMIPS*	
超低功耗类型	STM32L0 75 CoreMark 32 MHz 26 DMIPS	STM32L1 93 CoreMark 32 MHz 33 DMIPS	STM32L4 273 CoreMark* 80 MHz 100 DMIPS*	

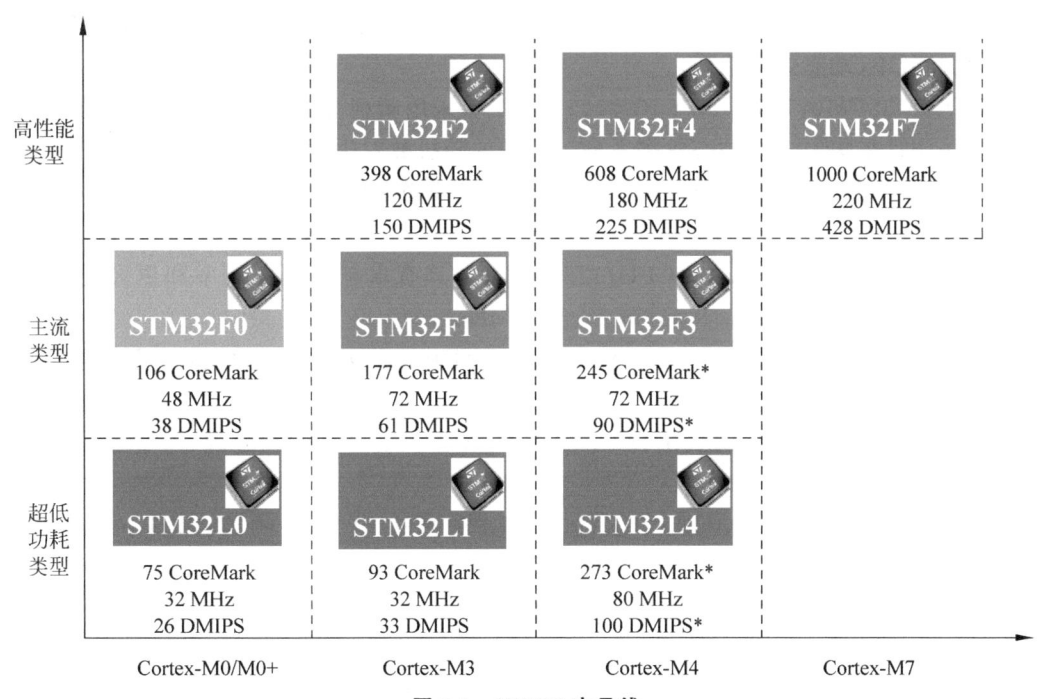

图 3-1 STM32 产品线

1. STM32F1 系列(主流类型)

STM32F1 系列微控制器基于 Cortex-M3 内核,利用一流的外设和低功耗、低压操作实现了高性能,同时以可接受的价格,利用简单的架构和简便易用的工具实现了高集成度,能够满足工业、医疗和消费类市场的各种应用需求。凭借该产品系列,ST 公司在全球基于 Arm Cortex-M3 内核的微控制器领域处于领先地位。本书后续章节即是基于 STM32F1 系列中的典型微控制器 STM32F103 进行讲述的。

STM32F1 系列微控制器包含以下 5 个产品线,它们的引脚、外设和软件均兼容。

(1) STM32F100,超值型,24 MHz CPU,具有电机控制功能。

(2) STM32F101,基本型,36 MHz CPU,具有高达 1 MB 的闪存。

(3) STM32F102,USB 基本型,48 MHz CPU,具备 USBFS。

(4) STM32F103,增强型,72 MHz CPU,具有高达 1 MB 的闪存、电机控制、USB 和 CAN。

(5) STM32F105/107,互联型,72 MHz CPU,具有以太网介质访问控制(Media Access Control,MAC)、CAN 和 USB2.0 OTG。

2. STM32F4 系列(高性能类型)

STM32F4 系列微控制器基于 Cortex-M4 内核,采用了 ST 公司的 90 nm NVM 工艺和 ART 加速器,在高达 180 MHz 的工作频率下通过闪存执行时,其处理性能达到 225 DMIPS/608 CoreMark。由于采用了动态功耗调整功能,通过闪存执行时的电流消耗范围为 STM32F401 的 128 μA/MHz 到 STM32F439 的 260 μA/MHz。

STM32F4 系列包括 8 条互相兼容的数字信号控制器(Digital Signal Controller,DSC) 产品线,是 MCU 实时控制功能与 DSP 信号处理功能的完美结合体。

(1) STM32F401,84 MHz CPU/105 DMIPS,是尺寸较小、成本较低的解决方案,具有卓越的功耗效率(动态效率系列)。

(2) STM32F410,100 MHz CPU/125 DMIPS,采用新型智能 DMA,优化了数据批处理的功耗(采用批采集模式的动态效率系列),配备的随机数发生器、低功耗定时器和数模转换器(Digital to Analog Converter,DAC),为卓越的功率效率性能设立了新的里程碑(停机模式下 89 μA/MHz)。

(3) STM32F411,100 MHz CPU/125 DMIPS,具有卓越的功率效率和更大的 SRAM(静态随机存取存储器,Static Random Access Memory)。

(4) STM32F405/415,168 MHz CPU/210 DMIPS,高达 1 MB 的闪存,具有先进连接功能和加密功能。

(5) STM32F407/417,168 MHz CPU/210 DMIPS,高达 1 MB 的闪存,增加了以太网 MAC 和照相机接口。

(6) STM32F446,180 MHz CPU/225 DMIPS,高达 512 KB 的闪存,具有 DualQuad SPI 和 SDRAM 接口。

(7) STM32F429/439,180 MHz CPU/225 DMIPS,高达 2 MB 的双区闪存,带 SDRAM 接口、Chrom-ART 加速器和 LCD-TFT 控制器。

(8) STM32F427/437,180 MHz CPU/225 DMIPS,高达 2 MB 的双区闪存,具有 SDRAM 接口、Chrom-ART 加速器、串行音频接口,性能更高,静态功耗更低。

(9) SM32F469/479,180 MHz CPU/225 DMIPS,高达 2 MB 的双区闪存,带 SDRAM 和 QSPI 接口、Chrom-ART 加速器、LCD-TFT 控制器和 MPI-DSI 接口。

3. STM32F7 系列（高性能类型）

STM32F7 是一款基于 Cortex-M7 内核的微控制器。它采用 6 级超标量流水线和浮点单元，并利用 ST 公司的 ART 加速器和 L1 缓存，实现了 Cortex-M7 内核的最大理论性能——无论是从嵌入式闪存还是从外部存储器来执行代码，都能在 216 MHz 处理器频率下使性能达到 462 DMIPS/1082 CoreMark。由此可见，相对于 ST 公司以前推出的高性能微控制器，如 STM32F2、STM32F4 系列，STM32F7 的优势就在于其强大的运算性能，能够适用于那些对于高性能计算有巨大需求的应用，对于可穿戴设备和健身应用来说，将会带来革命性的颠覆，起到巨大的推动作用。

4. STM32L1 系列（超低功耗类型）

STM32L1 系列微控制器基于 Cortex-M3 内核，采用 ST 公司专有的超低泄漏制程，具有创新型自主动态电压调节功能和 5 种低功耗模式，为各种应用提供了无与伦比的平台灵活性。STM32L1 扩展了超低功耗的理念，并且不会牺牲性能。与 STM32L0 一样，STM32L1 提供了动态电压调节、超低功耗时钟振荡器、LCD 接口、比较器、DAC 及硬件加密等部件。

STM32L1 系列微控制器可以实现在 1.65~3.6 V 内以 32 MHz 的频率全速运行，其功耗参考值如下。

(1) 动态运行模式，低至 177 μA/MHz。
(2) 低功耗运行模式：低至 9 μA。
(3) 超低功耗模式+备份寄存器+RTC：900 nA（3 个唤醒引脚）。
(4) 超低功耗模式+备份寄存器：280 nA（3 个唤醒引脚）。

除了超低功耗 MCU 以外，STM32L1 还提供了多种特性、存储容量和封装引脚数选项，如 32~512 KB 闪存、高达 80 KB 的 SDRAM、16 KB 真正的嵌入式 EEPROM、48~144 个引脚。为了简化移植步骤和为工程师提供所需的灵活性，STM32L1 与 STM32F 系列的其他微控制器的引脚均兼容。

5. STM32G4 系列（高性能和模拟集成类型）

STM32G4 是一款基于 Cortex-M4 内核的微控制器。它结合了高性能计算和丰富的模拟外设，采用了 DSP 指令集和浮点单元，并集成了多种高级模拟功能，如高精度模数转换器（Analog to Digital Converter，ADC）、DAC 和运算放大器。STM32G4 系列微控制器在 170 MHz 处理器频率下可实现高达 213 DMIPS/550 CoreMark 的性能，并且具有高达 512 KB 的嵌入式闪存和 128 KB 的 SRAM。STM32G4 的主要优势在于其强大的数字信号处理能力和丰富的模拟外设，适用于电机控制、数字电源、工业传感器和照明系统等应用。对于需要高性能计算和精确模拟信号处理的应用，STM32G4 系列提供了一个高效且灵活的解决方案。通过其先进的功能和高性能，STM32G4 系列能够在工业自动化、智能家居和物联网等领域中发挥重要作用，推动这些领域的技术进步和创新。

6. STM32H7 系列（超高性能类型）

STM32H7 是一款基于 Cortex-M7 内核的微控制器。它采用双重核心架构，集成了 Cortex-M7 和 Cortex-M4 内核，旨在提供卓越的处理能力和灵活的任务分配。STM32H7 系列微控制器在高达 480 MHz 的处理器频率下，可实现高达 1327 DMIPS/3224 CoreMark 的性能，并且具有高达 2 MB 的嵌入式闪存和 1 MB 的 SRAM。STM32H7 的主要优势在于其超高的运算性能和多核处理能力,适用于需要实时处理和复杂计算的应用,如高级图像处理、工业自动化、通信系统和高性能消费电子产品。通过其先进的架构和高性能,STM32H7系列能够在人工智能、物联网、智能家居和汽车电子等领域中发挥重要作用,推动这些领域的技术进步和创新。STM32H7系列的强大性能和灵活性使其成为高性能嵌入式应用的理想选择。

7. STM32U5系列(超低功耗和高性能类型)

STM32U5是一款基于Cortex-M33内核的微控制器。它结合了超低功耗和高性能计算,采用了Arm TrustZone技术和浮点单元,并集成了多种高级安全功能,如硬件加密和真随机数生成器。STM32U5系列微控制器在160 MHz处理器频率下可实现高达651 CoreMark的性能,并且具有高达2 MB的嵌入式闪存和786 KB的SRAM。STM32U5的主要优势在于其卓越的能效比和强大的安全功能,适用于需要长寿命电池和高安全性的应用,如可穿戴设备、智能医疗、物联网终端和智能家居设备。通过其先进的低功耗技术和高性能,STM32U5系列能够在便携式设备、节能系统和安全关键应用领域中发挥重要作用,推动这些领域的技术进步和创新。STM32U5系列的低功耗特性和高安全性使其成为对能效和安全性要求苛刻的嵌入式应用的理想选择。

8. STM32MP1系列(多核微处理器类型)

STM32MP1是一款基于Cortex-A7和Cortex-M4内核的多核微处理器。它结合了高性能的应用处理能力和实时任务处理能力,采用了双核Cortex-A7和单核Cortex-M4的架构,提供了强大的计算性能和灵活的任务分配。STM32MP1系列微处理器在650 MHz的Cortex-A7处理器频率下可实现高达4550 DMIPS的性能,并且具有高达1 GB的DDR外部存储支持和256 KB的嵌入式SRAM。STM32MP1的主要优势在于其强大的处理能力和多核架构,适用于需要复杂操作的系统和实时处理的应用,如工业自动化、智能家居、物联网网关和人机界面设备。通过其先进的架构和高性能,STM32MP1系列能够在工业控制、智能设备和边缘计算等领域中发挥重要作用,推动这些领域的技术进步和创新。STM32MP1系列的多核特性和高灵活性使其成为高性能嵌入式应用和复杂系统设计的理想选择。

9. STM32WB系列(无线连接类型)

STM32WB是一款基于Cortex-M4内核和Cortex-M0+双核架构的微控制器,专为无线连接应用设计。它集成了2.4 GHz无线电模块,支持蓝牙5.0、Zigbee 3.0和Thread协议,提供了强大的无线通信能力和高效的处理性能。STM32WB系列微控制器在64 MHz的Cortex-M4处理器频率下可实现高达216 DMIPS的性能,并且具有高达1 MB的嵌入式闪存和256 KB的SRAM。STM32WB的主要优势在于集成的无线连接功能和低功耗设计,适用于需要无线通信和低功耗的应用,如智能家居、可穿戴设备、物联网终端和工业传感器。通过其先进的无线通信技术和高性能,STM32WB系列能够在物联网、智能家居和工业自动化等领域中发挥重要作用,推动这些领域的技术进步和创新。STM32WB系列的无线连接特性和低功耗设计使其成为无线通信和低能耗嵌入式应用的理想选择。

3.1.2　STM32微控制器的命名规则

ST公司在推出以上一系列基于Cortex-M内核的STM32微控制器产品线的同时,也制定了它们的命名规则。通过名称,用户能直观、迅速地了解某款具体型号的 STM32 微控制器产品。STM32 系列微控制器的名称主要由以下几部分组成。

1. 产品系列名

STM32 系列微控制器名称通常以 STM32 开头,表示产品系列,代表 ST 公司基于 Arm Cortex-M 系列内核的 32 位 MCU。

2. 产品类型名

产品类型是 STM32 系列微控制器名称的第二部分,通常有 F(Flash Memory,通用闪存)、W(无线系统芯片)、L(低功耗低电压,1.65~3.6 V)等类型。

3. 产品子系列名

产品子系列是 STM32 系列微控制器名称的第三部分。

例如,常见的 STM32F 产品子系列有 050(Arm Cortex-M0 内核)、051(Arm Cortex-M0 内核)、100(Arm Cortex-M3 内核,超值型)、101(Arm Cortex-M3 内核,基本型)、102(Arm Cortex-M3 内核,USB 基本型)、103(Arm Cortex-M3 内核,增强型)、105(Arm Cortex-M3 内核,USB 互联网型)、107(Arm Cortex-M3 内核,USB 互联网型和以太网型)、108(Arm Cortex-M3 内核,IEEE 802.15.4 标准)、151(Arm Cortex-M3 内核,不带 LCD)、152/162(Arm Cortex-M3 内核,带 LCD)、205/207(Arm Cortex-M3 内核,摄像头)、215/217(Arm Cortex-M3 内核,摄像头和加密模块)、405/407(Arm Cortex-M4 内核,MCU+FPU,摄像头)、415/417(Arm Cortex-M4 内核,MCU+FPU,加密模块和摄像头)等。

4. 引脚数

引脚数是 STM32 系列微控制器名称的第四部分,通常有以下几种:F(20 pin)、G(28 pin)、K(32 pin)、T(36 pin)、H(40 pin)、C(48 pin)、U(63 pin)、R(64 pin)、O(90 pin)、V(100 pin)、Q(132 pin)、Z(144 pin)和 I(176 pin)等。

5. 闪存容量

闪存容量是 STM32 系列微控制器名称的第五部分,通常有以下几种:4(16 KB 闪存,小容量)、6(32 KB 闪存,小容量)、8(64 KB 闪存,中容量)、B(128 KB 闪存,中容量)、C(256 KB 闪存,大容量)、D(384 KB 闪存,大容量)、E(512 KB 闪存,大容量)、F(768 KB 闪存,大容量)、G(1 MB 闪存,大容量)。

6. 封装方式

封装方式是 STM32 系列微控制器名称的第六部分,通常有以下几种:T(薄型四侧引脚扁平封装,Low-profile Quad Flat Package,LQFP)、H(球栅阵列封装,Ball Grid Array,BGA)、U(超薄细间距四方扁平无铅封装,Very Thin Fine Pitch Quad Flat Pack No-lead Package,VFQFPN)、Y(晶圆片级芯片规模封装,Wafer Level Chip Scale Packaging,WLCSP)。

7. 温度范围

温度范围是 STM32 系列微控制器名称的第七部分,通常有以下两种:6(−40~85℃,工业级)、7(−40~105℃,工业级)。

STM32F103 微控制器的命名规则如图 3-2 所示。

通过命名规则,读者能直观、迅速地了解某款具体型号的微控制器产品。例如,本书后续部分主要介绍的 STM32F103ZET6 微控制器,其中,STM32 代表 ST 公司基于 Arm

Cortex-M 系列内核的 32 位 MCU,F 代表通用闪存型,103 代表基于 Arm Cortex-M3 内核的增强型子系列,Z 代表 144 个引脚,E 代表大容量 512 KB 闪存,T 代表 LQFP 封装方式,6 代表 −40~85℃的工业级温度范围。

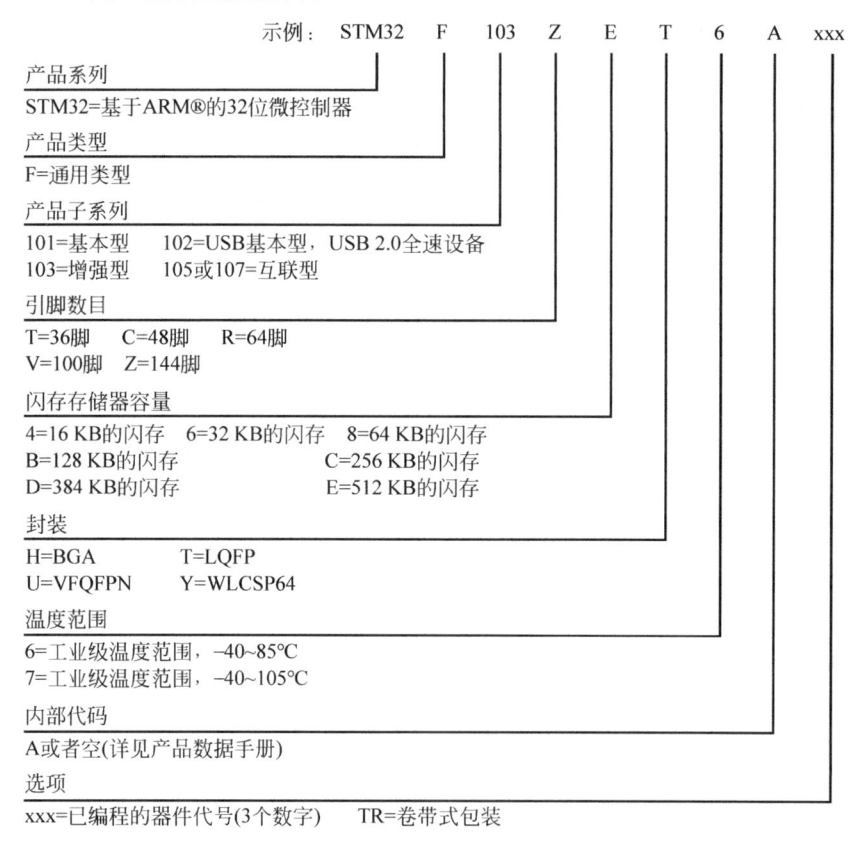

```
                  示例: STM32  F  103  Z  E  T  6  A  xxx
         产品系列
         STM32=基于ARM®的32位微控制器
              产品类型
              F=通用类型
              产品子系列
              101=基本型      102=USB基本型,USB 2.0全速设备
              103=增强型      105或107=互联型
              引脚数目
              T=36脚      C=48脚      R=64脚
              V=100脚     Z=144脚
              闪存存储器容量
              4=16 KB的闪存   6=32 KB的闪存   8=64 KB的闪存
              B=128 KB的闪存               C=256 KB的闪存
              D=384 KB的闪存               E=512 KB的闪存
              封装
              H=BGA          T=LQFP
              U=VFQFPN       Y=WLCSP64
              温度范围
              6=工业级温度范围,−40~85℃
              7=工业级温度范围,−40~105℃
              内部代码
              A或者空(详见产品数据手册)
              选项
              xxx=已编程的器件代号(3个数字)    TR=卷带式包装
```

图 3-2　STM32F103 微控制器的命名规则

STM32F103xx 闪存容量、封装及型号对应关系如图 3-3 所示。

对 STM32 单片机内部资源介绍如下。

(1) 内核。Arm32 位 Cortex-M3 内核 CPU,最高工作频率为 72 MHz,执行速度为 1.25 DMIPS/MHz,完成 32 位×32 位乘法计算只需用一个周期,并且硬件支持除法(有的芯片不支持硬件除法)。

(2) 存储器。片上集成 32~512 KB 的闪存,6~64 KB 的 SRAM。

(3) 电源和时钟复位电路。包括:2.0~3.6 V 的供电电源(提供 I/O 端口的驱动电压);上电/断电复位(POR/PDR)端口和可编程电压探测器(PVD);内嵌 4~16 MHz 的晶振;内嵌出厂前调校 8 MHz 的 RC 振荡电路、40 kHz 的 RC 振荡电路;供 CPU 时钟的 PLL;带校准功能供 RTC 的 32 kHz 晶振。

(4) 调试端口。有 SWD 串行调试端口和 JTAG 端口可供调试用。

(5) I/O 端口。根据型号的不同,双向快速 I/O 端口数目可为 26、37、51、80 或 112。翻转速度为 18 MHz,所有的端口都可以映射到 16 个外部中断向量。除了模拟输入端口,其他所有的端口都可以接收 5 V 以内的电压输入。

(6) DMA(直接存储器访问)端口。支持定时器、ADC、SPI、I2C 和 USART 等外设。

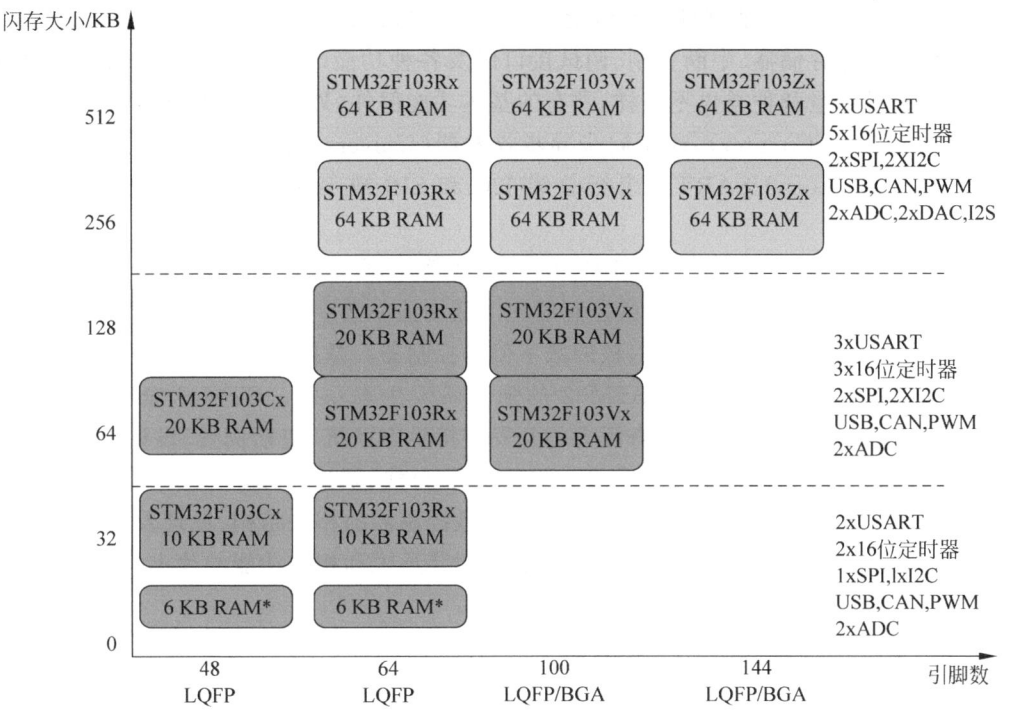

图 3-3　STM32F103xx 闪存容量、封装及型号对应关系

（7）ADC。带有 2 个 12 位的微秒级逐次逼近型 ADC，每个 ADC 最多有 16 个外部通道和 2 个内部通道。2 个内部通道中一个接内部温度传感器，另一个接内部参考电压。ADC 供电要求为 2.4～3.6 V，测量范围为 V_{REF-}～V_{REF+}，V_{REF-} 通常为 0 V，V_{REF+} 通常与供电电压一样。具有双采样和保持能力。

（8）DAC STM32F103xC、STM32F103xD、STM32F103xE 单片机具有 2 通道 12 位 DAC。

（9）定时器。最多可有 11 个定时器，包括：4 个 16 位定时器，每个定时器有 4 个 PWM 定时器或者脉冲计数器；2 个 16 位的 6 通道高级控制定时器（最多 6 个通道可用于 PWM 输出）；2 个看门狗定时器，包括独立看门狗（IWDG）定时器和窗口看门狗（WWDG）定时器；1 个系统滴答定时器 SysTick(24 位倒计数器)；2 个 16 位基本定时器，用于驱动 DAC。

（10）通信端口。最多可有 13 个通信端口，包括：2 个 PC 端口；5 个通用异步收发器（UART）端口(兼容 IrDA 标准，调试控制)；3 个 SPI 端口(18 Mb/s)，其中 IS 端口最多只能有 2 个，CAN 端口、USB 2.0 全速端口、安全数字输入/输出（SDIO）端口最多都只能有 1 个。

（11）FSMC。FSMC 嵌在 STM32F103xC、STM32F103xD、STM32F103xE 单片机中，带有 4 个片选端口，支持闪存、随机存取存储器（RAM）、伪静态随机存储器（PSRAM）等。

3.2　STM32F407ZGT6 概述

STM32 跟其他单片机一样，是一个单片计算机或单片微控制器，所谓单片就是在一个芯片上集成了计算机或微控制器该有的基本功能部件。这些功能部件通过总线连在一起。

就STM32而言,这些功能部件主要包括Cortex-M内核、总线、系统时钟发生器、复位电路、程序存储器、数据存储器、中断控制、调试接口以及各种功能部件(外设)。不同的芯片系列和型号,外设的数量和种类也不一样,常有的基本功能部件(外设)是:I/O接口(GPIO)、定时/计数器(Timer/Counter)、通用同步异步收发器(Universal Synchronous Asynchronous Receiver Transmitter,USART)、串行总线I2C和SPI或I2S、SD卡接口SDIO、USB接口等。

STM32F407微控制器属于STM32F4系列微控制器,采用了最新的168 MHz的Cortex-M4内核,可取代当前基于微控制器和中低端独立数字信号处理器的双片解决方案,或者将两者整合成一个基于标准内核的数字信号控制器。微控制器与数字信号处理器整合还可提高能效,让用户使用支持STM32的强大研发生态系统。STM32全系列产品在引脚、软件和外设上相互兼容,并配有巨大的开发支持生态系统,包括例程、设计IP、低成本的探索工具和第三方开发工具,可提升设计系统扩展和软、硬件再用的灵活性,使STM32平台的投资回报率最大化。因此,与STM32F407微控制器的相关结构、原理及使用方法适用于其他STM32F4系列微控制器,对于使用相同封装形式和相同功能的片上外设应用来讲,代码和电路可以共用。

3.2.1 STM32F407的主要特性

STM32F407的主要特性如下。

(1) 内核。带有FPU的Arm 32位Cortex-M4 CPU、在闪存中实现零等待状态运行性能的自适应实时加速器(ART加速器)、主频高达168 MHz,MPU能够实现高达210 DMIPS/1.25 DMIPS/MHz (Dhrystone 2.1)的性能,具有DSP指令集。

(2) 存储器。

① 高达1MB闪存,组织为两个区,可读写同步。

② 高达192 KB+4 KB的SRAM,包括64 KB的内核耦合存储器(CCM)数据RAM。

③ 具有高达32位数据总线的灵活外部存储控制器:SRAM、PSRAM、SDRAM/LPSDR SDRAM、Compact Flash/NOR/NAND存储器。

(3) LCD并行接口,兼容8080/6800模式。

(4) LCD-TFT控制器有高达XGA的分辨率,具有专用的Chrom-ART Accelerator[TM],用于增强的图形内容创建(DMA2D)。

(5) 时钟、复位和电源管理。

① 1.7~3.6 V供电和I/O。

② 上电复位(Power On Reset,POR)、掉电复位(Power Down Reset,PDR)、可编程电压检测器(Programmable Voltage Detector,PVD)和欠压复位(Brownout Reset,BOR)。

③ 4~26 MHz晶振。

④ 内置经工厂调校的16 MHz RC振荡器(1% 精度)。

⑤ 带校准功能的32 kHz RTC振荡器。

⑥ 内置带校准功能的32 kHz RC振荡器。

(6) 低功耗。

① 睡眠、停机和待机模式。

② VBAT 可为 RTC、20×32 位备份寄存器＋可选的 4 KB 备份 SRAM 供电。

(7) 3 个 12 位、2.4 MSPS ADC：多达 24 通道，三重交叉模式下的性能高达 7.2 MSPS。

(8) 2 个 12 位 DAC。

(9) 通用 DMA：具有 FIFO 和突发支持的 16 路 DMA 控制器。

(10) 多达 17 个定时器：12 个 16 位定时器和 2 个频率高达 168 MHz 的 32 位定时器，每个定时器都带有 4 个输入捕获／输出比较/PWM，或脉冲计数器与正交（增量）编码器输入。

(11) 调试模式。

① SWD 和 JTAG 接口。

② Cortex-M4 跟踪宏单元。

(12) 多达 140 个具有中断功能的 I/O 端口。

① 高达 136 个快速 I/O 端口，最高 84 MHz。

② 高达 138 个可耐 5 V 的 I/O 端口。

(13) 多达 15 个通信接口。

① 多达 3 个 I2C 接口（SMBus/PMBus）。

② 高达 4 个 USART/2 个 UART(10.5 Mb/s、ISO7816 接口、LIN、IrDA、调制解调器控制)。

③ 高达 3 个 SPI (37.5 Mb/s)，2 个具有复用的全双工 I2S，通过内部音频 PLL 或外部时钟达到音频级精度。

④ 2 个 CAN (2.0 B 主动)以及 SDIO 接口。

(14) 高级连接功能。

① 具有片上 PHY 的 USB 2.0 全速器件/主机/OTG 控制器。

② 具有专用 DMA、片上全速 PHY 和 ULPI 的 USB 2.0 高速/全速器件/主机/OTG 控制器。

③ 具有专用 DMA 的 10/100 以太网 MAC：支持 IEEE 1588v2 硬件，MII/RMII。

(15) 8~14 位并行照相机接口：速度高达 54 MB/s。

(16) 真随机数发生器。

(17) CRC 计算单元。

(18) RTC：亚秒级精度、硬件日历。

(19) 96 位唯一 ID。

3.2.2 STM32F407 的主要功能

STM32F407xx 器件基于高性能的 Arm Cortex-M4 32 位 RISC 内核，工作频率高达 168 MHz。Cortex-M4 内核带有单精度浮点运算单元(FPU)，支持所有 Arm 单精度数据处理指令和数据类型。它还具有一组 DSP 指令和提高应用安全性的一个 MPU。

STM32F407xx 器件集成了高速嵌入式存储器(闪存和 SRAM 的容量分别高达 2 MB 和 256 KB)和高达 4 KB 的后备 SRAM，以及大量连至 2 条 APB 总线、2 条 AHB 总线和 1 个 32 位多 AHB 总线矩阵的增强型 I/O 与外设。

所有型号均带有 3 个 12 位 ADC、2 个 DAC、1 个低功耗 RTC、12 个通用 16 位定时器

（包括 2 个用于电机控制的 PWM 定时器）、2 个通用 32 位定时器。

STM32F407xx 还带有标准通信接口与高级通信接口，主要功能如下。

（1）高达 3 个 I2C。

（2）3 个 SPI，2 个 I2S 全双工。为达到音频级的精度，I2S 外设可通过专用内部音频 PLL 提供时钟，或使用外部时钟以实现同步。

（3）4 个 USART 及 2 个 UART。

（4）一个 USB OTG 全速和一个具有全速能力的 USB OTG 高速（配有 ULPI 低引脚数接口）。

（5）2 个 CAN 接口。

（6）一个 SDIO/MMC 接口。

（7）以太网和摄像头接口。

高级外设包括一个 SDIO、一个灵活存储器控制（FMC）接口、一个用于 CMOS 传感器的摄像头接口。

STM32F405xx 和 STM32F407xx 器件的工作温度范围是 −40～+105℃，供电电压范围是 1.8～3.6 V。

若使用外部供电监控器，则供电电压可低至 1.7 V。

该系列提供了一套全面的节能模式，可实现低功耗应用设计。

STM32F405xx 和 STM32F407xx 器件有不同封装，范围从 64 引脚至 176 引脚。所包括的外设因所选的器件而异。

这些特性使得 STM32F405xx 和 STM32F407xx 微控制器适合于如下广泛的应用。

（1）电机驱动和应用控制。

（2）工业应用：PLC、逆变器、断路器。

（3）打印机、扫描仪。

（4）警报系统、视频电话、HVAC。

（5）家庭音响设备。

3.3 STM32F407ZGT6 芯片内部结构

STM32F407ZGT6 芯片主系统由 32 位多层 AHB 总线矩阵构成，STM32F407ZGT6 芯片内部通过 8 条主控总线（S0～S7）和 7 条被控总线（M0～M6）组成的总线矩阵将 Cortex-M4 内核、存储器及片上外设连在一起。

1. 8 条主控总线

（1）Cortex-M4 内核 I 总线、D 总线和 S 总线（S0～S2）。

S0：I 总线。用于将 Cortex-M4 内核的指令总线连接到总线矩阵。内核通过此总线获取指令。此总线访问的对象是包含代码的存储器（内部闪存/SRAM 或通过 FSMC 的外部存储器）。

S1：D 总线。用于将 Cortex-M4 内核的数据总线和 64 KB CCM 数据 RAM 连接到总线矩阵。内核通过此总线进行立即数加载和调试访问。此总线访问的对象是包含代码或数据的存储器(内部闪存或通过 FSMC 的外部存储器)。

S2：S 总线。用于将 Cortex-M4 内核的系统总线连接到总线矩阵。此总线用于访问位于外设或 SRAM 中的数据。也可通过此总线获取指令(效率低于 I 总线)。此总线访问的对象是内部 SRAM(112 KB、64 KB 和 16 KB)，包括 APB 外设在内的 AHB1 外设和 AHB2 外设，以及通过 FSMC 的外部存储器。

(2) DMA1 存储器总线、DMA2 存储器总线(S3、S4)。

S3、S4：DMA 存储器总线。用于将 DMA 存储器总线主接口连接到总线矩阵。DMA 通过此总线来执行存储器数据的传入和传出。此总线访问的对象是如下数据存储器：内部 SRAM(112 KB、64 KB、16 KB)及通过 FSMC 的外部存储器。

(3) DMA2 外设总线(S5)。

S5：DMA2 外设总线。用于将 DMA2 外设总线主接口连接到总线矩阵。DMA 通过此总线访问 AHB 外设或执行存储器间的数据传输。此总线访问的对象是 AHB 和 APB 外设及数据存储器(内部 SRAM 及通过 FSMC 的外部存储器)。

(4) 以太网 DMA 总线(S6)。

S6：以太网 DMA 总线。用于将以太网 DMA 主接口连接到总线矩阵。以太网 DMA 通过此总线向存储器存取数据。此总线访问的对象是如下数据存储器：内部 SRAM(112 KB、64 KB 和 16 KB)及通过 FSMC 的外部存储器。

(5) USB OTG HS DMA 总线(S7)。

S7：USB OTG HS DMA 总线。用于将 USB OTG HS DMA 主接口连接到总线矩阵。USB OTG DMA 通过此总线向存储器加载/存储数据。此总线访问的对象是如下数据存储器：内部 SRAM(112 KB、64 KB 和 16 KB)及通过 FSMC 的外部存储器。

2. 7 条被控总线

(1) 内部闪存 I 总线(M0)。

(2) 内部闪存 D 总线(M1)。

(3) 主要内部 SRAM1(112 KB)总线(M2)。

(4) 辅助内部 SRAM2(16 KB)总线(M3)。

(5) 辅助内部 SRAM3(64 KB)总线(仅适用于 STM32F42 系列和 STM32F43 系列器件)(M7)。

(6) AHB1 外设(包括 AHB-APB 总线桥和 APB 外设)总线(M5)。

(7) AHB2 外设总线(M4)。

(8) FSMC 总线(M6)。FSMC 借助总线矩阵，可以实现主控总线到被控总线的访问，这样即使在多个高速外设同时运行期间，系统也可以实现并发访问和高效运行。

主控总线所连接的设备是数据通信的发起端，通过矩阵总线可以和与其相交被控总线上连接的设备进行通信。例如，Cortex-M4 内核可以通过 S0 总线与 M0 总线、M2 总线和 M6 总线连接闪存、SRAM1 及 FSMC 进行数据通信。STM32F407ZGT6 芯片总线矩阵结构如图 3-4 所示。

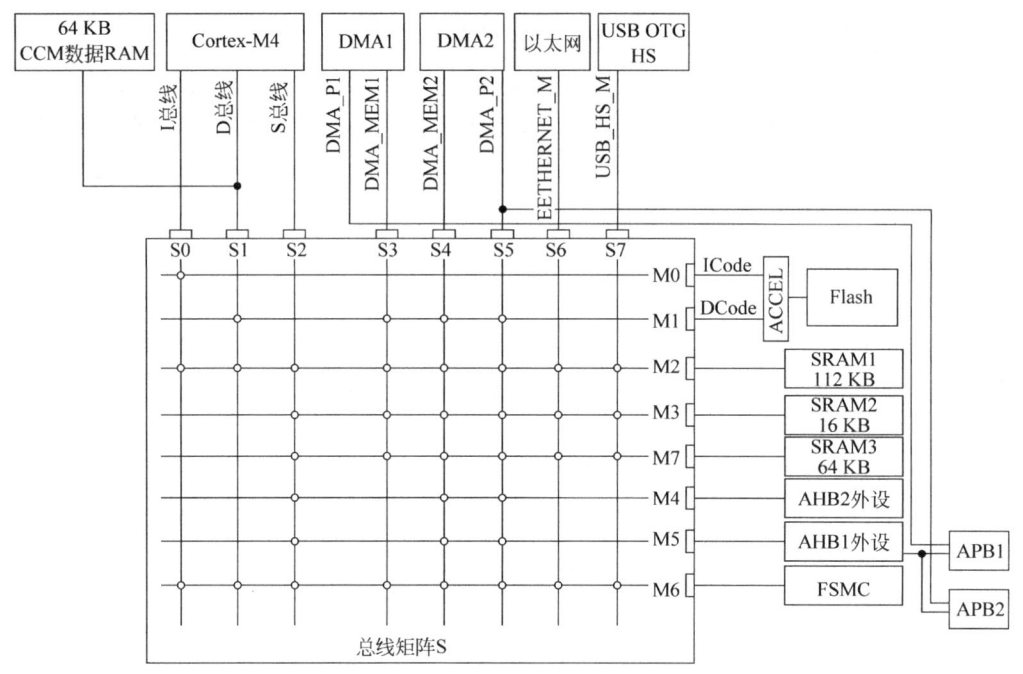

图 3-4　STM32F407ZGT6 芯片总线矩阵结构

3.4　STM32F407VGT6 芯片引脚和功能

STM32F407VGT6 芯片引脚如图 3-5 所示。图 3-5 只列出了每个引脚的基本功能。但

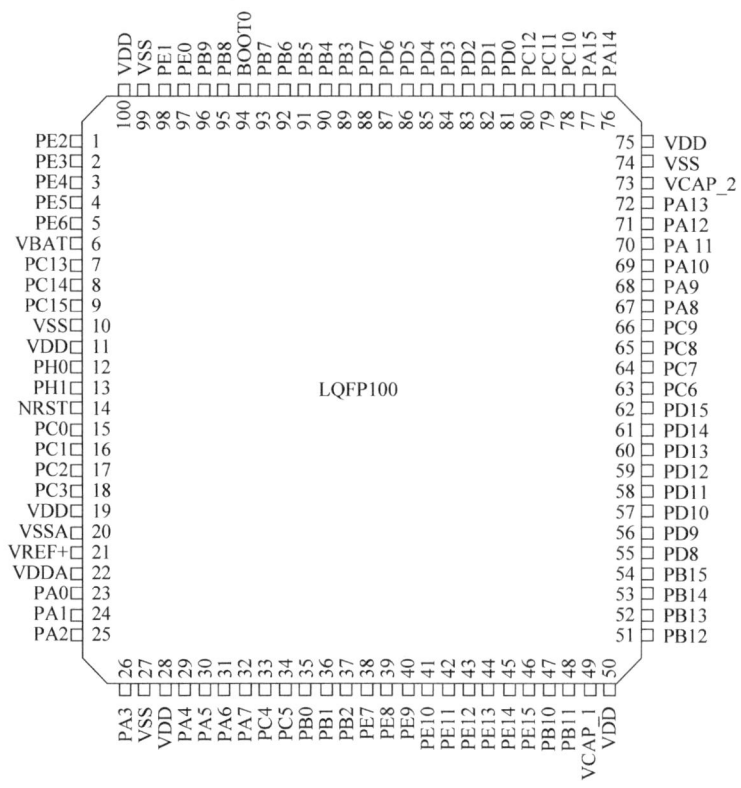

图 3-5　STM32F407VGT6 芯片引脚

是，由于芯片内部集成功能较多，实际引脚有限，因此多数引脚为复用引脚（一个引脚可复用为多个功能）。对于每个引脚的功能定义请查看 STM32F407XX 数据手册。

STM32F4 系列微控制器的所有标准输入引脚都是 CMOS 的，但与 TTL 兼容。

STM32F4 系列微控制器的所有容忍 5 V 电压的输入引脚都是 TTL 的，但与 CMOS 兼容。在输出模式下，在供电电压 2.7～3.6 V 的范围内，STM32F4 系列微控制器所有的输出引脚都是与 TTL 兼容的。

由 STM32F4 芯片的电源引脚、晶振 I/O 引脚、下载 I/O 引脚、BOOT I/O 引脚和复位 I/O(NRST) 引脚组成的系统叫最小系统。

3.5 STM32F407VGT6 最小系统设计

STM32F407VGT6 最小系统是指能够让 STM32F407VGT6 正常工作的包含最小元器件的系统。STM32F407VGT6 片内集成了电源管理模块（包括滤波复位输入、集成的上电复位/掉电复位电路、可编程电压检测电路）、8 MHz 高速内部 RC 振荡器、40 kHz 低速内部 RC 振荡器等部件，外部只需 7 个无源器件就可以让 STM32F407VGT6 工作。然而，为了使用方便，在最小系统中加入了 USB 转 TTL 串口、发光二极管等功能模块。

STM32F407VGT6 的最小系统核心电路原理图如图 3-6 所示，其中包括了复位电路、晶体振荡电路和启动设置电路等模块。

1. 复位电路

STM32F407VGT6 的 NRST 引脚输入中使用 CMOS 工艺，它连接了一个不能断开的上拉电阻 Rpu，其典型值为 40 kΩ，外部连接了一个上拉电阻 R4、按键 RST 及电容 C5，当 RST 按键按下时 NRST 引脚电位变为 0，通过这个方式实现手动复位。

2. 晶体振荡电路

STM32F407VGT6 一共外接了两个高振：一个 25 MHz 的晶振 X1 提供高速外部时钟，一个 32.768 kHz 的晶振 X2 提供全低速外部时钟。

3. 启动设置电路

启动设置电路由启动设置引脚 BOOT1 和 BOOT0 构成。二者均通过 10 kΩ 的电阻接地。启动设置电路从用户闪存启动。

4. JTAG 接口电路

为了方便系统采用 J-Link 仿真器进行下载和在线仿真，在最小系统中预留了 JTAG 接口电路用来实现 STM32F407VGT6 与 J-Link 仿真器进行连接，JTAG 接口电路原理图如图 3-7 所示。

5. 流水灯电路

最小系统板载 16 个 LED 流水灯，对应 STM32F407VGT6 的 PE0～PE15 引脚，流水灯电路原理如图 3-8 所示。

另外，还设计有 USB 转 TTL 串口电路（采用 CH340G）、独立按键电路、ADC 采集电路（采用 10 kΩ 电位器）和 5 V 转 3.3 V 电源电路（采用 AMS1117-3.3V），具体电路从略。

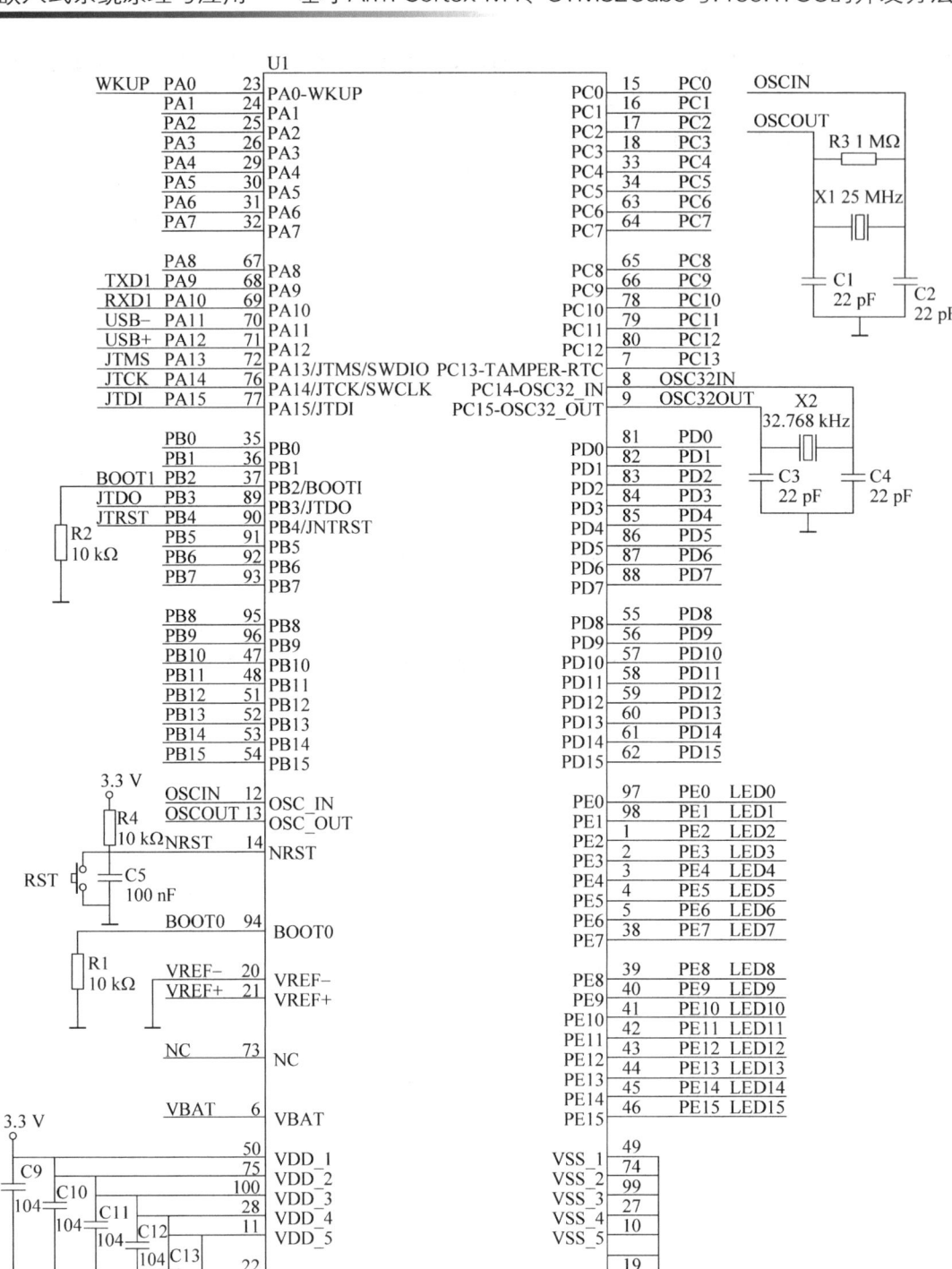

图 3-6　STM32F407VGT6 的最小系统核心电路原理图

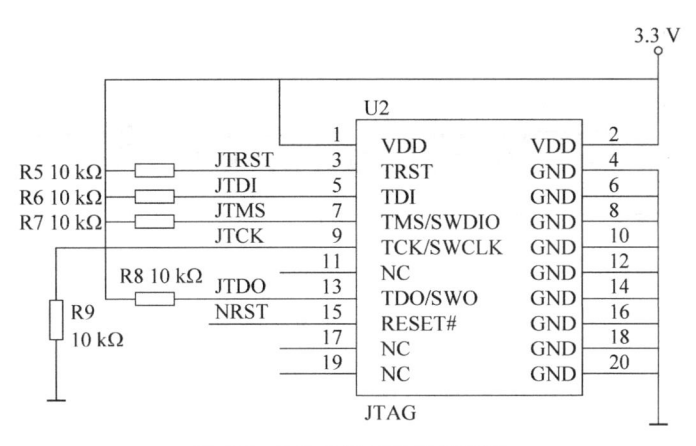

图 3-7　JTAG 接口电路原理图

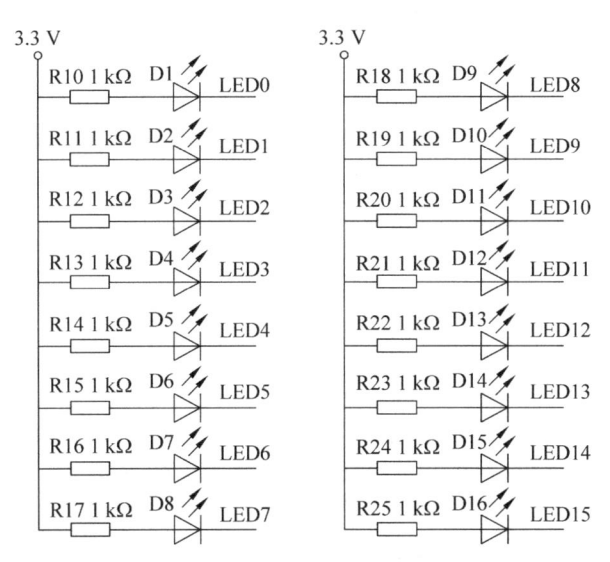

图 3-8　流水灯电路原理

第 4 章 STM32CubeMX 和 HAL 库

CHAPTER 4

本章详细介绍了 STM32CubeMX 的应用，STM32CubeMX 是用于 STM32 微控制器配置和代码初始化的图形化工具软件。首先，讲述如何安装 STM32CubeMX 及其 MCU 固件包，并设置软件库文件夹；接着，深入探讨软件的功能和基本使用方法，包括软件界面概览、新建项目、图形化配置 MCU、时钟配置以及项目管理；最后，介绍如何利用 STM32CubeMX 生成报告和代码，以加速开发过程。本章为 STM32 开发者提供了一个重要的工具，以简化和加速嵌入式系统的设计与实现。

本章的学习目标：

（1）掌握 STM32CubeMX 的安装。

（2）安装并管理 MCU 固件包。

（3）深入了解 STM32CubeMX 的功能和操作。

通过本章的学习，学生将具备使用 STM32CubeMX 从项目创建到代码生成的全流程操作能力，为 STM32 微控制器的编程和项目开发提供强大的支持。

4.1 安装 STM32CubeMX

STM32CubeMX 是 ST 公司为 STM32 系列微控制器快速建立工程，并快速初始化使用到的外设、GPIO 等而设计的软件，大大缩短了开发时间。同时，该软件不仅能配置 STM32 外设，还能进行第三方软件系统的配置，例如 FreeRTOS、FAT 32、LWIP 等；而且，该软件还有一个功能，就是可以用于功耗预估。此外，这款软件可以输出 PDF、TXT 文档，显示所开发工程中的 GPIO 等外设的配置信息，供开发者进行原理图设计等。

STM32CubeMX 是 ST 公司推出的一款针对 ST 公司的 MCU/MPU 跨平台的图形化工具软件，支持在 Linux、macOS、Windows 系统下开发，支持 ST 公司的全系列产品，目前包括 STM32L0、STM32L1、STM32L4、STM32L5、STM32F0、STM32F1、STM32F2、STM32F3、STM32F4、STM32F7、STM32G0、STM32G4、STM32H7、STM32WB、STM32WL、STM32MP1，它对接的底层接口是 HAL 库，STM32CubeMX 除了集成 MCU/MPU 的硬件抽象层外，还集成了 RTOS、文件系统、USB、网络、显示、嵌入式 AI 等中间件，使开发者能够很轻松地完成 MCU/MPU 的底层驱动的配置，留出更多精力开发上层功能逻辑，进一步提高了嵌入式系统的开发效率。

STM32CubeMX 的特点如下。

（1）集成了 ST 公司每一款型号的 MCU/MPU 的可配置图形界面,能够自动提示 I/O 冲突并且对于复用 I/O 可自动分配。

（2）具有动态验证的时钟树。

（3）能够很方便地使用所集成的中间件。

（4）能够估算 MCU/MPU 在不同主频运行下的功耗。

（5）能够输出不同编译器的工程,比如能够直接生成 MDK、EWArm、STM32CubeIDE、MakeFile 等工程。

为了使开发人员能够更加快捷有效地进行 STM32 的开发,ST 公司推出了一套完整的 STM32Cube 开发组件。STM32Cube 开发组件主要包括两部分：一是 STM32CubeMX 图形化配置工具,它直接在图形界面简单配置下生成初始化代码,并对外设做进一步的抽象,让开发人员只专注于应用的开发；二是基于 STM32 微控制器的固件集 STM32Cube 软件资料包。

从 ST 公司官网可下载 STM32CubeMX 最新版本的安装包,本书使用的版本是 6.6.1。安装包解压后,运行其中的安装程序,按照安装向导的提示进行安装。安装过程中会出现图 4-1 所示的界面,需要勾选第一个复选框后才可以继续安装。第二个复选框可以不用勾选。

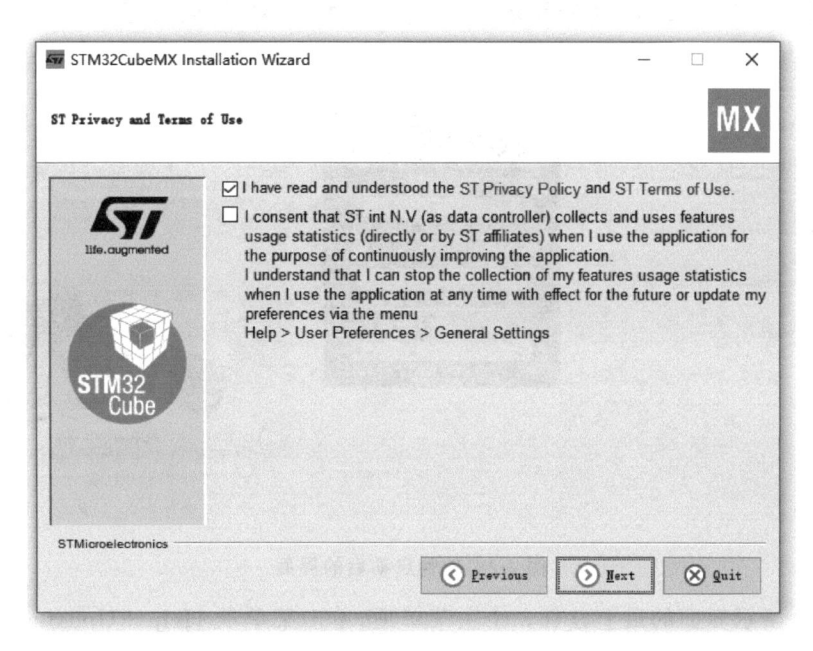

图 4-1 需要同意 ST 公司的隐私政策和使用条款才可以继续安装

在安装过程中,用户要设置软件安装的目录。安装目录不能带有汉字、空格和非下画线的符号,因为 STM32CubeMX 对中文的支持不太好。STM32Cube 开发方式还需要安装器件的 MCU 固件包,所以最好将它们安装在同一个根目录下,例如,根目录"C:\Program Files\STMicroelectronics\STM32Cube\",然后将 STM32CubeMX 的安装目录设置为"C:\Program Files\STMicroelectronics\STM32Cube\STM32CubeMX"。

4.2 安装 MCU 固件包

STM32CubeMX 支持通过安装特定的 MCU 固件包来扩展其功能,使用户能够针对特定的 STM32 微控制器型号进行项目配置和代码生成。这些固件包包括了微控制器的硬件抽象层(HAL)、中间件、示例代码以及外设驱动库。用户可以通过 STM32CubeMX 的界面直接下载和安装这些固件包。安装后,用户可访问对应微控制器的所有功能和外设配置选项,从而根据项目需求进行详细的定制和优化,简化开发流程并加速项目进度。

安装 MCU 固件包包含软件库文件夹设置和管理嵌入式软件包两部分。

4.2.1 软件库文件夹设置

在安装完 STM32CubeMX 后,若要进行后续的各种操作,必须在 STM32CubeMX 中设置一个软件库文件夹(Repository Folder),在 STM32CubeMX 中安装 MCU 固件包和 STM32Cube 扩展包时都安装到此文件夹下。

双击桌面上的 STM32CubeMX 图标运行该软件,软件启动后的界面如图 4-2 所示。

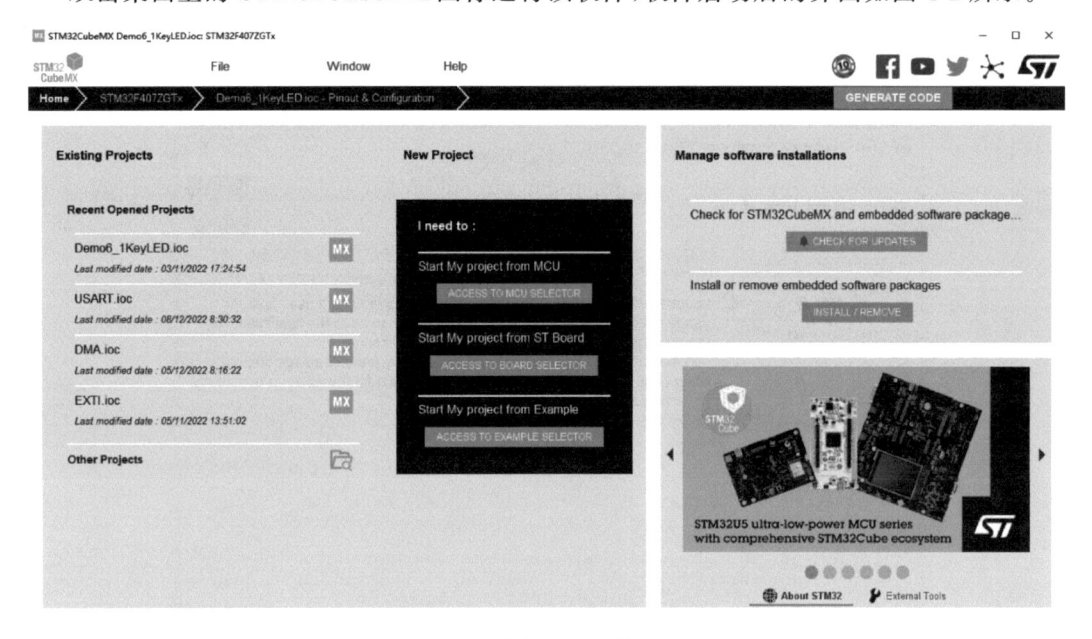

图 4-2 软件启动后的界面

在图 4-2 所示界面的最上方有 3 个主菜单项,单击菜单项 Help→Updater Settings,会出现图 4-3 所示的 Updater Settings 对话框。首次启动 STM32CubeMX 后,立刻单击 Help→Updater Settings 选项可能提示软件更新已经在后台运行,需要稍微等待一段时间后再单击此菜单项。

在图 4-3 所示对话框中,Repository Folder 就是需要设置的软件库文件夹,所有 MCU 固件包和扩展包要安装到此文件夹下。这个文件夹一经设置并且安装了一个固件包之后就不能再更改。不要使用默认的软件库文件夹,因为默认的是用户工作目录下的文件夹,可能带有汉字或空格,安装后会导致出错。设置软件库文件夹为"C:/users/lenovo/

STM32Cube/Repository/"。

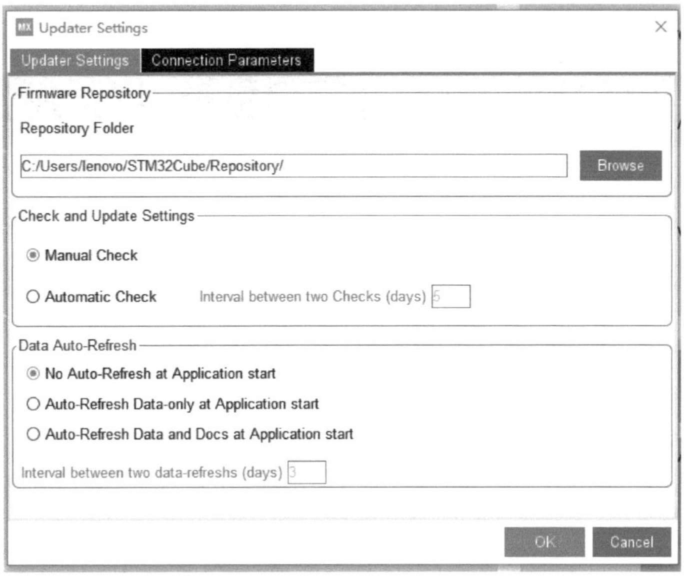

图 4-3　Updater Settings 对话框

图 4-3 所示对话框上的 Check and Update Settings 单选框用于设置 STM32CubeMX 的更新方式，Data Auto-Refresh 单选框用于设置在 STM32CubeMX 启动时是否自动刷新已安装软件库的数据和文档。为了加快软件启动速度，可以分别设置为 Manual Check（手动检查更新软件）和 No Auto-Refresh at Application start（不在 STM32CubeMX 启动时自动刷新）。STM32CubeMX 启动后，用户可以通过相应的菜单项检查 STM32CubeMX，更新或刷新数据。

图 4-3 所示的对话框还有一个 Connection Parameters 界面，用于设置网络连接参数。如果没有网络代理，就直接选择 No Proxy（无代理）即可；如果有网络代理，就设置自己的网络代理参数。

4.2.2　管理嵌入式软件包

设置了软件库文件夹，就可以安装 MCU 固件包和扩展包了。在图 4-2 所示的界面上，单击主菜单项 Help→Manage embedded software packages，出现图 4-4 所示的 Embedded Software Packages Manager（嵌入式软件包管理）对话框。这里将 STM32Cube MCU 固件包和 STM32Cube 扩展包统称为嵌入式软件包。

图 4-4 所示对话框有多个界面，STM32Cube MCU Packages 界面用于管理 STM32 所有系列 MCU 的固件包。每个系列对应一个节点，节点展开后是这个系列 MCU 不同版本的固件包。固件包经常更新，在 STM32CubeMX 里最好只保留一个最新版本的固件包。如果在 STM32CubeMX 里打开一个用旧版本固件包设计的项目，会有对话框提示将项目迁移到新版本的固件包，一般都能成功自动迁移。

在图 4-4 所示对话框的下方有几个按钮，它们可用于完成不同的操作。

(1) From Local 按钮，用于从本地文件安装 MCU 固件包。如果从 ST 公司官网下载

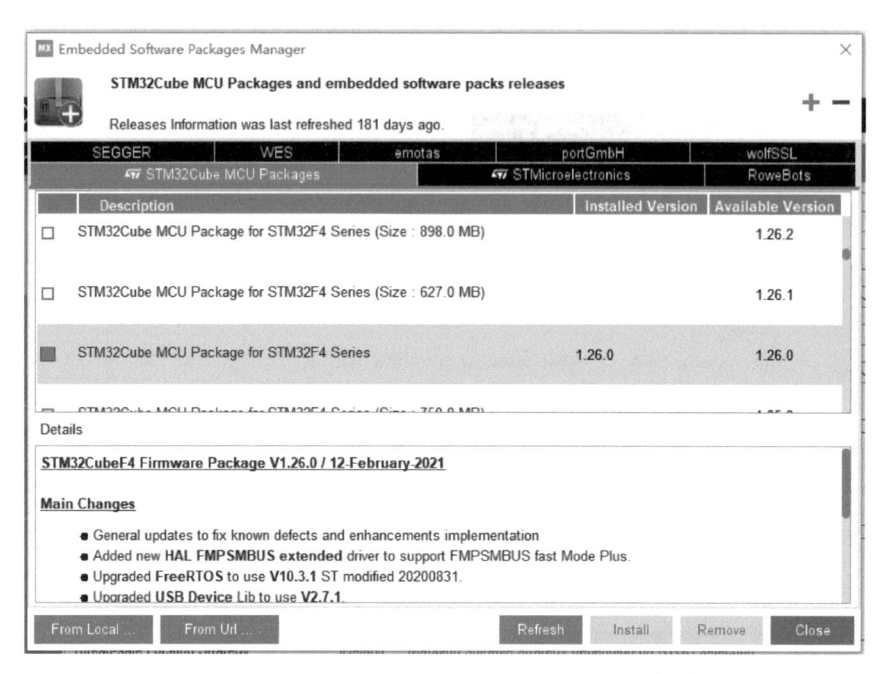

图 4-4 Embedded Software Packages Manager 对话框

了固件包的压缩文件,如 en.stm32cubef1_v1-8-4.zip 是 1.8.4 版本的 STM32CubeF1 固件包压缩文件,那么单击 From Local 按钮后,选择这个压缩文件(无须解压)就可以安装这个固件包。但是要注意,这个压缩文件不能放置在软件库根目录下。

(2) From Url 按钮,需要输入一个 URL 网址,用于从指定网站下载并安装固件包。一般不使用这种方式,因为不知道 URL。

(3) Refresh 按钮,用于刷新目录树,以显示是否有新版本的固件包。应该偶尔刷新一下,以保持更新到最新版本。

(4) Install 按钮,在目录树里勾选一个版本的固件包,如果这个版本的固件包还没有安装,这个按钮就可用。单击这个按钮,将自动从 ST 公司官网下载相应版本的固件包并安装。

(5) Remove 按钮,在目录树里选择一个版本的固件包,如果已经安装了这个版本的固件包,这个按钮就可用。单击这个按钮,将删除这个版本的固件包。

本章是基于 STM32F103ZET6 讲述的,所以需要安装 STM32CubeF1 固件包。在图 4-4 所示的对话框中选择最新版本的 STM32Cube MCU Package for STM32F1 Series,然后单击 Install 按钮,将会联网自动下载和安装 STM32CubeF1 固件包,即 STM32Cube_FW_F4_V1.26.0。

本书实例都是基于 STM32F407ZGT6 开发的,所以需要安装 STM32CubeF4 固件包。在图 4-4 所示的对话框中选择最新版本的 STM32Cube MCU Package for STM32F4 Series,然后单击 Install 按钮,将会联网自动下载和安装 STM32CubeF4 固件包。固件包自动安装到所设置的软件库目录下,并自动建立一个子目录。将固件包安装后目录下的所有程序称为固件库,例如,1.8.4 版本的 STM32CubeF4 固件包安装后的固件库目录如下:

C:\Users\lenovo\STM32Cube\Repository\STM32Cube_FW_F4_V1.26.0

STMicroelectronics 界面的管理内容如图 4-5 所示,这个界面中是 ST 公司提供的一些 STM32Cube 扩展包,包括人工智能库 X-CUBE-AI、图形用户界面库 X-CUBE-TOUCHGFX 等,以及一些芯片的驱动程序,如 MEMS、BLE、NFC 芯片的驱动库。

图 4-5 STMicroelectronics 界面

4.3 软件功能与基本使用

在设置了软件库文件夹并安装了 STM32CubeF4 固件包之后,就可以开始用 STM32CubeMX 创建项目并进行操作了。在开始针对开发板开发实际项目之前,我们需要先熟悉 STM32CubeMX 的一些界面功能和操作。

4.3.1 软件界面

STM32CubeMX 是一个图形化配置工具,用于 STM32 微控制器的初始化和配置。该软件提供了直观的界面,允许用户通过图形化方式选择微控制器型号,配置外设、中断、时钟树等。用户可以轻松设置各种功能参数,如 GPIO 配置、ADC 设置、DMA 通道分配等。此外,STM32CubeMX 还能自动生成 C 初始化代码,大大简化了开发过程。它还集成了项目管理功能,可以直接与多种开发环境(如 Keil,IAR,SW4STM32 等)配合使用,为 STM32 开发者提供了极大的便利。

软件界面包含初始主界面和主菜单功能两部分。

1. 初始主界面

启动 STM32CubeMX 之后的初始界面如图 4-2 所示。STM32CubeMX 从 5.0 版本开始使用了一种比较新颖的用户界面,与一般的 Windows 应用软件界面不太相同,也与 4.x 版本的 STM32CubeMX 界面相差很大。

图 4-2 所示的界面主要分为 3 个功能区,分别描述如下。

(1) 主菜单栏。窗口最上方是主菜单栏,有 3 个主菜单项,分别是 File、Window 和 Help。这 3 个菜单项均有下拉菜单,可供用户通过下拉菜单进行一些操作。主菜单栏右端是一些快捷按钮,单击这些按钮就会打开相应的网站,如 ST 公司社区、ST 公司官网等。

(2) 标签导航栏。主菜单栏下方是标签导航栏。在新建或打开项目后,标签导航栏可以在 STM32CubeMX 的 3 个主要视图之间快速切换。这 3 个视图如下。

① Home(主页)视图,即图 4-2 所示的界面。

② 新建项目视图,新建项目时显示的一个对话框,用于选择具体型号的 MCU 或开发板创建项目。

③ 项目管理视图,用于对创建或打开的项目进行 MCU 图形化配置、中间件配置、项目管理等操作。

(3) 工作区。窗口其他区域都是工作区。STM32CubeMX 使用的是单文档界面,工作区会根据当前操作的内容显示不同的界面。

图 4-2 所示的工作区显示的是 Home 视图,Home 视图的工作区可以分为如下 3 个功能区域。

① Existing Projects 区域,显示最近打开过的项目,单击某个项目就可以打开此项目。

② New Project 区域,有 3 个按钮用于新建项目:选择 MCU 创建项目,选择开发板创建项目,或交叉选择创建项目。

③ Manage software installations 区域,有两个按钮:CHECK FOR UPDATES 按钮用于检查 STM32CubeMX 和嵌入式软件包的更新信息;INSTALL/REMOVE 按钮用于打开图 4-4 所示的对话框。

Home 视图上的这些按钮的功能都可以通过主菜单栏里的菜单项实现操作。

2. 主菜单功能

STM32CubeMX 有 3 个主菜单项,软件的很多功能操作都是通过这些菜单项实现的。

(1) File 菜单。该菜单主要包括如下菜单项。

① New Project(新建项目),打开选择 MCU 新建项目对话框,用于创建新的项目。STM32CubeMX 的项目文件后缀是.ioc,一个项目只有一个文件。新建项目对话框是软件的 3 个视图之一,界面功能比较多,在后面具体介绍。

② Load Project(加载项目),通过打开文件对话框选择一个已经存在的.ioc 项目文件并载入项目。

③ Import Project(导入项目),选择一个 ioc 项目文件并导入其中的 MCU 设置到当前项目。注意,只有新项目与导入项目的 MCU 型号一致且新项目没有做任何设置时,才可以导入其他项目的设置。

④ Save Project(保存项目),保存当前项目。如果新建的项目第一次保存,会提示选择项目名称,需要选择一个文件夹,项目会自动以最后一级文件夹的名称作为项目名称。

⑤ Save Project As(项目另存为),将当前项目保存为另一个项目文件。

⑥ Close Project(关闭项目),关闭当前项目。

⑦ Generate Report(生成报告),为当前项目的设置内容生成一个 PDF 报告文件,PDF 报告文件名称与项目名称相同,并自动保存在项目文件所在的文件夹里。

⑧ Recent Projects(最近的项目),显示最近打开过的项目列表,用于快速打开项目。
⑨ Exit(退出),退出 STM32CubeMX。
(2) Window 菜单。该菜单主要包括如下菜单项。
① Outputs(输出),一个复选的菜单项,被勾选时,在工作区的最下方显示一个输出子窗口,显示一些输出信息。
② Font size(字体大小)。有 3 个子菜单项,用于设置软件界面字体大小,须重启 STM32CubeMX 后才生效。
(3) Help 菜单。该菜单主要包括如下菜单项。
① Help(帮助)。显示 STM32CubeMX 的英文版用户手册 PDF 文档,文档有 300 多页,是个很齐全的使用手册。
② About(关于)。显示关于本软件的对话框。
③ Docs & Resources(文档和资源)。只有在打开或新建一个项目后此菜单项才有效。选择此项会打开一个对话框,显示与项目所用 MCU 型号相关的技术文档列表,包括数据手册、参考手册、编程手册、应用笔记等。这些都是 ST 公司官方的资料文档,单击即可打开 PDF 文档。首次单击一个文档时会自动从 ST 公司官网下载文档并保存到软件库根目录下,例如,目录"D:\STM32Dev\Repository"。这避免了每次查看文档都要在 ST 公司官网搜索的麻烦,也便于管理。
④ Refresh Data(刷新数据)。显示图 4-6 所示的 Data Refresh 对话框,用于刷新 MCU 和开发板的数据,或下载所有官方文档。

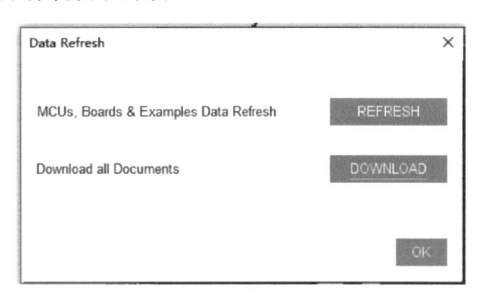

图 4-6　Data Refresh 对话框

⑤ User Preferences(用户选项)。打开一个对话框用于设置用户选项,只有一个需要设置的选项,即是否允许软件收集用户使用习惯。
⑥ Check for Updates(检查更新)。打开一个对话框用于检查 STM32CubeMX、各系列 MCU 固件包、STM32Cube 扩展包是否有新版本需要更新等。
⑦ Manage Embedded Software Packages(管理嵌入式软件包)。打开如图 4-4 所示的对话框,对嵌入式软件包进行管理。
⑧ Updater Settings(更新设置)。打开图 4-3 所示的对话框,用于设置软件库文件夹,设置软件检查更新方式和数据刷新方式。

4.3.2　新建项目

新建项目包含选择 MCU 创建项目、选择开发板新建项目和交叉选择 MCU 新建项目三部分。

1. 选择 MCU 创建项目

单击菜单项 File→New Project，或 Home 视图上的 ACCESS TO MCU SELECTOR 按钮，都可以打开图 4-7 所示的 New Project from a MCU/MPU 对话框。该对话框用于新建项目，是 STM32CubeMX 的 3 个主要视图之一，用于选择 MCU 或开发板以新建项目。

STM32CubeMX 界面上一些地方使用了"MCU/MPU"，是为了表示 STM32 系列 MCU 和 MPU。因为 STM32MP 系列推出较晚，型号较少，STM32 系列一般指 MCU。除非特殊说明或为了与界面上的表示一致，为了表达得简洁，本书后面一般用 MCU 统一表示 MCU 和 MPU。

New Project from a MCU/MPU 对话框有 3 个界面，MCU/MPU Selector 界面用于选择具体型号的 MCU 创建项目；Board Selector 界面用于选择一个开发板创建项目；Cross Selector 界面用于对比某个 STM32 MCU 或其他厂家的 MCU，选择一个合适的 STM32 MCU 创建项目。

图 4-7 所示的是 MCU/MPU Selector 界面，用于选择 MCU。

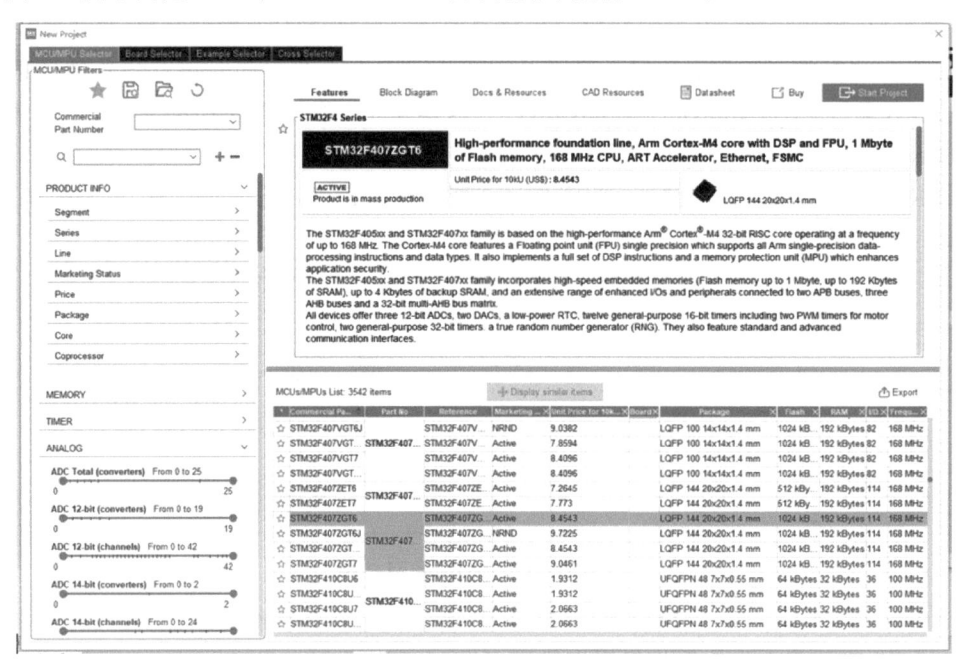

图 4-7 New Project from a MCU/MPU 对话框

图 4-7 所示的界面有如下几个功能区域。

(1) MCU/MPU Filters 区域，用于设置筛选条件，缩小 MCU 的选择范围。有一个局部工具栏、一个型号搜索框，以及各组筛选条件，如 Core、Series、Package 等，单击某个条件可以展开其选项。

(2) MCUs/MPUs List 区域，通过筛选或搜索的 MCU 列表，列出器件的具体型号、封装、闪存、RAM 等参数。在这个区域可以进行如下的一些操作。

① 单击列表项左端的星星图标，可以收藏条目(★)或取消收藏(☆)。

② 单击列表上方的 Display similar items 按钮，可以将相似的 MCU 添加到列表中显示，然后单击按钮切换标题为 Hide similar items，再单击该按钮就可隐藏相似条目。

③ 单击右端的 Export 按钮,可以将列表内容导出为一个 Excel 文件。

④ 在列表上双击一个条目时就可以所选的 MCU 新建一个项目,关闭此对话框进入项目管理视图。

⑤ 在列表上单击一个条目时,将在其上方的资料区域里显示该 MCU 的资料。

(3) MCU 资料显示区域,在 MCU 列表里单击一个条目时,就在此区域显示这个具体型号 MCU 的资料,有多个界面和按钮操作。

① Features 界面,显示选中型号 MCU 的基本特性参数,界面左侧的星星图标表示是否收藏此 MCU。

② Block Diagram 界面,显示 MCU 的功能模块图片,如果是第一次显示某 MCU 的模块图片,会自动从网上下载模块图片并保存到软件库根目录下。

③ Docs & Resources 界面,显示 MCU 相关的文档和资源列表,包括数据手册、参考手册、编程手册、应用笔记等。单击某个文档时,如果没有下载,就会自动下载并保存到软件库根目录下;如果已经下载,就会用 PDF 阅读器打开文档。

④ 单击 Datasheet 按钮,如果数据手册未下载,会自动下载数据手册然后显示,否则会用 PDF 阅读器打开数据手册。数据手册自动保存在软件库根目录下。

⑤ 单击 Buy 按钮,用浏览器打开 ST 公司网站上的购买界面。

⑥ 单击 Start Project 按钮,用选择的 MCU 创建项目。

图 4-7 所示界面左侧的 MCU/MPU Filters 区域内是用于 MCU 筛选的一些功能操作,上方有一个工具栏,有 4 个按钮。

(1) 单击 Show favorites 按钮,显示收藏的 MCU 列表。单击 MCU 列表条目前面的星星图标,可以收藏或取消收藏某个 MCU。

(2) 单击 Save Search 按钮,保存当前搜索条件为某个搜索名称。在设置了某种筛选条件后可以保存为一个搜索名称,然后单击 Load Searches 按钮时选择此搜索名称,就可以快速使用以前用过的搜索条件。

(3) 单击 Load Searches 按钮,显示一个弹出菜单,列出所有保存的搜索名称,单击某一项就可以快速载入以前设置的搜索条件。

(4) 单击 Reset all filters 按钮,复位所有筛选条件。

在此工具栏的下方有一个 Part Number 文本框,用于设置器件型号进行搜索。可以在文本框中输入 MCU 的型号,例如 STM32F103,就会在 MCU 列表中看到所有 STM32F103xx 型号的 MCU。

MCU 的筛选主要通过下方的几组条件进行设置。

(1) Core(内核),筛选内核,选项中列出了 STM32 支持的所有 Cortex 内核,如图 4-8 所示。

(2) Series(系列),选择内核后会自动更新可选的 STM32 系列列表,图 4-9 只显示了 STM32 系列的一部分。

(3) Line(产品线),选择某个 STM32 系列后会自动更新产品线列表中的可选范围。例如,选择了 STM32F1 系列之后,产品线列表中只有 STM32F1xx 的器件可选。图 4-10 是产品线列表的一部分。

(4) Package(封装),根据封装选择器件。用户可以根据已设置的其他条件缩小封装的选择范围。图 4-11 是封装列表的一部分。

（5）Other(其他)，还可以设置价格、IO 引脚数、闪存大小、RAM 大小、主频等筛选条件。

图 4-8　选择 Cortex 内核

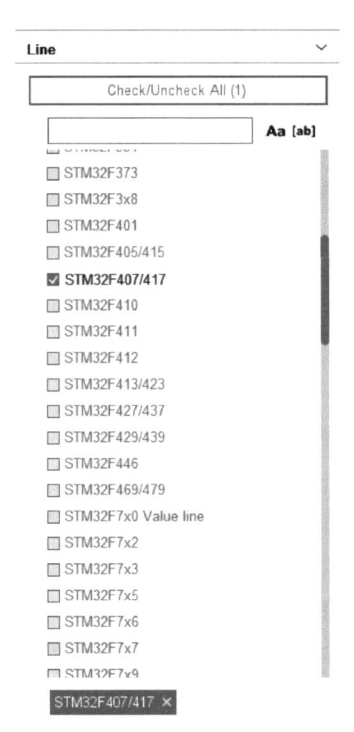

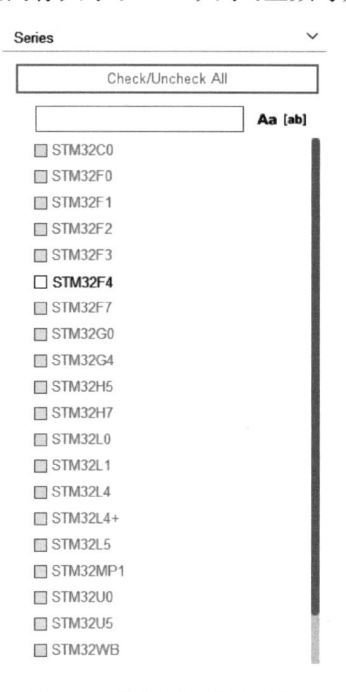

图 4-9　选择 STM32 系列

图 4-10　选择产品线

图 4-11　选择封装

MCU 筛选的操作非常灵活,并不需要按照条件顺序依次设置,可以根据自己的需要进行设置。例如,如果已知 MCU 的具体型号,可以直接在器件型号搜索框中输入型号;如果根据外设选择 MCU,可以直接在外设中进行设置后筛选,如果得到的 MCU 型号比较多,再根据封装、闪存容量等进一步筛选。设置好的筛选条件可以保存为一个搜索名,通过 Load Searches 按钮选择保存的搜索名,可以重复执行搜索。

2. 选择开发板新建项目

用户还可以在 New Project from a MCU/MPU 对话框中选择开发板新建项目,其界面如图 4-12 所示。STM32CubeMX 目前仅支持 ST 公司官方的开发板。

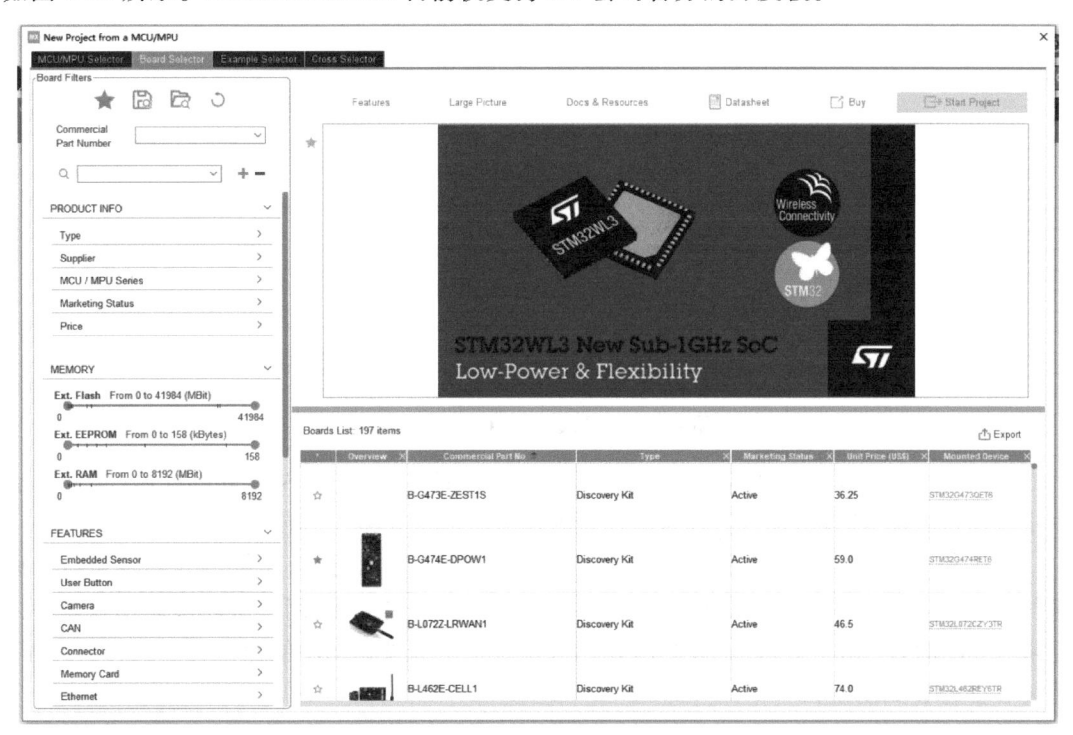

图 4-12 选择开发板新建项目

3. 交叉选择 MCU 新建项目

New Project from a MCU/MPU 对话框的第三个界面是交叉选择 MCU 新建项目,界面如图 4-13 所示。

交叉选择就是针对其他厂家的一个 MCU 或一个 STM32 具体型号的 MCU,选择一个性能和外设资源相似的 MCU。交叉选择对于在一个已有设计的基础上选择新的 MCU 重新设计非常有用,例如,原有一个设计用的是 TI 公司的 MSP4305529 单片机,需要换用 STM32 MCU 重新设计,就可以通过交叉选择找到一个性能、功耗、外设资源相似的 STM32 MCU。再如,一个原有的设计是用 STM32F103 做的,但是发现 STM32F103 的 SRAM 和处理速度不够,需要选择一个性能更高,而引脚和 STM32F103 完全兼容的 STM32 MCU,就可以使用交叉选择。

在图 4-13 所示界面中,左上方的 Part Number Search 区域用于选择原有 MCU 的厂家和型号,厂家有 NXP、Microchip、ST、TI 等,选择厂家后会在第二个下拉列表框中列出厂家

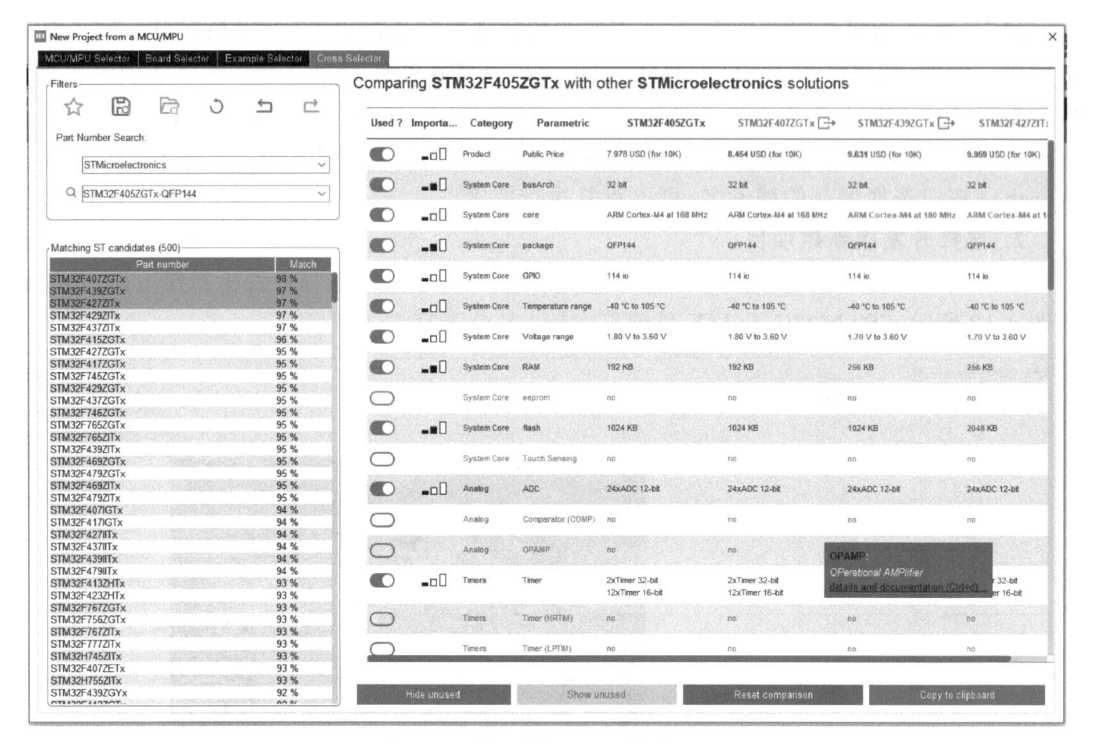

图 4-13 交叉选择 MCU 新建项目

的 MCU 型号。选择厂家和 MCU 型号后,会在下方的 Matching ST candidates(500)列表框中显示可选的 STM32MCU,并且有一个匹配百分比表示匹配程度。

在候选 STM32 MCU 列表中可以选择一个或多个 MCU,然后在右边的区域会显示原来的 MCU 与候选 STM32 MCU 的具体参数的对比。通过对比,用户可以快速找到能替换原来 MCU 的 STM32 MCU。图 4-13 所示界面上的一些按钮的功能操作就不具体介绍了,请读者自行尝试使用。

4.3.3 MCU 图形化配置界面总览

选择一个 MCU 创建项目后,界面上显示的是项目操作视图。因为本书所用开发板上的 MCU 型号是 STM32F407ZGT6,所以选择 STM32F407ZGT6 新建一个项目进行操作。这个项目只是用于熟悉 STM32CubeMX 的基本操作,并不需要下载到开发板上,所以可以随意操作。读者选择其他型号的 MCU 创建项目也是可以的。

新建项目后的工作界面如图 4-14 所示,界面主要由主菜单栏、标签导航栏和工作区三部分组成。

窗口最上方的主菜单栏一直保持不变,标签导航栏现在有 3 个层级,最后一个层级显示当前工作界面的名称。导航栏的最右侧有一个 GENERATE CODE 按钮,用于图形化配置MCU 后生成 C 语言代码。工作区是一个多页界面,有 4 个工作界面。

(1) Pinout & Configuration(引脚与配置)界面,这是对 MCU 的系统内核、外设、中间件和引脚进行配置的界面,是主要的工作界面。

(2) Clock Configuration(时钟配置)界面,通过图形化的时钟树对 MCU 的各个时钟信号频率进行配置的界面。

（3）Project Manager(项目管理)界面，对项目进行各种设置的界面。

图 4-14　新建项目后的工作界面——引脚与配置界面

（4）Tools(工具)界面，进行功耗计算、DDR SDRAM 适用性分析(仅用于 STM32MP1 系列)的界面。

4.3.4　MCU 配置

引脚与配置界面是 MCU 图形化配置的主要工作界面，如图 4-14 所示。这个界面包括 Component List(组件列表)、Pinout view(引脚视图)、System view(系统视图)和一个工具栏。

1. 组件列表

位于工作区左侧的是 MCU 可以配置的系统内核、外设和中间件列表，每一项称为一个组件(Component)。组件列表有两种显示方式：分组显示和按字母顺序显示。单击界面上的 Categories 或 A→Z 标签页就可以在这两种显示方式之间切换。

在列表上方的搜索框内输入文字，按回车键就可以根据输入的文字快速定位某个组件，例如，搜索"RTC"。搜索框右侧的一个图标按钮有两个弹出菜单项，分别是 Expand All 和 Collapse All，在分组显示时可以展开全部分组或收起全部分组。

在分组显示状态下，主要有如下的一些分组(每个分组的具体条目与 MCU 型号有关，这里选择的 MCU 是 STM32F103ZE)。

（1）System Core(系统内核)，有 DMA、GPIO、IWDG、NVIC、RCC、SYS 和 WWDG。

（2）Analog(模拟)，片上的 ADC 和 DAC。

（3）Timers(定时器)，包括 RTC 和所有定时器。

（4）Connectivity(通信连接)，各种外设接口，包括 CAN、ETH、FSMC、I2C、SDIO、SPI、UART、USART、USB_OTG_FS、USB_OTG_HS 等。

（5）Multimedia(多媒体)，各种多媒体接口，包括数字摄像头接口 DCMI 和数字音频接口 I2S。

（6）Security(安全)，只有一个 RNG(随机数发生器)。

（7）Computing(计算)，计算相关的资源，只有一个 CRC(循环冗余校验)。

（8）Middleware(中间件)，MCU 固件库里的各种中间件，主要有 FatFS、FreeRTOS、LibJPEG、LwIP、PDM2PCM、USB_Device、USB_Host 等。

（9）Additional Software(其他软件)，组件列表里默认是没有这个分组的。如果在嵌入式软件管理窗口里安装了 STM32Cube 扩展包，那么就可以通过图 4-14 所示界面中 Pinout & Configuration 标签页下菜单栏上的 Additional Software 按钮打开一个对话框，将 TouchGFX 安装到组件面板的 Additional Software 分组里。

当鼠标指针在组件列表的某个组件上面停留时，界面中显示的是这个组件的上下文帮助(Contextual help)，如图 4-15 所示。上下文帮助显示了组件的简单信息，如果需要知道更详细信息，可以单击上下文帮助里的 details and documentation(细节和文档)，即显示其数据手册、参考手册、应用笔记等文档的连接。单击就可以下载并显示 PDF 文档，而且会自动定位文档中的相应界面。

在初始状态下，组件列表的各个项前面没有任何图标，在对 MCU 的各个组件做一些设置后，组件列表的各个项前面会出现一些图标(见图 4-15)表示组件的可用性信息。因为 MCU 引脚基本都有复用功能，设置某个组件可用后，其他一些组件和可用标记件可能就不能使用了。其中部分图标的意义如表 4-1 所示。

图 4-15　组件的上下文帮助功能和可用标记

表 4-1　组件列表条目前图标的意义

图标示例	意　义
CAN1	组件前面没有任何图标，黑色字体，表示这个组件还没有被配置，其可用引脚也没有被占用
√ SPI1	表示这个组件的模式和参数已经配置好了
⊘ UART1	表示这个组件的可用引脚已经被其他组件占用，不能再配置这个组件了
⚠ ADC1	表示这个组件的某些可用引脚或资源被其他组件占用，不能完全随意配置，但还是可以配置的。例如，ADC2 有 16 个可用输入引脚，当部分引脚被占用后不能再被配置为 ADC2 的输入引脚，就会显示这样的图标
USB_HOST	灰色字体，表示这个组件因为一些限制不能使用。例如，要使用中间件 USB_HOST，需要启用 USB_OTG 接口并配置为 Host 后，才可以使用中间件 USB_HOST

2. 组件的模式和配置

在图 4-14 所示界面的组件列表中单击一个组件后，就会在其右侧显示模式与配置(Mode and Configuration)界面。这个界面分为上下两个部分，上方是模式设置界面，下方是参数配置界面，这两个界面的显示内容与选择的具体组件有关。

例如，图 4-14 显示的是 System Core 分组里 RCC 组件的模式和配置界面。RCC 用于设置 MCU 的两个外部时钟源，模式选择界面上高速外部(High Speed External, HSE)时钟源的下拉列表框有如下3个选项。

(1) Disable,禁用外部时钟源。

(2) BYPASS Clock Source,使用外部有源时钟信号源。

(3) Crystal/Ceramic Resonator,使用外部晶体振荡器作为时钟源。

当HSE的模式选择为Disable时,MCU使用内部高速RC振荡器产生的16 MHz信号作为时钟源。其他的两项要根据实际的电路进行选择。

低速外部(Low Speed External,LSE)时钟可用作RTC的时钟源,其下拉列表框的选项与HSE的相同。若LSE模式设置为Disable,RTC就使用内部低速RC振荡器产生的32 kHz时钟信号。开发板上有外接的32.768 kHz晶体振荡电路,所以可以将LSE设置为Crystal/Ceramic Resonator。如果设计中不需要使用RTC,不需要提供LSE时钟,就可以将LSE设置为Disable。

下半部分的参数配置界面用于对组件的一些参数进行配置,分为多个界面,且界面内容与选择的组件有关,一般有如下一些界面。

(1) Parameter Settings(参数设置),组件的参数设置。例如,对于USART1,参数设置包括波特率、数据位数(8位或9位)、是否有奇偶校验位等。

(2) NVIC Settings(NVIC设置),能设置是否启用中断,但不能设置中断的优先级,只能显示中断优先级设置结果。中断的优先级需要在System Core分组的NVIC组件里设置。

(3) DMA Settings(DMA设置),是否使用DMA,以及DMA的具体设置。DMA流的中断优先级需要到System Core分组的NVIC组件里设置。

(4) GPIO Settings(GPIO设置),显示组件的GPIO引脚设置结果,不能在此修改GPIO设置。外设的GPIO引脚是自动设置的,GPIO引脚的具体参数,如上拉或下拉、引脚速率等需要在System Core分组的GPIO组件里设置。

(5) User Constants(用户常量),用户自定义的一些常量,这些自定义常量可以在STM32CubeMX中使用,生成代码时,这些自定义常量会被定义为宏,放入文件main.h中。

每一种组件的模式和参数设置界面都不一样,我们将在后续章节介绍各种系统功能和外设时具体介绍它们的模式和参数设置操作。

3. MCU引脚视图

图4-14所示工作区的右侧显示了MCU的引脚图,在图上直观地表示了各引脚的设置情况。通过组件列表对某个组件进行模式和参数设置后,系统会自动在引脚图上标识出使用的引脚。例如,设置RCC组件的HSE使用外部晶振后,系统会自动将Pin23和Pin24引脚设置为RCC_OSC_IN和RCC_OSC_OUT,这两个名称就是引脚的信号。

在MCU的引脚视图上,亮黄色的引脚是电源或接地引脚,黄绿色的引脚是只有一种功能的系统引脚,包括系统复位NRST引脚、BOOT0引脚和PDR_ON引脚,这些引脚不能进行配置。其他未配置功能的引脚为灰色,已经配置功能的引脚为绿色。

引脚视图下方有一个工具栏,通过工具栏按钮可以进行放大、缩小、旋转等操作,通过鼠标滚轮也可以缩放,按住鼠标左键可以拖动MCU引脚图。

对引脚功能的分配一般通过组件的模式设置进行,STM32CubeMX会根据MCU的引脚使用情况自动为组件分配引脚。例如,USART1可以定义在PA9和PA10引脚上,也可以定义在 PB6 和 PB7 引脚上。如果 PA9 和 PA10 引脚未被占用,定义 USART1 的模式为 Asynchronous(异步)时,就自动定义在 PA9 和 PA10 引脚上。如果这两个引脚被其他功能占用了,例如,定义 GPIO 输出引脚用于驱动 LED,那么定义 USART1 为异步模式时就会自动使用 PB6 和 PB7 引脚。

所以,如果是在电路的初始设计阶段,可以根据电路的外设需求在组件里设置模式,让软件自动分配引脚,这样可以减少工作量,而且更准确。当然,用户也可以直接在引脚图上定义某个引脚的功能。

在 MCU 的引脚视图上,当鼠标指针移动到某个引脚上时会显示这个引脚的上下文帮助信息,主要显示的是引脚编号和名称。在引脚上单击鼠标左键时,会出现一个引脚功能选择菜单。图 4-16 所示是单击 PA9 引脚时出现的引脚功能选择菜单。这个菜单列出了 PA9 引脚所有可用的功能,其中的几个解释如下。

(1) Reset_State,恢复为复位后的初始状态。
(2) GPIO_Input,作为 GPIO 输入引脚。
(3) GPIO_Output,作为 GPIO 输出引脚。
(4) TIM1_CH2,作为定时器 TIM1 的输入通道 2。
(5) USART1_TX,作为 USART1 的 TX 引脚。
(6) GPIO_EXTI9,作为外部中断 EXTI9 的输入引脚。

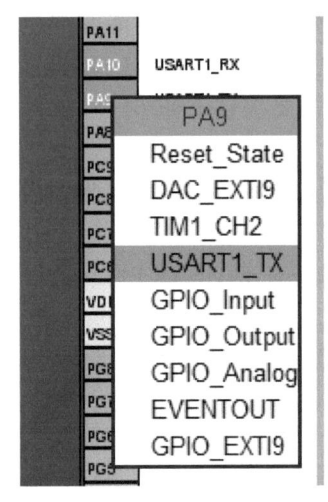

图 4-16 PA9 引脚的引脚功能选择菜单

引脚功能选择菜单的菜单项由具体的引脚决定,手动选择了功能的引脚上会出现一个图钉图标,表示这是绑定了信号的引脚。不管是软件自动设置的引脚还是手动设置的引脚,都可以重新为引脚手动设置信号。例如,通过设置组件 USART1 为异步模式,软件会自动设置 PA9 引脚为 USART1_TX,PA10 引脚为 USART1_RX。但是如果电路设计需要将 USART1_RX 改用 PB7 引脚,就可以手动将 PB7 引脚设置为 USART1_RX,这时 PA10 引脚会自动变为复位初始状态。

手动设置引脚功能时,容易引起引脚功能冲突或设置不全的错误,出现这类错误的引脚会自动用橘黄色显示。例如,直接手动设置 PA9 和 PA10 引脚为 USART1 的两个引脚,但是引脚会显示为橘黄色。这是因为在组件里没有启用 USART1 并为它选择模式,在组件列表中选择 USART1 并设置其模式为异步之后,PA9 和 PA10 引脚就变为绿色了。

用户还可以在一个引脚上单击鼠标右键调出一个快捷菜单,如图 4-17 所示。但只有设置了功能的引脚,才有右键快捷菜单。此快捷菜单有 3 个菜单项。

(1) Enter User Label(输入用户标签),用于输入一个用户定义的标签,这个标签将取代原来的引脚信号名称显示在引脚旁边。例如,在将 PA10 引脚设置为 USART1_RX 后,可以再为其定义标签 GPS_RX,这样在实际的电路中更容易看出引脚的功能。

图 4-17 引脚的快捷菜单

(2) Signal Pinning(信号绑定),单击此菜单项后,引脚上将会出现一个图钉图标,表示这个引脚与功能信号(如 USART1_TX)绑定了,这个信号就不再会自动改变引脚,只可以手动改变引脚。对于已经绑定信号的引脚,此菜单项会变为 Signal Unpinning(解除绑定)。对于未绑定信号的引脚,软件在自动分配引脚时可能会重新为此信号分配引脚。

(3) Pin Stacking/Pin Unstacking(引脚叠加/引脚解除叠加),这个菜单项的功能不明确,手册中没有任何说明,ST 公司官网上也没有明确解答。不要单击此菜单项,否则影响生成的 C 语言代码。

4. Pinout 菜单

在引脚视图的上方还有一个工具栏,上面有两个按钮:Additional Software 和 Pinout。单击 Additional Software 按钮会打开一个对话框,用于选择已安装的 STM32Cube 扩展包,添加到组件面板的 Additional Software 组中。

单击 Pinout 按钮会出现一个下拉菜单,菜单如图 4-18 所示。

各菜单项的功能描述如下。

(1) Undo Mode and pinout,撤销上一次的模式设置和引脚分配操作。

(2) Redo Mode and pinout,重做上一次的撤销操作。

(3) Keep Current Signals Placement(保持当前信号的配置)。如果勾选此项,将保持当前设置的各个信号的引脚配置,也就是在后续自动配置引脚时,前面配置的引脚不会再改动。这样有时会引起引脚配置困难,如果是在设计电路阶段,可以取消此选项,让软件自动分配各外设的引脚。

(4) Show User Label(显示用户标签)。如果勾选此项,将显示引脚的用户定义标签,否则显示已设置的信号名称。

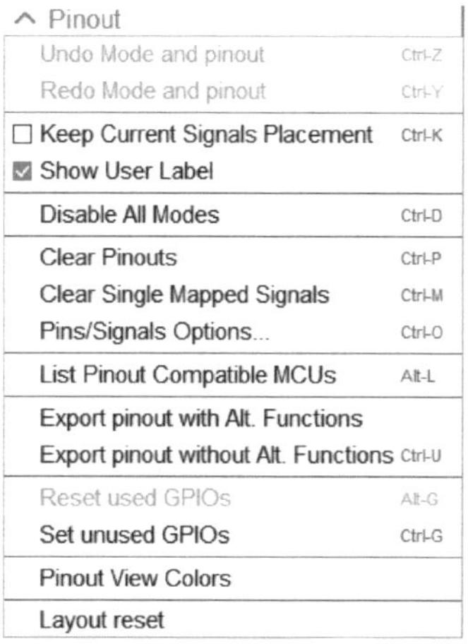

图 4-18 引脚视图上方的 Pinout 菜单

(5) Disable All Modes(禁用所有模式),取消所有外设和中间件的模式设置,复位全部相关引脚。但是不会改变设置的普通 GPIO 输入或输出引脚,例如,不会复位用于 LED 的 GPIO 输出引脚。

(6) Clear Pinouts(清除引脚分配),可以让所有引脚变成复位初始状态。

(7) Clear Single Mapped Signals(清除单边映射的信号),清除那些定义了引脚的信号,但是没有关联外设的引脚,也就是橘黄色底色标识的引脚,必须先解除信号的绑定才可以清除,也就是去除引脚上的图钉图标。

(8) Pins/Signals Options(引脚/信号选项),打开一个如图 4-19 所示的对话框,显示 MCU 已经设置的所有引脚名称、关联的信号名称和用户定义标签。可以按住 Shift 键或 Ctrl 键选择多个行,然后单击鼠标右键调出快捷菜单,通过菜单项进行引脚与信号的批量绑定或解除绑定。

(9) List Pinout Compatible MCUs(列出引脚分配兼容的 MCU),打开一个对话框,显示与当前项目的引脚配置兼容的 MCU 列表。此功能可用于电路设计阶段选择与电路兼容的不同型号的 MCU,例如,可以选择一个与电路完全兼容,但是闪存更大,或主频更高的 MCU。

(10) Export pinout with Alt. Functions,将具有复用功能的引脚的定义导出为一个

图 4-19　Pins/Signals Options 对话框

.csv 文件。

（11）Export pinout without Alt. Functions，将没有复用功能的引脚的定义导出为一个 .csv 文件。

（12）Set unused GPIOs（设置未使用的 GPIO 引脚），打开一个如图 4-20 所示的对话框，对 MCU 未使用的 GPIO 引脚进行设置，可设置为 Input、Output 或 Analog 模式。一般设置为 Analog 模式，以降低功耗。注意，要进行此项设置，必须在 SYS 组件中设置了调试引脚，例如，设置为 5 线 JTAG。

（13）Reset used GPIOs（复位已用的 GPIO 引脚），打开一个对话框，复位那些通过 Set unused GPIOs 对话框设置的 GPIO 引脚，可以选择复位的引脚个数。

（14）Layout reset（布局复位），将 Pinout & Configuration 界面的布局恢复为默认状态。

图 4-20　设置未使用的 GPIO 引脚的对话框

5. 系统视图

在图 4-14 所示的芯片图片的上方有两个按钮：Pinout view（引脚视图）和 System view（系统视图），单击这两个按钮可以在引脚视图和系统视图之间切换显示。图 4-21 是系统视图界面，显示了 MCU 已经设置的各种组件，便于对 MCU 已经设置的系统资源和外设有一个总体的了解。

在图 4-21 所示界面中单击某个组件时，在工作区的组件列表里就会显示此组件，在模式与配置界面中就会显示此组件的设置内容，以便进行查看和修改。

4.3.5　时钟配置

MCU 图形化设置的第二个工作界面是时钟配置界面。为了充分演示时钟配置的功能，我们先设置 RCC 的模式，在 RCC Mode and Configuration 页面将 HSE 设置为 Crystal/

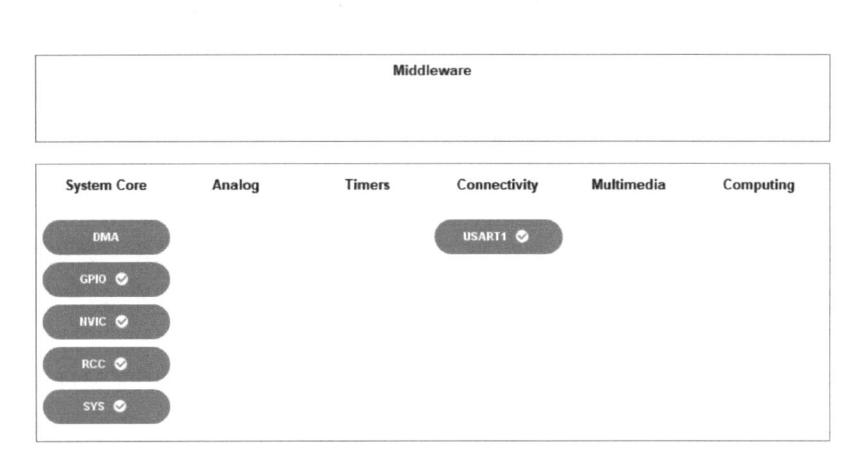

图 4-21 系统视图界面

Ceramic Resonator,并且启用 Master Clock Output,如图 4-22 所示。

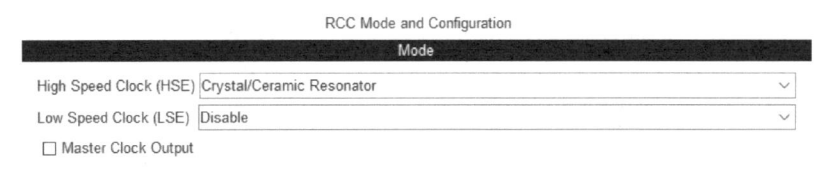

图 4-22 RCC 模式设置

MCO(Master Clock Output)是 MCU 向外部提供时钟信号的引脚,其中 MCO2 与音频时钟输入(Audio Clock Input,I2S_CKIN)共用 PC9 引脚,所以使用 MCO2 之后就不能再使用 I2S_CKIN 了。此外,我们需要启用 RTC,以便演示设置 RTC 的时钟源。

在 STM32CubeMX 的工作区单击时钟配置界面,它非常直观地显示了 STM32F407MCU 的时钟树,使得各种时钟信号的配置变得非常简单。

时钟源、时钟信号或选择器的作用如下。

(1) HSE 时钟源。当设置 RCC 模式的 HSE 为 Crystal/Ceramic Resonator 时,用户可以设置外部振荡电路的晶振频率。比如开发板上使用的是 8 MHz 晶振,在其中输入 8 之后按回车键,软件就会根据 HSE 的频率自动计算所有相关时钟频率并刷新显示。注意,HSE 的频率设置范围是 4~16 MHz。

(2) HSI(高速内部)RC 振荡器。MCU 内部的高速 RC 振荡器,可产生频率为 8 MHz 的时钟信号。

(3) PLL 时钟源选择器和主 PLL。PLL 时钟源选择器可以选择 HSE 或 HSI 作为 PLL 的时钟信号源,PLL 的作用是通过倍频和分频产生高频的时钟信号。在时钟配置界面上带有除号(/)的下拉列表框是分频器,用于将一个频率除以一个系数,产生分频的时钟信号;带有乘号(×)的下拉列表框是倍频器,用于将一个频率乘以一个系数,产生倍频的时钟信号。

主 PLL 输出两路时钟信号,一路是 PLLCLK,进入系统时钟选择器,另一路是 48 MHz

时钟信号。USB-OTG FS、USB-OTG HS、SDIO、RNG 都需要使用这个 48 MHz 时钟信号。还有一个专用的锁相环 PLLI2S,用于产生精确时钟信号供 I2S 接口使用,以获得高品质的音效。

(4) 系统时钟选择器。系统时钟 SYSCLK 是直接或间接为 MCU 中的绝大部分组件提供时钟信号的时钟源,系统时钟选择器可以从 HSI、HSE、PLLCLK 这 3 个信号中选择一个作为 SYSCLK。

系统时钟选择器的下方有一个 Enable CSS 按钮,CSS(Clock Security System)是时钟安全系统,只有直接或间接使用 HSE 作为 SYSCLK 时,此按钮才有效。如果开启了 CSS,MCU 内部会对 HSE 时钟信号进行监测,当 HSE 时钟信号出现故障时,会发出一个 CSS 中断信号,并自动切换到使用 HSI 作为系统时钟源。

(5) 系统时钟 SYSCLK。STM32F407 的 SYSCLK 最高频率是 168 MHz,但是在时钟配置界面上 SYSCLK 文本框中不能直接修改 SYSCLK 的值。从时钟配置可以看出,SYSCLK 直接作为以太网精确时间协议(Precision Time Protocol,PTP)的时钟信号,经过 AHB 预分频器后生成 HCLK 时钟信号。

(6) HCLK 时钟。SYSCLK 经过 AHB 预分频器后生成 HCLK 时钟,HCLK 就是 CPU 的时钟信号,CPU 的频率由 HCLK 的频率决定。HCLK 还为 APB1 总线和 APB2 总线等提供时钟信号。HCLK 最高频率为 72 MHz。用户可以在 HCLK 文本框中直接输入需要设置的 HCLK 频率,按回车键后软件将自动配置计算。

在时钟配置界面上可以看到,HCLK 为其右侧的多个部分直接或间接提供时钟信号。

① HCLK to AHB bus,core,memory and DMA。HCLK 直接为 AHB 总线、内核、存储器和 DMA 提供时钟信号。

② To Cortex System timer。HCLK 经过一个分频器后作为 Cortex 系统定时器(即 SysTick 定时器)的时钟信号。

③ FCLK Cortex clock。直接作为 Cortex 的 FCLK(Free-Running Clock)时钟信号。

④ APB1 peripheral clocks。HCLK 经过 APB1 分频器后生成外设时钟信号 PCLK1,为外设总线 APB1 上的外设提供时钟信号。

⑤ APB1 Timer clocks。PCLK1 经过 2 倍频后生成 APB1 定时器时钟信号,为 APB1 总线上的定时器提供时钟信号。

⑥ APB2 peripheral clocks。HCLK 经过 APB2 分频器后生成外设时钟信号 PCLK2,为外设总线 APB2 上的外设提供时钟信号。

⑦ APB2 timer clocks。PCLK2 经过 2 倍频后生成 APB2 定时器时钟信号,为 APB2 总线上的定时器提供时钟信号。

(7) 音频时钟输入。如果在时钟配置界面上的 RCC 模式设置中勾选了 Audio Clock Input(I2S_CKIN)复选框,就可以在此输入一个外部的时钟源,作为 I2S 接口的时钟信号。

(8) MCO 时钟输出和选择器。MCO 是 MCU 为外部设备提供的时钟源,当在时钟配置界面上勾选 Master Clock Output 后,就可以在相应引脚输出时钟信号。

在时钟配置界面上,显示了 MCO2 的时钟源选择器和输出分频器,另一个 MCO1 的选择器和输出通道也与此类似,由于幅面限制没有显示出来。MCO2 的输出可以从 4 个时钟信号源中选择,还可以在分频后输出。

(9) LSE 时钟源。如果在 RCC 模式设置中启用 LSE,就可以选择 LSE 作为 RTC 的时钟源。LSE 固定为 32.768 kHz,因为经过多次分频后,可以得到精确的 1 Hz 信号。

(10) LSI(低速内部)RC 振荡器。MCU 内部的 LSI RC 振荡器产生频率为 32 kHz 的时钟信号,它可以作为 RTC 的时钟信号,也可直接作为 IWDG(独立看门狗)的时钟信号。

(11) RTC 时钟选择器。如果启用 RTC,就可以通过 RTC 时钟选择器为 RTC 设置一个时钟源。RTC 时钟选择器有 3 个可选的时钟源:LSI、LSE 和 HSE 经分频后的时钟信号 HSE_RTC。要使 RTC 精确度高,应该使用 32.768 kHz 的 LSE 作为时钟源,因为 LSE 经过多次分频后可以产生 1 Hz 的精确时钟信号。

搞清楚时钟配置界面中的这些时钟源和时钟信号的作用后,进行 MCU 上的各种时钟信号的配置就很简单了,因为都是图形化界面的操作,不用像传统编程那样搞清楚相关寄存器并计算寄存器的值,这些底层的寄存器设置将由 STM32CubeMX 自动完成,并生成代码。

在时钟配置界面上,可以进行如下一些操作。

(1) 直接在某个时钟信号的编辑框中输入数值,按回车键后由软件自动配置各个选择器、分频器、倍频器的设置。例如,如果希望设置 HCLK 为 50 MHz,在 HCLK 的编辑框里输入 50 后按回车键即可。

(2) 可以手动修改选择器、分频器、倍频器的设置,以便手动调节某个时钟信号的频率。

(3) 当某个时钟的频率设置错误时,所在的编辑框会以紫色底色显示。

(4) 在某个时钟信号编辑框上单击鼠标右键,会弹出一个快捷菜单,其中包含 Lock 和 Unlock 两个菜单项,用于对时钟频率进行锁定和解锁。如果一个时钟频率被锁定,其编辑框会以灰色底色显示。在软件自动计算频率时,系统会尽量不改变已锁定时钟信号的频率,如果必需改动,会出现一个对话框提示解锁。

(5) 单击工具栏上的 Reset Clock Configuration 按钮,将整个时钟树复位到初始默认状态。

(6) 工具栏上的其他一些按钮可以进行撤销、重复、缩放等操作。

用户所做的这些时钟配置都涉及寄存器的底层操作,STM32CubeMX 在生成代码时会自动生成时钟初始化配置的程序。

4.3.6 项目管理

STM32CubeMX 提供了全面的项目管理功能,允许用户从配置微控制器开始直至生成项目代码。用户可以选择目标微控制器、配置外设、设置中断和时钟树,然后 STM32CubeMX 会根据这些配置自动生成相应的初始化代码。此外,该工具支持与多种 IDE(集成开发环境)集成,如 Keil MDK、IAR EW 等,允许直接在这些环境中打开和开发生成的项目。这大大简化了代码的编写和调试过程,加速了从概念到产品的开发周期。

项目管理包含功能概述、项目基本信息设置、代码生成器设置和高级设置四部分。

1. 功能概述

对 MCU 系统功能和各种外设的图形化配置,主要是在引脚配置和时钟配置工作界面完成的,完成这些工作后,一个 MCU 的配置就完成了。STM32CubeMX 的重要作用就是将这些图形化的配置结果导出为 C 语言代码。

STM32CubeMX 工作区的第 3 个界面是 Project Manager 界面,如图 4-23 所示。这个

界面是一个多页界面,其中有如下 3 个工作界面。

图 4-23　Project Manager 界面

(1) Project 界面,设置项目名称、保存路径、导出代码的 IDE 软件等。

(2) Code Generator 界面,设置生成 C 语言代码的一些选项。

(3) Advanced Settings 界面,生成 C 语言代码的一些高级设置,例如,外设初始化代码是使用 HAL 库还是 LL 库。

2. 项目基本信息设置

新建的 STM32CubeMX 项目首次保存时会出现一个选择文件夹的对话框,用户选择一个文件夹后,项目会被保存到该文件夹下,并且项目名称与最后一级文件夹的名称相同。

例如,保存项目时选择的文件夹为"D:\Demo\MDK\1-LED\"。那么,项目会被保存到此文件夹下,并且项目文件名是 LED.ioc。

对于保存过的项目,就不能再修改图 4-23 所示界面中的 Project Name 和 Project Location 两个文本框中的内容了。图 4-23 所示的界面上还有如下一些设置项。

(1) Application Structure(应用程序结构),有 Basic 和 Advanced 两个选项。

① Basic:建议用于只使用一个中间件,或者不使用中间件的项目。在这种结构里,IDE 配置文件夹与源代码文件夹同级,用子目录组织代码。

② Advanced:当项目里使用多个中间件时,建议使用这种结构,这样对于中间件的管理容易一点。

(2) Do not generate the main()复选框,如果勾选此项,导出的代码将不生成 main()函数。但是 C 语言的程序肯定是需要一个 main()函数的,所以不勾选此项。

(3) Toolchain Folder Location,导出的 IDE 项目所在的文件夹,默认与 STM32CubeMX 项目文件在同一个文件夹中。

(4) Toolchain/IDE,从一个下拉列表框中选择导出 C 语言程序的工具链或 IDE 软件,下拉列表的选项如图 4-24 所示。

本书使用的 IDE 软件是 Keil MDK，Toolchain/IDE 选择 MDK-ARM。

（5）Linker Settings（连接器设置），用于设置应用程序的堆（Heap）的最小大小，默认值是 0×200 和 0×400。

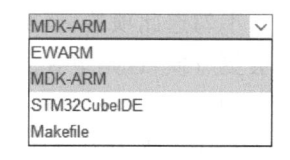

图 4-24　可选的 Toolchain/IDE 软件列表

（6）Mcu and Firmware Package（MCU 和固件包），MCU 固件库默认使用已安装的最新版本固件库。如果系统中有一个 MCU 系列多个版本的固件库，就可以在此重选固件库。如果勾选 Use Default Firmware Location 复选框，则表示使用默认的固件库路径，也就是所设置的软件库目录下的相应固件库目录。

3. 代码生成器设置

Code Generator 界面如图 4-25 所示，用于设置生成代码时的一些特性。

图 4-25　Code Generator 界面

（1）STM32Cube MCU packages and embedded software packs 选项，设置固件库和嵌入式软件库复制到 IDE 项目里的方式，有如下 3 种方式。

① Copy all used libraries into the project folder（将所有用到的库都复制到项目文件夹下）。

② Copy only the necessary library files（只复制必要的库文件，即只复制与用户配置相关的库文件），默认选择这一项。

③ Add necessary library files as reference in the toolchain project configuration file（将必要的库文件以引用的方式添加到项目的配置文件中）。

（2）Generated files 选项，生成 C 语言代码文件的一些选项，有如下 4 个选项。

① Generate peripheral initialization as a pair of '.c/.h' files per peripheral，勾选此项后，为每一种外设生成的初始化代码将会有 .c/.h 两个文件，例如，对于 GPIO 引脚的初始化程序将有两个文件 gpio.h 和 gpio.c，否则所有外设初始化代码在文件 main.c 中。虽然

默认是不勾选此项的,但推荐勾选此项,特别是当项目用到的外设比较多时,而且使用.c/.h 文件会更方便,也是更好的编程习惯。

② Backup previously generated files when re-generating,如果勾选此项,STM32CubeMX 在重新生成代码时,就会将前面生成的文件备份到一个名为 Backup 的子文件夹中,并在.c/.h 文件名后面增加一个.bak 扩展名。

③ Keep User Code when re-generating,勾选此项后,重新生成代码时保留用户代码。这个选项只应用于 STM32CubeMX 自动生成文件中的代码沙箱段(在后面会具体介绍此概念)的代码,不会影响用户自己创建的文件。

④ Delete previously generated files when not re-generated,勾选此项后,删除那些以前生成的不需要再重新生成的文件。例如,前一次配置中用到了 SDIO,前次生成的代码中有文件 sdio.h 和 sdio.c,而重新配置时取消了 SDIO,如果勾选此项,重新生成代码时就会删除前面生成的文件 sdio.h 和 sdio.c。

(3) HAL Settings 选项,设置 HAL,有 2 个选项。

① Set all free pins as analog(to optimize power consumption)(设置所有自由引脚的类型为 Analog,这样可以优化功耗)。

② Enable Full Assert(启用或禁用 Full Assert 功能)。在生成的文件 stm32f1xx_hal_conf.h 中有一个宏定义 USE_FULL_ASSERT,如果禁用 Full Assert 功能,这行宏定义代码就会被注释掉,代码如下:

```
#define USE_FULL_ASSERT 1U
```

如果启用 Full Assert 功能,那么 HAL 库中每个函数都会对函数的输入参数进行检查,如果检查出错误,会返回出错代码的文件名和所在行。

(4) Template Settings 选项,设置自定义代码模板。一般不用此功能,直接使用 STM32CubeMX 自己的代码模板就很好。

4. 高级设置

Advanced Settings 界面如图 4-26 所示,分为上下两个列表。

(1) Driver Selector 列表,用于选择每个组件的驱动库类型。该列表列出了所有已配置的组件,如 USART、RCC 等,第 2 列是组件驱动库类型,有 HAL 和 LL 两种库可选。

HAL 是高级别的驱动程序,MCU 上所有的组件都有 HAL 驱动程序。HAL 的代码与具体硬件的关联度低,易于在不同系列的器件之间移植。

LL 是进行寄存器级别操作的驱动程序,它的性能更加优化,但是需要对 MCU 的底层和外设比较熟悉,与具体硬件的关联度高,在不同系列之间进行移植时工作量大。并不是 MCU 上所有的组件都有 LL 驱动程序,软件复杂度高的外设没有 LL 驱动程序,如 SDIO、USB-OTG 等。

本书全部使用 HAL 库进行实例程序设计,不会混合使用 LL 库,以保持总体的统一。

(2) Generated Function Calls 列表,用于对生成函数的调用方法进行设置。对部分 MCU 配置的系统功能和外设的初始化函数说明如下。

① Function Name 列,是生成代码时将要生成的函数名称,这些函数名称是自动确定的,不能修改。

② Do Not Generate Function Call 列,如果勾选了此项,在函数 main()的外设初始化

图 4-26 Advanced Settings 界面

部分不会调用这个函数,但是函数的完整代码还是会生成的,如何调用由编程者自己处理。

③ Visibility(Static)列,用于指定是否在函数原型前面加上关键字 static,使函数变为文件内的私有函数。如果在图 4-25 所示界面中勾选了 Generate peripheral initialization as a pair of '.c/.h' files per peripheral 复选框,则无论是否勾选 Visibility(Static)复选框,外设的初始化函数原型前面都不会加关键字 static,因为在.h 文件中声明的函数原型对外界就是可见的。

4.3.7 生成报告和代码

STM32CubeMX 能自动生成详细的项目报告和源代码。项目报告包括微控制器的配置详情,如外设设置、时钟配置、中断分配等,为开发者提供了全面的配置概览。同时,根据用户的配置选择,STM32CubeMX 会生成相应的初始化代码,包括 HAL 和低级别的驱动代码。这些自动生成的代码遵循 STM32 的编程标准,帮助开发者快速启动项目,并减少手动编码的错误和时间消耗。此功能显著提高了开发效率和项目的可维护性。

在对 MCU 进行各种配置以及对项目进行设置后,用户就可以生成报告和代码。

单击菜单项 File→Generate Report,会在 STM32CubeMX 项目文件目录下生成一个同名的 PDF 文件。这个 PDF 文件中有对项目的基本描述、MCU 型号描述、引脚配置图、引脚定义表格、时钟树、各种外设的配置信息等,是对 STM32CubeMX 项目的一个很好的总结性报告。

保存 STM32CubeMX 项目并在项目管理界面做好生成代码的设置后,用户随时可以单击导航栏右端的 GENERATE CODE 按钮,为选定的 MDK-Arm 软件生成代码。如果是首次生成代码,将自动生成 MDK-Arm 项目框架,生成项目所需的所有文件;如果 MDK-Arm 项目已经存在,再次生成代码时只会重新生成初始化代码,不会覆盖用户在沙箱段内编写的代码,也不会删除用户在项目中创建的程序文件。

STM32CubeMX 的工作区还有一个 Tools 界面,用于进行 MCU 的功耗计算,这会涉及 MCU 的低功耗模式。

第5章 STM32CubeIDE 开发平台

CHAPTER 5

本章全面介绍 STM32CubeIDE 开发平台，包括安装过程、操作指南、项目管理、代码编译和调试配置；详细讲解如何新建、导入、管理、编译和调试 STM32 项目，以及如何使用 STM32CubeProgrammer 和 STM32CubeMonitor 软件进行程序烧录和性能监控；介绍 STM32F407 开发板和 STM32 仿真器的选择，为 STM32 开发提供了一个集成的解决方案。本章旨在帮助开发者熟悉 STM32CubeIDE 的使用，以便更高效地进行 STM32 基于 Arm 的嵌入式系统开发。

本章的学习目标：

（1）掌握 STM32CubeIDE 的安装过程。

（2）熟悉 STM32CubeIDE 的基本操作。

（3）了解 STM32CubeProgrammer 和 STM32CubeMonitor 软件。

（4）选择合适的 STM32F407 开发板和仿真器。

通过本章的学习，学生将具备使用 STM32CubeIDE 进行全面的微控制器开发的能力，包括项目创建、代码编写、程序调试和最终的应用部署，为未来的嵌入式系统开发工作提供坚实的技术基础。

5.1 安装 STM32CubeIDE

STM32CubeIDE 是 STM32Cube 生态系统中的一个重要软件工具，是 ST 公司官方免费提供的 STM32 MCU/MPU 程序开发 IDE 软件。ST 公司最初并没有自己的 STM32 开发 IDE 软件，为了完善 STM32Cube 生态系统中的这重要一环，ST 公司在 2017 年年底收购了 Atollic 公司，将专业版 TrueSTUDIO 改为免费的。2019 年 4 月，ST 公司正式推出了 STM32CubeIDE 1.0.0。

STM32CubeIDE 是在 TrueSTUDIO 基础上改进和升级的，有如下一些特点。

（1）STM32CubeIDE 使用 Eclipse IDE 环境，具有强大的编辑功能，其使用习惯与 TrueSTUDIO 相同。

（2）STM32CubeIDE 使用 GNU C/C++编译器，支持在 STM32 项目开发中使用 C++编程。

（3）STM32CubeIDE 内部集成了 STM32CubeMX，在 STM32CubeIDE 中就可以进行

MCU 图形化配置和代码生成,然后在初始代码基础上继续编程。当然,STM32CubeIDE 也可以和独立的 STM32CubeMX 配合使用。

正式推出 STM32CubeIDE 后,ST 公司就不再更新 TrueSTUDIO,新的设计推荐使用 STM32CubeIDE。

用户可以从 ST 公司网站下载最新版 STM32CubeIDE 的安装文件。安装文件中只有一个可执行文件,双击该文件就可以开始安装。

为提升功能丰富且高效的 STM32 系列微控制器的易用性,2019 年,ST 公司在 STM32Cube 软件生态系统中增加了一个免费的多功能 STM32 开发工具——STM32CubeIDE。

STM32CubeIDE 是 STM32Cube 生态系统的核心。它基于 Eclipse®/CDT 框架,GCC 编译工具链和 GDB 调试工具,支持添加第三方功能插件。同时,STM32CubeIDE 还集成了部分 STM32CubeMX 和 STM32CubeProgrammer 的功能,是一个"多合一"的 STM32 开发工具。STM32CubeIDE 架构如图 5-1 所示。

图 5-1 STM32CubeIDE 架构

用户只需要 STM32CubeIDE 这一个工具,就可以完成从芯片选型、项目配置、代码生成,到代码编辑、编译、调试和烧录的所有工作。

STM32CubeIDE 基于 Eclipse 的框架,它继承了 Eclipse 所特有的特性,比如工作空间、透视图等。STM32CubeIDE 软件界面如图 5-2 所示。

1. 工作空间(Workspace)

STM32CubeIDE 通过工作空间(Workspace)对工程进行管理,打开 STM32CubeIDE 时,它会新建一个默认的工作空间,用户也可以通过 Browse 按钮选择另外一个文件夹作为工作空间,之后新建或者导入的工程就都属于所选择的这个工作空间。同一个工作空间下的工程具有相同的 IDE 层面的配置(在 Window→Preferences 中进行设置),比如显示和编辑的风格设置等。从文件系统的角度看,工作空间就是一个文件夹,里面包含了多个工程的文件夹和一个名为".metadata"的文件夹,".metadata"文件夹下包含了该工作空间内的所有工程的信息。用户可以通过菜单项 File→Switch Workspace,切换不同的工作空间。

2. 项目(Project)

一个 STM32CubeIDE 项目(Project)就是一个文件夹下的所有子目录和文件的集合,

[图 5-2 STM32CubeIDE 软件界面，标注：工具栏、编辑窗口、切换透视图（C/C++编辑透视图、调试透视图、CubeMX配置透视图）、Outline窗口、项目管理器；下方标注：C/C++编辑透视图]

图 5-2　STM32CubeIDE 软件界面

项目名称就是文件夹的名称。一个项目包含很多文件和子目录，例如，项目 1-LED 根目录下的文件和子目录构成如图 5-3 所示，项目 1-LED\STM32CubeIDE 根目录下的文件和子目录构成如图 5-4 所示。项目根目录下的子目录\.settings 是自动生成的，用于管理项目信息，几个没有名称只有扩展名的文件是项目管理的相关文件，如 .cproject、.mxproject 和 .project。LED.ioc 是 STM32CubeMX 项目文件。其他文件和子目录就是与 STM32 编程相关的用户程序文件和驱动程序文件。

[图 5-3 项目 1-LED 根目录下的文件列表：Core、Drivers、STM32CubeIDE（文件夹）；.mxproject、LED（STM32CubeMX）、LED（Foxit PDF Reader）、LED（文本文档）]

图 5-3　项目 1-LED 根目录下的文件和子目录构成

[图 5-4 项目 1-LED\STM32CubeIDE 根目录下的文件列表：.settings、Application、Debug、Drivers（文件夹）；.cproject、.project、LED Debug.launch、STM32F407ZGTX_FLASH.ld、STM32F407ZGTX_RAM.ld]

图 5-4　项目 1-LED\STM32CubeIDE 根目录下的文件和子目录构成

3. 视图（View）

在图 5-2 所示的界面上有很多子界面，这些子界面称为视图（View）。例如，窗口左侧显示项目目录和文件组成的 Project Explorer 视图，窗口右侧多页界面上显示文件概览的 Outline 视图。一个视图就是实现一些功能的界面，通常显示在一个多页组件上，右上角有

关闭视图的按钮。STM32CubeIDE 是功能强大的
IDE 环境,用户可根据需要选择显示各种视图。单击
菜单项 Window→Show View→Other,会看到图 5-5
所示的 Show View 对话框,这个对话框里分类列出
了所有视图。

4. 场景(Perspective)

STM32CubeIDE 的视图非常多,如果都显示出
来会很杂乱,在工作状态切换时逐个打开或关闭视图
又效率低下。例如,编程状态和调试状态要用到不同
的视图。为此,Eclipse 使用场景(Perspective)来管
理视图。场景就是多个视图组成的一种工作界面,一
个场景一般对应一种工作需求,例如:

(1) C/C++场景,是最常用的场景,图 5-2 显示的
就是这个场景。

(2) Debug 场景,是用于程序调试的工作场景。

图 5-5　Show View 对话框

单击菜单项 Window→Perspective,会显示图 5-6 所示的场景管理子菜单。单击菜单项
Customize Perspective,可以打开一个对话框对当前场景进行定制,定制内容包括工具栏按
钮和菜单项的可见性,可以保存定制的场景并自定义场景名称。

在图 5-6 所示子菜单中,单击菜单项 Other,会打开图 5-7 所示的 Open Perspective 对
话框,其中有 STM32CubeIDE 预定义的 3 个场景。在工作状态变化时,场景一般会自动切
换。例如,STM32CubeIDE 启动后就处于 C/C++场景(图 5-2),这是最常用的场景;如果在
图 5-2 所示界面左侧的项目浏览器里双击 STM32CubeMX 文件 LED.ioc,会自动切换到
Device Configuration Tool 场景,也就是内置的 STM32CubeMX 操作界面。如果下载程序
开始调试,会自动切换到 Debug 场景。

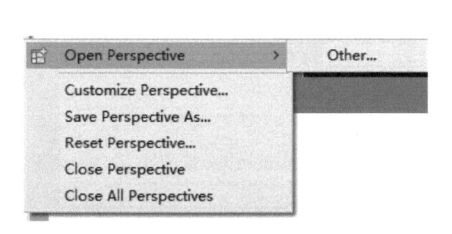

图 5-6　场景管理子菜单　　　　　　　　图 5-7　Open Perspective 对话框

5.2　STM32CubeIDE 的操作

STM32CubeIDE 是一款用于 STM32 微控制器的集成开发环境，它整合了代码编辑、编译、调试等多种功能。

5.2.1　新建和导入工程

使用 STM32CubeIDE，可以通过 File 菜单的菜单项 New 和 Import 新建或导入一个项目。

打开一个新的工作空间启动 CubeIDE 后，图 5-8 所示的信息中心页面会显示在界面上。这个页面中有创建 STM32CubeIDE 项目的 4 个快捷按钮。

（1）Start new STM32 project 按钮，开始创建一个新的 STM32 项目。

（2）Start new project from STM32CubeMX.ioc file 按钮，从 CubeMX 的.ioc 文件开始创建一个项目。

（3）Import project 按钮，导入 STM32 工程项目。

（4）Import STM32Cube Example 按钮，导入 STM32Cube 例子。

图 5-8 所示页面中，右侧的 Support & Community 区域是一些支持和社区网站的链接（未显示出），单击链接后可在系统默认的浏览器中打开。

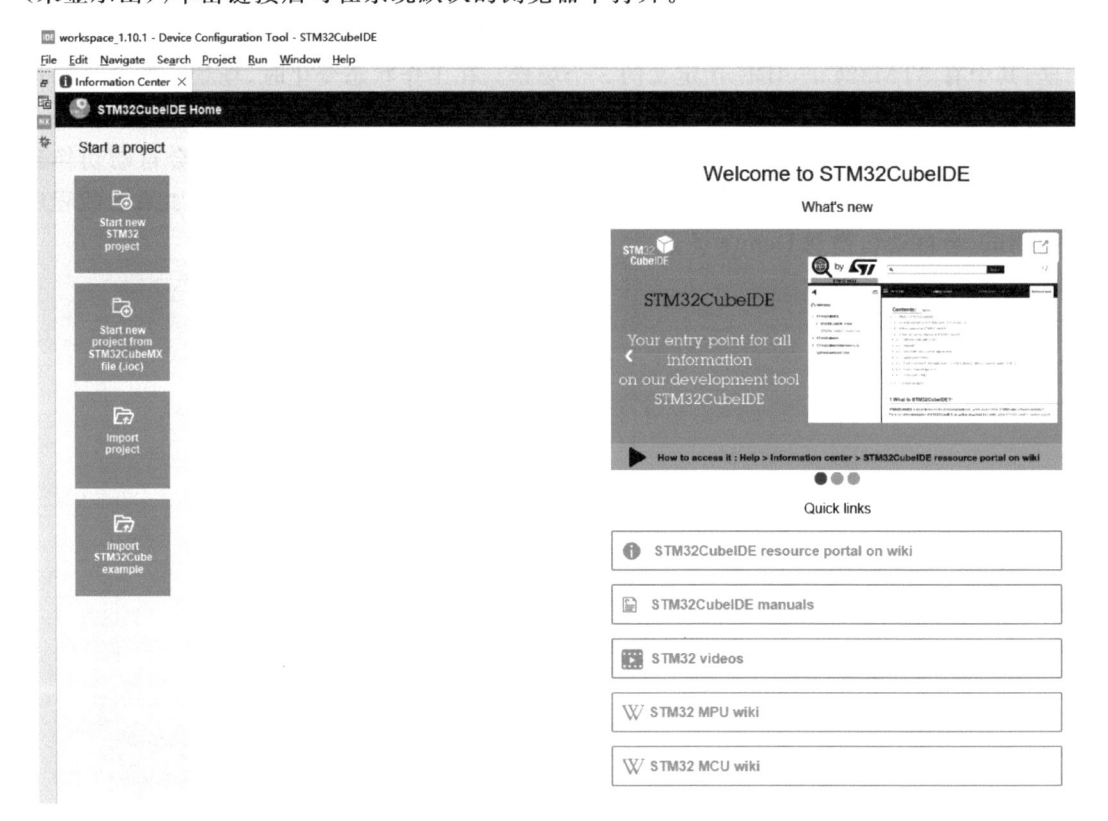

图 5-8　STM32CubeIDE 的信息中心页面

Quick links 区域是一些技术资料的 PDF 文档或 HTML 网页的链接，单击 STM32CubeIDE manuals 选项会打开一个文档列表页面，该页面中有更多有用的技术文档，包括 CubeIDE 的用户手册、C 语言数学函数库手册、C 语言运行库手册等。用户在编程时可以查阅这些资料文档，例如，查阅某个数学函数的函数原型，或查找一个合适的字符串处理函数。

在图 5-8 所示的页面上，单击 Information Center 页面的关闭按钮，可以关闭信息中心页面。然后，单击菜单项 File→Open Projects from File System，如图 5-9 所示，会显示图 5-10 所示从文件系统导入项目的对话框，这个对话框用于将一个项目导入当前工作空间中。

在图 5-10 所示的对话框中，首先单击 Directory 按钮，选择项目 LED 的根目录。选择后会在 Import source 文本框中显示此目录，并将项目

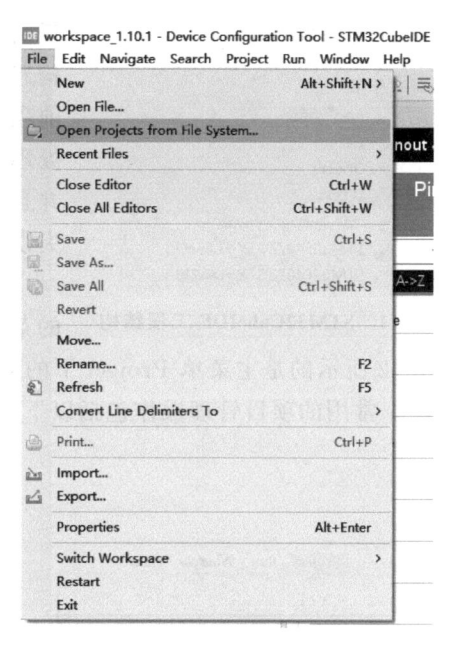

图 5-9　打开 STM32CubeIDE 工程

名称显示在下方的列表里。其他设置保持图 5-10 所示的默认设置，最后单击 Finish 按钮，就可以打开项目 LED 了。

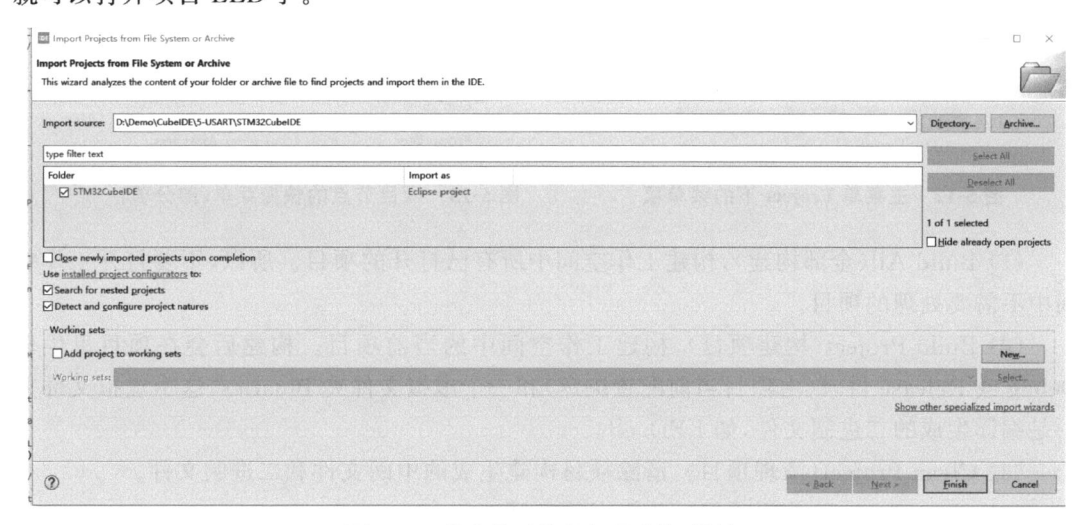

图 5-10　从文件系统导入项目的对话框

5.2.2　项目管理

一个工作空间可以管理多个项目，工作空间里的项目有打开和关闭两种状态。图 5-11 所示的是第 6 章的 GPIO 输出应用实例 LED 项目，在项目浏览器中，双击一个项目的节点就可以打开项目，在项目节点上单击鼠标右键，在弹出的快捷菜单中单击菜单项 Close Project，就可以关闭这个项目。

当工作空间里有多个项目处于打开状态时，只有一个项目是当前项目，单击一个项目的

任何一个文件夹或文件节点，这个项目就变成当前项目。构建、项目属性设置、下载和调试等项目操作都是针对当前项目的。所以，在工作空间中最好只打开一个当前需要处理的项目，其他项目都关闭。这样可以减少内存占用，并且可以避免未切换到真正需要处理的项目而导致操作失误。

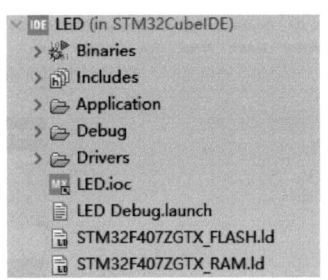

项目管理可以通过主工具栏按钮、主菜单 Project 下的菜单项或项目浏览器中项目节点的快捷菜单实现。

图 5-11 STM32CubeIDE 工程结构

图 5-12 所示的是主菜单 Project 下的菜单项，图 5-13 所示是项目节点快捷菜单中的部分菜单项。常用的项目管理操作包括以下几项。

图 5-12 主菜单 Project 下的菜单项

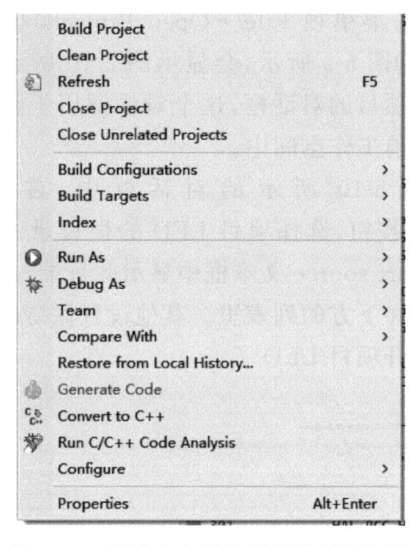

图 5-13 项目节点的快捷菜单(部分项)

(1) Build All(全部构建)，构建工作空间中所有已打开的项目。所以，不要打开工作空间中不需要处理的项目。

(2) Build Project(构建项目)，构建工作空间中的当前项目。构建后会在项目里生成 Debug 或 Release 目录(由项目当前配置决定)和一个虚拟文件夹 Binaries，这个虚拟文件夹中是编译生成的二进制文件，如 LED.elf。

(3) Clean Project(清理项目)，清除项目构建生成的中间文件和二进制文件。

(4) Close Project(关闭项目)，关闭当前项目。

(5) Close Unrelated Projects(关闭不相关项目)，关闭工作空间中所有与本项目无关的项目。

(6) Refresh(刷新)，在使用独立的 CubeMX 重新生成代码后，用户可能需要手动刷新项目的文件。

(7) Build Automatically(自动构建)。这是一个复选项，如果打开这个选项，在项目程序文件被修改，或 CubeMX 重新生成代码后就会自动构建。一般应关闭此选项，自行控制构建时机。

(8) Properties(属性),项目属性设置,快捷键为 Alt+Enter 键,可用于打开一个属性设置对话框对项目属性进行设置。

5.2.3 打开/关闭/删除/切换/导出工程

在 Project Explorer 窗口中可以看到当前工作空间下的所有工程。用户可以对这里面的任一工程进行打开/关闭/删除/导入/导出/更名等操作。STM32CubeIDE 工程浏览器如图 5-14 所示。

5.2.4 固件库管理

STM32CubeIDE 集成了 STM32CubeMX 的部分功能,可以直接选择芯片/开发板型号,或者选择例程来生成一个新工程。STM32CubeIDE 生成工程所需要的驱动和例程代码都来自各个 STM32 系列的固件库。

图 5-14 STM32CubeIDE 工程浏览器

在菜单项 Help→Manage Embedded Software Packages 中,可以对所有的 STM32 固件库以及其他插件进行管理(安装/删除固件库)。STM32CubeIDE 固件库管理界面如图 5-15 所示。

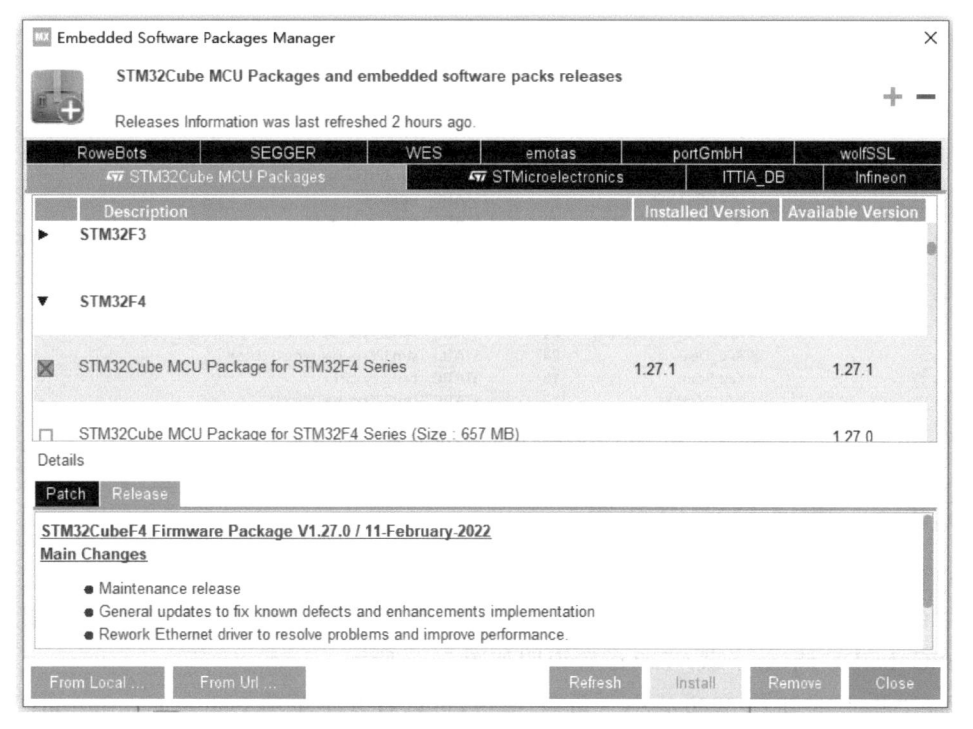

图 5-15 STM32CubeIDE 固件库管理界面

用户可以通过 Install 按钮让 STM32CubeIDE 自动从网络下载安装,也可以通过 From Local 按钮安装已经预先下载好的固件库。

通过 Remove 按钮可以删除选中的固件库。

在 Window Preferences 窗口的 STM32Cube Firmware Updater 标签页下，可以设置固件库安装的路径和更新的方式。

5.2.5 代码编译

用户可以通过下面三种方式启动编译。

方法 1：选中工程，单击右键，然后选择菜单项 Build Project。

方法 2：选中工程，从主菜单 Project 进入，然后选择菜单项 Build Project。

方法 3：选中工程，直接单击工具栏中的 Build 图标。

工程编译完成以后，在 Build Analyzer 窗口可以看到链接文件中定义的所有内存区域(Memory Region)和段(Section)的使用情况，包括加载地址、运行地址、有多少字节已经被占用、还剩余多少字节等。STM32CubeIDE 构建分析结果如图 5-16 所示。

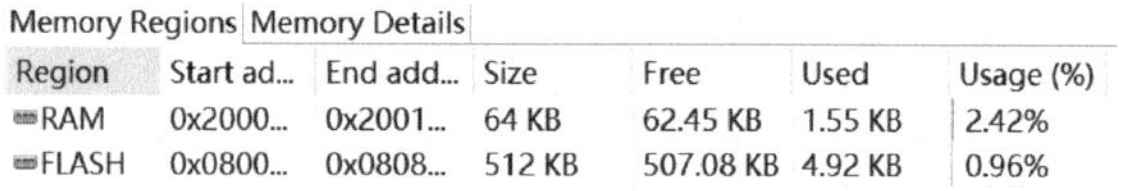

Memory Regions | Memory Details

Region	Start ad...	End add...	Size	Free	Used	Usage (%)
RAM	0x2000...	0x2001...	64 KB	62.45 KB	1.55 KB	2.42%
FLASH	0x0800...	0x0808...	512 KB	507.08 KB	4.92 KB	0.96%

图 5-16 STM32CubeIDE 构建分析结果

在“Static Stack Analyzer”窗口中显示了静态堆栈的使用情况。STM32CubeIDE 堆栈统计分析如图 5-17 所示。

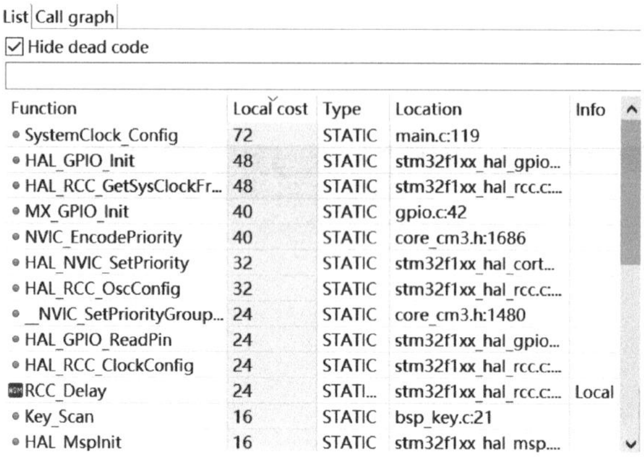

List | Call graph

☑ Hide dead code

Function	Local cost	Type	Location	Info
SystemClock_Config	72	STATIC	main.c:119	
HAL_GPIO_Init	48	STATIC	stm32f1xx_hal_gpio...	
HAL_RCC_GetSysClockFr...	48	STATIC	stm32f1xx_hal_rcc.c:...	
MX_GPIO_Init	40	STATIC	gpio.c:42	
NVIC_EncodePriority	40	STATIC	core_cm3.h:1686	
HAL_NVIC_SetPriority	32	STATIC	stm32f1xx_hal_cort...	
HAL_RCC_OscConfig	32	STATIC	stm32f1xx_hal_rcc.c:...	
__NVIC_SetPriorityGroup...	24	STATIC	core_cm3.h:1480	
HAL_GPIO_ReadPin	24	STATIC	stm32f1xx_hal_gpio...	
HAL_RCC_ClockConfig	24	STATIC	stm32f1xx_hal_rcc.c:...	
RCC_Delay	24	STATI...	stm32f1xx_hal_rcc.c:...	Local
Key_Scan	16	STATIC	bsp_key.c:21	
HAL_MspInit	16	STATIC	stm32f1xx_hal_msp....	

图 5-17 STM32CubeIDE 堆栈统计分析

5.2.6 调试及运行配置

STM32CubeIDE 工程编译完成且无任何错误时，就可以进行调试和下载。

在 C/C++透视图的工具栏中有 3 个与下载调试相关的按钮：调试、运行和外部工具。STM32CubeIDE 调试/下载/工具配置说明如图 5-18 所示。

通过“调试”按钮旁边的小三角按钮，可以打开菜单项 Debug Configurations，进行调试参数的配置，比如调试器的选择、GDB 连接的设置、ST-Link 的设置、外部 Flash Loader 的设定等，并启动调试。

通过“运行”按钮，可以仅下载程序而不启动调试。

通过“外部工具”按钮，可以调用外部的命令行工具。

图 5-18 STM32CubeIDE 调试/下载/工具配置说明

5.2.7 启动调试

STM32CubeIDE 使用 GDB 进行调试，支持 ST-Link 和 SEGGER J-Link 调试器，支持通过 SWD 或 JTAG 接口连接目标 MCU。

STM32CubeIDE 工程编译完成之后，直接单击工具栏中的 爬虫图标或者通过选择菜单项 Run→Debug 启动调试。

如果是第一次对当前工程进行调试，STM32CubeIDE 会先编译工程，然后打开调试配置窗口。调试配置窗口包含调试接口的选择，ST-Link 的设置，复位设置和外部 Flash Loader 的设置等选项，用户可以检查或者修改各项配置。确认所有的配置都正确无误，就可以单击 OK 按钮，启动调试。

然后 STM32CubeIDE 会先将程序下载到 MCU，然后从链接文件（*.ld）中指定的程序入口开始执行。程序默认从 Reset_Handler 开始执行，并暂停在函数 main() 的第一行，等待接下来的调试指令。

启动调试后，STM32CubeIDE 将自动切换到调试透视图，在调试透视图的工具栏中，列出了调试操作按钮。调试工具栏说明如图 5-19 所示。

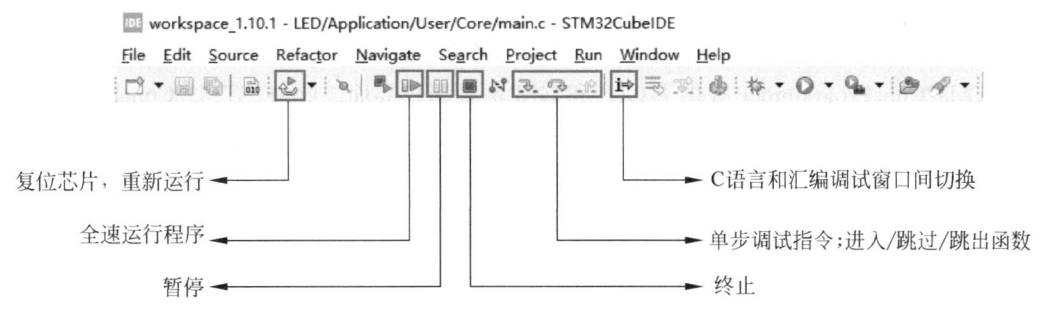

图 5-19 STM32CubeIDE 调试工具栏说明

5.3 STM32CubeProgrammer 软件

ST 公司近期推出新版本的 STM32CubeProgrammer 和 STM32CubeMonitor。许多 STM32 开发人员通过使用它们可以更快地将产品推向市场。所有嵌入式系统工程师都需要面对这样的挑战，为选用的微控制器或微处理器寻找功能全面的开发平台。一个设备可能有很多特性需求，设计人员如何有效地实现这些性能非常关键。因此，泛生态软件工具对于推动基于 STM32 的嵌入式系统的开发至关重要。

STM32Cube 软件家族中的 STM32CubeProgrammer 是 STM32 MCU 专用编程工具。它支持通过 ST-Link 的 SWD/JTAG 调试接口对 STM32 MCU 的片上存储器进行擦除和读写操作；或者通过 UART、USB、I2C、SPI 和 CAN 等通信接口，利用出厂时固化在芯片内部的系统 Bootloader，对 STM32 MCU 的片上存储器进行擦除和读写操作。需要说明的是，ST-Link v2 仅支持通过 UART 和 USB 通信接口对片上存储器进行操作，而 ST-Link v3 增加了对 SPI、I2C 和 CAN 通信接口的支持。除此以外，STM32CubeProgrammer 还可以操作 STM32 MCU 的选项字节和一次性可编程字节。通过 STM32CubeProgrammer 提供的或者自己编写的外部 External Loader，还可以对外部存储器进行编程。

STM32CubeProgrammer 是针对 STM32 的一款多功能的编程下载工具，提供图形用户界面（GUI）和命令行界面（CLI）版本。STM32CubeProgrammer 还允许通过脚本编写选项编程和上传、编程内容验证以及编程自动化。

STM32CubeProgrammer 的特色如下。

（1）可对片内闪存进行擦除或编程以及查看闪存内容。

（2）支持 .s19、.hex、.elf 和 .bin 等格式的文件。

（3）支持调试接口或 Bootloader 接口。

① ST-Link 调试接口（JTAG/SWD）。

② UART 或 USBDFU Bootloader 接口。

（4）支持对外部存储器的擦除或编程。

（5）支持 STM32 芯片的自动编程（擦除、校验、编程、选项字配置）。

（6）支持对 STM32 片内 OTP 区域的编程。

（7）既支持图形化界面操作也支持命令行操作。

（8）支持对 ST-Link 调试器的在线固件升级。

（9）配合 STM32 Trusted Package Creator Tool 实现固件加密操作。

（10）支持 Windows、Linux 和 Mac OS 多种操作系统。

STM32CubeProgrammer 提供了 GUI 和 GLI 两种用户界面。此外，STM32CubeProgrammer 还提供了 C++ API，用户可以将 STM32CubeProgrammer 的功能集成到自己所开发的 PC 端应用中。

STM32CubeProgrammer 的 GUI 如图 5-20 所示。

在图 5-20 所示界面右侧的配置区域，用户可以选择通过 ST-Link 调试接口，或者 UART、USB 等通信接口连接到 STM32 微控制器。连接到 STM32 微控制器后，在"Device information"区域可以看到当前 MCU 的型号，版本和闪存大小等信息。如果连接的是 ST 公司官方的开发板，还会显示该开发板的名称。

那么，显示的信息都是来自哪里呢？其中，"CPU"型号，也就是内核型号，可从内核的 CPU ID 只读寄存器读得，该寄存器的说明在各个芯片系列对应的编程手册中可以查到，芯片型号"Device ID"和芯片版本"Revision ID"分别来自 STM32MCU 的 DBGMCU_IDC 只读寄存器中的 Device ID 字段和 Revision ID 字段。闪存大小"Flash size"可以从系统闪存的 Flash size 只读寄存器中读到。这些寄存器的说明都可以在各个芯片系列对应的参考手册中的"调试支持"和"设备电子签名"章节找到。开发板名称"Board"对应的信息存储在板载的 ST-Link 中，所以只有用 ST 开发板自身板载的 ST-Link 进行连接时才能看到该信息。

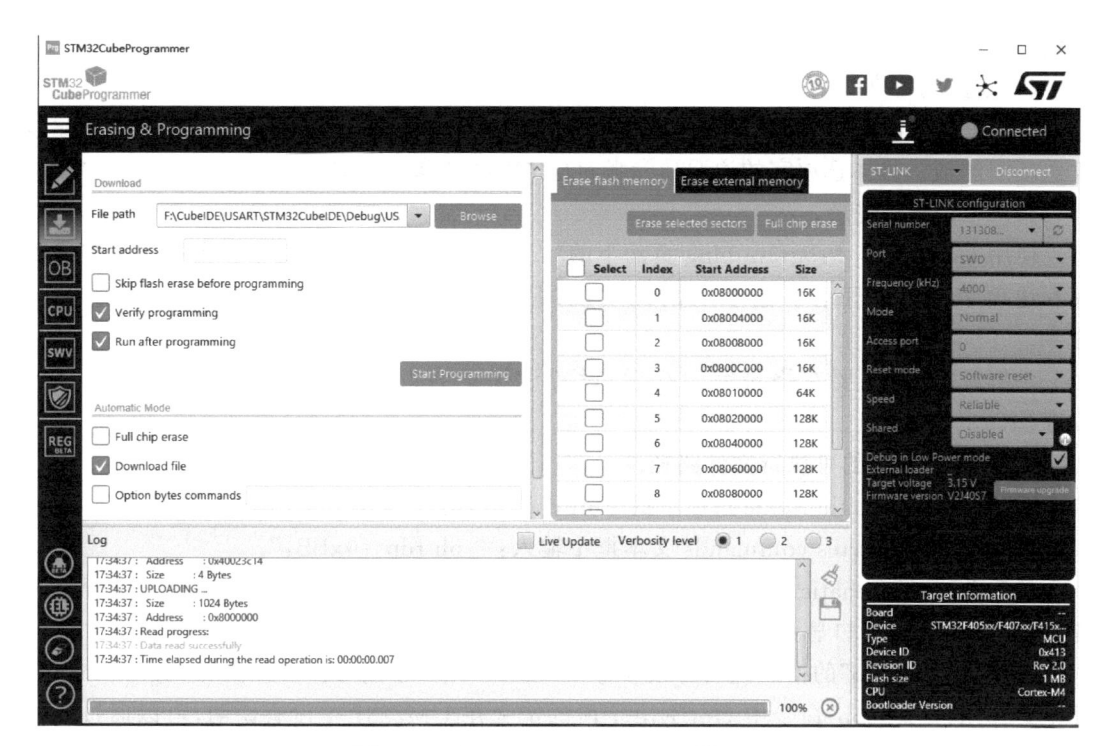

图 5-20　STM32CubeProgrammer 的 GUI

1. STM32CubeProgrammer 的主要功能

在 STM32CubeProgrammer 最左侧一栏,可以在不同的功能标签页之间切换,进行不同的操作。接下来对 STM32CubeProgrammer 的主要功能进行介绍。

(1) 片上擦除和读写。

STM32CubeProgrammer 支持按扇区对闪存进行擦除和全片擦除。可以导入多种格式的执行文件进行烧录,支持的文件格式有:二进制文件(.bin),elf 文件(.elf,.axf,.out),hex 文件(.hex)和摩托罗拉的 S-record 文件(.srec)。

(2) 擦除操作。

通过 ST-Link 与目标 MCU 建立连接后,在 Erasing & Programming 页面下,可以按扇区对闪存进行擦除,或者选择(Full chip erase)按钮,进行全片擦除。

(3) 烧录操作。

在 Erasing & Programming 页面下,单击 Browse 按钮导入可执行文件,然后单击 Start Programming 按钮进行烧录。

也可以在 Memory & file edition 页面下,打开要烧录的可执行文件,然后单击 download 按钮进行烧录。

在 Memory & file edition 的 Device Memory 页面下,还可以读出当前指定地址范围的 MCU 存储器值,并通过菜单项 Save As 将读出的内容保存为二进制文件(.bin)、hex 文件(.hex)或 S-record 文件(.srec)。

除了烧录整个可执行文件的方式以外,还可以在 Memory & file edition 的 Device Memory 页面下直接修改某个地址的值,按回车键后 STM32CubeProgrammer 会自动完成读出-修改-擦除-回写的操作。对于一次性可编程(OTP)字节就可以通过这种方式进行编程。

（4）选项字读写。

打开 OB 页面后，可以看到当前所连接 MCU 的选项字的设定情况。用户可以在此修改选项字的值。具体选项字的说明请参考对应 MCU 的参考手册。

（5）"二合一"烧录。

使用 Erasing & Programming 页面下的"二合一"烧录模式，可以在一次操作中完成闪存和选项字的烧录工作。选项字的配置使用 STM32CubeProgrammer 命令行的"-ob"命令。

举例说明，现在要在烧录完闪存后，设置读保护为 level1。可以按以下步骤先进行设置。

① 设置要下载的可执行文件路径。
② 勾选 Automatic Mode 选项下的 Full chip erase 和 Download file 复选框。
③ 在 Option bytes commands 文本框中输入："-ob rdp=0xBB;"。

然后单击 Automatic Mode 按钮，STM32CubeProgrammer 就会开始按顺序执行上述操作，同时在 Log 窗口显示整个执行的过程和进度。

选项字命令"-ob"的格式说明可以参考 UM2237（用户手册 STM32CubeProgrammer 软件工具介绍）。但"-ob"命令中 OptByte 字段的定义在 UM2237 中没有说明，可以通过两种方法来查询：一种是通过 STM32CubeProgrammer GUI 下 Option bytes 标签页中的 Name 栏的名称，因为"-ob"命令中 OptByte 字段的定义与这里一致；还可以通过"-ob displ"命令来显示当前所有的选项字配置，从而也就可以知道各个 OptByte 字段的定义了。

（6）外部存储器读写。

如果想要对通过 SPI、FSMC 和 QSPI 等接口连接到 STM32 的外部存储器进行读写操作，就需要一个 External Loader。

2. STM32CubeProgrammer 关键技术

STM32CubeProgrammer 关键技术如下。

（1）统一的体验。

STM32CubeProgrammer 旨在统一用户体验。ST 公司将 ST-Link 等实用程序的所有功能引入 STM32CubeProgrammer，使其成为嵌入式系统开发人员的一站式解决方案。ST 公司还将它设计为适用于所有主要操作系统，甚至集成 OpenJDK8-Liberica，以方便安装。在体验 STM32CubeProgrammer 之前，用户无须自己安装 Java，也不用为兼容性问题烦恼。该实用程序有两个关键组件：图形用户界面和命令行界面。用户既可以选择直观的图形用户界面进行工作，也可以选择使用命令行工具编写脚本文件。

（2）STM32 Flasher 和调试器。

STM32CubeProgrammer 的核心是帮助调试和烧录 STM32 微控制器，也包括优化这两个过程的功能。例如，STM32CubeProgrammer 2.6 引入了导出整个寄存器内容和动态编辑任何寄存器的功能。以往更改寄存器的值意味着更改源代码、重新编译并刷新固件。如今测试新参数或确定某个值是否导致了错误要简单得多。同样，现在可以使用 STM32CubeProgrammer 一次烧录所有外部存储器。但在以前，烧录外部嵌入式存储和 SD 卡需要开发人员单独启动每个进程。

开发人员面临的另一个挑战是解析通过 STM32CubeProgrammer 传递的大量信息。刷过固件的人都知道跟踪所有日志非常困难。STM32CubeProgrammer 的自定义跟踪功能允许开发人员为不同的日志信息设置不同的颜色。这确保开发人员可以快速将特定输出与日志的其余部分区分，从而使调试变得更加直接和直观。此外，它可以帮助开发人员使用与 STM32CubeIDE 一致的配色方案，STM32CubeIDE 是独特生态系统中的另一个成员，旨在为嵌入式系统开发者提供支持。

（3）STM32 上的安全门户。

STM32CubeProgrammer 是 STM32Cube 生态系统中安全解决方案的核心部分。该实用程序附带 Trusted Package Creator，使开发人员能够将 OEM 密钥上传到硬件安全模块中并使用相同的密钥加密它们的固件。然后，OEM 使用 STM32CubeProgrammer 将固件安全地安装到支持 SFI 的 STM32 微控制器上。开发人员甚至可以使用 I2C 和 SPI 接口，这提供了更大的灵活性。此外，STM32L5 和 STM32U5 还支持外部安全固件安装（SFIx），使 OEM 可以在微控制器外部的内存模块上刷新加密的二进制文件。

（4）Sigfox 规定。

使用 STM32WL 微控制器时，开发人员可以使用 STM32CubeProgrammer 提取嵌入 MCU 中的 Sigfox 证书。首先，开发人员将这个 136 字节的字符串复制到剪贴板或将其保存在二进制文件中。其次，访问 my.st.com/sfxp，在那里粘贴证书并立即以 ZIP 文件的形式下载 Sigfox 凭据。再次，通过 STM32CubeProgrammer 将下载包的内容加载到 MCU，并使用 AT 命令获取 MCU 的 Sigfox ID 和 PAC。最后，开发人员在 https://buy.sigfox.com/activate/ 网页进行注册，激活后两年有效，开发人员可以在一年内每天免费发送 140 条消息。

5.4 STM32CubeMonitor 软件

STM32CubeMonitor 1.0.0 是 ST 公司在 2020 年 2 月发布的一款全新的软件。通过 ST-Link 仿真器连接 STM32 系统，它能在 STM32 系统全速运行时，连续监测其内部变量的值，并通过曲线等方式显示变量的变化过程。用户通过 STM32CubeMonitor 可以修改 STM32 系统内变量的值，还可以在局域网内其他计算机、手机或平板电脑上，通过浏览器访问监测结果界面。STM32CubeMonitor 是一款非常实用的调试工具软件，可以实现断点调试无法实现的一些功能，例如，用作一个简单的数字示波器，只不过监测的是 STM32 内部的变量。

STM32CubeMonitor 是基于 Node-RED 开发的一款软件，而 Node-RED 是 IBM 公司在 2013 年年末开发的一个开源项目，用于实现硬件设备与 Web 服务或其他软件的快速连接。Node-RED 已经发展成为一种通用的物联网编程开发工具，用户数迅速增长，具有活跃的开发人员社区。

Node-RED 是一种基于流程（Flow）的图形化编程工具，类似于 LabView 或 MATLAB 中的 SimuLink。Node-RED 中的功能模块称为节点（Node），通过节点之间的连接构成流程。Node-RED 有一些预定义的节点，也可以导入别人开发的一些节点。

STM32CubeMonitor 是基于 Node-RED 开发的，它增加了一些专用节点，用于 STM32

运行时的数据监测和可视化。STM32CubeMonitor 具有如下功能和特性。

(1) 基于流程的图形化编辑器,无须编程就可创建监测程序,设计显示面板。

(2) 通过 ST-Link 仿真器与 STM32 系统连接,可使用 SWD 或 JTAG 调试接口。

(3) 在 STM32 上的程序全速运行时,STM32CubeMonitor 可以即时读取或修改 STM32 内存中的变量或外设寄存器的值。

(4) 可以解读 STM32 应用程序文件中的调试信息。

(5) 具有两种读取数据的模式:直接模式和快照模式。

(6) 可以设置触发条件触发数据采集。

(7) 可以将监测的数据存储到文件中,以便后期分析。

(8) 具有可定制的数据可视化显示组件,如曲线、仪表板、柱状图等。

(9) 支持多个 ST-Link 仿真器同步监测多个 STM32 设备。

(10) 在同一个局域网内的其他计算机、手机或平板电脑上,通过浏览器就可以实现远程监测。

(11) 可以通过公用云平台和消息队列遥测传输(Message Queuing Telemetry Transport,MQTT)协议实现远程网络监测。

(12) 支持多种操作系统,包括 Windows、Linux 和 Mac OS。

简单地说,STM32CubeMonitor 能使用图形化编程方式设计监测程序,通过 ST-Link 仿真器连接 STM32 系统后,就可以实时监测和显示所监测的变量或外设寄存器的值。图 5-21 是 STM32CubeMonitor 的图形化编辑器界面,可供用户使用各种节点连接组成流程,实现变量监测和显示。

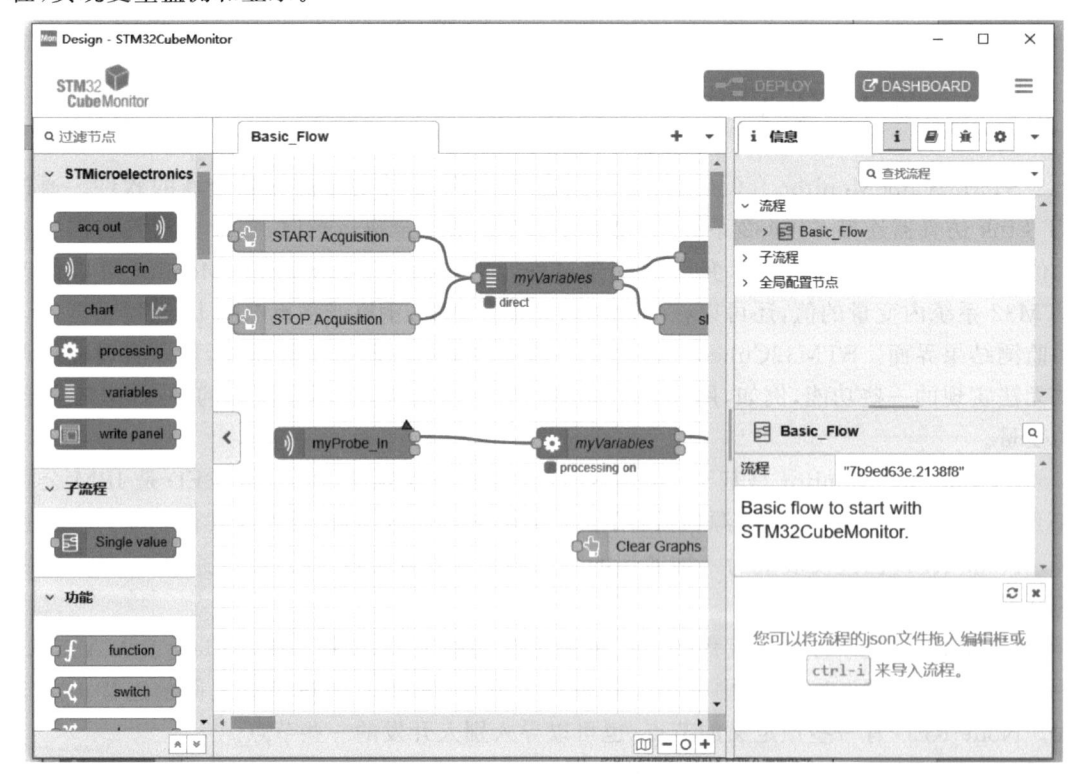

图 5-21 STM32CubeMonitor 的图形化编辑器界面

完成图形化程序设计后,单击图 5-21 所示界面右上角的 DEPLOY 按钮就可以部署程序,然后单击 DASHBOARD 按钮,可以打开 Dashboard 窗口,也就是监测结果显示图形界面。使用 STM32CubeMonitor 可以实现断点调试无法实现的一些功能,可以将 STM32CubeMonitor 当作一个简单的示波器使用,只不过它监测的是 STM32 内存中的变量或外设寄存器的值。监测采样频率不能太高,一般不超过 1000 Hz。

STM32CubeMonitor 目前只支持 ST-Link 仿真器,不支持其他仿真器。

从 ST 公司官网可以下载 STM32CubeMonitor 的最新版安装文件,STM32CubeMonitor 1.4.0 是在 2021 年才发布的。STM32CubeMonitor 有多个平台的版本,在 Windows 上的安装过程与一般软件的安装过程一样,没有特殊的设置,用户自行下载安装即可。

本书限于篇幅,并没有使用 STM32CubeMonitor 软件,若读者需要,可以从 ST 公司官网上下载安装后自学。

5.5 STM32F407 开发板的选择

本书应用实例是在正点原子 F407-探索者开发板上调试通过的,该开发板可以在淘宝上购买,价格因模块配置的区别而不同,价格在 500~700 元。

正点原子 F407-探索者实验平台使用 STM32F407ZGT6 作为主控芯片,使用 5.3 寸液晶屏进行交互。可通过 Wi-Fi 的形式接入互联网,支持使用串口(TTL)、485、CAN、USB 协议与其他设备通信,板载闪存、EEPROM 存储器、全彩 RGB LED,还提供了各式通用接口,能满足各种各样的学习需求。

正点原子 F407-探索者开发板如图 5-22 所示。

图 5-22　正点原子 F407-探索者开发板(带 TFT LCD)

正点原子探索者 STM32F4 开发板的资源图如图 5-23 所示。

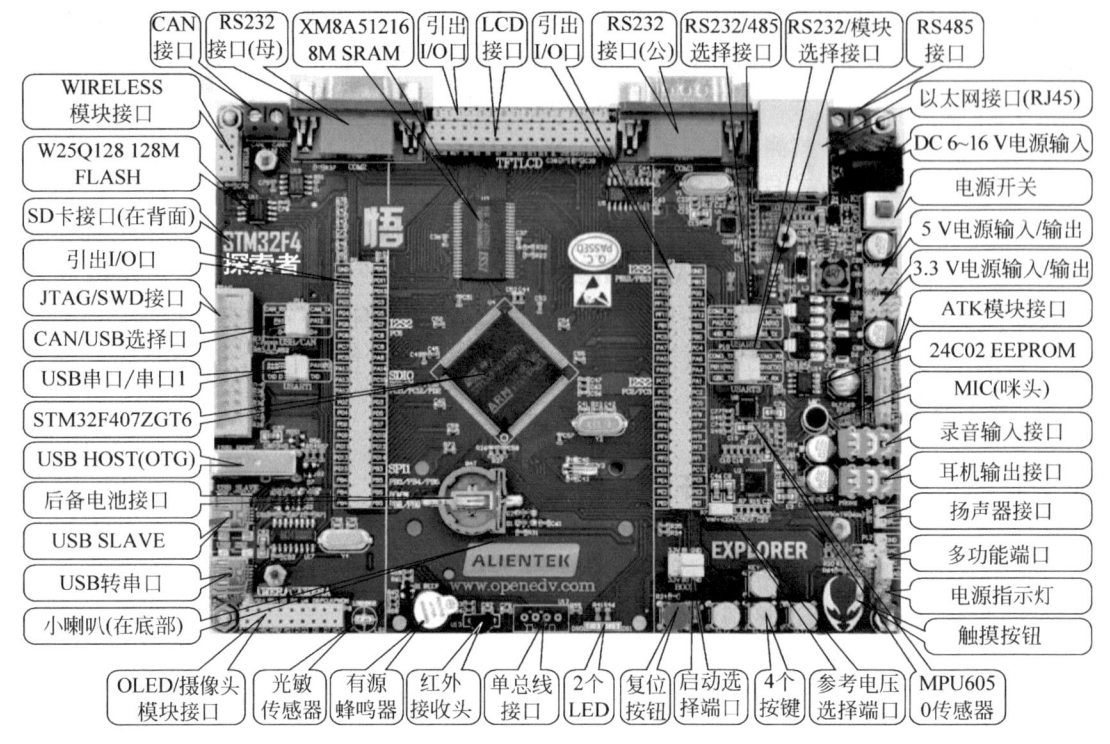

图 5-23 探索者 STM32F4 开发板资源图

从图 5-23 可以看出,探索者 STM32F4 开发板的资源十分丰富,并且把 STM32F407 的内部资源发挥到了极致,基本所有 STM32F407 的内部资源都可以在此开发板上验证,同时扩充了丰富的接口和功能模块,整个开发板显得十分大气。

探索者 STM32F4 开发板的板载资源如下。

(1) CPU:STM32F407ZGT6,LQFP144;闪存:1024 KB;SRAM:192 KB。

(2) 外扩 SRAM:XM8A51216,1 MB 字节。

(3) 外扩 SPI FLASH:W25Q128,16 MB 字节。

(4) 1 个电源指示灯(蓝色)。

(5) 2 个状态指示灯(DS0:红色;DS1:绿色)。

(6) 1 个红外接收头,并配备一款小巧的红外遥控器。

(7) 1 个 EEPROM 芯片,24C02,容量 256 字节。

(8) 1 个六轴(陀螺仪+加速度)传感器芯片,MPU6050。

(9) 1 个高性能音频编解码芯片,WM8978。

(10) 1 个 2.4 G 无线模块接口,支持 NRF24L01 无线模块。

(11) 1 路 CAN 接口,采用 TJA1050 芯片。

(12) 1 路 485 接口,采用 SP3485 芯片。

(13) 2 路 RS232 串口(一公一母)接口,采用 SP3232 芯片。

(14) 1 路单总线接口,支持 DS18B20/DHT11 等单总线传感器。

(15) 1 个 ATK 模块接口,支持 ALIENTEK 蓝牙/GPS 模块。

(16) 1个光敏传感器。
(17) 1个标准的 2.4/2.8/3.5/4.3/7 寸 LCD 接口,支持电阻/电容触摸屏。
(18) 1个摄像头模块接口。
(19) 1个 OLED 模块接口。
(20) 1个 USB 串口,可用于程序下载和代码调试(USMART 调试)。
(21) 1个 USB SLAVE 接口,用于 USB 从机通信。
(22) 1个 USB HOST(OTG)接口,用于 USB 主机通信。
(23) 1个有源蜂鸣器。
(24) 1个 RS232/RS485 选择接口。
(25) 1个 RS232/模块选择接口。
(26) 1个 CAN/USB 选择接口。
(27) 1个串口选择接口。
(28) 1个 SD 卡接口(在板子背面)。
(29) 1个百兆以太网接口(RJ45)。
(30) 1个标准的 JTAG/SWD 调试下载口。
(31) 1个录音头(MIC)。
(32) 1路立体声音频输出接口。
(33) 1路立体声录音输入接口。
(34) 1路扬声器输出接口,可接 1 W 左右小喇叭。
(35) 1组多功能端口(DAC/ADC/PWM DAC/AUDIO IN/TPAD)。
(36) 1组 5 V 电源供应/接入口。
(37) 1组 3.3 V 电源供应/接入口。
(38) 1个参考电压设置接口。
(39) 1个直流电源输入接口(输入电压范围：DC 6~16 V)。
(40) 1个启动模式选择配置接口。

5.6 STM32 仿真器的选择

开发板可以采用正点原子 DAP 高速仿真器(符合 CMSIS-DAP Debugger 规范)、J-Link 或 ST-Link 下载程序。

1. CMSIS-DAP 仿真器

CMSIS-DAP 仿真器是支持访问 CoreSight 调试访问端口(DAP)的固件规范和实现,为各种 Cortex-M 处理器提供 CoreSight 调试和跟踪。

如今众多 Cortex-M 处理器能这么方便调试,原因在于基于 Arm Cortex-M 处理器的 CoreSight 技术,该技术引入了强大的调试(Debug)和跟踪(Trace)功能。

(1) 调试功能。
① 运行处理器的控制,允许启动和停止程序;
② 单步调试源码和汇编代码;
③ 在处理器运行时设置断点;

④ 即时读取/写入存储器中的内容和外设寄存器；

⑤ 编程内部和外部闪存。

（2）跟踪功能。

① 串行线查看器（SWV）提供程序计数器（PC）采样、数据跟踪、事件跟踪和仪器跟踪信息；

② 指令（ETM）跟踪直接流式传输到 PC，从而实现历史序列的调试、软件性能分析和代码覆盖率分析。

正点原子 DAP 高速仿真器如图 5-24 所示。

2. J-Link

J-Link 是 SEGGER 公司为支持仿真 Arm 内核芯片推出的 JTAG 仿真器。它是通用的开发工具，配合 MDK-Arm、IAR EWArm 等开发平台，可以实现对 Arm7、Arm9、Arm11、Cortex-M0/M1/M3/M4、Cortex-A5/A8/A9 等大多数 Arm 内核芯片的仿真。J-Link 需要安装驱动程序，才能配合开发平台使用。J-Link 仿真器有 J-Link Plus、J-Link Ultra、J-Link Ultra＋、J-Link Pro、J-Link EDU、J-Trace 等多个版本，可以根据不同的需求来选择不同的产品。

J-Link 仿真器如图 5-25 所示。

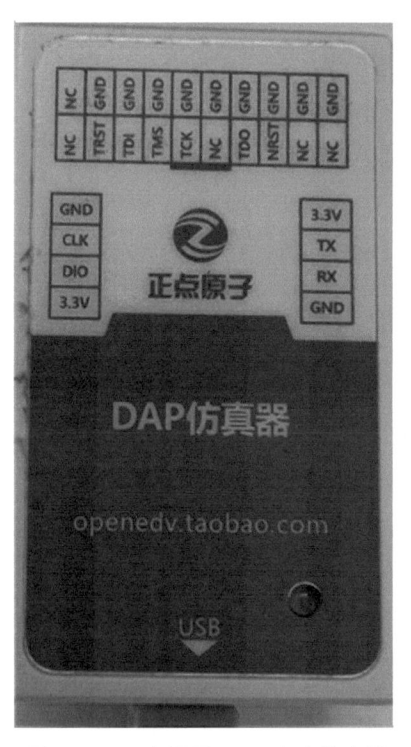

图 5-24　正点原子 DAP 高速仿真器　　　　图 5-25　J-Link 仿真器

J-Link 仿真器具有如下特点。

（1）JTAG 最高时钟频率可达 15 MHz。

（2）目标板电压范围为 1.2～3.3 V,5 V 兼容。

（3）具有自动速度识别功能。

（4）支持编辑状态的断点设置，并在仿真状态下有效。可快速查看寄存器和方便配置外设。

（5）带 J-Link TCP/IP Server，允许通过 TCP/IP 网络使用 J-Link。

3. ST-Link

ST-Link 是 ST 公司为 STM8 系列和 STM32 系列微控制器设计的仿真器。ST-Link V2 仿真器如图 5-26 所示。

ST-Link 仿真器具有如下特点：

（1）编程功能：可烧录 Flash ROM、EEPROM 等，需要安装驱动程序才能使用。

（2）仿真功能：支持全速运行、单步调试、断点调试等调试方法。

（3）可查看 I/O 状态、变量数据等。

（4）仿真性能：采用 USB 2.0 接口进行仿真调试，单步调试，断点调试，反应速度快。

（5）编程性能：采用 USB 2.0 接口进行 SWIM/JTAG/SWD 下载，下载速度快。

图 5-26　ST-Link V2 仿真器

第 6 章 STM32 通用输入输出接口

CHAPTER 6

本章详细讲述 STM32 通用输入输出接口(GPIO)的功能和使用方法,包括 GPIO 的输入通道、输出通道、普通 I/O 功能、位操作、外部中断、复用功能、软件重新映射、锁定机制、配置方法以及操作流程;GPIO 的 HAL 驱动程序使用,以及如何通过 STM32Cube 和 HAL 库实现 GPIO 的输入和输出应用,包括硬件设计和软件设计。本章旨在提供一个全面的指南,帮助开发者有效地利用 STM32 的 GPIO 功能,开发出高效稳定的嵌入式系统。

本章的学习目标:
(1) 了解 STM32 GPIO 的基本概念和功能。
(2) 掌握 GPIO 的高级功能和配置。
(3) 操作 STM32 的 GPIO。
(4) 使用 HAL 驱动程序进行 GPIO 编程。
(5) 实际应用案例分析。
(6) 掌握 STM32Cube 和 HAL 库在 GPIO 配置中的使用。

通过本章的学习,学生将具备充分的能力来设计和实现基于 STM32 微控制器的 GPIO 相关的硬件和软件项目,有效地利用 GPIO 功能实现各种电子控制和数据处理任务。

6.1 STM32 通用输入输出接口概述

通用输入输出接口(General Purpose Input Output,GPIO)的功能是让嵌入式处理器能够通过软件灵活地读出或控制单个物理引脚上的高、低电平,实现内核和外部系统之间的信息交换。GPIO 是嵌入式处理器使用最多的外设,能够充分利用其通用性和灵活性,是嵌入式系统开发者必须掌握的重要技能。作为输入时,GPIO 可以接收来自外部的开关量信号、脉冲信号等,如来自键盘、拨码开关的信号;作为输出时,GPIO 可以将内部的数据送给外部设备或模块,如输出到 LED、数码管、控制继电器等。另外,理论上讲,当嵌入式处理器上没有足够的外设时,可以通过软件控制 GPIO 来模仿 UART、SPI、I2C、FSMC 等各种外设的功能。

正是因为 GPIO 作为外设具有无与伦比的重要性,STM32 上除特殊功能的引脚外,所有的引脚都可以作为 GPIO 使用。以常见的 LQFP144 封装的 STM32F407ZGT6 为例,有 112 个引脚可以作为双向 I/O 使用。为便于使用和记忆,STM32 将它们分配到不同的"组"

中,在每个组中再对其进行编号。具体来讲,每个组称为一个端口,端口号通常以大写字母命名,从 A 开始依次简写为 PA、PB 或 PC 等。每个端口中最多有 16 个 GPIO,软件既可以读写单个 GPIO,也可以通过指令一次读写端口中全部 16 个 GPIO。每个端口内部的 16 个 GPIO 又被分别标以 0～15 的编号,从而可以通过 PA0、PB5 或 PC10 等方式来指代单个 GPIO。以 STM32F407ZGT6 为例,它共有 7 个端口(PA、PB、PC、PD、PE、PF 和 PG),每个端口有 16 个 GPIO,共 7×16＝112 个 GPIO。

几乎在所有的嵌入式系统应用中,都涉及开关量的输入和输出功能,例如状态指示、报警输出、继电器闭合和断开、按钮状态读入、开关量报警信息输入等。这些开关量的输入和输出都可以通过 GPIO 实现。

GPIO 端口的每个位都可以由软件分别配置成以下模式。

(1) 输入浮空:浮空(Floating)是指逻辑器件的输入引脚既不接高电平,也不接低电平。由于逻辑器件的内部结构,当它输入引脚悬空时,相当于该引脚接了高电平。一般实际运用时,引脚不建议悬空,因为易受干扰。

(2) 输入上拉:上拉就是把电压拉高,比如拉到 V_{cc}。上拉就是将不确定的信号通过一个电阻嵌位在高电平,电阻同时起限流作用。弱强只是上拉电阻的阻值不同,没有什么严格区分。

(3) 输入下拉:就是把电压拉低,比如拉到 GND。下拉原理与上拉原理相似。

(4) 模拟输入:模拟输入是指传统的模拟量输入方式。数字输入是指输入数字信号,即 0 和 1 的二进制数字信号。

(5) 具有上拉/下拉功能的开漏输出模式:输出端相当于三极管的集电极。要得到高电平状态需要上拉电阻才行。适合于作电流型的驱动,其吸收电流的能力相对较强(一般 20 mA 以内)。

(6) 具有上拉/下拉功能的推挽输出模式:可以输出高低电平,连接数字器件;推挽结构一般是指两个三极管分别受两个互补信号的控制,总是在一个三极管导通的时候另一个截止。

(7) 具有上拉/下拉功能的复用功能推挽模式:可以理解为 GPIO 端口被用作第二功能时的配置情况。STM32 GPIO 的推挽复用模式、复用功能模式中的输出使能、输出速度可配置。这种复用模式可工作在开漏及推挽模式下,但是输出信号是源于其他外设的,这时的输出数据寄存器(GPIOx_ODR)是无效的;而且输入可用,通过输入数据寄存器(GPIOx_IDR)可获取 I/O 实际状态,但一般直接用外设的寄存器来获取该数据信号。

(8) 具有上拉/下拉功能的复用功能开漏模式:复用功能可以理解为 GPIO 端口被用作第二功能时的配置情况。每个 I/O 可以自由编程,而 I/O 端口寄存器必须按 32 位字访问(不允许半字或字节访问)。GPIOx_BSRR 和 GPIOx_BRR 寄存器允许对任何 GPIO 寄存器的读/更改的独立访问,这样,在读和更改访问之间产生中断(IRQ)时不会发生危险。

每个 GPIO 端口包括 4 个 32 位配置寄存器(GPIOx_MODER、GPIOx_OTYPER、GPIOx_OSPEEDR 和 GPIOx_PUPDR)、2 个 32 位数据寄存器(GPIOx_IDR 和 GPIOx_ODR)、1 个 32 位置位/复位寄存器(GPIOx_BSRR)、1 个 32 位配置锁存寄存器(GPIOx_LCKR)和 2 个 32 位复用功能选择寄存器(GPIOx_AFRH 和 GPIOx_AFRL)。应用程序通过对这些寄存器的操作来实现 GPIO 的配置和应用。

一个 I/O 端口位的基本结构如图 6-1 所示。

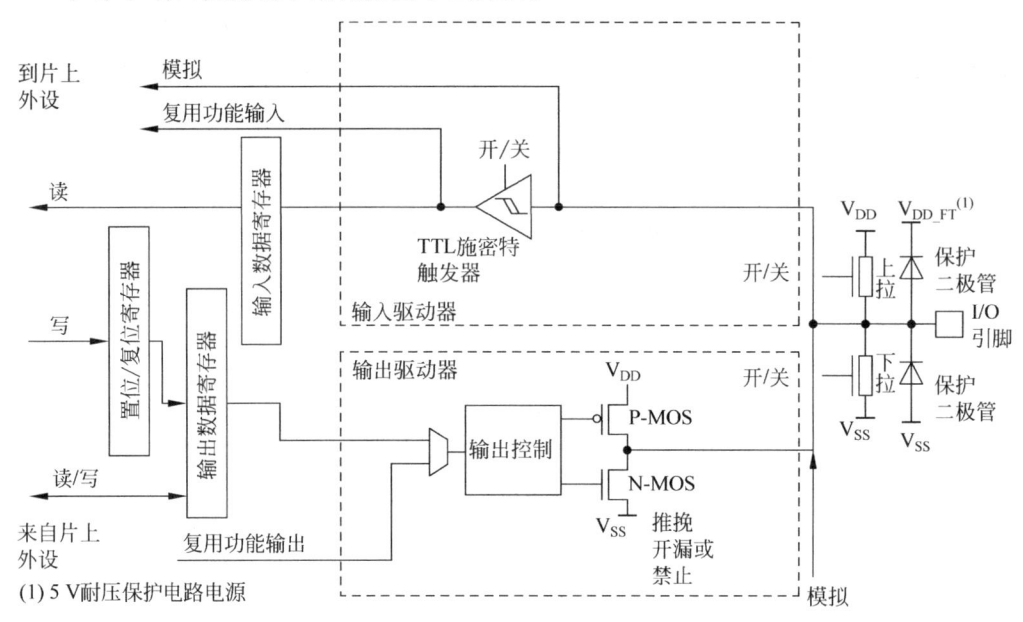

图 6-1 一个 I/O 端口位的基本结构

STM32 的 GPIO 资源非常丰富，包括 26、37、51、80、112 个多功能双向 5 V 兼容的快速 I/O 端口，而且所有的 I/O 端口可以映射到 16 个外部中断，对于 STM32 的学习，应该从最基本的 GPIO 开始。

STM32 的每个 GPIO 端口具有 7 组寄存器：

(1) 2 个 32 位配置寄存器(GPIOx_CRL,GPIOx_CRH)；
(2) 2 个 32 位数据寄存器(GPIOx_IDR,GPIOx_ODR)；
(3) 1 个 32 位置位/复位寄存器(GPIOx_BSRR)；
(4) 1 个 16 位复位寄存器(GPIOx_BRR)；
(5) 1 个 32 位锁定寄存器(GPIOx_LCKR)。

GPIO 端口的每个位可以由软件分别配置成多种模式。每个 I/O 端口的位可以自由编程，然而 I/O 端口寄存器必须按 32 位字被访问(不允许半字或字节访问)。GPIOx_BSRR 和 GPIOx_BRR 寄存器允许对任何 GPIO 寄存器的读/更改的独立访问，这样，在读和更改的访问之间产生 IRQ 时不会发生危险。常用的 I/O 端口寄存器只有 4 个：CRL、CRH、IDR、ODR。CRL 和 CRH 控制着每个 I/O 端口的模式及输出速率。

每个 GPIO 引脚都可以由软件配置成输出(推挽或开漏)、输入(带或不带上拉或下拉)或复用的外设功能端口。多数 GPIO 引脚都与数字或模拟的复用外设共用。除了具有模拟输入功能的端口外，所有的 GPIO 引脚都有大电流通过能力。

根据数据手册中列出的每个 I/O 端口的特定硬件特征，GPIO 端口的每个位可以由软件分别配置成多种模式：输入浮空、输入上拉、输入下拉、模拟输入、开漏输出、推挽式输出、推挽式复用功能、开漏复用功能。

I/O 端口位的基本结构包括以下几部分。

6.1.1 输入通道

输入通道包括输入数据寄存器和输入驱动器(带虚框部分)。在接近 I/O 引脚处连接了两支保护二极管。

输入驱动器中的另外一个部件是 TTL 施密特触发器,当 I/O 端口位用于开关量输入或者复用功能输入时,TTL 施密特触发器用于对输入波形进行整形。

GPIO 的输入驱动器主要由 TTL 施密特触发器、带开关的上拉电阻电路和带开关的下拉电阻电路组成。值得注意的是,与输出驱动器不同,GPIO 的输入驱动器没有多路选择开关,输入信号送到 GPIO 输入数据寄存器的同时也送给片上外设,所以 GPIO 的输入没有复用功能选项。

根据 TTL 施密特触发器、上拉电阻端和下拉电阻端两个开关的状态,GPIO 的输入可分为以下 4 种。

(1) 模拟输入:TTL 施密特触发器关闭。

(2) 上拉输入:GPIO 内置上拉电阻,此时 GPIO 内部上拉电阻端的开关闭合,GPIO 内部下拉电阻端的开关打开。该模式下,引脚在默认情况下输入为高电平。

(3) 下拉输入:GPIO 内置下拉电阻,此时 GPIO 内部下拉电阻端的开关闭合,GPIO 内部上拉电阻端的开关打开。该模式下,引脚在默认情况下输入为低电平。

(4) 浮空输入:GPIO 内部既无上拉电阻也无下拉电阻,此时 GPIO 内部上拉电阻端和下拉电阻端的开关都处于打开状态。该模式下,引脚在默认情况下为高阻态(即悬空),其电平高低完全由外部电路决定。

6.1.2 输出通道

输出通道包括置位/复位寄存器、输出数据寄存器、输出驱动器。

要输出的开关量数据首先写入置位/复位寄存器,通过读写命令进入输出数据寄存器,然后进入输出驱动器的输出控制模块。输出控制模块可以接收开关量的输出和复用功能输出。输出的信号通过 P-MOS 和 N-MOS 场效应管电路输出到引脚。通过软件设置,P-MOS 和 N-MOS 场效应管电路可以构成推挽方式、开漏方式或者关闭。

GPIO 的输出驱动器主要由多路选择器、输出控制逻辑和一对互补的 MOS 管组成。

(1) 多路选择器。

多路选择器根据用户设置决定该引脚是 GPIO 普通输出还是复用功能输出。

① 普通输出:该引脚的输出来自 GPIO 的输出数据寄存器。

② 复用功能输出:该引脚的输出来自片上外设。并且,一个 STM32 微控制器引脚输出可能来自多个不同外设,即一个引脚可以对应多个复用功能输出。但同一时刻,一个引脚只能使用这些复用功能中的一个,而这个引脚对应的其他复用功能都处于禁止状态。

(2) 输出控制逻辑和一对互补的 MOS 管。

输出控制逻辑根据用户设置通过控制 P-MOS 管和 N-MOS 管的状态(导通/关闭)决定 GPIO 输出模式(推挽、开漏还是关闭)。

① 推挽(Push-Pull,PP)输出:推挽输出可以输出高电平和低电平。当内部输出 1 时,P-MOS 管导通,N-MOS 管截止,外部输出高电平(输出电压等于 V_{DD});当内部输出 0 时,

N-MOS 管导通，P-MOS 管截止，外部输出低电平(输出电压 0 V)。

由此可见，相比于普通输出方式，推挽输出既提高了负载能力，又提高了开关速度，适于输出 0 V 和 V_{DD} 的场合。

② 开漏(Open-Drain,OD)输出：与推挽输出相比，开漏输出中连接 V_{DD} 的 P-MOS 管始终处于截止状态。这种情况与三极管的集电极开路非常类似。在开漏输出模式下，当内部输出 0 时，N-MOS 管导通，外部输出低电平(输出电压 0 V)；当内部输出 1 时，N-MOS 管截止，由于此时 P-MOS 管也处于截止状态，外部输出既不是高电平，也不是低电平，而是高阻态(悬空)。如果想要外部输出高电平，必须在 I/O 引脚外接一个上拉电阻。

这样，通过开漏输出，可以提供灵活的电平输出方式，改变外接上拉电源的电压，便可以改变传输电平电压的高低。

例如，如果 STM32 微控制器想要输出 5 V 高电平，只需要在外部接一个上拉电阻且上拉电源为 5 V，并把 STM32 微控制器上对应的 I/O 引脚设置为开漏输出模式，当内部输出 1 时，由上拉电阻和上拉电源向外输出 5 V 电平。需要注意的是，上拉电阻的阻值决定逻辑电平电压转换的速度。阻值越大，速度越低，功耗越小，所以负载电阻的选择应兼顾功耗和速度。

由此可见，开漏输出可以匹配电平，一般适用于电平不匹配的场合，而且，开漏输出吸收电流的能力相对较强，适合作电流型的驱动。

6.2 STM32 的 GPIO 功能

STM32 微控制器的 GPIO 引脚是非常灵活的，可以配置为输入、输出或其他特殊功能模式。这些引脚可以用于读取数字信号、输出数字信号、连接外部设备、控制 LED、读取按钮状态等。

6.2.1 普通 I/O 功能

复位期间和刚复位后，复用功能未开启，I/O 端口被配置成浮空输入模式。

复位后，JTAG 引脚被置于输入上拉或下拉模式。

(1) PA13：JTMS 置于上拉模式。

(2) PA14：JTCK 置于下拉模式。

(3) PA15：JTDI 置于上拉模式。

(4) PB4：JNTRST 置于上拉模式。

当作为输出配置时，写到输出数据寄存器(GPIOx_ODR)上的值输出到相应的 I/O 引脚。可以以推挽模式或开漏模式(当输出 0 时，只有 N-MOS 管被打开)使用输出驱动器。

输入数据寄存器(GPIOx_IDR)在每个 APB2 时钟周期捕捉 I/O 引脚上的数据。

所有 GPIO 引脚有一个内部弱上拉和弱下拉，当配置为输入时，它们可以被激活也可以被断开。

6.2.2 单独的位设置或位清除

当对 GPIOx_ODR 的个别位编程时，软件不需要禁止中断：在单次 APB2 写操作中，可以只更改一个或多个位。这是通过对"置位/复位寄存器"(GPIOx_BSRR,复位是GPIOx_BRR)中想要更改的位写1来实现的。没被选择的位将不被更改。

6.2.3 外部中断/唤醒线

所有端口都有外部中断能力。为了使用外部中断线,端口必需配置成输入模式。

6.2.4 复用功能

使用默认复用功能前必须对端口配置寄存器编程。

(1) 对于复用输入功能,端口必须配置成输入模式(浮空、上拉或下拉)且输入引脚必须由外部驱动。

(2) 对于复用输出功能,端口必须配置成复用功能输出模式(推挽或开漏)。

(3) 对于双向复用功能,端口必须配置复用功能输出模式(推挽或开漏)。此时,输入驱动器被配置成浮空输入模式。

如果把端口配置成复用输出功能,则引脚和输出寄存器断开,并和片上外设的输出信号连接。

如果软件把一个GPIO引脚配置成复用输出功能,但是外设没有被激活,那么它的输出将不确定。

6.2.5 软件重新映射I/O复用功能

STM32F407微控制器的I/O引脚除了通用功能外,还可以设置为一些片上外设的复用功能。而且,一个I/O引脚除了可以作为某个默认外设的复用引脚外,还可以作为其他多个不同外设的复用引脚。类似地,一个片上外设,除了默认的复用引脚,还可以有多个备用的复用引脚。在基于STM32微控制器的应用开发中,用户根据实际需要可以把某些外设的复用功能从默认引脚转移到备用引脚上,这就是外设复用功能的I/O引脚重新映射。

为了使不同封装器件的外设I/O功能的数量达到最优,可以把一些复用功能重新映射到其他一些引脚上。这可以通过软件配置AFIO寄存器来完成,这时,复用功能就不再映射到它们的原始引脚上了。

6.2.6 GPIO锁定机制

锁定机制允许冻结I/O配置。当在一个端口位上执行了锁定程序时,在下一次复位之前,将不能再更改端口位的配置。这个功能主要用于一些关键引脚的配置,防止程序跑飞引起灾难性后果。

6.2.7 输入配置

当I/O端口配置为输入时,有以下情况。

(1) 输出缓冲器被禁止。
(2) 施密特触发器输入被激活。
(3) 根据输入配置(上拉,下拉或浮动)的不同,弱上拉和下拉电阻被连接。
(4) 出现在I/O引脚上的数据在每个APB2时钟周期被采样到输入数据寄存器。

（5）对输入数据寄存器的读访问可得到 I/O 状态。

I/O 端口位的输入配置如图 6-2 所示。

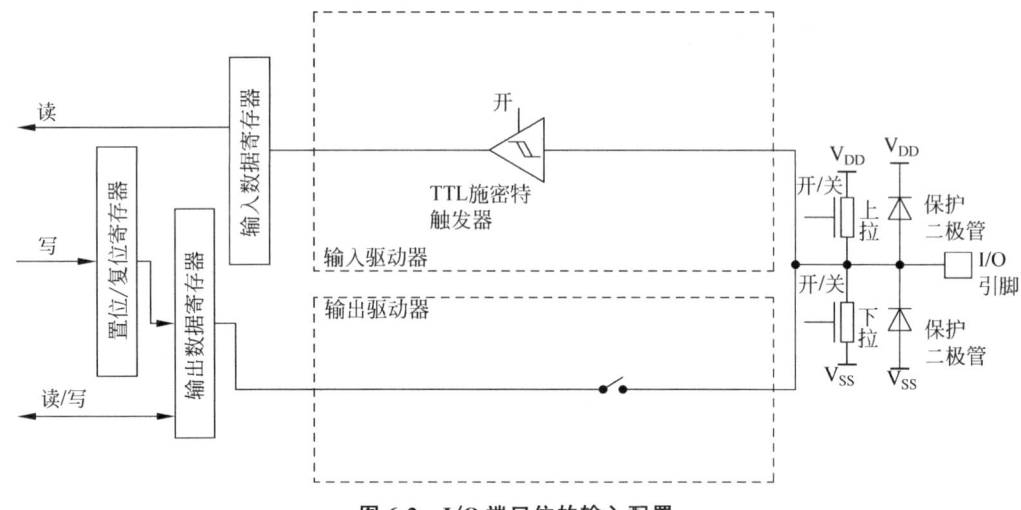

图 6-2　I/O 端口位的输入配置

6.2.8　输出配置

当 I/O 端口被配置为输出时，有以下情况。

（1）输出缓冲器被激活。

① 开漏模式：输出寄存器上的 0 激活 N-MOS 管，而输出寄存器上的 1 将端口置于高阻状态（P-MOS 管从不被激活）。

② 推挽模式：输出寄存器上的 0 激活 N-MOS 管，而输出寄存器上的 1 将激活 P-MOS 管。

（2）施密特触发器输入被激活。

（3）弱上拉和下拉电阻被禁止。

（4）出现在 I/O 引脚上的数据在每个 APB2 时钟周期被采样到输入数据寄存器。

（5）在开漏模式时，对输入数据寄存器的读访问可得到 I/O 状态。

（6）在推挽模式时，对输出数据寄存器的读访问得到最后一次写的值。

I/O 端口位的输出配置如图 6-3 所示。

6.2.9　复用功能配置

当 I/O 端口被配置为复用功能时，有以下情况。

（1）在开漏或推挽模式配置中，输出缓冲器被打开。

（2）内置外设的信号驱动输出缓冲器（复用功能输出）。

（3）施密特触发器输入被激活。

（4）弱上拉和下拉电阻被禁止。

（5）在每个 APB2 时钟周期，出现在 I/O 引脚上的数据被采样到输入数据寄存器。

（6）开漏模式时，读输入数据寄存器时可得到 I/O 端口状态。

（7）在推挽模式时，读输出数据寄存器时可得到最后一次写的值。

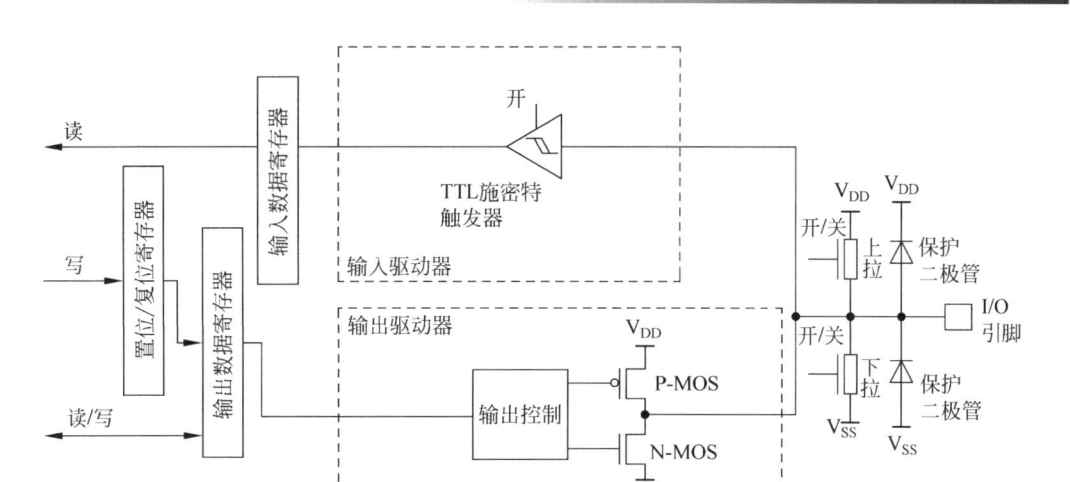

图 6-3 I/O 端口位的输出配置

一组复用功能 I/O 寄存器允许用户把一些复用功能重新映射到不同的引脚。I/O 端口位的复用功能配置如图 6-4 所示。

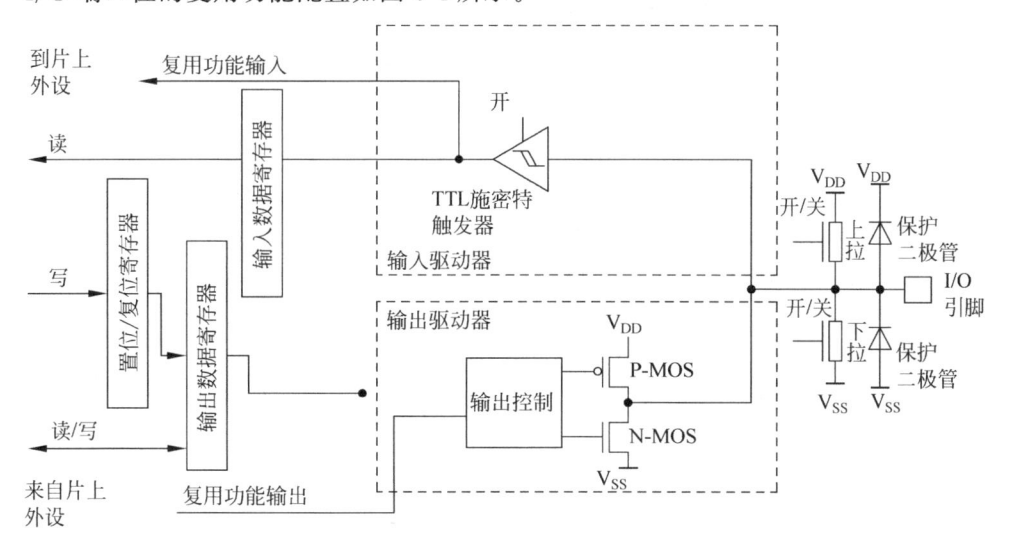

图 6-4 I/O 端口位的复用功能配置

6.2.10 模拟输入配置

当 I/O 端口被配置为模拟输入配置时，有以下情况。

(1) 输出缓冲器被禁止。

(2) 禁止施密特触发器输入，实现了每个模拟 I/O 引脚上的零消耗。施密特触发器输出值被强置为 0。

(3) 弱上拉和下拉电阻被禁止。

(4) 读取输入数据寄存器时数值为 0。

I/O 端口位的高阻抗模拟输入配置如图 6-5 所示。

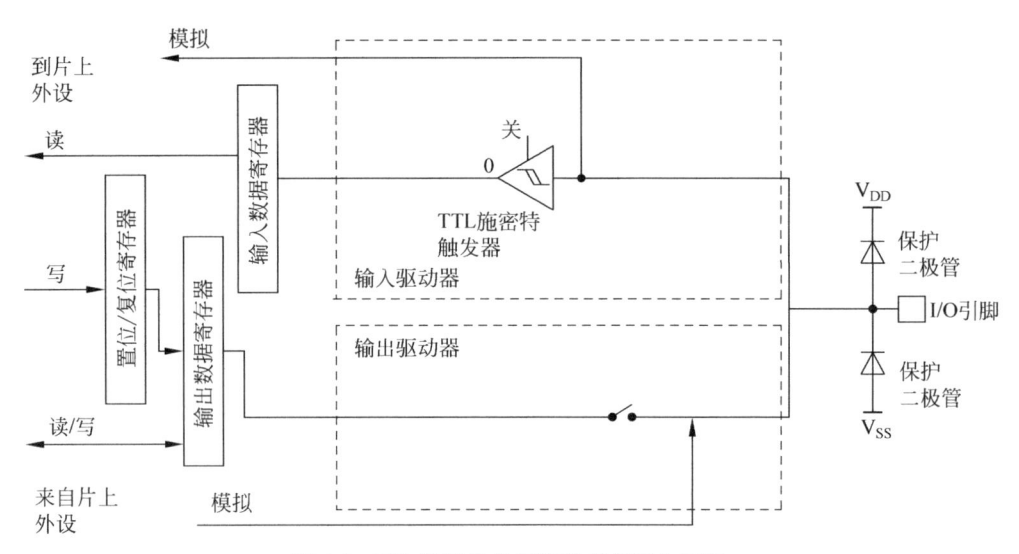

图 6-5　I/O 端口位的高阻抗模拟输入配置

6.2.11　STM32 的 GPIO 操作

在 STM32 微控制器中操作 GPIO 引脚涉及几个关键步骤,包括配置 GPIO 模式、设置引脚状态以及读取引脚输入。

1. 复位后的 GPIO

为防止复位后 GPIO 引脚与片外电路的输出冲突,复位期间和刚复位后,所有 GPIO 引脚复用功能都不开启,而是被配置成浮空输入模式。

为了节约电能,只有被开启的 GPIO 端口才会提供时钟,因此复位后所有 GPIO 端口的时钟都是关断的,使用之前必需逐一开启。

2. GPIO 工作模式的配置

每个 GPIO 引脚都拥有自己的端口配置位 MODERy[1:0](模式寄存器,其中 y 代表 GPIO 引脚在端口中的编号)和 OTy[1:0](输出类型寄存器,其中 y 代表 GPIO 引脚在端口中的编号),用于选择该引脚是处于输入模式中的浮空输入模式、上位/下拉输入模式或者模拟输入模式,还是输出模式中的输出推挽模式、开漏输出模式或者复用功能推挽/开漏输出模式。每个 GPIO 引脚还拥有自己的端口模式位 OSPEEDRy[1:0],用于选择该引脚是处于输入模式,或是输出模式中的输出带宽(2 MHz、25 MHz、50 MHz 和 100 MHz)。

每个端口拥有 16 个引脚,而每个引脚又拥有上述 4 个控制位,因此需要 64 位才能实现对一个端口所有引脚的配置,它们被分置在 2 个字中。如果是输出模式,还需要 16 位输出类型寄存器。各种工作模式下的硬件配置总结如下。

(1)输入模式的硬件配置:输出缓冲器被禁止;施密特触发器输入被激活;根据输入配置(上拉、下拉或浮空)的不同,弱上拉和下拉电阻被连接;出现在 I/O 引脚上的数据在每个 APB2 时钟周期被采样到输入数据寄存器;对输入数据寄存器的读访问可得到 I/O 状态。

(2)输出模式的硬件配置:输出缓冲器被激活;施密特触发器输入被激活;弱上拉和下拉电阻被禁止;出现在 I/O 引脚上的数据在每个 APB2 时钟周期被采样到输入数据寄存器;对输入数据寄存器的读访问可得到 I/O 状态;对输出数据寄存器的读访问得到最后一

次写的值；在推挽模式时，一对互补 MOS 管都能被打开；在开漏模式时，只有 N-MOS 管可以被打开。

（3）复用功能的硬件配置：在开漏或推挽模式配置中，输出缓冲器被打开；片上外设的信号驱动输出缓冲器；施密特触发器输入被激活；弱上拉和下拉电阻被禁止；在每个 APB2 时钟周期，出现在 I/O 引脚上的数据被采样到输入数据寄存器；对输出数据寄存器的读访问得到最后一次写的值；在推挽模式时，一对互补 MOS 管都能被打开；在开漏模式时，只有 N-MOS 管可以被打开。

3. GPIO 输入的读取

每个端口都有自己对应的输入数据寄存器 GPIOx_IDR（x 代表端口号，如 GPIOA_IDR），它在每个 APB2 时钟周期捕捉 I/O 引脚上的数据。软件可以通过对 GPIOx_IDR 某个位的直接读取，或对位带别名区中对应字的读取得到 GPIO 引脚状态对应的值。

4. GPIO 输出的控制

STM32 为每组 16 个引脚的端口提供了 3 个 32 位的控制寄存器：GPIOx_ODR、GPIOx_BSRR 和 GPIOx_BRR（x 代表端口号）。GPIOx_ODR 的功能比较容易理解，它的低 16 位直接对应了本端口的 16 个引脚，软件可以通过直接对这个寄存器进行置位或清零，来让对应引脚输出高电平或低电平。也可以利用位带操作原理，对 GPIOx_ODR 中某个位对应的位带别名区字地址执行写入操作以实现对单个位的简化操作。利用 GPIOx_ODR 的位带操作功能可以有效地避免端口中其他引脚的"读-修改-写"问题，但位带操作的缺点是每次只能操作 1 位，对于某些需要同时操作多个引脚的应用，位带操作就显得力不从心了。STM32 的解决方案是使用 GPIOx_BSRR 和 GPIOx_BRR 两个寄存器解决多个引脚同时改变电平的问题。

5. 输出速度

如果 STM32F407 的 I/O 引脚工作在某个输出模式下，通常还需设置其输出速度，这个输出速度指的是 I/O 口驱动电路的响应速度，而不是输出信号的速度。输出信号的速度取决于软件程序。

STM32F407 的芯片内部在 I/O 口的输出部分安排了多个响应速度不同的输出驱动电路，用户可以根据自己的需要，通过选择响应速度选择合适的输出驱动模块，以达到最佳噪声控制和降低功耗的目的。众所周知，高频的驱动电路噪声也高。当不需要高输出频率时，尽量选用低频响应速度的驱动电路，这样非常有利于提高系统的电磁干扰（Electromagnetic Interference，EMI）性能。当然如果要输出较高频率的信号，但却选用了较低频率响应速度的驱动模块，很可能得到失真的输出信号。一般推荐 I/O 引脚的输出速度是其输出信号速度的 5~10 倍。

STM32F407 的 I/O 引脚的输出速度有 4 种选择：2 MHz、25 MHz、50 MHz 和 100 MHz。

根据一些常见的应用，给读者如下一些选用参考。

（1）连接 LED、蜂鸣器等外部设备的普通输出引脚：输出速度一般设置为 2 MHz。

（2）用作 USART 复用功能输出引脚：假设 USART 工作时最大比特率为 115.2 Kb/s，选用 2 MHz 的输出速度已足够，既省电，噪声又小。

（3）用作 I2C 复用功能的输出引脚：假设 I2C 工作时最大比特率为 400 Kb/s，那么

2 MHz 的引脚输出速度或许不够,这时可以选用 10 MHz 的引脚输出速度。

(4) 用作 SPI 复用功能的输出引脚:假设 SPI 工作输出时比特率为 18 Mb/s 或 9 Mb/s,那么 10 MHz 的引脚输出速度显然不够,这时需要选用 50 MHz 的引脚输出速度。

(5) 用作 FSMC 复用功能连接存储器的输出引脚:一般引脚输出速度设置为 50 MHz 或 100 MHz。

6.2.12 外部中断映射和事件输出

借助 AFIO,STM32F407 微控制器的 I/O 引脚不仅可以实现外设复用功能的重新映射,而且可以实现外部中断映射和事件输出。需要注意的是,如需使用 STM32F407 控制器 I/O 引脚的以上功能,都必须先打开 APB2 总线上的 AFIO 时钟。

1. 外部中断映射

当 STM32 微控制器的某个 I/O 引脚被映射为外部中断线后,该 I/O 引脚就可以成为一个外部中断源,可以在这个 I/O 引脚上产生外部中断实现对用户 STM32 运行程序的交互。

STM32 微控制器的所有 I/O 引脚都具有外部中断能力。每个外部中断线 EXTI LineXX 和所有的 GPIO 端口 GPIO[A…G].xx 共享。为了使用外部中断线,该 I/O 引脚必须配置成输入模式。

2. 事件输出

STM32 微控制器几乎每个 I/O 引脚(除端口 F 和 G 的引脚外)都可用作事件输出。例如,使用 SEV 指令产生脉冲,通过事件输出信号将 STM32 从低功耗模式中唤醒。

6.2.13 GPIO 的主要特性

综上所述,STM32F407 微控制器的 GPIO 主要具有以下特性。

(1) 提供最多 112 个多功能双向 I/O 引脚,80% 的引脚利用率。

(2) 几乎每个 I/O 引脚(除 ADC 外)都兼容 5 V,每个 I/O 引脚具有 20 mA 驱动能力。

(3) 每个 I/O 引脚最高的翻转速度为 84 MHz,30 pF 时输出速度为 100 MHz,15 pF 时输出速度为 80 MHz。

(4) 每个 I/O 引脚有 8 种工作模式,在复位时和刚复位后,复用功能未开启,I/O 引脚被配置成浮空输入模式。

(5) 所有 I/O 引脚都具备复用功能,包括 JTAG/SWD、Timer、USART、I2C、SPI 等。

(6) 某些复用功能引脚可通过复用功能重新映射用作另一复用功能,方便 PCB 设计。

(7) 所有 I/O 引脚都可作为外部中断输入,同时可以有 16 个中断输入。

(8) 几乎每个 I/O 引脚(除端口 F 和 G 外)都可用作事件输出。

(9) PA0 可作为从待机模式唤醒的引脚,PC13 可作为入侵检测的引脚。

6.3 GPIO 的 HAL 驱动程序

GPIO 引脚的操作主要包括初始化、读取引脚输入和设置引脚输出,相关的 HAL 驱动程序定义在文件 stm32f4xx_hal_gpio.h 中,GPIO 操作的相关函数如表 6-1 所示,表中只列出了函数名,省略了函数参数。

表 6-1　GPIO 操作的相关函数

函　数　名	函数功能描述
HAL_GPIO_Init()	GPIO 引脚初始化
HAL_GPIO_DeInit()	GPIO 引脚反初始化,恢复为复位后的状态
HAL_GPIO_WritePin()	使引脚输出 0 或 1
HAL_GPIO_ReadPin()	读取引脚的输入电平
HAL_GPIO_TogglePin()	翻转引脚的输出
HAL_GPIO_LockPin()	锁定引脚配置,而不是锁定引脚的输入或输出状态

使用 STM32CubeMX 生成代码时,GPIO 引脚初始化的代码会自动生成,用户常用的 GPIO 操作函数是进行引脚状态读写的函数。

1. 初始化函数 HAL_GPIO_Init()

函数 HAL_GPIO_Init()用于对一个端口的一个或多个相同功能的引脚进行初始化设置,包括输入/输出模式、上拉或下拉等。其原型定义如下。

```
void  HAL_GPIO_Init(GPIO_TypeDef * GPIOx,GPIO_InitTypeDef * GPIO_Init);
```

第 1 个参数 GPIOx 是 GPIO_TypeDef 结构体类型的指针,它定义了端口的各个寄存器的偏移地址,实际调用函数 HAL_GPIO_Init()时使用端口的基地址作为参数 GPIOx 的值,在文件 stm32f407xx.h 中定义了各个端口的基地址,如:

```
#define  GPIOA    (GPIO_TypeDef * GPIOA_BASE)
#define  GPIOB    (GPIO_TypeDef * GPIOB_BASE)
#define  GPIOC    (GPIO_TypeDef * GPIOC_BASE)
#define  GPIOD    (GPIO_TypeDef * GPIOD_BASE)
```

第 2 个参数 GPIO_Init 是 GPIO_InitTypeDef 结构体类型的指针,它定义了 GPIO 引脚的属性,这个结构体的定义如下。

```
typedef  struct
{
uint32_t  Pin;       //要配置的引脚,可以是多个引脚
uint32_t  Mode;      //引脚功能模式
uint32_t  Pull;      //上拉或下拉
uint32_t  Speed;     //引脚最高输出频率
uint32_t  Alternate; //复用功能选择
}GPIO_InitTypeDef;
```

这个结构体的各个成员变量的意义及取值如下。

(1) Pin 是需要配置的 GPIO 引脚,在文件 stm32f4xxhal_gpio.h 中定义了 16 个引脚的宏。

如果需要同时定义多个引脚的功能,就用这些宏的或运算进行组合。

```
#define  GPIO_PIN_0    ((uint16_t)0x0001)  /*  Pin  0  selected  */
#define  GPIO_PIN_1    ((uint16_t)0x0002)  /*  Pin  1  selected  */
#define  GPIO_PIN_2    ((uint16_t)0x0004)  /*  Pin  2  selected  */
#define  GPIO_PIN_3    ((uint16_t)0x0008)  /*  Pin  3  selected  */
#define  GPIO_PIN_4    ((uint16_t)0x0010)  /*  Pin  4  selected  */
#define  GPIO_PIN_5    ((uint16_t)0x0020)  /*  Pin  5  selected  */
```

```
#define GPIO_PIN_6    ((uint16_t)0x0040)  /* Pin 6  selected */
#define GPIO_PIN_7    ((uint16_t)0x0080)  /* Pin 7  selected */
#define GPIO_PIN_8    ((uint16_t)0x0100)  /* Pin 8  selected */
#define GPIO_PIN_9    ((uint16_t)0x0200)  /* Pin 9  selected */
#define GPIO_PIN_10   ((uint16_t)0x0400)  /* Pin 10 selected */
#define GPIO_PIN_11   ((uint16_t)0x0800)  /* Pin 11 selected */
#define GPIO_PIN_12   ((uint16_t)0x1000)  /* Pin 12 selected */
#define GPIO_PIN_13   ((uint16_t)0x2000)  /* Pin 13 selected */
#define GPIO_PIN_14   ((uint16_t)0x4000)  /* Pin 14 selected */
#define GPIO_PIN_15   ((uint16_t)0x8000)  /* Pin 15 selected */
#define GPIO_PIN_All  ((uint16_t)0xFFFF)  /* All pins selected */
```

(2) Mode 是引脚功能模式设置，它可用常量定义如下。

```
#define GPIO_MODE_INPUT             0x00000000U   //输入浮空模式
#define GPIO_MODE_OUTPUT_PP         0x00000001U   //推挽输出模式
#define GPIO_MODE_OUTPUT_OD         0x000000110   //开漏输出模式
#define GPIO_MODE_AF_PP             0x00000002U   //复用功能推挽模式
#define GPIO_MODE_AF_OD             0x00000012U   //复用功能开漏模式
#define GPIO_MODE_ANALOG            0x000000030   //模拟信号模式
#define GPIO_MODE_IT_RISING         0x10110000U   //外部中断,上跳沿触发
#define GPIO_MODE_IT_FALLING        0x10210000U   //外部中断,下跳沿触发
#define GPIO_MODE_IT_RISING_FALLING 0x10310000U   //上、下跳沿触发
```

(3) Pull 用于定义是否使用内部上拉或下拉电阻，它可用常量定义如下。

```
#define GPIO_NOPULL     0x00000000U   //无上拉或下拉
#define GPIO_PULLUP     0x00000001U   //上拉
#define GPIO_PULLDOWN   0x00000002U   //下拉
```

(4) Speed 用于定义输出模式引脚的最高输出频率，它可用常量定义如下。

```
#define GPIO_SPEED_FREQ_LOW        0x00000000U   //2 MHz
#define GPIO_SPEED_FREQ_MEDIUM     0x00000001U   //12.5~50 MHz
#define GPIO_SPEED_FREQ_HIGH       0x00000002U   //25~100 MHz
#define GPIO_SPEED_FREQ_VERY_HIGH  0x000000030   //50~200 MHz
```

(5) Alternate 用于定义引脚的复用功能，在文件 stm32f4xxhal_gpio_ex.h 中定义了这个参数的可用宏定义，这些复用功能的宏定义与具体的 MCU 型号有关，下面是其中的部分定义实例。

```
#define GPIO_AF1_TIM1    ((uint8_t)0x01)   // TIM1 复用功能映射
#define GPIO_AF1_TIM2    ((uint8_t)0x01)   // TIM2 复用功能映射
#define GPIO_AF5_SPI1    ((uint8_t)0x05)   // SPI1 复用功能映射
#define GPIO_AF5_SPI2    ((uint8_t)0x05)   // SPI2/I2S2 复用功能映射
#define GPIO_AF7_USART1  ((uint8_t)0x07)   // USART1 复用功能映射
#define GPIO_AF7_USART2  ((uint8_t)0x07)   // USART2 复用功能映射
#define GPIO_AF7_USART3  ((uint8_t)0x07)   // USART3 复用功能映射
```

2. 设置引脚输出的函数 HAL_GPIO_WritePin()

使用函数 HAL_GPIO_WritePin()向一个或多个引脚输出高电平或低电平，其原型定义如下。

```
void HAL_GPIO_WritePin(GPIO_TypeDef * GPIOx, uint16_t GPIO_Pin, GPIO_PinState PinState);
```

其中，参数 GPIOx 是具体的端口基地址；GPIO_Pin 是引脚号；PinState 是引脚输出

电平,是枚举类型 GPIO_PinState,在文件 stm32f14xx_hal_gpio.h 中的定义如下。

```
typedef enum
{
GPIO_PIN_RESET = 0,
GPIO_PIN_SET
}GPIO_PinState;
```

枚举常量 GPIO_PIN_RESET 表示低电平,GPIO_PIN_SET 表示高电平。例如,要使 PF9 和 PF10 输出低电平,可使用如下代码。

```
HAL_GPIO_WritePin(GPIOF,GPIO_PIN_9|GPIO_PIN_10,GPIO_PIN_RESET);
```

若要输出高电平,只需修改为如下代码。

```
HAL_GPIO_WritePin(GPIOF,GPIO_PIN_9|GPIO_PIN_10,GPIO_PIN_SET);
```

3. 读取引脚输入的函数 HAL_GPIO_ReadPin()

函数 HAL_GPIO_ReadPin()用于读取一个引脚的输入状态,其原型定义如下。

```
GPIO_PinState HAL_GPIO_ReadPin(GPIO_TypeDef * GPIOx,uint16_t  GPIO_Pin);
```

函数的返回值是枚举类型 GPIO_PinState:常量 GPIO_PIN_RESET 表示输入为 0(低电平),常量 GPIO_PIN SET 表示输入为 1(高电平)。

4. 翻转引脚输出的函数 HAL_GPIO_TogglePin()

函数 HAL_GPIO_TogglePin()用于翻转引脚的输出状态。例如,引脚当前输出为高电平,执行此函数后,引脚输出为低电平。其原型定义如下,只需传递端口号和引脚号。

```
void   HAL_GPIO_TogglePin(GPIO_TypeDef * GPIOx,uint16_t  GPIO_Pin)
```

6.4 STM32 的 GPIO 使用流程

根据 I/O 端口的特定硬件特征,I/O 端口的每个引脚都可以由软件配置成多种工作模式。

在运行程序之前必须对每个用到的引脚功能进行配置。
(1) 如果某些引脚的复用功能没有使用,可以先配置为 GPIO。
(2) 如果某些引脚的复用功能被使用,需要对复用的 I/O 端口进行配置。
(3) I/O 端口具有锁定机制,允许冻结 I/O 端口。当在一个端口位上执行了锁定程序后,在下一次复位之前,将不能再更改端口位的配置。

6.4.1 普通 GPIO 配置

GPIO 是最基本的应用,其基本配置方法如下。
(1) 配置 GPIO 时钟,完成初始化。
(2) 利用函数 HAL_GPIO_Init()配置引脚,包括引脚名称、引脚传输速率、引脚工作模式。
(3) 完成函数 HAL_GPIO_Init()的设置。

6.4.2 I/O 复用功能 AFIO 配置

I/O 复用功能 AFIO 常对应外设的输入输出功能。使用时,需要先配置 I/O 为复用功能,打开 AFIO 时钟,然后再根据不同的复用功能进行配置。对应外设的输入输出功能有下述 3 情况。

(1) 外设对应的引脚为输出:需要根据外围电路的配置选择对应的引脚为复用功能的推挽输出或复用功能的开漏输出。

(2) 外设对应的引脚为输入:根据外围电路的配置可以选择浮空输入、带上拉输入或带下拉输入。

(3) ADC 对应的引脚:配置引脚为模拟输入。

6.5 采用 STM32Cube 和 HAL 库的 GPIO 输出应用实例

采用 STM32Cube 和 HAL 库进行 GPIO 输出的应用实例包括 LED 闪烁、驱动继电器、输出 PWM 信号等。这些应用主要通过配置 GPIO 端口为输出模式,并通过 HAL 库函数控制高低电平或 PWM 波形输出。例如,使用函数 HAL_GPIO_WritePin() 来控制 LED 的开关状态,或配置 TIM_HandleTypeDef 结构体并使用函数 HAL_TIM_PWM_Start() 来生成 PWM 信号,驱动电机或调节光照强度。这些技术简化了硬件控制逻辑,使得开发更为直观和高效。

下面讲述的 GPIO 输出应用实例是使用固件库点亮 LED。

6.5.1 STM32 的 GPIO 输出应用硬件设计

STM32F407 与 LED 的连接电路如图 6-6 所示。

LED 的阴极都连接到 STM32F407 的 GPIO 引脚,只要控制 GPIO 引脚的电平输出状态,即可控制 LED 的亮灭。如果使用的开发板中 LED 的连接方式或引脚不一样,只需修改程序的相关引脚即可,程序的控制原理相同。

LED 电路是由外接+3.3 V 电源驱动的。当 GPIO 引脚输出为 0 时,LED 点亮;输出为 1 时,LED 熄灭。

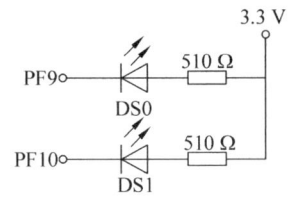

图 6-6 STM32F407 与 LED 的连接电路

在本实例中,根据图 6-6 所示的电路设计一个程序:DS0 和 DS1 每 500 ms 完成一次交替闪烁,实现类似跑马灯的效果。

6.5.2 STM32 的 GPIO 输出应用软件设计

在使用 STM32Cube 进行 GPIO 输出设计时,首先需要通过 STM32CubeMX 配置所需的 GPIO 引脚为输出模式,并设置适当的输出速度和推挽/开漏选项。配置完成后,STM32CubeMX 会生成初始化代码,包括必要的 HAL 库调用。在应用程序中,通过调用函数 HAL_GPIO_WritePin() 可以控制 GPIO 引脚的高低电平状态,实现如 LED 控制、信号输出等功能。此外,可以利用 STM32CubeIDE 进行代码编写、编译和调试,整个过程集成化程度高,大大简化了开发流程。

1. 通过 STM32CubeMX 新建工程

通过 STM32CubeMX 新建工程的步骤如下。

(1) 新建文件夹。

在 D 盘根目录新建文件夹 Demo，这是保存所有工程的地方；在该目录下新建文件夹 LED，这是保存本章新建工程的文件夹。

(2) 新建 STM32CubeMX 工程。

新建 STM32CubeMX 工程如图 6-7 所示，在 STM32CubeMX 开发环境中通过菜单项 File→New Project 或在 STM32CubeMX 开始窗口中的 New Project(新建工程)提示窗口新建工程。

图 6-7　新建 STM32CubeMX 工程

(3) 选择 MCU 或开发板。

此处以 MCU 为例，Commercial Part Number 文本框选择 STM32F407ZGT6，如图 6-8 所示。

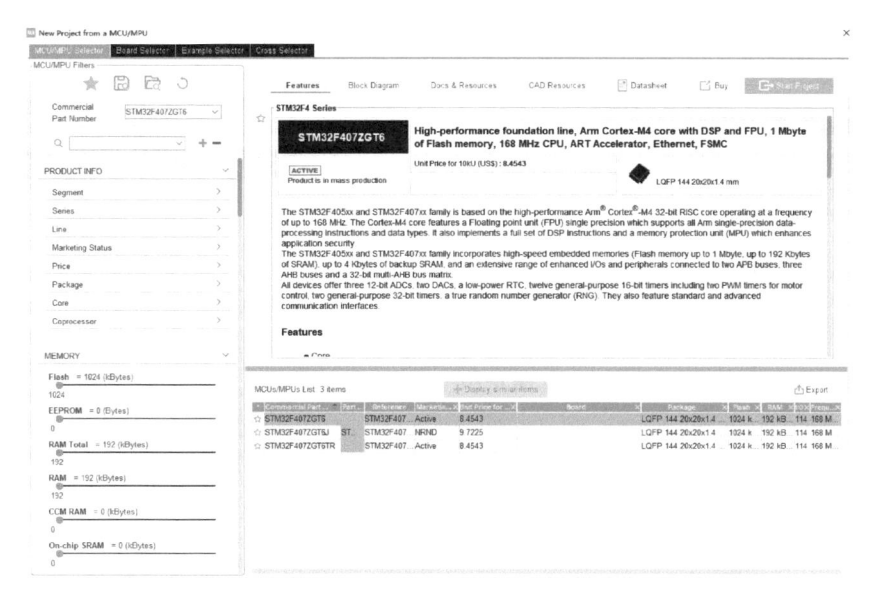

图 6-8　Commercial Part Number 文本框选中 STM32F407ZGT6

单击 Start Project 按钮，启动工程。启动工程后的页面如图 6-9 所示。

(4) 保存 STM32CubeMX 工程。

使用 STM32CubeMX 菜单项 File→Save Project 保存工程到 LED 文件夹下，如图 6-10 所示。

生成的 STM32CubeMX 文件为 LED.ioc，此处直接配置工程名和保存位置，后续生成的工程 Application Structure 为 Advanced 模式，即 Inc 和 Src 存放于 Core 文件夹下，如图 6-11 所示。

(5) 生成报告。

使用 STM32CubeMX 菜单项 File→Generate Report 生成当前工程的报告文件，如图 6-12 所示，生成的工程报告文件名为 LED.pdf。

图 6-9 启动工程后的页面

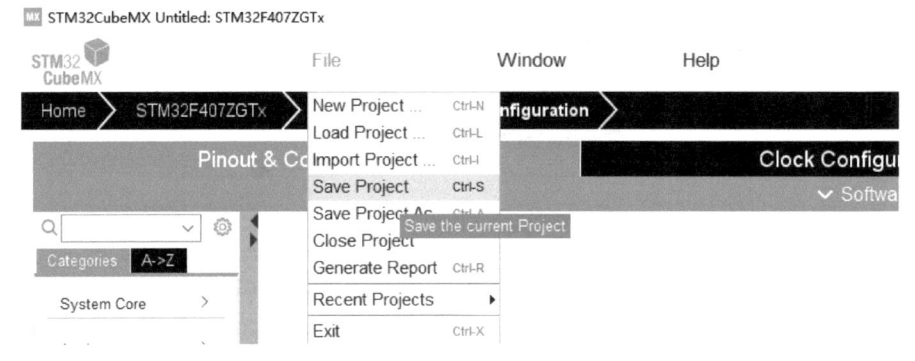

图 6-10 保存工程

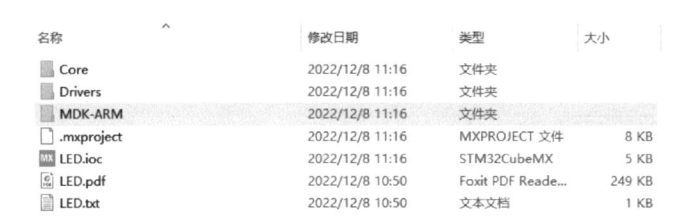

图 6-11 Advanced 模式 Inc、Src 存放于 Core 文件夹下

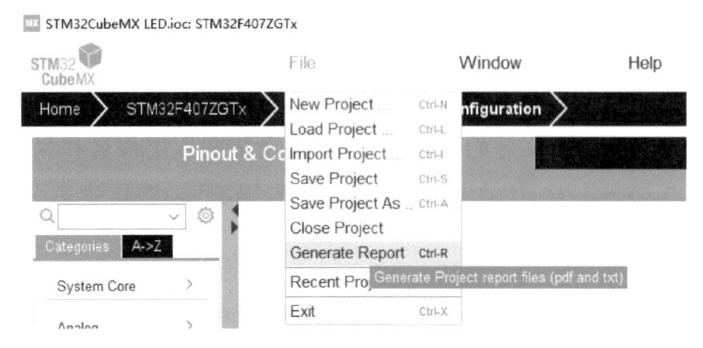

图 6-12 生成当前工程报告文件

(6) 配置 MCU 时钟树。

在 STM32CubeMX Pinout & Configuration 子页面下,选择 System Core→RCC 选项,High Speed Clock(HSE)项根据开发板实际情况,选择 Crystal/Ceramic Resonator(晶体/陶瓷晶振),如图 6-13 所示。

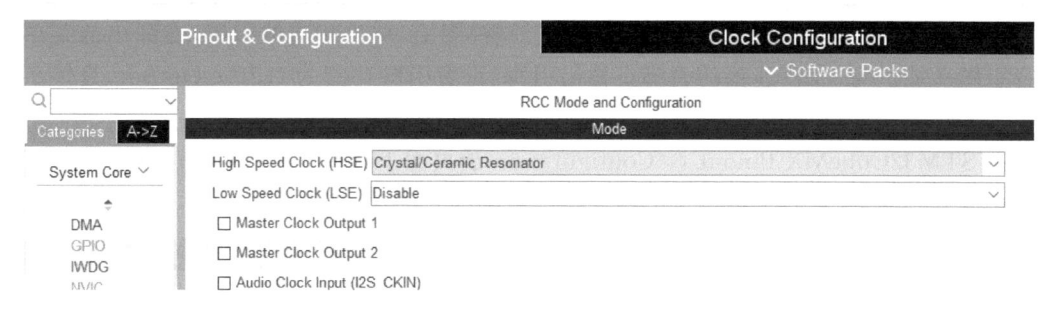

图 6-13 HSE 选择 Crystal/Ceramic Resonator

切换到 STM32CubeMX Clock Configuration 子页面。根据开发板外设情况配置总线时钟。此处配置 Input frequency 为 8 MHz,PLL Source Mux 为 HSE,分频系数/M 为 8,PLL Mul 倍频为 336 MHz,PLLCLK 分频/2 后为 168 MHz,System Clock Mux 为 PLLCLK,APB1 Prescaler 为/4,APB2 Prescaler 为/2,其余默认设置即可,配置完成的时钟树如图 6-14 所示。

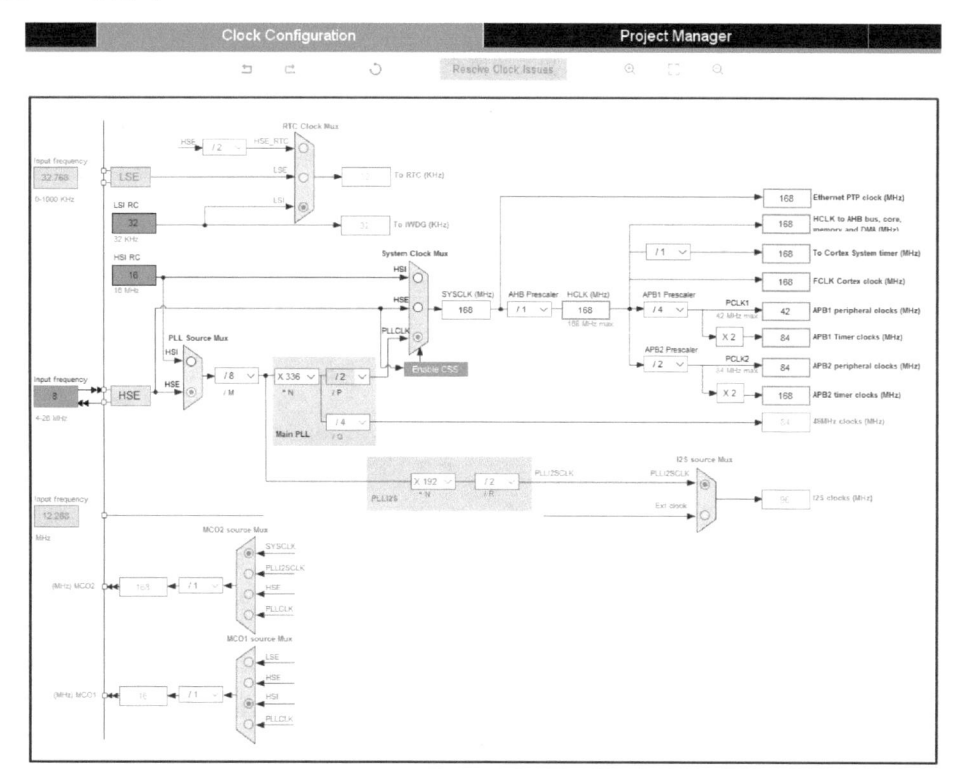

图 6-14 配置完成的时钟树

(7) 配置 MCU 外设。

根据 LED 输出电路,整理出 MCU 连接的 GPIO 引脚的配置,如表 6-2 所示。

表 6-2　MCU 连接的 GPIO 引脚的配置

用户标签	引脚名称	引脚功能	GPIO 模式	上拉或下拉	端口速率
DS0	PF9	GPIO_Output	推挽输出	上拉	高
DS1	PF10	GPIO_Output	推挽输出	上拉	高

再根据表 6-2 进行 GPIO 引脚配置。在引脚视图上，单击相应的引脚，在弹出的菜单中选择引脚功能。与 LED 连接的引脚是输出引脚，设置引脚功能为 GPIO_Output，具体步骤如下。

在 STM32CubeMX Pinout & Configuration 子页面下选择 System Core→GPIO 选项，此时可以看到与 RCC 相关的两个 GPIO 口已自动配置完成，如图 6-15 所示。

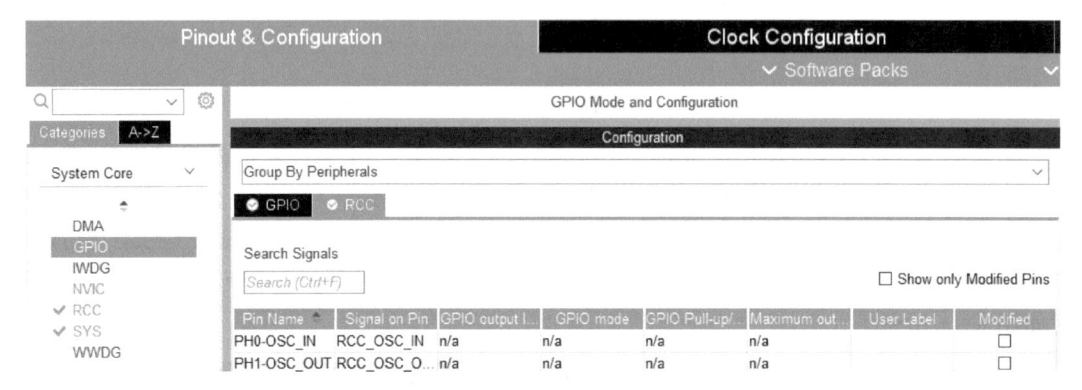

图 6-15　RCC 相关的两个 GPIO 口自动配置

以控制 DS0 的 PF9 引脚为例，通过搜索框搜索可以定位 I/O 口的引脚位置，或在引脚视图处选择 PF9 引脚，管脚图中会闪烁显示，配置 PF9 引脚的功能为 GPIO_Output，如图 6-16 所示。

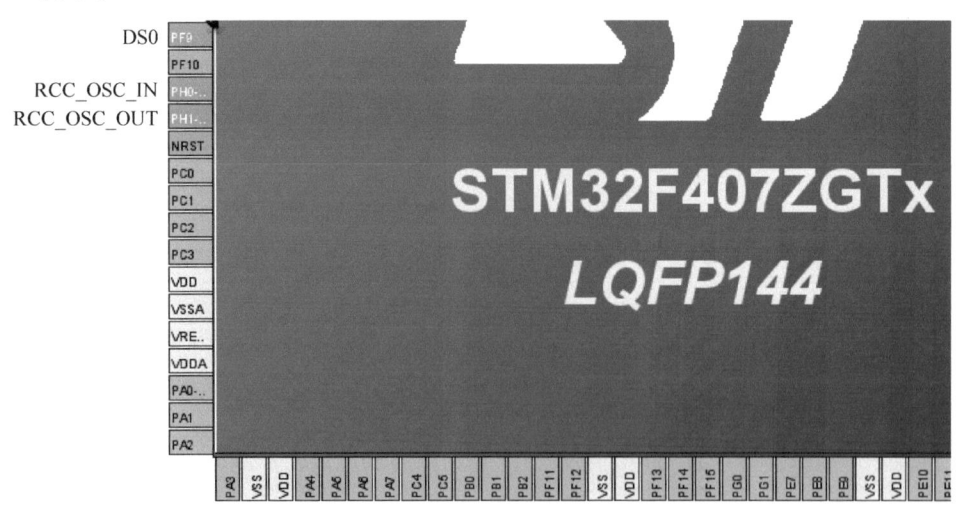

图 6-16　PF9 引脚功能配置为 GPIO_Output

在 GPIO 组件的模式和配置界面，对每个 GPIO 引脚进行更多的设置，例如，GPIO 输入引脚是上拉还是下拉，GPIO 输出引脚是推挽输出还是开漏输出，按照表 6-2 的内容设置引脚的用户标签。所有设置是通过下拉列表选择的。GPIO 输出引脚的最高输出速率是引脚输出变化的最高频率。初始输出设置根据电路功能确定,此工程的 LED 默认输出高电平,即灯不亮状态。

具体步骤如下。

在 PF9 Configuration 界面配置 PF9 引脚属性,GPIO output level 选项选择 High,GPIO mode 选项选择 Output Push Pull,GPIO Pull-up/Pull-down 选项选择 Pull-up,Maximum output speed 选项选择 High,User Label 选项选择 LED0,如图 6-17 所示。

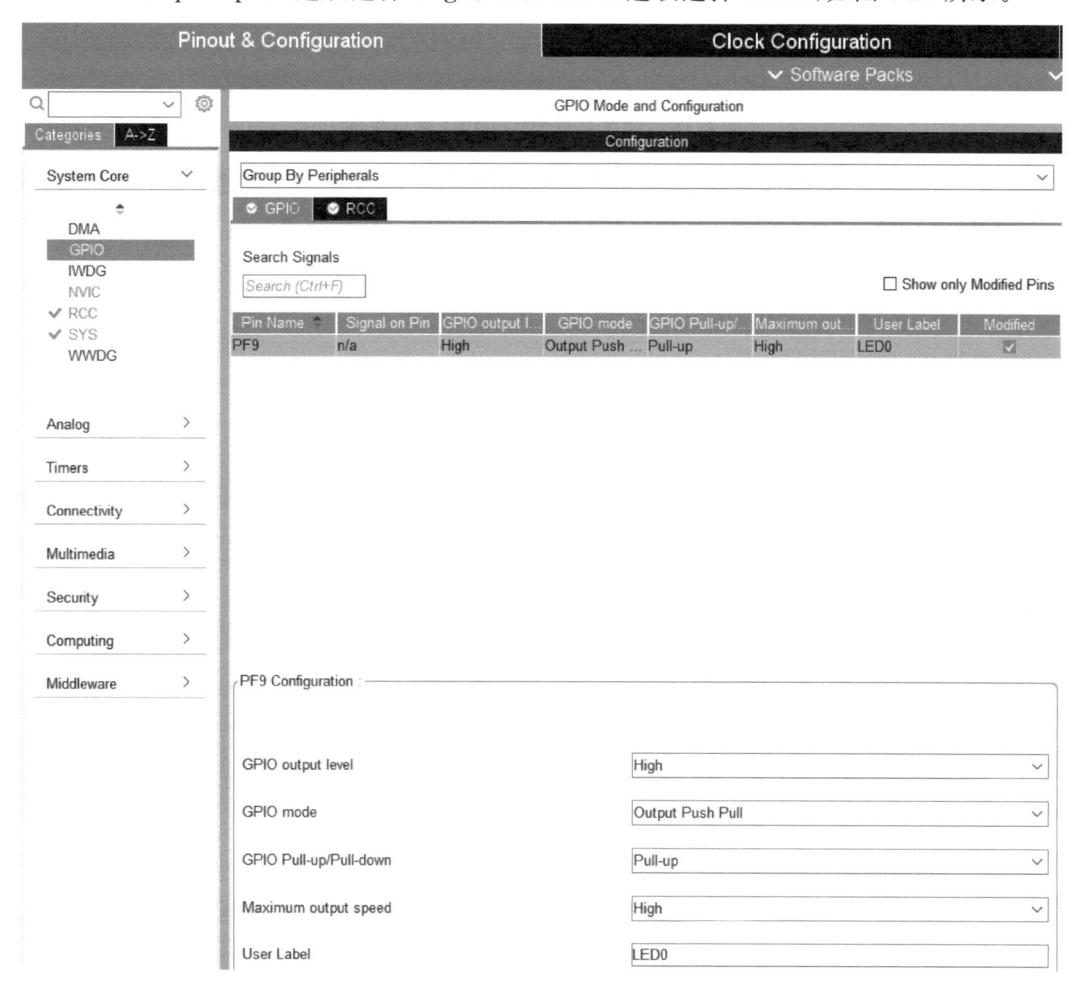

图 6-17　PF9 引脚属性配置

同样方法配置 GPIO 端口 DS1(PF10)。

如果为引脚设置了用户标签,在生成代码时,STM32CubeMX 会在文件 main.h 中为这些引脚定义宏定义符号,然后在 GPIO 初始化函数中会使用这些符号。

配置完成后的 GPIO 端口页面如图 6-18 所示。

(8) 配置工程。

在 STM32CubeMX Project Manager 子页面 Project 栏的 Toolchain/IDE 项:选择 MDK-ARM,Min Version 项选择 V5,可生成 Keil MDK 工程;Toolchain/IDE 项:选择 STM32CubeIDE,可生成 CubeIDE 工程。其余配置默认即可,如图 6-19 所示。

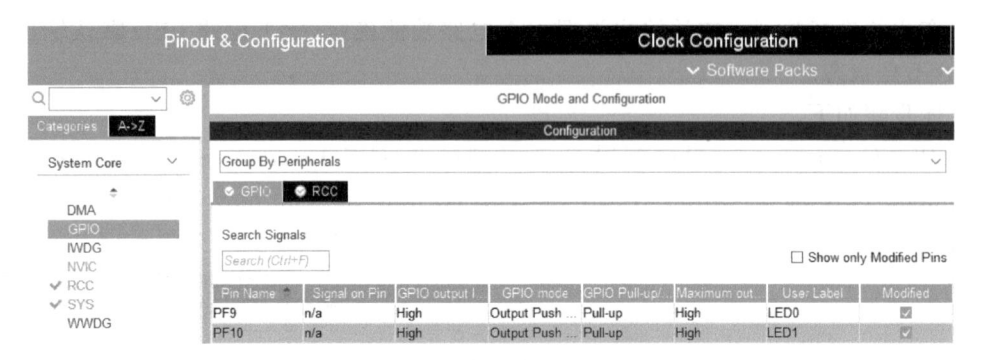

图 6-18 配置完成后的 GPIO 端口页面

图 6-19 Project Manager 子页面 Project 栏配置

若前面已经保存过工程,生成工程的 Application Structure 默认为 Advanced 模式,此处不可再次修改;若前面未保存过工程,此处可修改工程名、存放位置等信息,生成工程的 Application Structure 为 Basic 模式,即 Inc、Src 为单独的文件夹,不存放于 Core 文件夹下。

STM32CubeMX Project Manager 子页面 Code Generator 栏的 Generated files 选项的配置如图 6-20 所示。

(9) 生成 C 代码工程。

在 STM32CubeMX 主页面,单击 GENERATE CODE 按钮生成 C 代码工程。生成代码后,STM32CubeMX 会弹出提示打开工程窗口,Code Generation 生成后的对话框如图 6-21 所示。

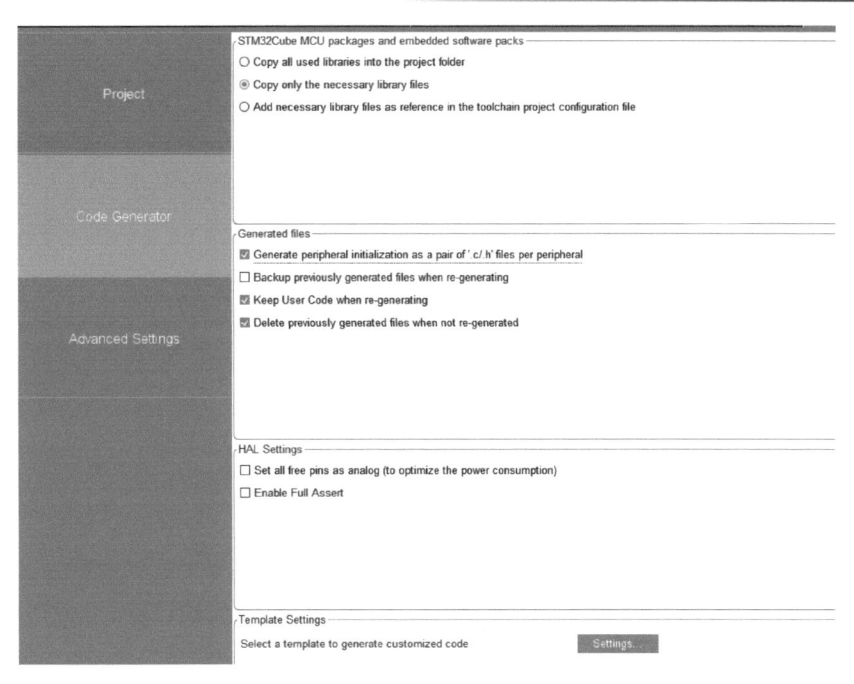

图 6-20 Code Generator 栏 Generated files 选项的配置

图 6-21 Code Generation 生成后的对话框

分别生成 MDK-ARM 和 CubeIDE 工程。

2. 通过 Keil MDK 实现工程

通过 Keil MDK 实现工程的步骤如下。

(1) 打开工程。

打开 LED\MDK-Arm 文件夹下的工程文件 LED.uvprojx,如图 6-22 所示。

图 6-22 MDK-Arm 文件夹下的文件

(2) 编译 STM32CubeMX 自动生成 MDK 工程。

在 MDK 开发环境中通过菜单项 Project→Rebuild all target files 或单击工具栏中的 Rebuild 按钮 编译 MDK 工程,如图 6-23 所示。

(3) STM32CubeMX 自动生成 MDK 工程。

文件 main.c 中函数 main()依次调用了如下 3 个函数。

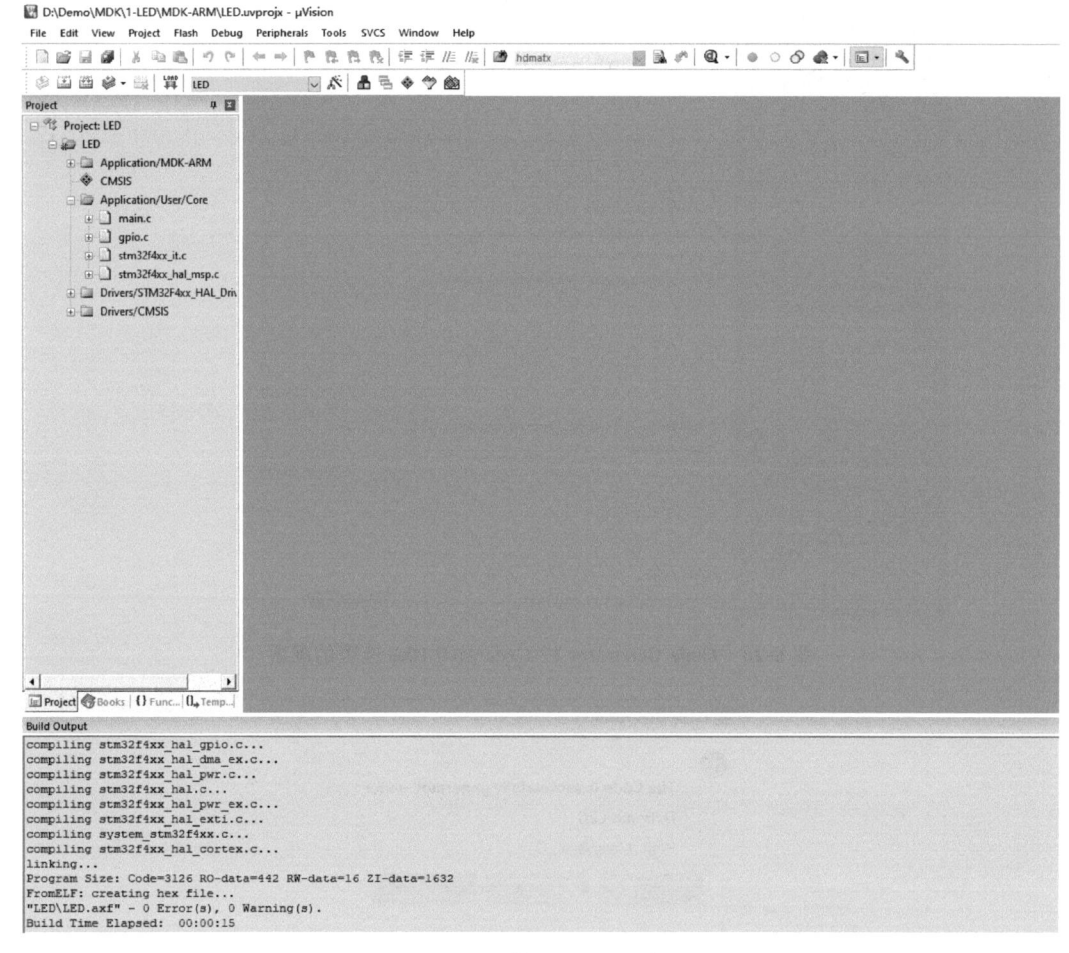

图 6-23 编译 MDK 工程

① 函数 HAL_Init()。HAL 库的初始化函数,用于复位所有外设,初始化闪存接口和 SysTick 定时器。函数 HAL_Init()是在文件 stm32f4xx_hal.c 中定义的,它的代码中调用了 MSP 函数 HAL_MspInit(),用于对具体 MCU 的初始化处理。函数 HAL_MspInit()在项目的用户程序文件 stm32f4xx_hal_msp.c 中重新实现,实现的代码举例如下,功能是开启各个时钟系统。

```
void HAL_MspInit(void)
{
    __HAL_RCC_SYSCFG_CLK_ENABLE();
    __HAL_RCC_PWR_CLK_ENABLE();
}
```

这段代码的功能是在微控制器(MCU)的初始化过程中,特别是在 HAL 库的初始化函数 HAL_Init() 被调用时,启用系统配置(SYSCFG)时钟和电源(PWR)时钟。在 STM32MCU 的开发中,这是一个重要的步骤,因为它为后续的硬件配置和使用提供了必要的时钟支持。

具体说明如下。

__HAL_RCC_SYSCFG_CLK_ENABLE();:启用系统配置时钟。在 STM32 的 MCU

中,SYSCFG 用于修改连接到 GPIO 端口的线路的行为,以及修改其他系统级配置。启用其时钟是使用这些高级功能的前提条件。

__HAL_RCC_PWR_CLK_ENABLE();:启用 PWR 时钟。PWR 负责电源管理功能,包括电压监测、电源模式管理等。在进行电源管理相关的操作之前,需要启用其时钟。

函数 HAL_MspInit()通常在用户的项目文件 stm32f4xx_hal_msp.c 中实现,而且是根据具体的应用需求编写的。这意味着,除了上述的时钟启用之外,用户还可以在这个函数中添加其他的硬件初始化代码,比如 GPIO 初始化、DMA 配置、中断优先级设置等,以满足特定应用的需求。

这种设计允许 HAL 库提供一个通用的硬件抽象,同时也给用户留出了空间,以便在不修改 HAL 库代码的情况下,根据自己的需要对硬件初始化。这样既保证了代码的可移植性,也提高了代码的可维护性和灵活性。

② 函数 SystemClock_Config()。文件 main.c 中定义和实现的函数,它是根据 STM32CubeMX 中的 RCC 和时钟树的配置自动生成的代码,用于配置各种时钟信号频率。

函数 void SystemClock_Config(void)的源代码请参考电子资源。该函数的功能是配置 STM32 微控制器的系统时钟,确保微控制器的核心和各个外设能够以适当的频率运行。通过设置和调整不同的时钟源和分频器实现功能。

③ GPIO 端口函数 MX_GPIO_Init()。文件 gpio.h 中定义的 GPIO 引脚初始化函数,它是 STM32CubeMX 中 GPIO 引脚图形化配置的实现代码。

在函数 main()中,HAL_Init()和 SystemClock_Config()是必然调用的两个函数,再根据使用外设的情况,调用各个外设的初始化函数,然后进入 while 死循环。

在 STM32CubeMX 中,为 LED 连接的 GPIO 引脚设置了用户标签,这些用户标签的宏定义在文件 main.h 中。代码如下。

```
/* Private defines ---------------------------------------------------
---- */
#define LED0_Pin GPIO_PIN_9
#define LED0_GPIO_Port GPIOF
#define LED1_Pin GPIO_PIN_10
#define LED1_GPIO_Port GPIOF
```

在 STM32CubeMX 中设置的一个 GPIO 引脚用户标签,会在此生成两个宏定义,分别是端口宏定义和引脚号宏定义,如 PF9 引脚设置的用户标签为 LED0,则生成 LED0_Pin 和 LED0_GPIO_Port 两个宏定义。

GPIO 引脚初始化文件 gpio.c 和 gpio.h 是 STM32CubeMX 生成代码时自动生成的用户程序文件。注意,必须在 STM32CubeMX Project Manager 子页面 Code Generator 栏中 Generated files 选项勾选 Generate peripheral initialization as a pair of '.c/.h' files per peripheral 复选框,才会为一个外设生成.c/.h 文件对,如图 6-24 所示。

头文件 gpio.h 定义了一个函数 MX_GPIO_Init(),这是在 STM32CubeMX 中图形化设置的 GPIO 引脚的初始化函数。

文件 gpio.h 的代码如下。

```
#include "main.h"
void MX_GPIO_Init(void);
```

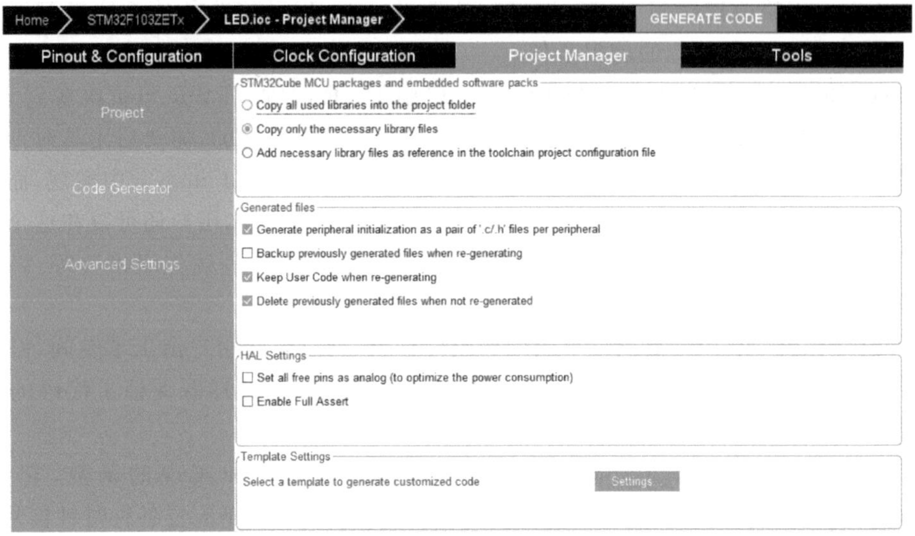

图 6-24 生成 .c/.h 文件对

文件 gpio.c 包含了函数 MX_GPIO_Init() 的实现代码,代码如下。

```
#include "gpio.h"
void MX_GPIO_Init(void)
{
  GPIO_InitTypeDef GPIO_InitStruct = {0};

  /* GPIO Ports Clock Enable */
  _HAL_RCC_GPIOF_CLK_ENABLE();
  _HAL_RCC_GPIOH_CLK_ENABLE();

  /* Configure GPIO pin Output Level */
  HAL_GPIO_WritePin(GPIOF, LED0_Pin|LED1_Pin, GPIO_PIN_SET);

  /* Configure GPIO pins : PFPin PFPin */
  GPIO_InitStruct.Pin = LED0_Pin|LED1_Pin;
  GPIO_InitStruct.Mode = GPIO_MODE_OUTPUT_PP;
  GPIO_InitStruct.Pull = GPIO_PULLUP;
  GPIO_InitStruct.Speed = GPIO_SPEED_FREQ_HIGH;
  HAL_GPIO_Init(GPIOF, &GPIO_InitStruct);
}
```

这段代码的功能是初始化 STM32 微控制器上的特定 GPIO 引脚,以控制 LED。

GPIO 引脚初始化需要开启引脚所在端口的时钟,然后使用一个 GPIO_InitTypeDef 结构体变量设置引脚的各种 GPIO 参数,再调用函数 HAL_GPIO_Init() 进行 GPIO 引脚初始化配置。使用函数 HAL_GPIO_Init() 可以对一个端口的多个相同配置的引脚进行初始化,而不同端口或不同功能的引脚需要分别调用函数 HAL_GPIO_Init() 进行初始化。在函数 MX_GPIO_Init() 的代码中,使用了文件 main.h 中为各个 GPIO 引脚定义的宏。这样编写代码的好处是程序可以很方便地移植到其他开发板上。

(4) 新建用户文件。

在 LED\Core\Src 文件夹下新建文件 led.c,在 LED\Core\Inc 文件夹下新建文件 led.h。

将文件 led.c 添加到 Application/User/Core 文件夹下,添加文件后的文件夹如图 6-25 所示。

(5) 编写用户代码。

如果用户想在生成的初始项目的基础上添加自己的应用程序代码,只需把用户代码写在代码沙箱段内,就可以在 STM32CubeMX 中修改 MCU 设置,重新生成代码,而不会影响用户已经添加的程序代码。沙箱段一般以 USER CODE BEGIN 和 USER CODE END 标识。此外,用户自定义的文件不受 STM32CubeMX 生成代码的影响。

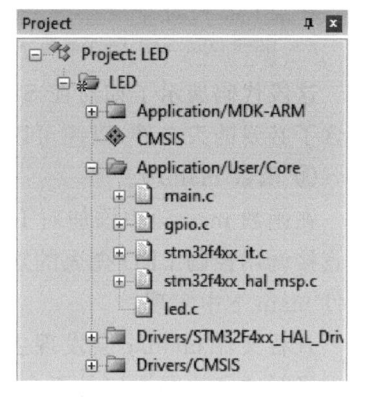

图 6-25 添加文件后的文件夹

```
/* USER CODE BEGIN */
用户自定义代码
/* USER CODE END */
```

① 宏定义。

为了方便控制 LED,把 LED 常用的亮、灭及状态反转的控制也直接定义成宏,定义在文件 led.h 中。代码如下。

```
#define LED0(x)   do{ x ? \
                    HAL_GPIO_WritePin(LED0_GPIO_Port, LED0_Pin, GPIO_PIN_SET) : \
                    HAL_GPIO_WritePin(LED0_GPIO_Port, LED0_Pin, GPIO_PIN_RESET); \
                }while(0) /* LED0 = RED */

#define LED1(x)   do{ x ? \
                    HAL_GPIO_WritePin(LED1_GPIO_Port, LED1_Pin, GPIO_PIN_SET) : \
                    HAL_GPIO_WritePin(LED1_GPIO_Port, LED1_Pin, GPIO_PIN_RESET); \
                }while(0)  /* LED1 = GREEN */

#define LED0_TOGGLE()   do{ HAL_GPIO_TogglePin(LED0_GPIO_Port, LED0_Pin); }while(0)
/* LED0 = !LED0 */
#define LED1_TOGGLE()   do{ HAL_GPIO_TogglePin(LED1_GPIO_Port, LED1_Pin); }while(0)
/* LED1 = !LED1 */
```

这段代码定义了一组宏,用于控制 STM32 微控制器上两个 LED 的状态:亮、灭和状态反转。通过这种方式,用户可以更简洁地控制 LED,而不需要每次都编写完整的函数调用。

② LED 的初始化函数 led_init()。

利用上面的宏,文件 led.c 实现 LED 的初始化函数 led_init()。此处仅关闭 LED,用户可根据需要初始化 LED 的状态。代码如下。

```
void led_init(void)
{
    LED0(1);
    LED1(1);
}
```

文件 main.c 中添加对文件 led.h 的引用。

```
/* Private includes ----------------------------------------------
--- */
/* USER CODE BEGIN Includes */
```

```
#include "led.h"
/* USER CODE END Includes */
```

这段代码展示了如何在 STM32 的项目中初始化 LED 的状态,并且在文件 main.c 中包含了必要的头文件,以便可以使用之前定义的 LED 控制宏。

③ 函数 main()。

在函数 main() 中添加对 LED 的控制。调用前面定义的函数 led_init() 初始化 LED,然后直接调用控制 LED 亮灭的宏来实现 LED 的控制,延时函数 delay_us() 和 delay_ms() 在文件 main.c 中实现。

查看文件 main.c 会发现主程序中有很多 /* ······ */,它们为注释语句。在程序编译时这些注释语句是不会被编译的,而且这些注释基本都是成对出现。

```
int main(void)
{
  /* USER CODE BEGIN 1 */

  /* USER CODE END 1 */

  /* MCU Configuration----------------------------------------------------
  --- */

  /* Reset of all peripherals, Initializes the Flash interface and the Systick. */
/*重置所有外设,初始化 Flash 接口和 Systick*/
  HAL_Init();

  /* USER CODE BEGIN Init */

  /* USER CODE END Init */

  /* Configure the system clock */
  /*配置系统时钟*/
  SystemClock_Config();

  /* USER CODE BEGIN SysInit */

  /* USER CODE END SysInit */

  /* Initialize all configured peripherals */
  MX_GPIO_Init();                    //初始化外设
  /* USER CODE BEGIN 2 */
  led_init();                        /* 初始化 LED */
  /* USER CODE END 2 */

  /* Infinite loop */                //提示如下代码为无限循环
  /* USER CODE BEGIN WHILE */        //提示 while 中的用户代码段开始
  while (1)
  {
    LED0(0);                         /* LED0 亮 */
      LED1(1);                       /* LED1 灭 */
      delay_ms(500);
      LED0(1);                       /* LED0 灭 */
      LED1(0);                       /* LED1 亮 */
```

```
        delay_ms(500);
    /* USER CODE END WHILE */        //提示 while 中的用户代码段结束

    /* USER CODE BEGIN 3 */          //提示用户代码段 3 开始
  }
  /* USER CODE END 3 */              //提示用户代码段 3 结束
}
```

上面这段代码中,注释语句/* Infinite loop */提示下面的代码是一个无限循环。后面紧跟着两个注释对:

```
/* USER CODE BEGIN WHILE */
……
/* USER CODE END WHILE */
```
和
```
/* USER CODE BEGIN 3 */
……
/* USER CODE END 3 */
```

在这两个注释对中,都明确说明了用户代码开始(USER CODE BEGIN)和结束(USER CODE END)的位置。它们为提示信息,提示编程者把代码写在这些注释对之间。

代码不写在注释对之间,难道就不能正常编译吗? 当然不是。如果不再修改硬件配置,不重启代码自动生成,将添加的代码写在哪里都不会有影响。但是,如果要修改.ioc 文件,也就是修改硬件配置参数后重新生成代码,那么凡是没有写在注释对之间的用户代码都会被删除。在实际开发过程中,修改硬件的配置参数是不可避免的,所以在写代码或修改代码时,一定要将它们放置在这些注释对之间。

这段代码展示了如何在 STM32 项目的函数 main()中使用之前定义的宏和函数来控制 LED,并实现了一个简单的 LED 闪烁效果。

上述函数 main()代码中有 3 个子函数。这些子函数都是关于硬件配置的,也是配置完引脚、时钟等硬件参数后 STM32CubeIDE 自动生成的代码。

函数 HAL_Init()用于配置存储器(闪存,RAM)、时钟基准及与中断相关的功能。该函数在文件 stm32g4xx_hal.c 中有定义。

函数名中的 HAL 指的是硬件抽象层,是 STM32 的固件库。函数 HAL_Init()会在系统复位后首先被调用,通常放到函数 main()的最开始处(时钟配置函数之前)。

默认情况下,系统定时器(SysTick)会被用作时钟基准源,SysTick 的时钟源为 HSI 时钟。HSI 时钟是在片内的。虽然在前面没有配置 HSI 时钟的任何参数,但在系统复位后 SysTick 所使用的时钟源默认为 HSI。SysTick 比较实用,在本章的例子中,会用延时函数给出一个确定的时间延时,基准就是 SysTick。

函数 SystemClock_Config()用于配置系统时钟,该函数在文件 main.c 中被声明,通常在函数 main()之后。前面通过时钟树的界面配置了 HSE,并且使用了 PLL,所做的这些配置在函数 SystemClock_Config()中都有体现。

如何查找所需要的 HAL 库函数?

函数 HAL_GPIO_Init()和 HAL_Delay()都是 STM32Cube 固件库提供的。对于初学者来说,可能事先并不知道固件库都提供了哪些函数,该怎么办呢? 其实,对初学者来说,开始只要记住一些模块的常用函数就可以了,当对开发环境和固件库有了更进一步的了解之后,再按图索骥查找想要的函数。

在后面章节实例中将介绍 STM32 中各个主要模块常用的库函数。

此外,STM32CubeIDE 采用的 Eclipse 架构具有代码自动提示功能。譬如,写代码时,在文件中输入 HAL 后按组合键 Alt+/,就会开启代码自动提示功能。系统会自动显示以 HAL 开头的固件库函数。但由于库函数大都以 HAL 开头,所以会显示很多库函数,选择起来并不方便。

在了解 HAL 库函数的命名规则后,为了节约查找时间,可以在输入更多的信息之后,再启动代码自动提示功能。譬如,可以在输入 HAL_GPIO_之后启动代码自动提示功能,这样就可以在 GPIO 相关的函数中选择。由于与 GPIO 相关的函数不是很多,所以这个过程比较快捷。

④ 延时函数 delay_us(uint32_t nus)、delay_ms(uint16_t nms)。

它们的源代码请参考电子资源。

(6) 重新编译工程。

重新编译修改后的 MDK 工程如图 6-26 所示。

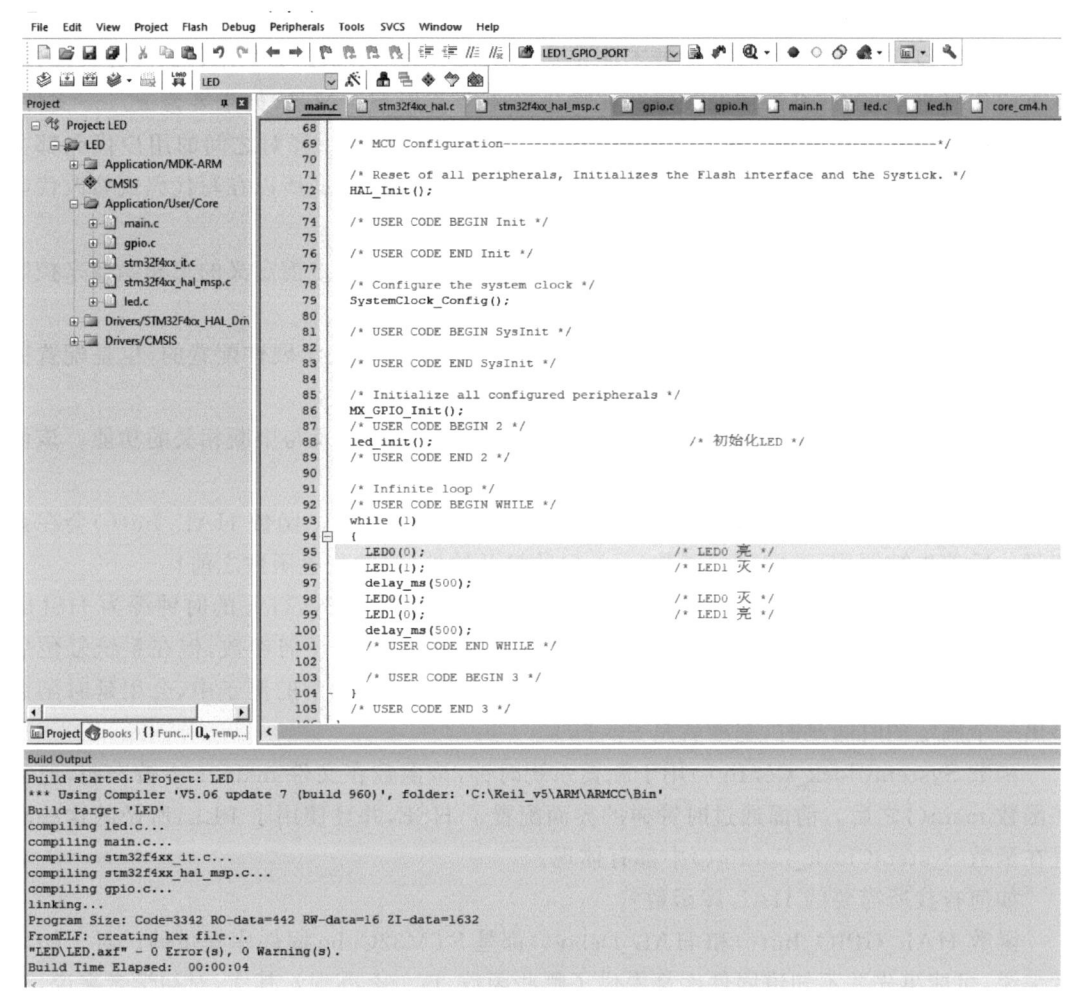

图 6-26 重新编译修改后的 MDK 工程

(7) 配置工程仿真与下载项。

在 MDK 开发环境中通过菜单项 Project→Options for Target 或单击工具栏中的 图标配置工程,配置界面如图 6-27 所示。

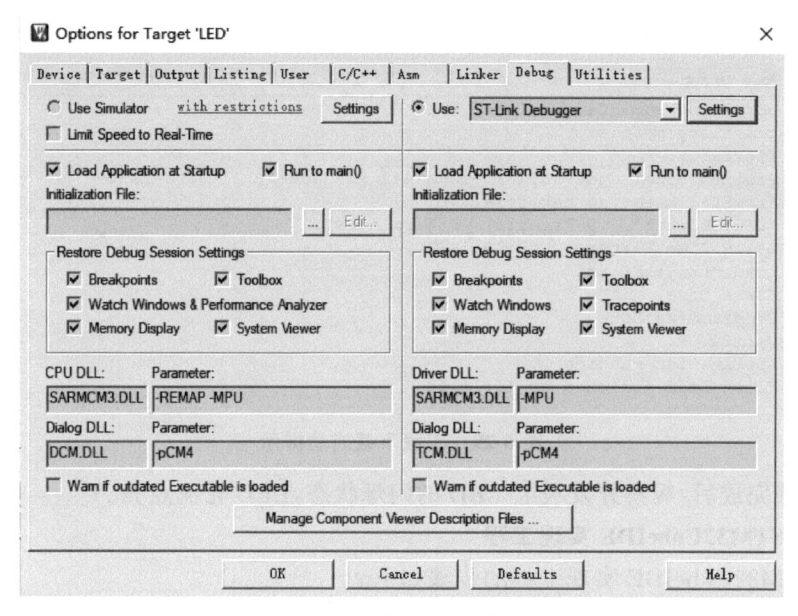

图 6-27 配置 MDK 工程界面

打开 Debug 选项卡,选择使用的仿真下载器 ST-Link Debugger。然后单击 Settings 按钮,弹出如图 6-28 所示的界面,在 Flash Download 下勾选 Reset and Run 选项,单击"确定"按钮。

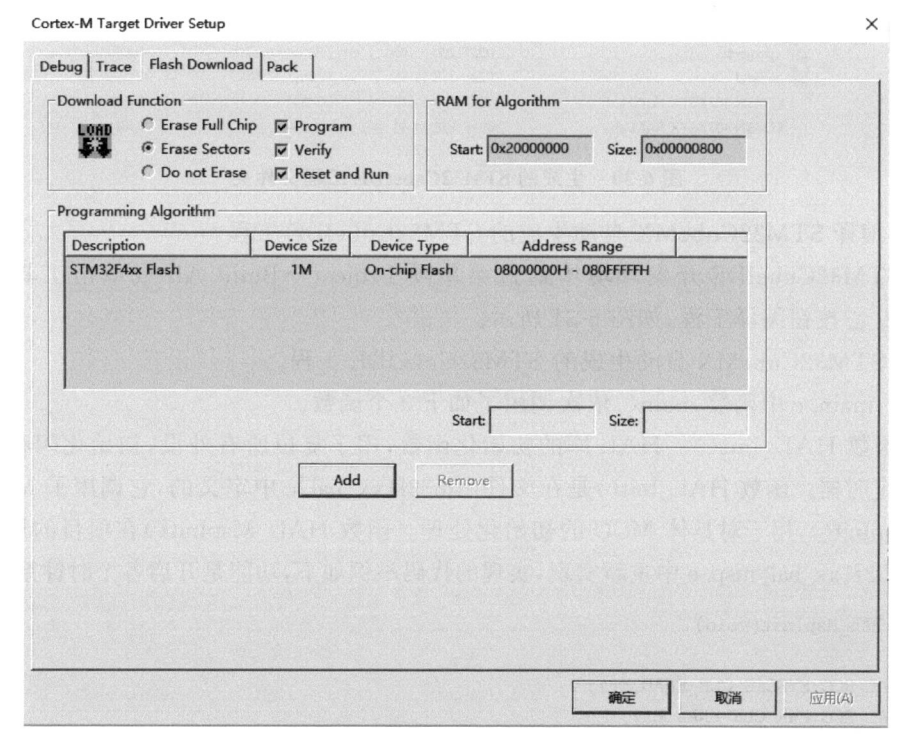

图 6-28 配置 Flash Download 选项

(8) 下载工程。

连接好仿真下载器,开发板上电。

在 MDK 开发环境中通过菜单项 Flash→Download 或单击工具栏中的 图标下载工程,工程下载成功后出现提示如图 6-29 所示。

```
Build Output
compiling stm32f4xx_hal_msp.c...
compiling gpio.c...
linking...
Program Size: Code=3342 RO-data=442 RW-data=16 ZI-data=1632
FromELF: creating hex file...
"LED\LED.axf" - 0 Error(s), 0 Warning(s).
Build Time Elapsed:  00:00:04
Load "LED\\LED.axf"
Erase Done.
Programming Done.
Verify OK.
Application running ...
Flash Load finished at 10:13:46
```

图 6-29　工程下载成功提示

工程下载完成后,观察开发板上 LED 的闪烁状态,LED 轮流点亮。

3. 通过 STM32CubeIDE 实现工程

通过 STM32CubeIDE 实现工程的步骤如下。

(1) 打开工程。

打开 LED\STM32CubeIDE 文件夹下的工程文件.project,如图 6-30 所示。

名称	修改日期	类型	大小
Application	2022/12/8 11:45	文件夹	
Drivers	2022/12/8 11:45	文件夹	
.cproject	2022/12/8 11:45	CPROJECT 文件	24 KB
.project	2022/12/8 11:45	PROJECT 文件	6 KB
STM32F407ZGTX_FLASH.ld	2022/12/8 11:45	LD 文件	6 KB
STM32F407ZGTX_RAM.ld	2022/12/8 11:45	LD 文件	6 KB

图 6-30　生成的 STM32CubeIDE 工程文件夹

(2) 编译 STM32CubeMX 自动生成的 STM32CubeIDE 工程。

在 STM32CubeIDE 开发环境中通过菜单项 Project→Build All 或单击工具栏中的 Build All 按钮编译工程,如图 6-31 所示。

(3) STM32CubeMX 自动生成的 STM32CubeIDE 工程。

文件 main.c 中函数 main() 依次调用了如下 3 个函数。

① 函数 HAL_Init()。HAL 库的初始化函数,用于复位所有外设,初始化闪存接口和 SysTick 定时器。函数 HAL_Init() 是在文件 stm32f4xx_hal.c 中定义的,它调用了 MSP 函数 HAL_MspInit(),用于对具体 MCU 的初始化处理。函数 HAL_MspInit() 在项目的用户程序文件 stm32f4xx_hal_msp.c 中重新实现,实现的代码举例如下,功能是开启各个时钟系统。

```
void HAL_MspInit(void)
{
  __HAL_RCC_SYSCFG_CLK_ENABLE();
  __HAL_RCC_PWR_CLK_ENABLE();
}
```

图 6-31　编译 STM32CubeIDE 工程

这段代码是 STM32 的 HAL 库的一部分，用于初始化微控制器的低级硬件特性。具体来说，函数 HAL_MspInit()是在微控制器启动时由函数 HAL_Init()调用的，负责初始化微控制器的硬件特定设置。在 STM32 的 HAL 库中，函数 HAL_Init()负责执行所有外设的复位、初始化闪存接口和 SysTick 定时器等通用初始化任务，而函数 HAL_MspInit()则是一个特定用于微控制器系列的初始化函数，由用户根据硬件需求来实现，以完成对硬件特定功能的初始化。

在函数 HAL_MspInit()实现中，执行了以下两个操作。

启用 SYSCFG 时钟：通过调用宏_HAL_RCC_SYSCFG_CLK_ENABLE()，启用 SYSCFG 时钟。SYSCFG 主要负责一些系统级别的功能，比如重新映射内存和 DMA 请求，以及管理外部中断线与 GPIO 端口的连接。在使用某些功能，如外部中断或者需要重新映射内存时，需要先使能 SYSCFG 时钟。

启用 PWR 时钟：通过调用宏_HAL_RCC_PWR_CLK_ENABLE()，启用 PWR 时钟。PWR 负责管理微控制器的电源模式，包括睡眠模式、停止模式和待机模式等。在需要配置这些电源模式的特性时，必须先使能 PWR 时钟。

这两个操作是初始化过程中的基本步骤之一，确保了微控制器在启动后能够正常访问和配置 SYSCFG 和 PWR 相关的功能。在 STM32 的 HAL 库中，函数 HAL_MspInit()为用户提供了一个在 HAL 库初始化过程中插入自定义硬件初始化代码的接口，用户可以根据硬件设计需要，在这个函数中添加其他外设的时钟使能或者特定硬件的初始化代码。

② 函数 SystemClock_Config()，在文件 main.c 中定义和实现，根据 STM32CubeMX 中的 RCC 和时钟树的配置自动生成的代码，用于配置各种时钟信号频率。

③ GPIO 端口函数 MX_GPIO_Init()，在文件 gpio.h 中定义的 GPIO 引脚初始化函数，它是 STM32CubeMX 中 GPIO 引脚图形化配置的实现代码。

在函数 main()中，函数 HAL_Init()和 SystemClock_Config()是必然调用的两个函数，再根据使用外设的情况，调用各个外设的初始化函数，然后进入 while 死循环。

在 STM32CubeMX 中,为 LED 连接的 GPIO 引脚设置了用户标签,这些用户标签的宏定义在文件 main.h 中,代码如下。

```
/* Private defines ---------------------------------------------------
---- */
#define LED0_Pin GPIO_PIN_9
#define LED0_GPIO_Port GPIOF
#define LED1_Pin GPIO_PIN_10
#define LED1_GPIO_Port GPIOF
```

在 STM32CubeMX 中设置的一个 GPIO 引脚用户标签,会在此生成两个宏定义,分别是端口宏定义和引脚号宏定义,如 PF9 引脚设置的用户标签为 LED0,就生成了 LED0_Pin 和 LED0_GPIO_Port 两个宏定义。

GPIO 引脚初始化文件 gpio.c 和 gpio.h 是 STM32CubeMX 生成代码时自动生成的用户程序文件。注意,必须在 STM32CubeMX Project Manager 子界面 Code Generator 栏中 Generated files 选项组勾选 Generate peripheral initialization as a pair of '.c/.h' files per peripheral 复选框,才会为一个外设生成.c/.h 文件对,如图 6-32 所示。

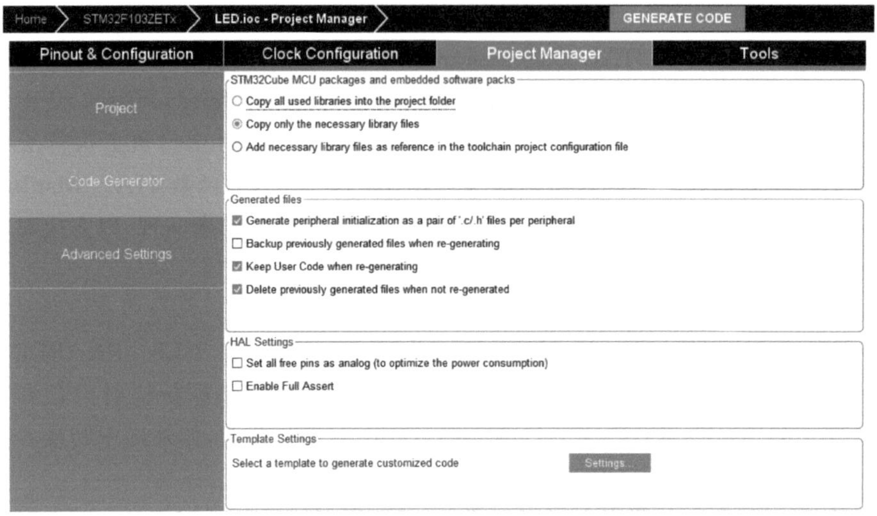

图 6-32 STM32CubeMX 生成.c/.h 文件对

头文件 gpio.h 定义了一个函数 MX_GPIO_Init(),这是在 STM32CubeMX 中图形化设置的 GPIO 引脚的初始化函数。

文件 gpio.h 的代码如下,定义了函数 MX_GPIO_Init() 的原型。

```
#include "main.h"
void MX_GPIO_Init(void);
```

文件 gpio.c 包含了函数 MX_GPIO_Init() 的实现代码,代码如下。

```
#include "gpio.h"
void MX_GPIO_Init(void)
{
    GPIO_InitTypeDef GPIO_InitStruct = {0};
```

```
  /* GPIO Ports Clock Enable */
  _HAL_RCC_GPIOF_CLK_ENABLE();
  _HAL_RCC_GPIOH_CLK_ENABLE();

  /* Configure GPIO pin Output Level */
  HAL_GPIO_WritePin(GPIOF, LED0_Pin|LED1_Pin, GPIO_PIN_SET);

  /* Configure GPIO pins : PFPin PFPin */
  GPIO_InitStruct.Pin = LED0_Pin|LED1_Pin;
  GPIO_InitStruct.Mode = GPIO_MODE_OUTPUT_PP;
  GPIO_InitStruct.Pull = GPIO_PULLUP;
  GPIO_InitStruct.Speed = GPIO_SPEED_FREQ_HIGH;
  HAL_GPIO_Init(GPIOF, &GPIO_InitStruct);
}
```

这段代码展示了 STM32 微控制器的 GPIO 引脚初始化过程。函数 MX_GPIO_Init() 是由 STM32CubeMX 根据用户图形化配置自动生成的，用于初始化特定的 GPIO 引脚。

GPIO 引脚初始化需要开启引脚所在端口的时钟，然后使用一个 GPIO_InitTypeDef 结构体变量设置引脚的各种 GPIO 参数，再调用函数 HAL_GPIO_Init() 进行 GPIO 引脚初始化配置。使用函数 HAL_GPIO_Init() 可以对一个端口的多个相同配置的引脚进行初始化，而不同端口或不同功能的引脚需要分别调用函数 HAL_GPIO_Init() 进行初始化。在函数 MX_GPIO_Init() 的代码中，使用了文件 main.h 中为各个 GPIO 引脚定义的宏。这样编写代码的好处是可以将程序很方便地移植到其他开发板上。

(4) 新建用户文件。

在 LED\Core\Src 文件夹下新建文件 led.c，在 LED\Core\Inc 文件夹下新建文件 led.h。将文件 led.c 添加到 Application/User/Core 文件夹下。在 Core 文件夹下右键选择 Import→File system，在 File system 界面的 From directory 搜索框中选择 LED\Core\Src，勾选 led.c 复选框，链接形式勾选 Create links in workspace 复选框，单击 Finish 按钮，如图 6-33 所示，即添加文件 led.c 到 STM32CubeIDE 工程，结果如图 6-34 所示。

(5) 配置文件编码格式。

为了防止 STM32CubeIDE 代码编辑器中文显示乱码或串口输出乱码的问题，进行如下操作。

打开 Project → Properties → C/C++ Build → Settings → MCU GCC Compiler → Miscellaneous 选项卡，单击工具栏中的 图标新建 GCC 编译指令：

-fexec-charset=GBK
-finput-charset=UTF-8

配置编译 GCC 编译指令的界面如图 6-35 所示。

通过菜单项 Edit→Set Encoding 打开 Set Encoding 对话框，设置编码为 GBK（如果没有，手动输入），如图 6-36 所示。

当 .c 文件中用到中文（非注释部分），需要设置编码格式为 UTF-8，且 CubeIDE 重新生成代码后，需注意中文是否显示乱码。CubeIDE 对中文的支持不友好，当显示乱码时，需进行相应编码格式的切换。

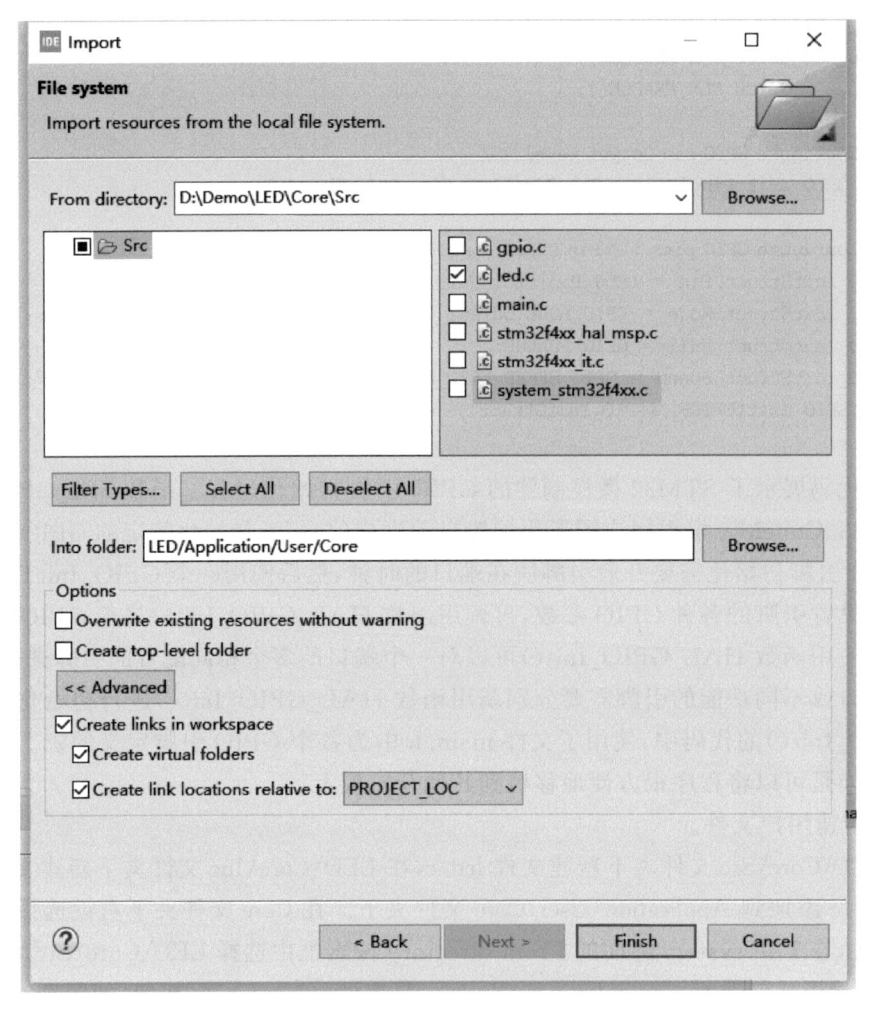

图 6-33　在 LED\Core\Src 下新建文件 led.c 界面

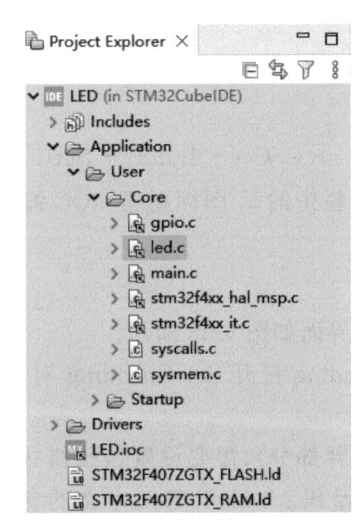

图 6-34　添加文件 led.c 到 STM32CubeIDE 工程

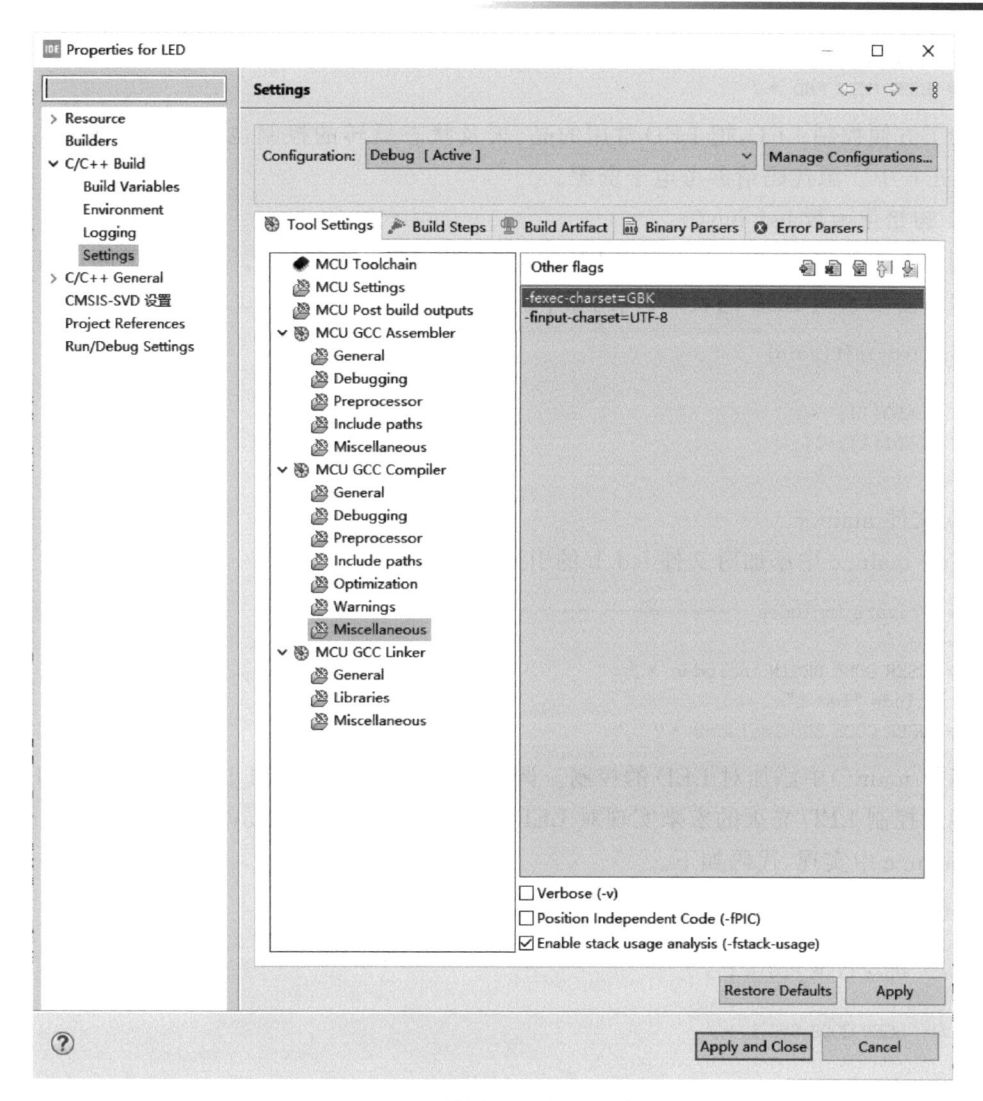

图 6-35　配置编译 GCC 编译指令界面

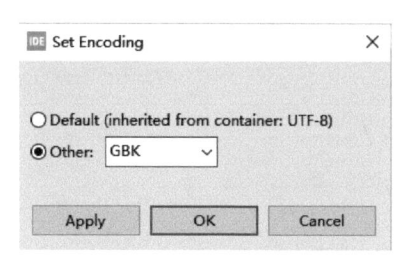

图 6-36　配置编码对话框

（6）编写用户代码。

沙箱段一般以 USER CODE BEGIN 和 USER CODE END 标识。此外，用户自定义的文件不受 STM32CubeMX 生成代码的影响。

① 宏定义。

```
/* USER CODE BEGIN */
```

用户自定义代码
/* USER CODE END */

为了方便控制 LED,把 LED 常用的亮、灭及状态反转的控制也直接定义成宏,定义在文件 led.h 中。源代码请参考电子资源。

② 初始化函数 led_init()。

利用上面的宏,文件 led.c 实现 LED 的初始化函数 led_init()。此处仅关闭 LED,用户可根据需要初始化 LED 的状态,代码如下。

```
void led_init(void)
{
    LED0(1);
    LED1(1);
}
```

③ 文件 main.c

文件 main.c 中添加对文件 led.h 的引用,代码如下。

```
/* Private includes ----------------------------------------------------------*/
/* USER CODE BEGIN Includes */
#include "led.h"
/* USER CODE END Includes */
```

函数 main()中添加对 LED 的控制。调用前面定义的函数 led_init()初始化 LED,然后直接调用控制 LED 亮灭的宏来实现对 LED 的控制,延时函数 delay_us()和 delay_ms()在文件 main.c 中实现,代码如下。

```
int main(void)
{
  /* USER CODE BEGIN 1 */

  /* USER CODE END 1 */

  /* MCU Configuration----------------------------------------------------------*/

  /* Reset of all peripherals, Initializes the Flash interface and the Systick. */
  HAL_Init();

  /* USER CODE BEGIN Init */

  /* USER CODE END Init */

  /* Configure the system clock */
  SystemClock_Config();

  /* USER CODE BEGIN SysInit */

  /* USER CODE END SysInit */

  /* Initialize all configured peripherals */
  MX_GPIO_Init();
  /* USER CODE BEGIN 2 */
```

```
    led_init();     /* 初始化 LED */
    /* USER CODE END 2 */

    /* Infinite loop */
    /* USER CODE BEGIN WHILE */
    while (1)
    {
        LED0(0);         /* LED0 亮 */
        LED1(1);         /* LED1 灭 */
        delay_ms(500);
        LED0(1);         /* LED0 灭 */
        LED1(0);         /* LED1 亮 */
        delay_ms(500);
      /* USER CODE END WHILE */

      /* USER CODE BEGIN 3 */
    }
    /* USER CODE END 3 */
}
/* USER CODE BEGIN 4 */
```

void delay_us(uint32_t nus)和 void delay_ms(uint16_t nms)函数同前。

（7）重新编译工程。

重新编译修改后的 STM32CubeIDE 工程如图 6-37 所示。

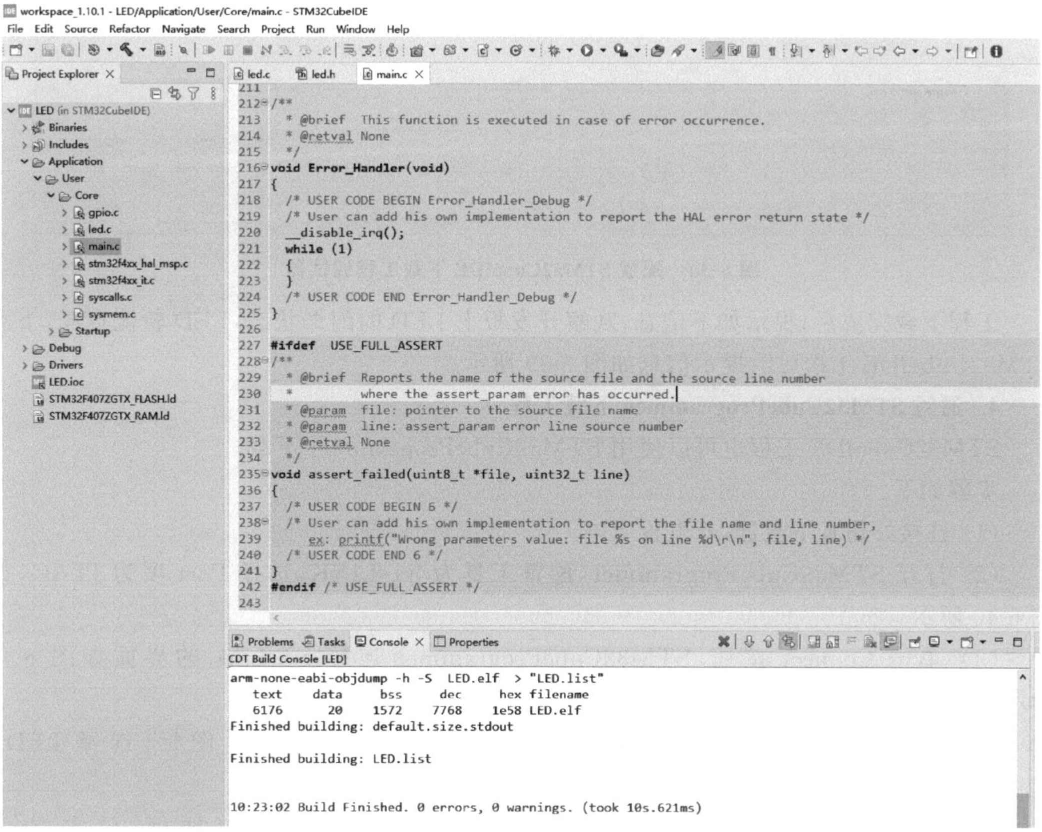

图 6-37　重新编译修改后的 STM32CubeIDE 工程

(8) 下载工程。

连接好仿真下载器,开发板上电。

选择菜单项 Run→Run 或单击工具栏中的 ▶ 图标,首次运行时会弹出配置界面,选择调试探头为 ST-LINK,接口为 JTAG,其余默认,单击 OK 按钮确认,如图 6-38 所示。

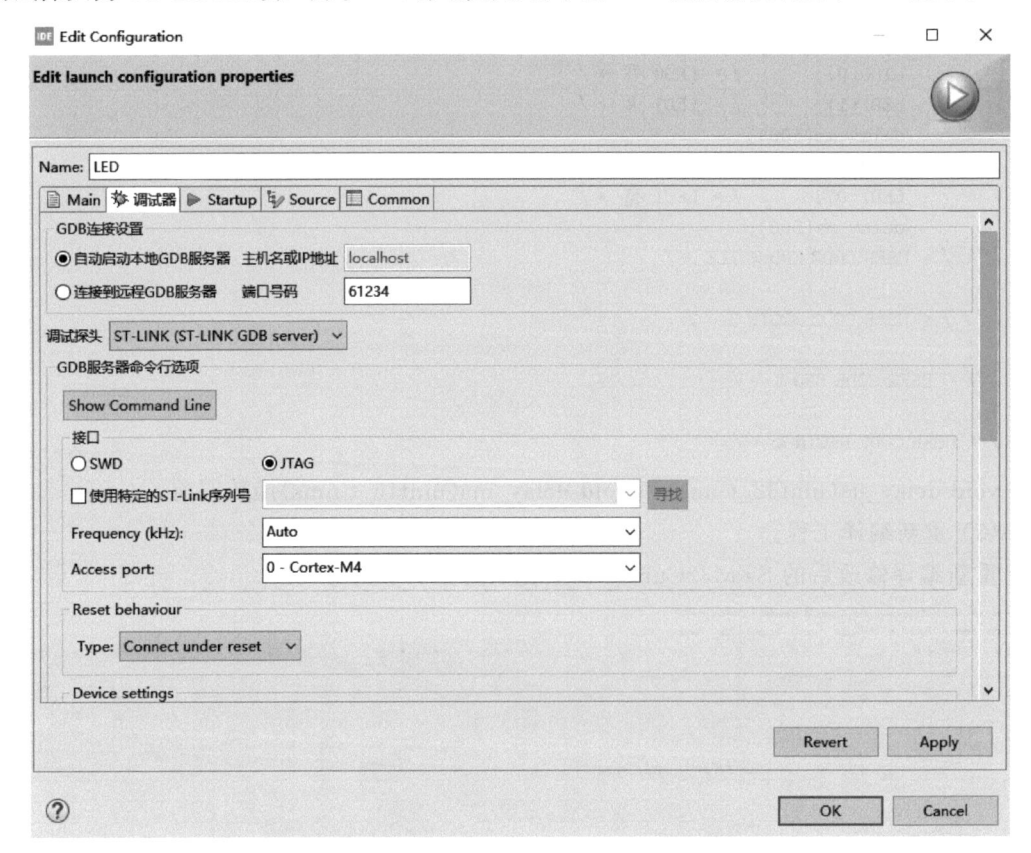

图 6-38 配置 STM32CubeIDE 下载工程调试器

工程下载完成后,提示如下信息,观察开发板上 LED 的闪烁状态,LED 轮流点亮,下载 STM32CubeIDE 工程后的提示信息如图 6-39 所示。

4. 通过 STM32CubeProgrammer 下载工程

STM32CubeIDE 工程也可以使用 STM32CubeProgrammer 下载。

步骤如下。

(1) 连接好仿真下载器,开发板上电。

(2) 打开 STM32CubeProgrammer,配置工具为 ST-LINK,选择 Port 项为 JTAG,如图 6-40 所示。

(3) 单击 Connect 按钮,STM32CubeProgrammer 连接 ST-Link 的界面如图 6-41 所示。

(4) 在 Erasing & Programming 界面中单击工具栏中的 图标,选择 LED\STM32CubeIDE\Debug 文件夹下载文件 LED.elf,如图 6-42 所示。

(5) 勾选 Verify programming 和 Run after programming 复选框,单击 Start

```
Log output file:    C:\Users\LEOVEO\AppData\Local\Temp\STM32CubeProgrammer_a06492.log
ST-LINK SN   : 13130808C315303030303032
ST-LINK FW   : V2J40S7
Board        : --
Voltage      : 3.17V
JTAG freq    : 9000 KHz
Connect mode: Under Reset
Reset mode   : Hardware reset
Device ID    : 0x413
Revision ID  : Rev 2.0
Device name  : STM32F405xx/F407xx/F415xx/F417xx
Flash size   : 1 MBytes (default)
Device type  : MCU
Device CPU   : Cortex-M4
BL Version   : --


Memory Programming ...
Opening and parsing file: ST-LINK_GDB_server_a06492.srec
  File        : ST-LINK_GDB_server_a06492.srec
  Size        : 6.05 KB
  Address     : 0x08000000

Erasing memory corresponding to segment 0:
Erasing internal memory sector 0
Download in Progress:


File download complete
Time elapsed during download operation: 00:00:00.370



Verifying ...



Download verified successfully
```

图 6-39　下载 STM32CubeIDE 工程后的提示信息

图 6-40　STM32CubeProgrammer 配置 ST-LINK

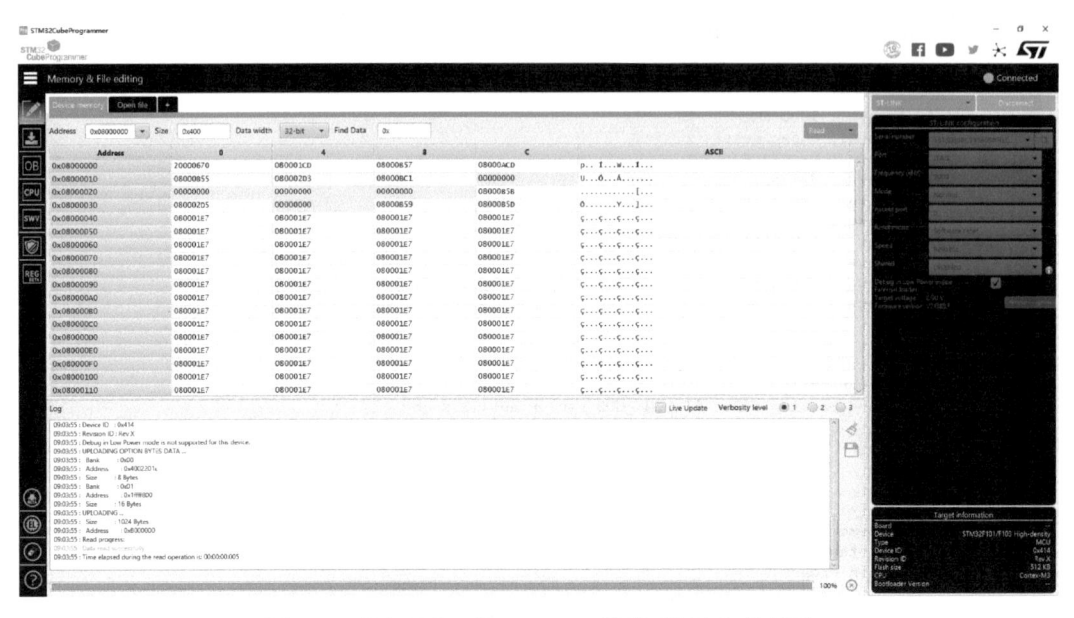

图 6-41　STM32CubeProgrammer 连接 ST-Link 的界面

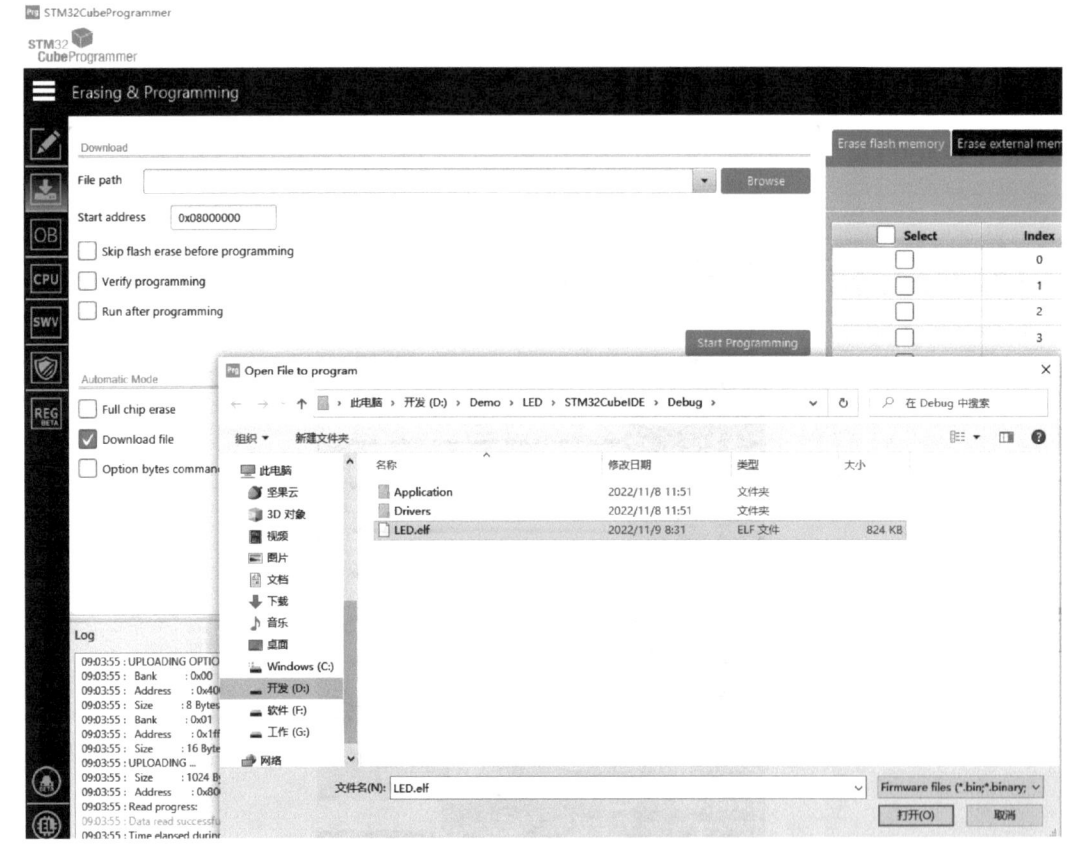

图 6-42　STM32CubeProgrammer 选择下载文件 LED.elf

Programming 按钮,开始下载工程,如图 6-43 所示。

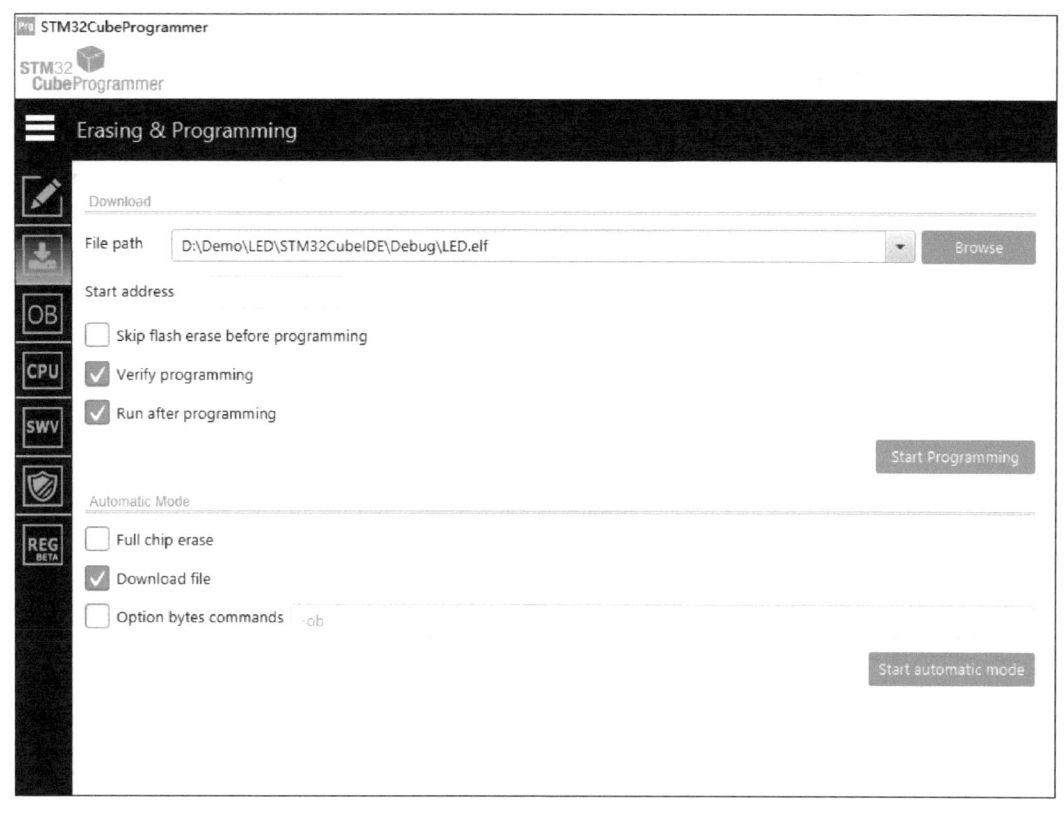

图 6-43 STM32CubeProgrammer 下载工程

工程下载成功的提示如图 6-44 所示。

图 6-44 STM32CubeProgrammer 工程下载成功的提示

工程下载完成后,观察开发板上 LED 的闪烁状态,LED 轮流点亮。

如果在编译 STM32CubeIDE 工程时,出现如图 6-45 所示的路径错误,则选择 Project

菜单中的 Clean...菜单项,如图 6-46 所示,可以解决编译 STM32CubeIDE 工程时出现的路径错误问题。

图 6-45 编译 STM32CubeIDE 工程时出现的路径错误

图 6-46 选择 Project 菜单中的 Clean...菜单项

产生这种错误的原因是:如果将在 D 盘建立的 STM32CubeIDE 工程复制到其他盘(如 F 盘)时,再次编译 STM32CubeIDE 工程会出现路径错误。

(6) 下载工程。

连接好仿真下载器,开发板上电。

选择菜单项 Run→Run 或单击工具栏中的 ▶ 图标,首次运行时会弹出配置界面,选择调试探头为 ST-LINK,接口为 JTAG,其余默认,单击 OK 按钮确认,如图 6-47 所示。

图 6-47 配置 STM32CubeIDE 工程调试器

成功下载 STM32CubeIDE 工程后的提示信息如图 6-48 所示。

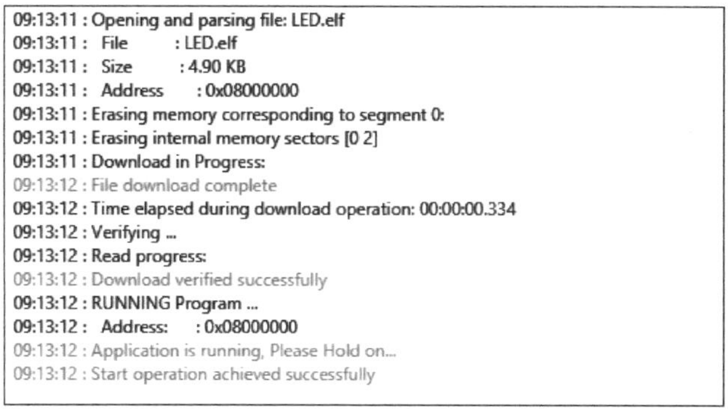

```
09:13:11 : Opening and parsing file: LED.elf
09:13:11 :   File         : LED.elf
09:13:11 :   Size         : 4.90 KB
09:13:11 :   Address      : 0x08000000
09:13:11 : Erasing memory corresponding to segment 0:
09:13:11 : Erasing internal memory sectors [0 2]
09:13:11 : Download in Progress:
09:13:12 : File download complete
09:13:12 : Time elapsed during download operation: 00:00:00.334
09:13:12 : Verifying ...
09:13:12 : Read progress:
09:13:12 : Download verified successfully
09:13:12 : RUNNING Program ...
09:13:12 :   Address      : 0x08000000
09:13:12 : Application is running, Please Hold on...
09:13:12 : Start operation achieved successfully
```

图 6-48　成功下载 STM32CubeIDE 工程后的提示信息

工程下载完成后，观察开发板上 LED 的闪烁状态，LED 轮流点亮。

特别提示：如果 STM32 的外设（如 SPI1）与 JTAG 程序下载接口共用了引脚，则单击 ◎· 按钮下载工程后执行程序，会出现如图 6-49 所示的"Target is not responding, retrying…"的提示。

```
Build Analyzer  Problems  Tasks  Console ×  Properties  Console  Search  Debug
terminated> SPI Debug [STM32 C/C++ Application] ST-LINK (ST-LINK GDB server) (Terminated Dec 13, 2022, 8:04:36 AM) [pid: 7]
Target is not responding, retrying...
Target is not responding, retrying...
Target is not responding, retrying...
Target is not responding, retrying...
Target is not responding, retrying...
```

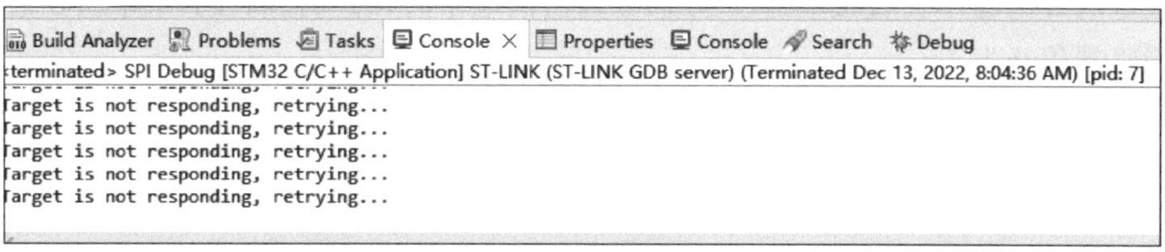

图 6-49　"Target is not responding, retrying…"的提示

产生该问题的原因是：JTAG 引脚与 SPI1 引脚复用了。在下载程序时 JTAG 正常连接，下载完成之后，程序运行，端口作为 SPI 复用功能，STM32CubeIDE 原先建立的 JTAG 连接失效，因此有对应的"Target is not responding, retrying…"提示。解决的办法是 STM32 的外设（如 SPI1）不与 JTAG 程序下载接口复用。

该问题不影响程序的运行，可以忽略。

6.6　采用 STM32Cube 和 HAL 库的 GPIO 输入应用实例

采用 STM32Cube 和 HAL 库实现 GPIO 输入应用通常涉及按钮读取、传感器信号接收等功能。首先，通过 STM32CubeMX 配置所需的 GPIO 引脚为输入模式，并选择合适的上拉/下拉设置。生成的代码将包括初始化这些引脚的 HAL 库调用。在应用程序中，可以使用函数 HAL_GPIO_ReadPin() 来读取 GPIO 引脚的电平状态，从而判断外部事件，如按钮按下或传感器触发。这种方法为开发者提供了一种简单有效的方式来处理外部输入，适用于多种交互式和监控应用。

下面讲述的 GPIO 输入应用实例是使用固件库的按键检测。

6.6.1　STM32 的 GPIO 输入应用硬件设计

按键机械触点断开、闭合时，由于触点的弹性作用，按键开关不会立刻稳定接通或立刻断开,使用按键时会产生抖动信号,故需要用软件消抖处理滤波。本实例中开发板连接的按键电路如图 6-50 所示,蜂鸣器电路如图 6-51 所示。

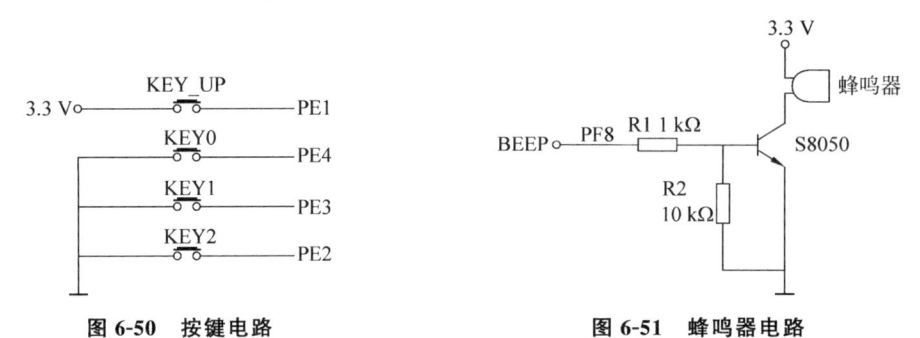

图 6-50　按键电路

图 6-51　蜂鸣器电路

KEY0、KEY1 和 KEY2 设计为采样到按键另一端的低电平为有效电平,而 KEY_UP 则需要采样到高电平才为按键有效,并且按键外部没有上/下拉电阻,所以需要在 STM32F407 内部设置上/下拉电阻。用一个 NPN 三极管(S8050)驱动蜂鸣器,R2 主要用于防止蜂鸣器的误发声。驱动信号通过 R1 和 R2 之间的电压获得,芯片上电时默认为低电平,故上电时蜂鸣器不会直接响起。当 PF8 输出高电平时,蜂鸣器将发声,当 PF8 输出低电平时,蜂鸣器停止发声。

在本实例中,根据图 6-50 所示的电路设计一个程序,通过开发板上的四个独立按键控制 LED:KEY0 控制 LED0 翻转,KEY1 控制 LED1 翻转,KEY2 控制 LED0、LED1 同时翻转,KEY_UP 控制蜂鸣器翻转。

若使用的开发板按键的连接方式或引脚不一样,只需根据工程修改引脚即可,程序的控制原理相同。

6.6.2　STM32 的 GPIO 输入应用软件设计

编程要点:
(1) 使能 GPIO 端口时钟。
(2) 初始化 GPIO 目标引脚为输入模式(浮空输入)。
(3) 编写简单测试程序,检测按键的状态,实现按键控制 LED。

1. 通过 STM32CubeMX 新建工程

通过 STM32CubeMX 新建工程的步骤如下。

(1) 新建文件夹。

Demo 目录下新建文件夹 KEY,这是保存本章新建工程的文件夹。

(2) 新建 STM32CubeMX 工程。

在 STM32CubeMX 开发环境中新建工程。

(3) 选择 MCU 或开发板。

Commercial Part Number 和 MCUs/MPUs List 选项选择 STM32F407ZGT6,单击 Start Project 按钮启动工程。

(4) 保存 STM32Cube MX 工程。

使用 STM32CubeMX 菜单项 File→Save Project 保存工程。

(5) 生成报告。

使用 STM32CubeMX 菜单项 File→Generate Report 生成当前工程的报告文件。

(6) 配置 MCU 时钟树。

在 STM32CubeMX Pinout & Configuration 子页面下，选择 System Core→RCC 选项，High Speed Clock(HSE)文本框根据开发板实际情况，选择 Crystal/Ceramic Resonator(晶体/陶瓷晶振)。

切换到 STM32CubeMX Clock Configuration 子页面下，根据开发板外设情况配置总线时钟。此处配置 Input frequency 为 8 MHz，PLL Source Mux 为 HSE，分频系数/M 为 8，PLL Mul 倍频为 336 MHz，PLLCLK 分频/2 后为 168 MHz，System Clock Mux 为 PLLCLK，APB1 Prescaler 为/4，APB2 Prescaler 为/2，其余默认设置即可。

(7) 配置 MCU 外设。

根据 LED、蜂鸣器和 KEY 电路，整理出 MCU 连接的 GPIO 引脚的配置，如表 6-3 所示。

表 6-3 MCU 连接的 GPIO 引脚的配置

用户标签	引脚名称	引脚功能	GPIO 模式	上拉或下拉	端口速率
LED0	PF9	GPIO_Output	推挽输出	上拉	高
LED1	PF10	GPIO_Output	推挽输出	上拉	高
KEY0	PE4	GPIO_Input	输入	上拉	—
KEY1	PE3	GPIO_Input	输入	上拉	—
KEY2	PE2	GPIO_Input	输入	上拉	—
KEY_UP	PA0	GPIO_Input	输入	下拉	—
BEEP	PF8	GPIO_Output	推挽输出	下拉	高

再根据表 6-3 进行 GPIO 引脚配置。在引脚视图上，单击相应的引脚，在弹出的菜单中选择引脚功能。与 LED 和蜂鸣器连接的引脚是输出引脚，设置引脚功能为 GPIO_Output；与 KEY 连接的引脚是输入引脚，设置引脚功能为 GPIO_Input，具体步骤如下。

在 STM32CubeMX Pinout & Configuration 子页面下选择 System Core→GPIO 选项，对使用的 GPIO 端口进行设置。LED 输出端口：LED0(PF9)和 LED1(PF10)。蜂鸣器输出端口 BEEP(PF8)。按键输入端口：KEY0(PE4)、KEY1(PE3)、KEY2(PE2)和 KEY_UP (PA0-WKUP)，配置完成后的 GPIO 端口页面如图 6-52 所示。

(8) 配置工程。

在 STM32CubeMX Project Manager 子页面 Project 栏 Toolchain/IDE 项选择 MDK-ARM，Min Version 项选择 V5，可生成 Keil MDK 工程；Toolchain/IDE 项选择 STM32CubeIDE，可生成 CubeIDE 工程。

(9) 生成 C 代码工程。

在 STM32CubeMX 主页面单击 GENERATE CODE 按钮生成 C 代码工程。

分别生成 MDK-ARM 和 CubeIDE 工程。

2. 通过 Keil MDK 实现工程

该实例通过 Keil MDK 实现工程的方法、程序清单请参考电子资源中的"程序代码"部分。

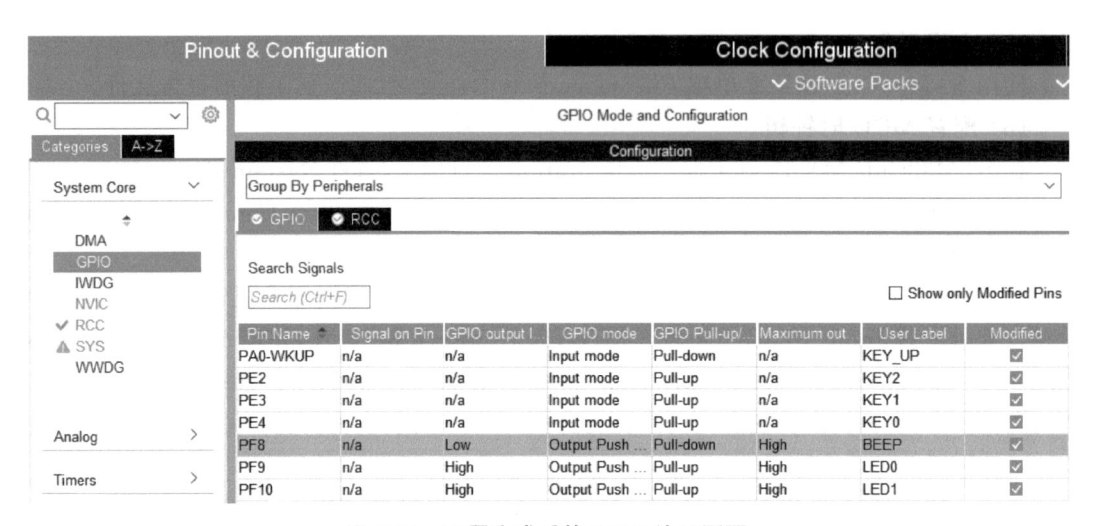

Pin Name	Signal on Pin	GPIO output l...	GPIO mode	GPIO Pull-up/...	Maximum out...	User Label	Modified
PA0-WKUP	n/a	n/a	Input mode	Pull-down	n/a	KEY_UP	✓
PE2	n/a	n/a	Input mode	Pull-up	n/a	KEY2	✓
PE3	n/a	n/a	Input mode	Pull-up	n/a	KEY1	✓
PE4	n/a	n/a	Input mode	Pull-up	n/a	KEY0	✓
PF8	n/a	Low	Output Push ...	Pull-down	High	BEEP	✓
PF9	n/a	High	Output Push ...	Pull-up	High	LED0	✓
PF10	n/a	High	Output Push ...	Pull-up	High	LED1	✓

图 6-52 配置完成后的 GPIO 端口页面

3. 通过 STM32CubeIDE 实现工程

该实例通过 STM32CubeIDE 实现工程的方法、程序清单请参考电子资源中的"程序代码"部分。

第 7 章　STM32 中断系统

CHAPTER 7

本章全面介绍 STM32 的中断系统，特别是 STM32F4 系列的中断处理机制，包括中断的基本概念、功能、源、处理过程、优先级和嵌套；详细讲解 STM32F4 的嵌套向量中断控制器(NVIC)、中断优先级设置、中断向量表和中断服务函数；进一步探讨外部中断/事件控制器(EXTI)的结构和特性，以及如何使用 STM32F4 的 HAL 驱动程序进行中断设置和外部中断处理；最后，通过实例展示 STM32F4 外部中断的硬件设计和软件设计流程。本章旨在帮助读者深入理解 STM32F4 中断系统的工作原理和应用方法，以便有效地开发中断驱动的嵌入式应用。

本章的学习目标：
(1) 理解中断系统的基本概念。
(2) 熟悉 STM32F4 中断系统的结构。
(3) 掌握 EXTI 的使用。
(4) 使用 HAL 驱动程序进行中断管理。
(5) 实际应用案例分析。

通过本章的学习，学生将具备在 STM32F4 微控制器上设计、配置和实现中断系统的能力，能有效地利用中断机制提高微控制器应用的响应效率和处理能力。

7.1　中断概述

中断是计算机系统的一种处理异步事件的重要方法。它的作用是在计算机的 CPU 运行软件的同时，监测系统内外有没有发生需要 CPU 处理的"紧急事件"：当需要处理的紧急事件发生时，中断控制器会打断 CPU 正在处理的常规事务，转而插入一段处理该紧急事件的代码；而当该紧急事件处理完成之后，CPU 又能正确地返回刚才被打断的地方，以继续运行原来的代码。中断可以分为"中断响应""中断处理"和"中断返回"三个阶段。

中断处理事件的异步性是指紧急事件在什么时候发生与 CPU 正在运行的程序完全没有关系，是无法预测的。既然无法预测，只能随时查看这些"紧急事件"是否发生，而中断机制最重要的作用，是将 CPU 从不断监测紧急事件是否发生这类繁重工作中解放出来，将这项"相对简单"的繁重工作交给"中断控制器"这个硬件来完成。中断机制的第二个重要作用是判断哪个或哪些中断请求更紧急，应该优先被响应和处理，并且寻找不同中断请求所对应的中断处理代码所在的位置。中断机制的第三个作用是帮助 CPU 在运行完处理紧急事件的代码后，正确地返回之前运行被打断的地方。中断机制既提高了 CPU 正常运行常规程序的效率，又提高了响应中断的速度，是几乎所有现代计算机都配备的一种重要机制。

在实际的应用系统中，嵌入式单片机 STM32 可能与各种各样的外设相连接。这些外设的结构形式、信号种类与大小、工作速度等差异很大，因此，需要有效的方法使单片机与外部设备协调工作。通常单片机与外设交换数据有三种方式：无条件传输方式、程序查询方式以及中断方式。

7.1.1 中断

为了更好地描述中断，我们用日常生活中常见的例子来比喻。假如你有朋友下午要来拜访，可又不知道他具体什么时候到，为了提高效率，你就边看书边等。在看书的过程中，门铃响了，这时，你先在书签上记下你当前阅读的页码，然后暂停阅读，放下手中的书，开门接待朋友。等接待完毕后，再从书签上找到阅读进度，从刚才暂停的页码处继续看书。这个例子很好地表现了日常生活中的中断及其处理过程：门铃的铃声让你暂时中止当前的工作（看书），而去处理更为紧急的事情（朋友来访），把急需处理的事情（接待朋友）处理完毕之后，再回过头来继续做原来的事情（看书）。显然这样的处理方式比你一个下午不做任何事情，一直站在门口傻等要高效多了。

类似地，在计算机执行程序的过程中，CPU 暂时中止正在执行的程序，转去执行请求中断的那个外设或事件的服务程序，等处理完毕后再返回执行原来中止的程序，称为中断。

7.1.2 中断的功能

1. 提高 CPU 工作效率

在早期的计算机系统中，CPU 工作速度快，外设工作速度慢，形成 CPU 等待，效率降低。设置中断后，CPU 不必花费大量的时间等待和查询外设工作，例如，计算机和打印机连接，计算机可以快速地传送一行字符给打印机（由于打印机存储容量有限，一次不能传送很多），打印机开始打印字符，此时 CPU 可以不理会打印机，处理自己的工作，待打印机打印该行字符完毕，发送给 CPU 一个信号，则 CPU 产生中断，中断正在处理的工作，转而再传送一行字符给打印机，这样在打印机打印字符期间（外设慢速工作），CPU 可以不必等待或查询，而是自行处理自己的工作，从而大大提高了 CPU 工作效率。

2. 具有实时处理功能

实时控制是微型计算机系统特别是单片机系统应用领域的一个重要任务。在实时控制系统中，现场各种参数和状态的变化是随机发生的，要求 CPU 能快速响应、及时处理。有了中断系统，这些参数和状态的变化可以作为中断信号使 CPU 中断，在相应的中断服务程序中及时处理这些参数和状态的变化。

3. 具有故障处理功能

微控制器在实际运行中，常会出现一些故障。例如，电源突然掉电、硬件自检出错、运算溢出等。利用中断，就可执行处理故障的中断程序服务。例如，电源突然掉电，由于稳压电源输出端接有大电容，从电源掉电至大电容的电压下降到正常工作电压之下，一般有几 ms～几百 ms 的时间。这段时间内若使 CPU 产生中断，在处理掉电的中断服务程序中将需要保存的数据和信息及时转移到具有备用电源的存储器中,待电源恢复正常时再将这些数据和信息送回原存储单元之中,返回中断点继续执行原程序。

4. 实现分时操作

微控制器通常需要控制多个外设同时工作。例如,键盘、打印机、显示器、A/D 转换器、D/A 转换器等,这些设备的工作有些是随机的,有些是定时的,对于一些定时工作的外设,可以利用定时器,到一定时间产生中断,在中断服务程序中控制这些外设工作。例如,动态扫描显示,每隔一定时间会更换显示字位码和字段码。

此外,中断系统还能用于程序调试、多机连接等。因此,中断系统是计算机中重要的组成部分。可以说,有了中断系统后,计算机才能比原来无中断系统的早期计算机演绎出多姿多彩的功能。

7.1.3 中断源与中断屏蔽

1. 中断源

中断源是指能引发中断的事件。通常,中断源都与外设有关。在前面讲述的朋友来访的例子中,门铃的铃声是一个中断源,它由门铃这个外设发出,告诉主人(CPU)有客来访(事件),并等待主人(CPU)响应和处理(开门接待客人)。计算机系统中,常见的中断源有按键、定时器溢出、串口收到数据等,与此相关的外设有键盘、定时器和串口等。

每个中断源都有它对应的中断标志位,一旦该中断发生,它的中断标志位就会被置位。如果中断标志位被清除,那么它所对应的中断便不会再被响应。所以,一般在中断服务程序(ISR)中,最后要将对应的中断标志位清零,否则将始终响应该中断,不断执行该 ISR。

Cortex-M4 处理器支持 256 个中断(16 个内部中断+240 个外部中断)和可编程 256 级中断优先级的设置,与其相关的中断控制和中断优先级控制寄存器(NVIC、SysTick 等)都属于 Cortex-M4 内核的部分。Cortex-M4 内核是一个 32 位的核,在传统的单片机领域中,有一些不同于通用 32 位 CPU 应用的要求。比如在工控领域,用户要求具有更快的中断速度,Cortex-M4 内核采用了 Tail-Chaining 中断技术,完全基于硬件进行中断处理,最多可减少 12 个时钟周期数,在实际应用中可减少 70% 中断。

STM32F407ZGT6 没有使用 Cortex-M4 内核全部的东西(如 MPU 等),因此它的 NVIC 是 Cortex-M4 内核的 NVIC 的子集。中断事件的异常处理通常被称作 ISR,中断一般由片上外设或者 I/O 口的外部输入产生。

当异常发生时,Cortex-M4 处理器通过硬件自动将程序计数器(PC)、程序状态寄存器(xPSR)、链接寄存器(LR)和 R0~R3,R12 等寄存器压进堆栈。在 Dbus(数据总线)保存处理器状态的同时,处理器通过 Ibus(指令总线)从一个可以重新定位的向量表中识别出异常向量,并获取 ISR 的地址,也就是保护现场与取异常向量是并行处理的。一旦压栈和取指令完成,ISR 或中断处理程序就开始执行。执行完 ISR,硬件进行出栈操作,中断前的程序恢复正常执行。

STM32F407ZGT6 支持的中断共有 82 个,共有 16 级可编程中断优先级的设置(仅使用中断优先级设置 8 位中的高 4 位)。它的 NVIC 和处理器内核的接口紧密相连,可以实现低延迟的中断处理以及有效地处理晚到的中断。NVIC 管理包括核异常等中断。

2. 中断屏蔽

中断屏蔽是中断系统一个十分重要的功能。在计算机系统中,程序设计人员可以通过设置相应的中断屏蔽位,禁止 CPU 响应某个中断,从而实现中断屏蔽。在微控制器的中断控制系统中,对一个中断源能否响应,一般由"中断允许总控制位"和该中断自身的"中断允许控制位"共同决定。这两个中断控制位中的任何一个被关闭,该中断就无法响应。

中断屏蔽的目的是保证在执行一些关键程序时不响应中断,以免造成延迟而引起错误。例如,在系统启动执行初始化程序时屏蔽键盘中断,能够使初始化程序顺利进行,这时,按任何按键都不会响应。当然,对于一些重要的中断请求是不能屏蔽的,例如,系统重启、电源故障、内存出错等影响整个系统工作的中断请求。因此,从是否可以被屏蔽分类,中断可分为可屏蔽中断和不可屏蔽中断两类。

7.1.4 中断处理过程

在中断系统中,通常将 CPU 处在正常情况下运行的程序称为主程序,把产生申请中断信号的事件称为中断源,由中断源向 CPU 所发出的申请中断信号称为中断请求信号,CPU 接收中断请求信号停止现行程序的运行而转向为中断服务称为中断响应,为中断服务的程序称为中断服务程序或中断处理程序。现行程序被打断的地方称为断点,执行完中断服务程序后返回断点处继续执行主程序称为中断返回。这个处理过程称为中断处理过程,中断处理过程示意图如图 7-1 所示,大致可以分为四步:中断请求、中断响应、中断服务和中断返回。

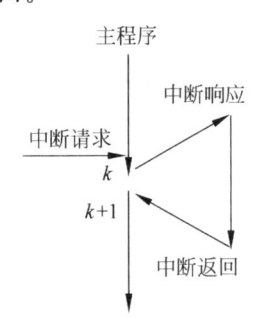

在整个中断处理过程中,由于 CPU 执行完中断处理程序之后仍然要返回主程序,因此在执行中断处理程序之前,要将主程序中断处的地址,即断点处(主程序下一条指令地址,即图 7-1 中的 $k+1$ 点)保存,称为保护断点。又由于 CPU 在执行中断处理程序时,可能会使用和改变主程序使用过的寄存器、标志位,甚至内存单元,因此,在执行中断服务程序前,还要把有关的数据保护起来,称为现场保护。在 CPU 执行完中断处理程序后,则要恢复原来的数据,并返回主程序的断点处继续执行,称为恢复现场和恢复断点。

图 7-1 中断处理过程示意图

1. 中断响应

当某个中断请求产生后,CPU 进行识别并根据中断屏蔽位判断该中断是否被屏蔽。若该中断请求已被屏蔽,仅将中断寄存器中该中断的标志位置位,CPU 不作任何响应,继续执行当前程序;若该中断请求未被屏蔽,不仅中断寄存器中该中断的标志位将置位,CPU 还执行以下步骤以响应异常。

(1) 保护现场。

保护现场是为了在中断处理完成后可以返回断点处继续执行原程序而在中断处理前必须做的操作。在计算机系统中,保护现场通常是通过将 CPU 关键寄存器进栈实现的。

(2) 找到该中断对应的中断服务程序的地址。

中断发生后,CPU 是如何准确地找到这个中断对应的处理程序的呢? 就像在前面讲述的朋友来访的例子中,当门铃响起,你会去开门(执行门铃对应的处理程序),而不是去接电话(执行电话铃对应的处理程序)。当然,对于具有正常思维能力的人,以上的判断和响应是逻辑常识。但是,对于不具备人类思考和推理能力的 CPU,这点又是如何保证的呢?

答案就是中断向量表。中断向量表是中断系统中非常重要的概念。它是一块存储区域，通常位于存储器的零地址处，在这块区域上按中断号从小到大依次存放着所有中断处理程序的入口地址。当某个中断产生且经判断它未被屏蔽后，CPU会根据识别的中断号在中断向量表中找到该中断号所在的表项，取出该中断对应的中断服务程序的入口地址，然后跳转到该地址执行。在计算机系统中，中断向量表就相当于目录，CPU在响应中断时使用这种类似查字典的方法通过中断向量表找到每个中断对应的处理方式。

2. 执行中断服务程序

每个中断都有自己对应的中断服务程序。CPU响应中断后，转而执行对应的中断服务程序。通常，中断服务程序，又称中断服务函数，由用户根据具体的应用使用汇编语言或C语言编写，用来实现对该中断真正的处理操作。

中断服务程序具有以下特点。

（1）中断服务程序是一种特殊的函数，既没有参数，也没有返回值，更不由用户调用，而是当某个事件产生一个中断时由硬件自动调用。

（2）在中断服务程序中修改在其他程序中访问的变量，在其定义和声明时要在前面加上修饰词volatile。

（3）中断服务程序要求尽量简短，这样才能够充分利用CPU的高速性能，满足实时操作的要求。

3. 中断返回

CPU执行中断服务程序完毕后，通过恢复现场（CPU关键寄存器出栈）实现中断返回，从断点处继续执行原程序。

7.1.5 中断优先级与中断嵌套

在微控制器中，中断优先级和中断嵌套是管理ISR的重要部分，确保实时性和响应性。微控制器使用NVIC来处理中断优先级和中断嵌套。

1. 中断优先级

计算机系统中的中断往往不止一个，那么，对于多个同时发生的中断或者嵌套发生的中断，CPU又该如何处理？应该先响应哪一个中断？为什么？答案就是设定中断优先级。

为了更形象地说明中断优先级的概念，还是以生活中的实例举例。生活中的突发事件很多，为了便于快速处理，通常把这些事件按重要性或紧急程度从高到低依次排列。这种分级就称为优先级。如果多个事件同时发生，根据它们的优先级从高到低依次响应。例如，在前面讲述的朋友来访的例子中，如果门铃响的同时，电话铃也响了，那么你将在这两个中断请求中选择先响应哪一个请求。这里就有一个优先的问题。如果开门比接电话更重要（即门铃的优先级比电话的优先级高），那么就应该先开门（处理门铃中断），然后再接电话（处理电话中断），接完电话后再回来继续看书（回到原程序）。

类似地，计算机系统中的中断源众多，它们也有轻重缓急之分，这种分级就称为中断优先级。一般来说，各个中断源的优先级都有事先规定。通常，中断的优先级是根据中断的实时性、重要性和软件处理的方便性预先设定的。当同时有多个中断请求产生时，CPU会先响应优先级较高的中断请求。由此可见，优先级是中断响应的重要标准，也是区分中断的重要标志。

2. 中断嵌套

中断优先级除了用于并发中断中,还用于嵌套中断中。

还是回到前面讲述的朋友来访的例子,在你看书时电话铃响了,你去接电话,在通话的过程中门铃又响了。这时,门铃中断和电话中断形成了嵌套。由于门铃的优先级比电话的优先级高,你只能让电话的对方稍等,放下电话去开门。开门之后再继续接电话,通话完毕再回去继续看书。当然,如果门铃的优先级比电话的优先级低,那么在通话的过程中门铃响了也不予理睬,继续接听电话(处理电话中断),通话结束后再去开门迎客(即处理门铃中断)。

类似地,在计算机系统中,中断嵌套是指当系统正在执行一个中断服务时又有新的中断事件发生而产生了新的中断请求。此时,CPU 如何处理取决于新旧两个中断的优先级。当新发生的中断的优先级高于正在处理的中断时,CPU 将终止执行优先级较低的当前中断处理程序,转去处理新发生的、优先级较高的中断,处理完毕才返回原来的中断处理程序继续执行。通俗地说,中断嵌套其实就是更高一级的中断"加塞儿",当 CPU 正在处理中断时,又接收了更紧急的另一件"急件",转而处理更高一级的中断的行为。

7.2 STM32F4 中断系统

在了解了中断的相关基础知识后,下面从中断控制器、中断优先级、中断向量表和中断服务程序 4 个方面来分析 STM32F4 微控制器的中断系统,最后介绍设置和使用 STM32F4 中断系统的全过程。

7.2.1 STM32F4 的嵌套向量中断控制器 NVIC

NVIC 是 Cortex-M4 内核不可分离的一部分。NVIC 与 Cortex-M4 内核相辅相成,共同完成对中断的响应。NVIC 的寄存器以存储器映射的方式访问,除了包含控制寄存器和中断处理的控制逻辑之外,NVIC 还包含了 MPU、SysTick 定时器及调试控制相关的寄存器。

Arm Cortex-M4 处理器共支持 256 个中断,其中有 16 个内部中断,240 个外部中断和可编程的 256 级中断优先级的设置。STM32 目前支持的中断共 84 个(16 个内部中断+68 个外部中断),还有 16 级可编程的中断优先级。

STM32 可支持 68 个中断通道,已经固定分配给相应的外部设备,每个中断通道都具备自己的中断优先级控制字节(8 位,但是 STM32 中只使用 4 位,高 4 位有效),每 4 个通道的 8 位中断优先级控制字构成一个 32 位的优先级寄存器。68 个通道的优先级控制字至少构成 17 个 32 位的优先级寄存器。

每个外部中断与 NVIC 中的下列寄存器有关。

(1) 使能与除能寄存器(除能也就是平常所说的屏蔽)。

(2) 挂起与解挂寄存器。

(3) 优先级寄存器。

(4) 活动状态寄存器。

另外,下列寄存器也对中断处理有重大影响。

(1) 异常屏蔽寄存器(PRIMASK、FAULTMASK 及 BASEPRI)。
(2) 向量表偏移量寄存器。
(3) 软件触发中断寄存器。
(4) 优先级分组段位。

传统的中断使能与除能是通过设置中断控制寄存器中的一个相应位为 1 或者 0 实现的,而 Cortex-M4 处理器的中断使能与除能分别使用各自的寄存器控制。Cortex-M4 处理器中有 240 对使能位/除能位(SETENA 位/CLRENA 位),每个中断拥有一对,它们分布在 8 对 32 位寄存器中(最后一对没有用完)。欲使能一个中断,需要写 1 到对应的 SETENA 位中;欲除能一个中断,需要写 1 到对应的 CLRENA 位中。如果往它们中写 0,则不会有任何效果。写 0 无效是个很关键的设计理念,通过这种方式,使能/除能中断时只需把需要设置的位写 1,其他的位可以全部写 0。再也不用像以前那样,害怕有些位被写 0 而破坏它对应的中断设置(反正现在写 0 没有效果了),从而实现每个中断都可以单独地设置,而互不影响,即只需单一地写指令,不再需要"读-改-写"三部曲。

如果中断发生时,正在处理同级或高优先级异常,或者被屏蔽,则中断不能立即得到响应。此时中断被挂起。中断的挂起状态可以通过设置中断挂起寄存器(SETPEND)和中断挂起清除寄存器(CLRPEND)来读取。还可以对它们写入值实现手工挂起中断或清除挂起,清除挂起简称为解挂。

7.2.2 STM32F4 中断优先级

中断优先级决定了一个中断是否能被屏蔽,以及在未屏蔽的情况下何时可以响应。优先级的数值越小,则优先级越高。

STM32(Cortex-M4)中有两个优先级的概念:抢占式优先级和响应优先级,响应优先级也称作"亚优先级"或"副优先级",每个中断源都需要被指定这两种优先级。

1. 何为抢占式优先级

高抢占式优先级的中断事件会打断当前的主程序/中断程序运行,俗称中断嵌套。

2. 何为响应优先级

在抢占式优先级相同的情况下,高响应优先级的中断优先被响应。

在抢占式优先级相同的情况下,如果有低响应优先级中断正在执行,高响应优先级的中断要等待已被响应的低响应优先级中断执行结束后才能得到响应(不能嵌套)。

3. 判断中断是否会被响应的依据

首先是抢占式优先级,其次是响应优先级。抢占式优先级决定是否会有中断嵌套。

4. 优先级冲突的处理

具有高抢占式优先级的中断可以在具有低抢占式优先级的中断处理过程中被响应,即中断的嵌套,或者说高抢占式优先级的中断可以嵌套低抢占式优先级的中断。

当两个中断源的抢占式优先级相同时,这两个中断将没有嵌套关系,当一个中断到来后,如果正在处理另一个中断,这个后到来的中断就要等前一个中断处理完之后才能被处理。如果这两个中断同时到达,则中断控制器根据它们的响应优先级高低来决定先处理哪一个;如果它们的抢占式优先级和响应优先级都相等,则根据它们在中断表中的排位顺序决定先处理哪一个。

5. STM32 中对中断优先级的定义

STM32 中指定中断优先级的寄存器位数有 4 位,这 4 个寄存器位的分组方式如下。

第 0 组,所有 4 位用于指定响应优先级。

第 1 组,最高 1 位用于指定抢占式优先级,最低 3 位用于指定响应优先级。

第 2 组,最高 2 位用于指定抢占式优先级,最低 2 位用于指定响应优先级。

第 3 组,最高 3 位用于指定抢占式优先级,最低 1 位用于指定响应优先级。

第 4 组,所有 4 位用于指定抢占式优先级。

优先级分组方式所对应的抢占式优先级和响应优先级寄存器位数和所表示的优先级数如图 7-2 所示。

优先级组别	抢占式优先级 位数	抢占式优先级 级数	响应式优先级 位数	响应式优先级 级数
4组	4	16	0	0
3组	3	8	1	2
2组	2	4	2	4
1组	1	2	3	8
0组	0	0	4	16

图 7-2 STM32F4 优先级位数和级数分配图

7.2.3 STM32F4 中断向量表

中断向量表是中断系统中非常重要的概念。它是一块存储区域,通常位于存储器的地址处,在这块区域上按中断号从小到大依次存放着所有中断处理程序的入口地址。当某中断产生且经判断它未被屏蔽,CPU 会根据识别的中断号在中断向量表中找到该中断所在表项,取出该中断对应的中断服务程序的入口地址,然后跳转到该地址执行中断。STM32F4 的中断向量表(部分)如表 7-1 所示。

表 7-1 STM32F4 的中断向量表(部分)

位置	优先级	优先级类型	名称	说明	地址
—	—	—	—	保留	0x0000_0000
	−3	固定	Reset	复位	0x0000_0004
	−2	固定	NMI	不可屏蔽中断 RCC 时钟安全系统(CSS)连接到 NMI 向量	0x0000_0008
	−1	固定	硬件失效		0x0000_000C
	0	可设置	存储管理	存储器管理	0x0000_0010
	1	可设置	总线错误	预取指失败,存储器访问失败	0x0000_0014
	2	可设置	错误应用	未定义的指令或非法状态	0x0000_0018
—	—	—	—	保留	0x0000_001C
—	—	—	—	保留	0x0000_0020
—	—	—	—	保留	0x0000_0024
—	—	—	—	保留	0x0000_0028
	3	可设置	SVCall	通过 SWI 指令的系统服务调用	0x0000_002C
	4	可设置	调试监控(Debug Monitor)	调试监控器	0x0000_0030

续表

位置	优先级	优先级类型	名 称	说 明	地址
	—	—	—	保留	0x0000_0034
	5	可设置	PendSV	可挂起的系统服务	0x0000_0038
	6	可设置	SysTick	系统嘀嗒定时器	0x0000_003C
0	7	可设置	WWDG	窗口定时器中断	0x0000_0040
1	8	可设置	PVD	连到EXTI的电源电压检测(PVD)中断	0x0000_0044
2	9	可设置	TAMPER	侵入检测中断	0x0000_0048
3	10	可设置	RTC	实时时钟(RTC)全局中断	0x0000_004C
4	11	可设置	Flash	闪存全局中断	0x0000_0050
5	12	可设置	RCC	复位和时钟控制(RCC)中断	0x0000_0054
6	13	可设置	EXTI0	EXTI线0中断	0x0000_0058
7	14	可设置	EXTI1	EXTI线1中断	0x0000_005C
8	15	可设置	EXTI2	EXTI线2中断	0x0000_0060
9	16	可设置	EXTI3	EXTI线3中断	0x0000_0064
10	17	可设置	EXTI4	EXTI线4中断	0x0000_0068
11	18	可设置	DMA1通道1	DMA1通道1全局中断	0x0000_006C
12	19	可设置	DMA1通道2	DMA1通道2全局中断	0x0000_0070
13	20	可设置	DMA1通道3	DMA1通道3全局中断	0x0000_0074
14	21	可设置	DMA1通道4	DMA1通道4全局中断	0x0000_0078
15	22	可设置	DMA1通道5	DMA1通道5全局中断	0x0000_007C
16	23	可设置	DMA1通道6	DMA1通道6全局中断	0x0000_0080
17	24	可设置	DMA1通道7	DMA1通道7全局中断	0x0000_0084
18	25	可设置	ADC1_2	ADC1和ADC2的全局中断	0x0000_0088
19	26	可设置	USB_HP_CAN_TX	USB高优先级或CAN发送中断	0x0000_008C
20	27	可设置	USB_LP_CAN_RX0	USB低优先级或CAN接收0中断	0x0000_0090
21	28	可设置	CAN_RX1	CAN接收1中断	0x0000_0094
22	29	可设置	CAN_SCE	CAN SCE中断	0x0000_0098
23	30	可设置	EXTI9_5	EXTI线[9:5]中断	0x0000_009C
24	31	可设置	TIM1_BRK	TIM1刹车中断	0x0000_00A0
25	32	可设置	TIM1_UP	TIM1更新中断	0x0000_00A4
26	33	可设置	TIM1_TRG_COM	TIM1触发和通信中断	0x0000_00A8
27	34	可设置	TIM1_CC	TIM1捕获比较中断	0x0000_00AC
28	35	可设置	TIM2	TIM2全局中断	0x0000_00B0
29	36	可设置	TIM3	TIM3全局中断	0x0000_00B4
30	37	可设置	TIM4	TIM4全局中断	0x0000_00B8
31	38	可设置	I2C1_EV	I2C1事件中断	0x0000_00BC
32	39	可设置	I2C1_ER	I2C1错误中断	0x0000_00C0
33	40	可设置	I2C2_EV	I2C2事件中断	0x0000_00C4
34	41	可设置	I2C2_ER	I2C2错误中断	0x0000_00C8
35	42	可设置	SPI1	SPI1全局中断	0x0000_00CC

续表

位置	优先级	优先级类型	名称	说明	地址
36	43	可设置	SPI2	SPI2 全局中断	0x0000_00D0
37	44	可设置	USART1	USART1 全局中断	0x0000_00D4
38	45	可设置	USART2	USART2 全局中断	0x0000_00D8
39	46	可设置	USART3	USART3 全局中断	0x0000_00DC
40	47	可设置	EXTI15_10	EXTI 线[15:10]中断	0x0000_00E0
41	48	可设置	RTCAlArm	连接 EXTI 的 RTC 闹钟中断	0x0000_00E4
42	49	可设置	USB 唤醒	连接 EXTI 的从 USB 待机唤醒中断	0x0000_00E8
43	50	可设置	TIM8_BRK	TIM8 刹车中断	0x0000_00EC
44	51	可设置	TIM8_UP	TIM8 更新中断	0x0000_00F0
45	52	可设置	TIM8_TRG_COM	TIM8 触发和通信中断	0x0000_00F4
46	53	可设置	TIM8_CC	TIM8 捕获比较中断	0x0000_00F8
47	54	可设置	ADC3	ADC3 全局中断	0x0000_00FC
48	55	可设置	FSMC	FSMC 全局中断	0x0000_0100
49	56	可设置	SDIO	SDIO 全局中断	0x0000_0104
50	57	可设置	TIM5	TIM5 全局中断	0x0000_0108
51	58	可设置	SPI3	SPI3 全局中断	0x0000_010C
52	59	可设置	UART4	UART4 全局中断	0x0000_0110
53	60	可设置	UART5	UART5 全局中断	0x0000_0114
54	61	可设置	TIM6	TIM6 全局中断	0x0000_0118
55	62	可设置	TIM7	TIM7 全局中断	0x0000_011C
56	63	可设置	DMA2 通道 1	DMA2 通道 1 全局中断	0x0000_0120
57	64	可设置	DMA2 通道 2	DMA2 通道 2 全局中断	0x0000_0124
58	65	可设置	DMA2 通道 3	DMA2 通道 3 全局中断	0x0000_0128
59	66	可设置	DMA2 通道 4_5	DMA2 通道 4 和 DMA2 通道 5 全局中断	0x0000_012C

STM32F4 系列微控制器不同产品支持可屏蔽中断的数量略有不同。

7.2.4 STM32F4 中断服务程序

中断服务程序在结构上与函数非常相似。但不同的是,函数一般有参数、有返回值,并在应用程序中被人为显式地调用执行,而中断服务程序一般没有参数也没有返回值,并且只有中断发生时才会被自动隐式地调用执行。每个中断都有自己的中断服务程序,用来记录中断发生后要执行的真正意义上的处理操作。

STM32F407 所有的中断服务程序在该微控制器所属产品系列的启动代码文件 startup_stm32f40x_xx.s 中都有预定义,通常以 PPP_IRQHandler 命名,其中 PPP 对应的是外设名。用户开发自己的 STM32F407 应用时可在文件 stm32f40x_it.c 中使用 C 语言编写函数重新对其定义。程序在编译、链接生成可执行程序阶段,会使用用户自定义的同名中断服务程序替代启动代码中原来默认的中断服务程序。

尤其需要注意的是,在更新 STM32F407 中断服务程序时,必须确保 STM32F407 中断服务程序文件(stm32f40x_it.c)中的中断服务程序名(如 EXTI1_IRQHandler)和启动代码文件(startup_stm32f40x_xx.s)中的中断服务程序名(EXTI1_IRQHandler)相同,否则在生成可执行文件时无法使用用户自定义的中断服务程序替换原来默认的中断服务程序。

STM32F407 的中断服务程序具有以下特点。

(1) 预置弱定义属性。除了复位程序以外,STM32F407 其他所有中断服务程序都在启动代码中预设了弱定义属性。用户可以在其他文件中编写同名的中断服务程序替代在启动代码中默认的中断服务程序。

(2) 全 C 语言实现。STM32F407 中断服务程序可以全部使用 C 语言编程实现,无须像以前 Arm7 或 Arm9 处理器那样要在中断服务程序的首尾加上汇编语言"封皮"来保护和恢复现场(寄存器)。STM32F407 的中断处理过程中,保护和恢复现场的工作由硬件自动完成,无须用户操心。用户只需集中精力编写中断服务程序即可。

7.3 STM32F4 外部中断/事件控制器 EXTI

STM32F407 微控制器的外部中断/事件控制器(EXTI)由 23 个产生事件/中断请求边沿检测器组成,每个输入线可以独立地配置输入类型(脉冲或挂起)和对应的触发事件上升沿(或下降沿或者双边沿都触发)。每个输入线都可以独立地被屏蔽。挂起寄存器保持状态线的中断请求。

EXTI 的主要特性如下。

(1) 每个中断/事件都有独立的触发和屏蔽。
(2) 每个中断线都有专用的状态位。
(3) 支持多达 23 个软件的中断/事件请求。
(4) 检测脉冲宽度低于 APB2 时钟宽度的外部信号。

7.3.1 STM32F4 的 EXTI 内部结构

EXTI 由中断屏蔽寄存器、请求挂起寄存器、软件中断/事件寄存器、上升沿触发选择寄存器、下降沿触发选择寄存器、事件屏蔽寄存器、边沿检测电路和脉冲发生器等部分构成。STM32F407 的 EXTI 内部结构如图 7-3 所示。其中,信号线上画有一条斜线,旁边标有 23 字样的注释,表示这样的线路共有 23 个。每一个功能模块都通过外设总线接口和 APB 总线连接,进而和 Cortex-M4 内核(CPU)连接到一起,CPU 通过这样的接口访问各个功能模块。中断屏蔽寄存器和请求挂起寄存器的信号经过与门后送到 NVIC,由 NVIC 进行中断信号的处理。

EXTI 有两种功能:产生中断请求和触发事件。

(1) 产生中断请求。

请求信号通过图 7-3 中的路径①②③④⑤向 NVIC 产生中断请求。图 7-3 中,①是 EXTI 线;②是边沿检测电路,可以通过上升沿触发选择寄存器(EXTI_RTSR)和下降沿触发选择寄存器(EXTI_FTSR)选择输入信号检测的方式——上升沿触发、下降沿触发和上升沿下降沿都能触发(双沿触发);③是一个或门,它的输入是边沿检测电路输出和软件中断事件寄存器(EXTI_SWIER)输出,也就是说外部信号或人为的软件设置都能产生一个有

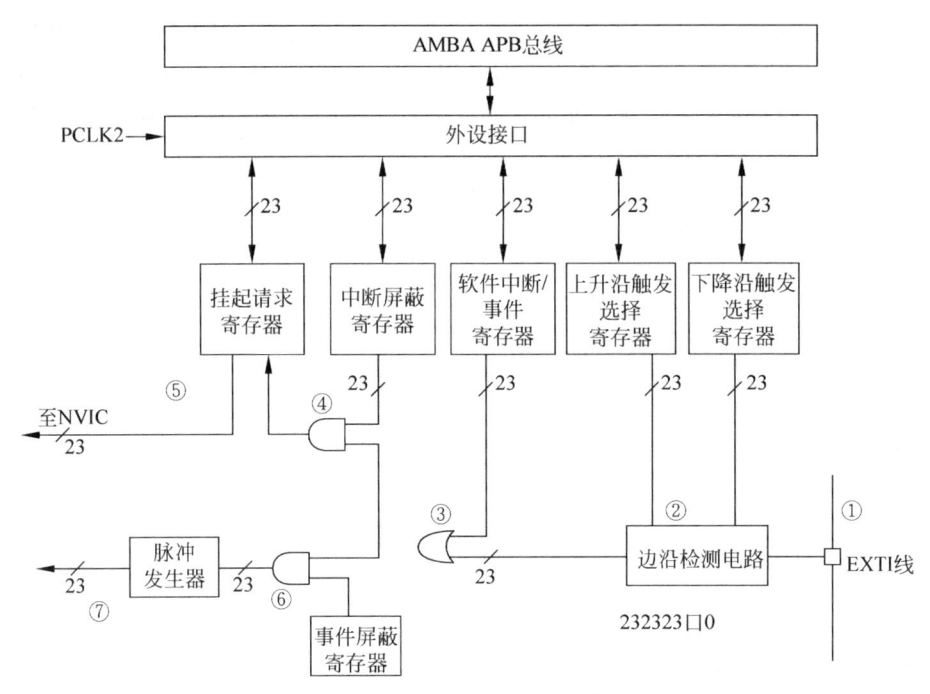

图 7-3 STM32F407 的 EXTI 内部结构

效的请求；④是一个与门，在此处它的作用是一个控制开关，只有中断屏蔽寄存器(EXTI_IMR)相应位被置位，才能允许请求信号进入下一步；⑤是在中断被允许的情况下，请求信号将挂起请求寄存器(EXTI_PR)相应位置位，表示有外部中断请求信号。之后，挂起请求寄存器相应位置位，在条件允许的情况下，将通知 NVIC 产生相应中断通道的激活标志。

(2) 触发事件。

请求信号通过图 7-3 中的路径①②③⑥⑦产生触发事件。

图 7-3 中，⑥是一个与门，它是触发事件的控制开关，当事件屏蔽寄存器(EXTI_EMR)相应位被置位时，它将向脉冲发生器输出一个信号，使得脉冲发生器产生一个脉冲，触发某个事件。

例如，可以将 EXTI 11 线和 EXTI 15 线分别作为 ADC 的注入通道和规则通道的启动触发信号。

STM32 可以通过处理外部或内部事件来唤醒内核(Wait For Event, WFE)。唤醒事件可以通过下述配置产生。

(1) 在外设的控制寄存器中使能一个中断，但不在 NVIC 中使能，同时在 Cortex-M3 内核的系统控制寄存器中使能 SEVONPEND 位。当 CPU 从 WFE 恢复后，需要清除相应外设的中断挂起位和 NVIC 中断通道挂起位(在 NVIC 中断清除挂起寄存器中)。

(2) 配置一个外部或内部 EXTI 线为事件模式，当 CPU 从 WFE 恢复后，因为对应事件线的挂起位没有被置位，不必清除相应外设的中断挂起位或 NVIC 中断通道挂起位。

要产生中断，必须先配置并使能中断线。根据需要的边沿检测设置 2 个触发寄存器，同时在中断屏蔽寄存器的相应位写 1 允许中断请求。当外部中断线上发生了期待的边沿时，将产生一个中断请求，对应的挂起位也随之被置 1。在挂起寄存器的对应位写 1，将清除该中断请求。

如果需要产生事件,必须先配置并使能事件线。根据需要的边沿检测通过设置两个触发寄存器,同时在事件屏蔽寄存器的相应位写 1 允许事件请求。当事件线上发生了需要的边沿时,将产生一个事件请求脉冲,对应的挂起位不被置 1。

通过在软件中断/事件寄存器写 1,也可以产生中断/事件请求。

(1) 硬件中断选择。

通过下面的过程配置 23 个线路为中断源。

① 配置 23 个中断线的屏蔽位(EXTI_IMR)。

② 配置所选中断线的触发选择位(EXTI_RTSR 和 EXTI_FTSR)。

③ 配置对应到 EXTI 的 NVIC 中断通道的使能和屏蔽位,使得 23 个中断线中的请求可以被正确地响应。

(2) 硬件事件选择。

通过下面的过程配置 23 个线路为事件源。

① 配置 23 个事件线的屏蔽位(EXTI_EMR)。

② 配置事件线的触发选择位(EXTI_RTSR 和 EXTI_FTSR)。

(3) 软件中断/事件的选择。

通过下面的过程配置 23 个线路为软件中断/事件线。

① 配置 23 个中断/事件线屏蔽位(EXTI_IMR,EXTI_EMR)。

② 设置软件中断寄存器的请求位(EXTI_SWIER)。

1. 外部中断与事件输入

从图 7-3 可以看出,STM32F407 的 EXTI 内部信号线共有 23 根。

与此对应,EXTI 的外部中断/事件输入线也有 23 根,分别是 EXTI0、EXTI1～EXTI18。除了 EXTI16(PVD 输出)、EXTI17(RTC 闹钟)和 EXTI18(USB 唤醒)外,其他 16 根外部中断/事件输入线 EXTI0、EXTI1～EXTI15 可以分别对应于 STM32F407 微控制器的 16 个引脚 $Px0$、$Px1$、…、$Px15$,其中 x 为 A、B、C、D、E、F、G、H、I。

STM32F407 微控制器最多有 112 个引脚,可以以下方式连接到 16 根外部中断/事件输入线上,如图 7-4 所示,任一端口的 0 号引脚(如 PA0、PB0、…、PI0)映射到 EXTI 的外部中断/事件输入线 EXTI0 上,任一端口的 1 号引脚(如 PA1、PB1、…、PI1)映射到 EXTI 的外部中断/事件输入线 EXTI1 上,以此类推,任一端口的 15 号引脚(如 PA15、PB15、…、PH15)映射到 EXTI 的外部中断/事件输入线 EXTI15 上。需要注意的是,在同一时刻,只能有一个端口的 n 号引脚映射到 EXTI 对应的外部中断/事件输入线 EXTIn 上,n 取 0～15。

另外,如果将 STM32F407 的 I/O 引脚映射为 EXTI 的外部中断/事件输入线,必须将该引脚设置为输入模式。

2. APB 外设接口

图 7-3 上部的 APB 外设模块接口是 STM32F407 微控制器每个功能模块都有的部分,CPU 通过这样的接口访问各个功能模块。

尤其需要注意的是,如果使用 STM32F407 引脚的外部中断/事件输入线映射功能,必须打开 APB2 总线上该引脚对应端口的时钟以及 AFIO 功能时钟。

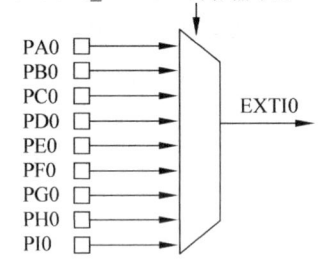

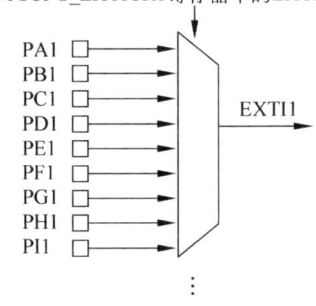

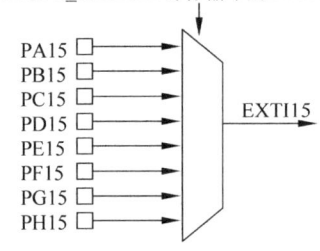

图 7-4 STM32F407 外部中断/事件输入线映射

3. 边沿检测器

EXTI 中的边沿检测器共有 23 个,用来连接 23 个外部中断/事件输入线,是 EXTI 的主体部分。每个边沿检测器由边沿检测电路、控制寄存器、门电路和脉冲发生器等部分组成。

7.3.2　STM32F4 的 EXTI 主要特性

STM32F407 微控制器的 EXTI 具有以下主要特性。

(1) 每个外部中断/事件输入线都可以独立地配置它的触发事件(上升沿、下降沿或双边沿),并能够单独地被屏蔽。

(2) 每个外部中断都有专用的标志位(挂起请求寄存器),保持着它的中断请求。

(3) 可以将多达 140 个通用 I/O 引脚映射到 16 个外部中断/事件输入线上。

(4) 可以检测脉冲宽度低于 APB2 时钟宽度的外部信号。

7.4　STM32F4 中断 HAL 驱动程序

在 STM32F4 系列微控制器中,使用 HAL 库管理和处理中断是一种常见且高效的方式。HAL 库提供了一套功能丰富的函数,用于配置和处理不同类型的中断。

7.4.1 中断设置相关 HAL 驱动程序

STM32 中断系统通过一个 NVIC 进行中断控制,使用中断时要先对 NVIC 进行配置。STM32 的 HAL 库中提供了 NVIC 相关操作函数。

STM32F4 中断管理相关驱动程序的头文件是 stm32f4xx_hal_cortex.h,中断管理常用函数如表 7-2 所示。

表 7-2 中断管理常用函数

函数名	功 能
HAL_NVIC_SetPriorityGrouping()	设置 4 位二进制数的优先级分组策略
HAL_NVIC_SetPriority()	设置某个中断的抢占式优先级和响应优先级
HAL_NVIC_EnableIRQ()	启用某个中断
HAL_NVIC_DisableIRQ()	禁用某个中断
HAL_NVIC_GetPriorityGrouping()	返回当前的优先级分组策略
HAL_NVIC_GetPriority()	返回某个中断的抢占式优先级、响应优先级数值
HAL_NVIC_GetPendingIRQ()	检查某个中断是否被挂起
HAL_NVIC_SetPendingIRQ()	设置某个中断的挂起标志,表示发生了中断
HAL_NVIC_ClearPendingIRQ()	清除某个中断的挂起标志

表 7-2 中前面 3 个函数用于 STM32CubeMX 自动生成的代码,其他函数用于用户代码。几个常用的函数详细介绍如下。

1. 函数 HAL_NVIC_SetPriorityGrouping()

函数 HAL_NVIC_SetPriorityGrouping()用于设置优先级分组策略,其函数原型定义如下。

```
void HAL_NVIC_SetPriorityGrouping(uint32_t  PriorityGroup);
```

其中,参数 PriorityGroup 是优先级分组策略,可使用文件 stm32f4xx_hal_cortex.h 中定义的几个宏定义常量,如下所示,它们表示不同的分组策略。

```
#define  NVIC_PRIORITYGROUP_0   0x00000007U   //0 位用于抢占式优先级,4 位用于响应优先级
#define  NVIC_PRIORITYGROUP_1   0x00000006U   //1 位用于抢占式优先级,3 位用于响应优先级
#define  NVIC_PRIORITYGROUP_2   0x00000005U   //2 位用于抢占式优先级,2 位用于响应优先级
#define  NVIC_PRIORITYGROUP_3   0x00000004U   //3 位用于抢占式优先级,1 位用于响应优先级
#define  NVIC_PRIORITYGROUP_4   0x00000003U   //4 位用于抢占式优先级,0 位用于响应优先级
```

2. 函数 HAL_NVIC_SetPriority()

函数 HAL_NVIC_SetPriority()用于设置某个中断的抢占式优先级和响应优先级,其函数原型定义如下。

```
void HAL_NVIC_SetPriority(IRQn_Type IRQn, uint32_t  PreemptPriority,uint32_t SubPriority);
```

其中,参数 IRQn 是中断的中断号,为枚举类型 IRQn_Type。枚举类型 IRQn_Type 的定义在文件 stm32F407xe.h 中,它定义了表 7-1 中所有中断的中断号枚举值。在中断操作的相关函数中,都用 IRQn_Type 类型的中断号表示中断,这个枚举类型的部分定义代码如下。

```
typedef enum
{
```

```
/****** Cortex - M3Processor Exceptions Numbers ******************************/
    NonMaskableInt_IRQn        = -14,      // Non Maskable Interrupt
    MemoryManagement_IRQn      = -12,      // Cortex-M4 Memory Management Interrupt
    BusFault_IRQn              = -11,      // Cortex-M4 Bus Fault Interrupt
    UsageFault_IRQn            = -10,      // Cortex-M4 Usage Fault Interrupt
    SVCall_IRQn                = -5,       // Cortex-M4 SV Call Interrupt
    DebugMonitor_IRQn          = -4,       // Cortex-M4 Debug Monitor Interrupt
    PendSV_IRQn                = -2,       // Cortex-M4 Pend SV Interrupt
    SysTick_IRQn               = -1,       // Cortex-M4 System Tick Interrupt
/****** STM32 specific Interrupt Numbers *************************************/
    WWDG_IRQn                  = 0,        // Window WatchDog Interrupt
    PVD_IRQn                   = 1,        // PVD through EXTI Line detection Interrupt
    EXTI0_IRQn                 = 6,        // EXTI Line0 Interrupt
    EXTI1_IRQn                 = 7,        // EXTI Line1 Interrupt
    EXTI2_IRQn                 = 8,        // EXTI Line2 Interrupt
    RNG_IRQn                   = 80,       // RNG global Interrupt
    FPU_IRQn                   = 81.       // FPU global interrupt
    } IRQn_Type;
```

由这个枚举类型的定义代码可以看到,其中断号枚举值就是在中断名称后面加了"_IRQn"。例如,中断号为 0 的窗口看门狗(WWDG)中断,其中断号枚举值就是 WWDG_IRQn。

函数中的另外两个参数,PreemptPriority 是抢占式优先级数值,SubPriority 是响应优先级数值。这两个优先级的数值范围需要在设置的优先级分组策略的可设置范围之内。例如,假设使用了分组策略 2,对于中断号为 6 的外部中断 EXTI0,设置其抢占式优先级为 1,响应优先级为 0,则执行的代码如下。

```
HAL_NVIC_SetPriority(EXTI0_IRQn, 1,0);
```

3. 函数 HAL_NVIC_EnableIRQ()

函数 HAL_NVIC_EnableIRQ()的功能是在 NVIC 中开启某个中断,只有在 NVIC 中开启某个中断后,NVIC 才会对这个中断请求做出响应,执行相应的 ISR。其函数原型定义如下。

```
void HAL_NVIC_EnableIRQ(IRQn_Type, IRQn);
```

其中,枚举类型 IRQn_Type 的参数 IRQn 是中断号的枚举值。

7.4.2 外部中断相关 HAL 函数

外部中断相关函数的定义在文件 stm32f4xx_hal_gpio.h 中,函数列表如表 7-3 所示。

表 7-3 外部中断相关函数

函 数 名	功 能 描 述
_HAL_GPIO_EXTI_GET_IT()	检查某个外部中断线是否有挂起(Pending)的中断
_HAL_GPIO_EXTI_CLEAR_IT()	清除某个外部中断线的挂起标志位
_HAL_GPIO_EXTI_GET_FLAG()	与_HAL_GPIO_EXTI_GET_IT()的代码和功能完全相同
_HAL_GPIO_EXTI_CLEAR_FLAG()	与_HAL_GPIO_EXTI_CLEAR_IT()的代码和功能完全相同
_HAL_GPIO_EXTI_GENERATE_SWIT()	在某个外部中断线上产生软中断
HAL_GPIO_EXTI_IRQHandler()	外部中断 ISR 中调用的通用处理函数
HAL_GPIO_EXTI_Callback()	外部中断处理的回调函数,需要用户重新实现

1. 读取和清除中断标志

在 HAL 库中,以"_HAL"为前缀的都是宏函数。例如,函数_HAL_GPIO_EXTI_GET_FLAG()的定义如下。

```
#define __HAL_GPIO_EXTI_GET_FLAG(__EXTI_LINE__) (EXTI->PR &(__EXTI_LINE__))
```

它的功能就是检查外部中断挂起寄存器(EXTI_PR)中某个中断线的挂起标志位是否置位。参数_EXTI_LINE_是某个外部中断线,用 GPIO_PIN_0、GPIO_PIN_1 等宏定义常量表示。

函数的返回值只要不等于 0(用宏 RESET 表示 0),就表示外部中断线挂起标志位被置位,有未处理的中断事件。

函数_HAL_GPIO_EXTI_CLEAR_IT()用于清除某个中断线的中断挂起标志位,其定义如下。

```
#define __HAL_GPIO_EXTI_CLEAR_IT(__EXTI_LINE__)(EXTI->PR = ( __EXTI_LINE__ ))
```

向外部中断挂起寄存器(EXTI_PR)的某个中断线位写 1,就可以清除该中断线的挂起标志位。在外部中断的 ISR 中处理完中断后,需要调用这个函数清除挂起标志位,以便再次响应下一次中断。

2. 在某个外部中断线上产生软中断

函数_HAL_GPIO_EXTI_GENERATE_SWIT()的功能是在某个外部中断线上产生软中断,其定义如下。

```
#define __HAL_GPIO_EXTI_GENERATE_SWIT(__EXTI_LINE__)(EXTI->SWIER |= (__EXTI_LINE__))
```

它实际上就是将外部中断的软件中断事件寄存器(EXTI_SWIER)中对应于中断线_EXTI_LINE_的位写 1,通过软件方式产生某个外部中断。

3. 外部中断的 ISR 以及中断处理回调函数

对于 0~15 线的外部中断,EXTI0~EXTI14 有独立的 ISR,EXTI[9:5]共用一个 ISR,EXTI[15:10]共用一个 ISR。在启用某个中断后,在 STM32CubeMX 自动生成的 ISR 文件 stm32f4xx_it.c 中会生成 ISR 的代码框架。这些外部中断的 ISR 的代码都是一样的,下面是几个外部中断的 ISR 代码框架,只保留了其中一个 ISR 的完整代码,其他的删除了代码沙箱注释。

```
void EXTI0_IRQHandler(void)         //EXTI0 的 ISR
{
/* USER CODE BEGIN EXTI0_IRQn 0 */
/* USER CODE END EXTI0_IRQn 0 */
HAL_GPIO_EXTI_IRQHandler(GPIO_PIN_0);
/* USER CODE BEGIN EXTI0_IRQn 1 */
/* USER CODE END EXTI0_IRQn 1 */
}
void EXTI9_5_IRQHandler(void)//EXTI[9:5]的 ISR
{
HAL_GPIO_EXTI_IRQHandler(GPIO_PIN_5);
}
void EXTI15_10_IRQHandler(void)//EXTI[15:10]的 ISR
{
HAL_GPIO_EXTI_IRQHandler(GPIO_PIN_11);
}
```

可以看到,这些 ISR 都调用了函数 HAL_GPIO_EXTI_IRQHandler(),并以中断线作为函数参数。所以,函数 HAL_GPIO_EXTI_IRQHandler()是外部中断处理通用函数,它的代码如下。

```
void HAL_GPIO_EXTI_IRQHandler(uint16_t  GPIO_Pin)
{
/* EXTI line interrupt detected */
If(_HAL_GPIO_EXTI_GET_IT(GPIO_Pin)!= RESET)       //检测中断挂起标志
{
_HAL_GPIO_EXTI_CLEAR_IT(GPIO_Pin);                //清除中断挂起标志
HAL_GPIO_EXTI_Callback(GPIO_Pin);                 //执行回调函数
}
}
```

这个函数的代码很简单,如果检测到中断线 GPIO_Pin 的中断挂起标志不为 0,就清除中断挂起标志位,然后执行函数 HAL_GPIO_EXTI_Callback(),这个函数是对中断进行响应处理的回调函数,它的代码框架在文件 stm32f4xx_hal_gpio.c 中,代码如下(原来的英文注释翻译为中文了)。

```
_weak   void  HAL_GPIO_EXTI_Callback(uint16_t  GPIO_Pin)
{
/*使用 UNUSED()函数避免编译时出现未使用变量的警告*/
UNUSED(GPIO_Pin);
/*注意:不要直接修改这个函数,如需使用回调函数,可以在用户文件中重新实现这个函数*/
}
```

这个函数的前面有个修饰符_weak,这是用来定义弱函数的。所谓弱函数,就是 HAL 库中预先定义的带有_weak 修饰符的函数,如果用户没有重新实现这些函数,编译时就编译这些弱函数,如果在用户程序文件里重新实现了这些函数,就编译用户重新实现的函数。用户重新实现一个弱函数时,要舍弃修饰符_weak。

弱函数一般用作中断处理的回调函数,例如这里的函数 HAL_GPIO_EXTI_Callback()。如果用户重新实现了这个函数,对某个外部中断做出具体的处理,用户代码就会被编译进去。

在 STM32CubeMX 生成的代码中,所有 ISR 采用下面的处理框架。

(1) 在文件 stm32f4xx_it.c 中,自动生成已启用中断的 ISR 代码框架,例如,为 EXTI0 中断生成 ISR 函数 EXTI0_IRQHandler()的代码框架。

(2) 在中断的 ISR 里,执行 HAL 库中为该中断定义的通用处理函数,例如,外部中断的通用处理函数是 HAL_GPIO_EXTI_IRQHandler()。通常,一个外设只有一个中断号,一个 ISR 有一个通用处理函数,也可能多个中断号共用一个通用处理函数,例如,外部中断有多个中断号,但是 ISR 中调用的通用处理函数都是 HAL_GPIO_EXTI_IRQHandler()。

(3) ISR 中调用的中断通用处理函数是 HAL 库中定义的,例如,HAL_GPIO_EXTI_IRQHandler()是外部中断的通用处理函数。在中断的通用处理函数中,会自动进行中断事件来源的判断(一个中断号一般有多个中断事件源)、中断标志位的判断和清除,并调用与中断事件源对应的回调函数。

(4) 一个中断号一般有多个中断事件源,HAL 库中会为一个中断号的常用中断事件定义回调函数,在中断的通用处理函数中判断中断事件源并调用相应的回调函数。外部中断只有一个中断事件源,所以只有一个回调函数 HAL_GPIO_EXTI_Callback()。定时器有多个中断事件源,所以定时器的 HAL 驱动程序中,针对不同的中断事件源定义了不同的回调函数。

(5) HAL 库中定义的中断事件处理的回调函数都是弱函数,需要用户重新实现回调函数,从而实现对中断的具体处理。

在 STM32Cube 编程中,用户只需搞清楚与中断事件对应的回调函数,然后重新实现回调函数即可。对于外部中断,只有一个中断事件源,所以只有一个回调函数 HAL_GPIO_EXTI_Callback()。在对外部中断进行处理时,只需重新实现这个函数即可。

7.5 STM32F4 外部中断设计流程

STM32F4 中断设计包括三部分,即 NVIC 设置、中断端口配置、中断处理。

使用库函数配置外部中断的步骤如下。

(1) 使能 GPIO 口时钟,初始化 GPIO 口为输入。

首先,要使用 GPIO 口作为中断输入,所以要使能相应的 GPIO 口时钟。

(2) 设置 GPIO 口模式,触发条件,开启 SYSCFG 时钟,设置 GPIO 口与中断线的映射关系。

该步骤如果使用标准库,那么需要多个函数分步实现。而当使用 HAL 库时,则都是在函数 HAL_GPIO_Init() 中一次性完成。例如要设置 PA0 连接中断线 0,并且为上升沿触发,代码为

```
GPIO_InitTypeDef GPIO_Initure;
GPIO_Initure.Pin = GPIO_PIN_0;              //PA0
GPIO_Initure.Mode = GPIO_MODE_IT_RISING;    //外部中断,上升沿触发
GPIO_Initure.Pull = GPIO_PULLDOWN;          //默认下拉 HAL_GPIO_Init(GPIOA,&GPIO_Initure);
```

当调用函数 HAL_GPIO_Init() 设置 GPIO 的 Mode 值为 GPIO_MODE_IT_RISING (外部中断上升沿触发)、GPIO_MODE_IT_FALLING(外部中断下降沿触发)或者 GPIO_MODE_IT_RISING_FALLING(外部中断双边沿触发)的时候,该函数内部会通过判断 Mode 的值来开启 SYSCFG 时钟,并且设置 GPIO 口和中断线的映射关系。

因为这里初始化的是 PA0,调用该函数后中断线 0 会自动连接到 PA0。如果某个时间,用同样的方式初始化了 PB0,那么 PA0 与中断线的连接将被清除,而直接连接 PB0 到中断线 0。

(3) 设置中断优先级(NVIC),并使能中断。

设置好中断线和 GPIO 口映射关系,然后又设置好中断的触发模式等初始化参数。既然是外部中断,涉及中断当然还要设置 NVIC 中断优先级。设置中断线 0 的中断优先级并使能外部中断 0 的方法为

```
HAL_NVIC_SetPriority(EXTI0_IRQn,2,0);   //抢占式优先级为 2,响应优先级为 0
HAL_NVIC_EnableIRQ(EXTI0_IRQn);         //使能中断线 2
```

(4) 编写中断服务函数。

配置完中断优先级之后,接着就是编写中断服务函数。中断服务函数的名字是在 HAL

库中事先有定义的。STM32F4 的 I/O 口外部中断服务函数只有 7 个,分别如下。

```
void EXTI0_IRQHandler();
void EXTI1_IRQHandler();
void EXTI2_IRQHandler();
void EXTI3_IRQHandler();
void EXTI4_IRQHandler();
void EXTI9_5_IRQHandler();
void EXTI15_10_IRQHandler();
```

中断线 0～4 每个对应一个中断服务函数,中断线 5～9 共用中断服务函数 EXTI9_5_IRQHandler(),中断线 10～15 共用中断服务函数 EXTI15_10_IRQHandler()。一般情况下,可以把中断控制逻辑直接编写在中断服务函数中,但是 HAL 库把中断处理过程进行了简单封装,具体见步骤(5)。

(5) 编写中断处理回调函数 HAL_GPIO_EXTI_Callback()。

在使用 HAL 库时,也可以像使用标准库一样,在中断服务函数中编写控制逻辑。

但是 HAL 库为了用户使用方便,它提供了一个中断通用入口函数 HAL_GPIO_EXTI_IRQHandler(),在该函数内部直接调用回调函数 HAL_GPIO_EXTI_Callback()。

函数 HAL_GPIO_EXTI_IRQHandler()定义如下。

```
void HAL_GPIO_EXTI_IRQHandler(uint16_t GPIO_Pin)
{
if(__HAL_GPIO_EXTI_GET_IT(GPIO_Pin) != 0x00u)
  {
  __HAL_GPIO_EXTI_CLEAR_IT(GPIO_Pin);
  __HAL_GPIO_EXTI_Callback(GPIO_Pin);
  }
}
```

中断通用入口函数实现的作用非常简单,就是清除中断标志位,然后调用回调函数 HAL_GPIO_EXTI_Callback()实现控制逻辑。在中断服务函数中直接调用中断通用入口函数 HAL_GPIO_EXTI_IRQHandler(),然后在回调函数 HAL_GPIO_EXTI_Callback()中通过判断中断是来自哪个 GPIO 口从而编写相应的中断服务控制逻辑。

配置 GPIO 口外部中断的一般步骤总结如下。

(1) 使能 GPIO 口时钟。

(2) 调用函数 HAL_GPIO_Init()设置 GPIO 口模式,触发条件,使能 SYSCFG 时钟以及设置 GPIO 口与中断线的映射关系。

(3) 配置中断优先级(NVIC),并使能中断。

(4) 在中断服务函数中调用中断通用入口函数 HAL_GPIO_EXTI_IRQHandler()。

(5) 编写外部中断回调函数 HAL_GPIO_EXTI_Callback()。

通过以上几个步骤的设置,就可以正常使用外部中断了。

7.6 采用 STM32Cube 和 HAL 库的外部中断设计实例

中断在嵌入式系统应用中占有非常重要的地位,几乎每个控制器都有中断功能。中断对保证紧急事件在第一时间处理是非常重要的。

设计使用外接的按键来作为触发源,使得控制器产生中断,并在中断服务函数中实现控制 RGB 彩灯的任务。

7.6.1　STM32F4 外部中断的硬件设计

外部中断设计实例的硬件设计与按键的硬件设计相同,如图 7-5 所示。

从按键的原理图可知,这些按键在没有被按下时,GPIO 引脚的输入状态为低电平(按键所在的电路不通,引脚接地),当按键按下时,GPIO 引脚的输入状态为高电平(按键所在的电路导通,引脚接到电源)。轻触按键在按下时会使得引脚接通,通过电路设计可以使得按下时产生电平变化。

在本实例中,根据图 7-5 所示的电路设计一个程序,通过外部中断的方式让开发板上的三个独立按键控制 LED: KEY0 控制 LED0 翻转,KEY1 控制 LED1 翻转,KEY2 控制 LED1 和 LED2 同时翻转, KEY_UP 控制蜂鸣器翻转。

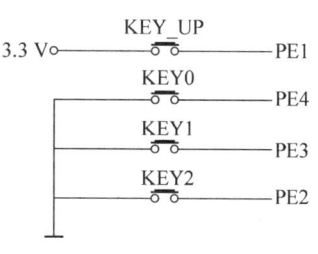

图 7-5　按键检测电路

7.6.2　STM32F4 外部中断的软件设计

1. 通过 STM32CubeMX 新建工程

通过 STM32CubeMX 新建工程的步骤如下。

(1)新建文件夹。

在 Demo 目录下新建文件夹 EXTI,这是保存本章新建工程的文件夹。

(2)新建 STM32CubeMX 工程。

在 STM32CubeMX 开发环境中新建工程。

(3)选择 MCU 或开发板。

Commercial Part Number 和 MCUs/MPUs List 文本框选择 STM32F407ZGT6,单击 Start Project 按钮启动工程。

(4)保存 STM32Cube MX 工程。

使用 STM32CubeMX 菜单项 File→Save Project 保存工程。

(5)生成报告。

使用 STM32CubeMX 菜单项 File→Generate Report 生成当前工程的报告文件。

(6)配置 MCU 时钟树。

在 STM32CubeMXPinout & Configuration 子页面下,选择 System Core→RCC 选项, High Speed Clock(HSE)项根据开发板实际情况,选择 Crystal/Ceramic Resonator(晶体/陶瓷晶振)。

切换到 STM32CubeMX Clock Configuration 子页面下,根据开发板外设情况配置总线时钟。此处配置 Input frequency 为 8 MHz,PLL Source Mux 为 HSE,分频系数/M 为 8, PLLMul 倍频为 336 MHz,PLLCLK 分频/2 后为 168 MHz,System Clock Mux 为 PLLCLK,APB1 Prescaler 为/4,APB2 Prescaler 为/2,其余默认设置即可。

(7)配置 MCU 外设。

根据 LED、蜂鸣器和 KEY 电路,整理出 MCU 连接的 GPIO 引脚的配置,如表 7-4 所示。

表 7-4 MCU 连接的 GPIO 引脚的配置

用户标签	引脚名称	引脚功能	GPIO 模式	上拉或下拉	端口速率
LED0	PF9	GPIO_Output	推挽输出	上拉	高
LED1	PF10	GPIO_Output	推挽输出	上拉	高
KEY0	PE4	GPIO_EXTI	下降沿中断	上拉	—
KEY1	PE3	GPIO_EXTI	下降沿中断	上拉	—
KEY2	PE2	GPIO_EXTI	下降沿中断	上拉	—
KEY_UP	PA0	GPIO_EXTI	上升沿中断	下拉	—
BEEP	PF8	GPIO_Output	推挽输出	下拉	高

再根据表 7-4 进行 GPIO 引脚配置。在引脚视图上,单击相应的引脚,在弹出的菜单中选择引脚功能。与 LED 和蜂鸣器连接的引脚是输出引脚,设置引脚功能为 GPIO_Output;与 KEY 连接的引脚是输入引脚,设置引脚功能为 GPIO_EXTI。

具体步骤如下。

在 STM32CubeMX Pinout & Configuration 子页面下选择 System Core→GPIO 选项,对使用的 GPIO 端口进行设置。LED 输出端口:DS0(PF9)和 DS1(PF10)。蜂鸣器输出端口 BEEP(PF8)。按键输入端口:KEY0(PE4)、KEY1(PE3)、KEY2(PE2)和 KEY_UP(PA0),配置 GPIO 端口为 EXTI 模式,如图 7-6 所示。

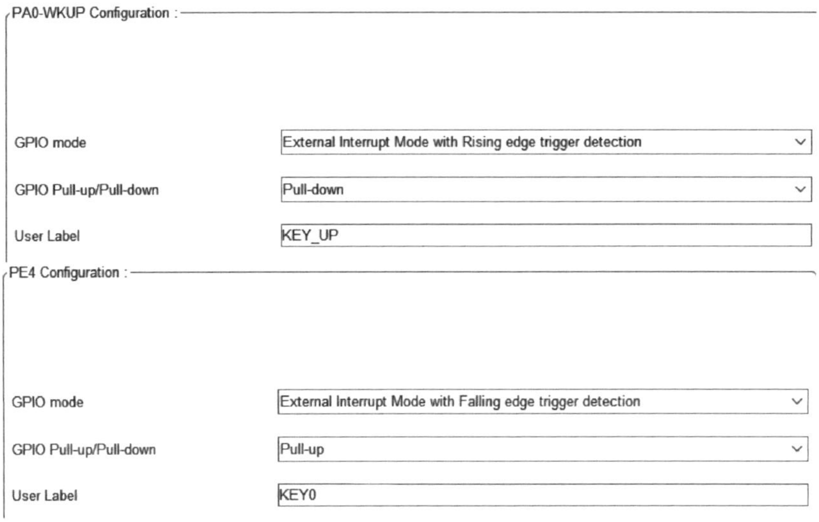

图 7-6 配置 GPIO 端口为 EXTI 模式

PE4、PE3 和 PE2 配置为下降沿触发方式(External Interrupt Mode with Falling edge trigger detection)和上拉(Pull-up),PA0 配置为上升沿触发方式(External Interrupt Mode with Rising edge Trigger detection)和下拉(Pull-down)。

配置完成后的 GPIO 端口页面如图 7-7 所示。

切换到 STM32CubeMX Pinout & Configuration 子页面下选择 System Core→NVIC 选项,Priority Group 文本框选择 2 bits for pre-emption priority(2 位抢占式优先级),EXTI line0 interrupt、EXTI line2 interrupt、EXTI line3 interrupt 和 EXTI line4 interrupt 选项勾选 Enabled 复选框,并修改 Preemption Priority(抢占式优先级)和 Sub Priority(响应优先

图 7-7　配置完成后的 GPIO 端口页面

级)的数目,如图 7-8 所示。

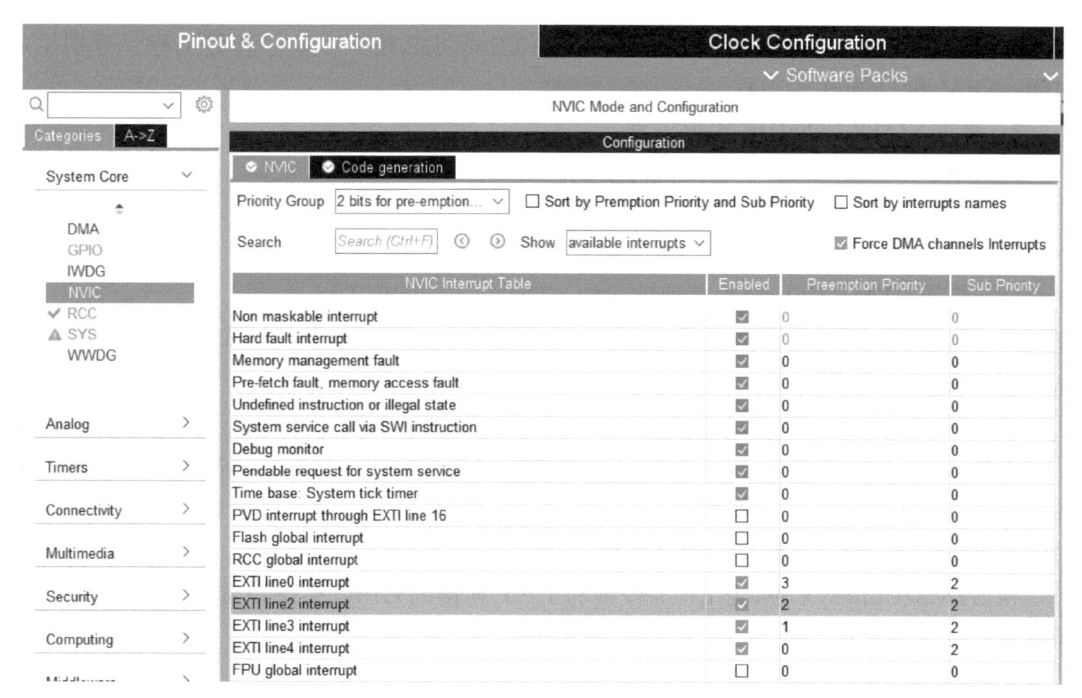

图 7-8　NVIC 配置页面

在 Code generation 界面中 EXTI line0 interrupt、EXTI line2 interrupt、EXTI line3 interrupt 和 EXTI line4 interrupt 选项勾选 Select for init sequence ordering 复选框。NVIC Code generation 配置页面如图 7-9 所示。

(8) 配置工程。

在 STM32CubeMX Project Manager 子页面 Project 栏中,Toolchain/IDE 项选择 MDK-ARM,Min Version 项选择 V5,可生成 Keil MDK 工程;选择 STM32CubeIDE,可生成 CubeIDE 工程。

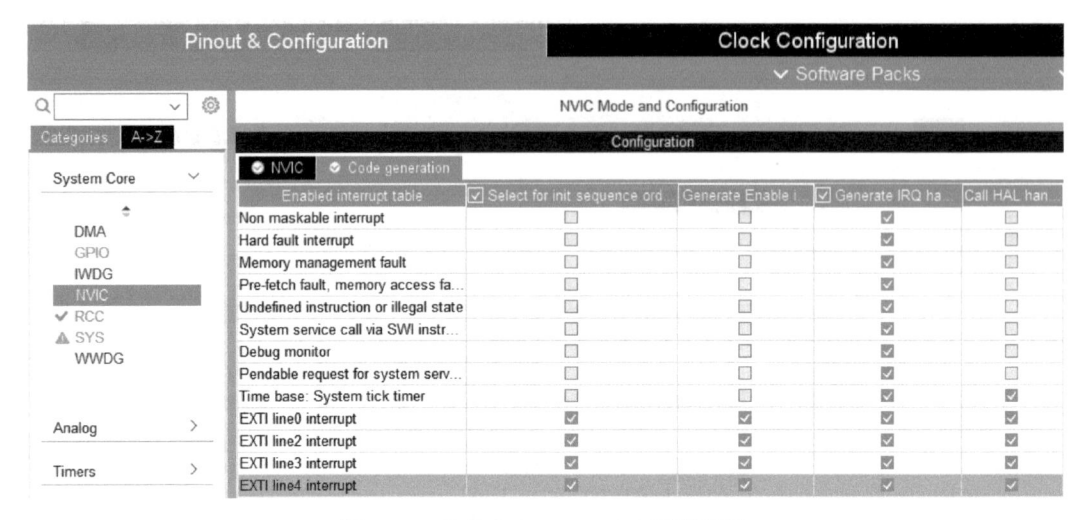

图 7-9 NVIC Code generation 配置页面

（9）生成 C 代码工程。

在 STM32CubeMX 主页面单击 GENERATE CODE 按钮生成 C 代码工程。分别生成 MDK-ARM 和 CubeIDE 工程。

2. 通过 STM32CubeIDE 实现工程

通过 STM32CubeIDE 实现工程的步骤如下。

（1）打开工程。

打开 EXTI\STM32CubeIDE 文件夹下的工程文件。

（2）编译 STM32CubeMX 自动生成的 STM32CubeIDE 工程。

在 STM32CubeIDE 开发环境中通过菜单项 Project→Build All 或单击工具栏中的 Build All 按钮 编译工程。

（3）STM32CubeMX 自动生成 STM32CubeIDE 工程。

文件 main.c 中函数 main()依次调用了函数 HAL_Init()用于复位所有外设,初始化闪存接口和 SysTick 定时器。函数 SystemClock_Config()用于配置各种时钟信号频率。函数 MX_GPIO_Init()用于初始化 GPIO 引脚。

在 STM32CubeMX 中,为 LED、按键和 KEY 连接的 GPIO 引脚设置了用户标签,这些用户标签的宏定义在文件 main.h 中,代码如下。

```
/* Private defines -----------------------------------------
---- */
#define KEY2_Pin GPIO_PIN_2
#define KEY2_GPIO_Port GPIOE
#define KEY2_EXTI_IRQn EXTI2_IRQn
#define KEY1_Pin GPIO_PIN_3
#define KEY1_GPIO_Port GPIOE
#define KEY1_EXTI_IRQn EXTI3_IRQn
#define KEY0_Pin GPIO_PIN_4
#define KEY0_GPIO_Port GPIOE
#define KEY0_EXTI_IRQn EXTI4_IRQn
#define BEEP_Pin GPIO_PIN_8
#define BEEP_GPIO_Port GPIOF
```

```
#define LED0_Pin GPIO_PIN_9
#define LED0_GPIO_Port GPIOF
#define LED1_Pin GPIO_PIN_10
#define LED1_GPIO_Port GPIOF
#define KEY_UP_Pin GPIO_PIN_0
#define KEY_UP_GPIO_Port GPIOA
#define KEY_UP_EXTI_IRQn EXTI0_IRQn
/* USER CODE BEGIN Private defines */
```

文件 gpio.c 中包含了函数 MX_GPIO_Init() 的实现代码,源代码请参考电子资源。

本实验使用到了中断,因此函数 main() 调用了中断初始化函数 MX_NVIC_Init()。该函数是在文件 main.c 中定义的,它的代码中调用了函数 HAL_NVIC_SetPriority() 和 HAL_NVIC_EnableIRQ(),用于设置中断的优先级和使能中断。函数 MX_NVIC_Init() 实现的代码如下。

```
static void MX_NVIC_Init(void)
{
  /* EXTI0_IRQn interrupt configuration */
  HAL_NVIC_SetPriority(EXTI0_IRQn, 3, 2);
  HAL_NVIC_EnableIRQ(EXTI0_IRQn);
  /* EXTI2_IRQn interrupt configuration */
  HAL_NVIC_SetPriority(EXTI2_IRQn, 2, 2);
  HAL_NVIC_EnableIRQ(EXTI2_IRQn);
  /* EXTI3_IRQn interrupt configuration */
  HAL_NVIC_SetPriority(EXTI3_IRQn, 1, 2);
  HAL_NVIC_EnableIRQ(EXTI3_IRQn);
  /* EXTI4_IRQn interrupt configuration */
  HAL_NVIC_SetPriority(EXTI4_IRQn, 0, 2);
  HAL_NVIC_EnableIRQ(EXTI4_IRQn);
}
```

(4) 新建用户文件。

在 KEY\Core\Src 文件夹下新建文件 led.c、key.c、beep.c,在 KEY\Core\Inc 文件夹下新建文件 led.h、key.h、beep.h。将文件 led.c、key.c 和 beep.c 添加到 Application/User/Core 文件夹下。

(5) 编写用户代码。

文件 led.h 和 led.c 实现 LED 操作的宏定义和 LED 初始化。

文件 stm32f4xx_it.c 中根据 STM32CubeMX 的 NVIC 配置,自动生成相应的中断服务函数。本实验自动生成的外部中断服务函数代码如下。

```
void EXTI0_IRQHandler(void)
{
  HAL_GPIO_EXTI_IRQHandler(KEY_UP_Pin);
}
void EXTI2_IRQHandler(void)
{
  HAL_GPIO_EXTI_IRQHandler(KEY2_Pin);
}
void EXTI3_IRQHandler(void)
{
  HAL_GPIO_EXTI_IRQHandler(KEY1_Pin);
```

```
}
void EXTI4_IRQHandler(void)
{
    HAL_GPIO_EXTI_IRQHandler(KEY0_Pin);
}
```

文件 gpio.c 中添加外部中断的回调函数 HAL_GPIO_EXTI_Callback() 的处理。KEY0 控制 LED0 翻转，KEY1 控制 LED1 翻转，KEY2 控制 LED1 和 LED2 同时翻转，KEY_UP 控制蜂鸣器翻转。

延时函数 delay_us() 和 delay_ms() 在文件 main.c 中实现。

```
void HAL_GPIO_EXTI_Callback(uint16_t GPIO_Pin)
{
    delay_ms(20);                      /* 消抖 */
    switch(GPIO_Pin)
    {
        case KEY0_Pin:
            if (KEY0 == 0)
            {
                LED0_TOGGLE();          /* LED0 状态取反 */
            }
            break;

        case KEY1_Pin:
            if (KEY1 == 0)
            {
                LED1_TOGGLE();          /* LED1 状态取反 */
            }
            break;

        case KEY2_Pin:
            if (KEY2 == 0)
            {
                LED1_TOGGLE();          /* LED1 状态取反 */
                LED0_TOGGLE();          /* LED0 状态取反 */
            }
            break;

        case KEY_UP_Pin:
            if (WK_UP == 1)
            {
                BEEP_TOGGLE();          /* 蜂鸣器状态取反 */
            }
            break;

        default : break;
    }
}
```

文件 main.c 中添加对用户自定义头文件的引用。

```
/* Private includes ----------------------------------------------------- */
/* USER CODE BEGIN Includes */
```

```
#include "led.h"
#include "key.h"
#include "beep.h"
/* USER CODE END Includes */
```

文件 main.c 中添加对 LED 和蜂鸣器的初始化,按键的处理在中断服务程序中已完成,主函数不再操作。

```
/* USER CODE BEGIN 2 */
  led_init();
  beep_init();
LED0(0);
  /* USER CODE END 2 */

  /* Infinite loop */
  /* USER CODE BEGIN WHILE */
  while (1)
  {
        delay_ms(1000);

    /* USER CODE END WHILE */

    /* USER CODE BEGIN 3 */
  }
```

(6) 重新编译工程。

重新编译修改后的工程。

(7) 下载工程。

连接好仿真下载器,开发板上电。

单击菜单项 Run→Run 或单击工具栏中的 ⊙ 图标,首次运行时会弹出配置页面,选择调试探头为 ST-LINK,接口为 JTAG,其余默认,单击 OK 按钮确认。

工程下载完成后,操作按键观察状态,KEY0 控制 DS0 翻转,KEY1 控制 DS1 翻转,KEY2 控制 DS0 和 DS1 同时翻转,KEY_UP 控制蜂鸣器翻转。

第 8 章 STM32 定时器系统

CHAPTER 8

本章深入讲解 STM32 的定时器系统,覆盖了基本定时器和通用定时器的介绍、功能、工作模式及其寄存器结构;详细阐述 STM32 定时器的 HAL 库函数使用,包括基础定时器驱动程序和外设中断处理;通过实例展示如何利用 STM32Cube 和 HAL 库进行通用定时器的配置、硬件设计和软件设计。本章的重点在于提供对 STM32 定时器系统的全面理解,从而使读者能够有效地利用定时器进行精确的时间控制和事件管理,为开发复杂的嵌入式系统应用打下坚实的基础。

本章的学习目标:

(1) 理解 STM32 定时器的基本概念。
(2) 掌握 STM32 基本定时器和通用定时器的使用。
(3) 使用 HAL 库进行定时器配置和管理。
(4) 实际应用案例分析。
(5) 开发实践能力。

通过本章的学习,学生将具备在 STM32 微控制器上设计、配置和实现定时器系统的能力,能够有效地利用定时器进行时间管理和事件控制,提高微控制器应用的性能和效率。

8.1 STM32 定时器概述

从本质上讲定时器就是"数字电路"课程中学过的计数器(Counter),它像"闹钟"一样忠实地为处理器完成定时或计数任务,几乎是所有现代微处理器必备的一种片上外设。很多读者在初次接触定时器时,都会提出这样一个问题:既然 Arm 内核每条指令的执行时间都是固定的,且大多数是相等的,那么我们可以利用软件的方法实现定时吗?例如,要在 168 MHz 系统时钟下实现 1 μs 的定时,完全可以通过执行 168 条不影响状态的"无关指令"实现。既然这样,STM32 中为什么还要有"定时/计数器"这样一个完成定时工作的硬件结构呢? 其实,读者的看法没有错。确实可以通过插入若干条不产生影响的"无关指令"实现固定时间的定时,但这会带来两个问题:其一,在这段时间中,STM32 不能做其他任何事情,否则定时将不再准确;其二,这些"无关指令"会占据大量程序空间。而当嵌入式处理器中集成了硬件的定时器以后,它就可以在内核运行执行其他任务的同时完成精确的定时,并在定时结束后通过中断/事件等方法通知内核或相关外设。简单地说,定时器最重要的作用就是将STM32的Arm内核从简单、重复的延时工作中解放出来。

当然,定时器的核心电路结构是计数器。当它对STM32内部固定频率的信号进行计数时,只要指定计数器的计数值,就相当于固定了从定时器启动到溢出之间的时间长度。这种对内部已知频率计数的工作方式称为"定时方式"。定时器还可以对外部引脚输入的未知频率信号进行计数,此时由于外部输入时钟频率可能改变,从定时器启动到溢出之间的时间长度是无法预测的,软件所能判断的仅仅是外部脉冲的个数。因此这种计数时钟来自外部的工作方式只能称为"计数方式"。在这两种基本工作方式的基础上,STM32的定时器又衍生出了"输入捕获""输出比较""PWM""脉冲计数""编码器接口"等多种工作模式。

定时与计数的应用十分广泛。在实际生产过程中,许多场合都需要定时或者计数操作。例如产生精确的时间,对流水线上的产品进行计数等。因此,定时/计数器在嵌入式单片机应用系统中十分重要。

STM32内部集成了多个定时/计数器。根据型号不同,STM32系列芯片最多包含8个定时/计数器。其中,TIM6和TIM7为基本定时器,TIM2~TIM5为通用定时器,TIM1和TIM8为高级控制定时器,功能最强。三种定时器具备的功能如表8-1所示。此外,在STM32中还有两个看门狗定时器和一个系统嘀嗒定时器。

表8-1 STM32定时器具备的功能

主 要 功 能	高级控制定时器	通用定时器	基本定时器
内部时钟源(8 MHz)	●	●	●
带16位分频的计数单元	●	●	●
更新中断和DMA	●	●	●
计数方向	向上、向下、双向	向上、向下、双向	向上
外部事件计数	●	●	○
其他定时器触发或级联	●	●	○
4个独立输入捕获、输出比较通道	●	●	○
单脉冲输出方式	●	●	○
正交编码器输入	●	●	○
霍尔传感器输入	●	●	○
输出比较信号死区产生	●	○	○
制动信号输入	●	○	○

可编程定时/计数器(简称定时器)是当代微控制器标配的片上外设和功能模块。它不仅可以实现延时,而且还可完成其他功能。

(1) 如果时钟源来自内部系统时钟,那么可编程定时/计数器可以实现精确的定时。此时的定时器工作于普通模式、输出比较模式或PWM输出模式,通常用于延时、输出指定波形、驱动电机等应用中。

(2) 如果时钟源来自外部输入信号,那么可编程定时/计数器可以完成对外部信号的计数。此时的定时器工作于输入捕获模式,通常用于测量输入信号的频率和占空比、外部事件的发生次数和时间间隔等应用中。

在嵌入式系统应用中,使用定时器可以完成以下功能。

(1) 在多任务的分时系统中用作中断来实现任务的切换。

(2) 周期性执行某个任务,如每隔固定时间完成一次A/D采集。

(3）延迟一定时间执行某个任务,如交通灯信号变化。
(4）显示实时时间,如万年历。
(5）产生不同频率的波形,如 MP3 播放器。
(6）产生不同脉宽的波形,如驱动伺服电机。
(7）测量脉冲的个数,如测量转速。
(8）测量脉冲的宽度,如测量频率。

STM32F407 相比于传统的 51 单片机要完善和复杂得多,它是专为工业控制应用量身定做的。定时器有很多用途,包括基本定时功能、生成输出波形(比较输出、PWM 和带死区插入的互补 PWM)和测量输入信号的脉冲宽度(输入捕获)等。

STM32F407 微控制器共有 17 个定时器,包括 2 个基本定时器(TIM6 和 TIM7)、10 个通用定时器(TIM2～TIM5 和 TIM9～TIM14)、2 个高级定时器(TIM1 和 TIM8)、2 个看门狗定时器和 1 个系统嘀嗒定时器(SysTick)。

8.2 STM32 基本定时器

STM32 微控制器包含多种定时器,如基本定时器、通用定时器、高级定时器等。基本定时器主要用于提供简单的时间基准,如生成定时/延时功能,没有复杂的输入捕获或输出比较功能。它们通常用于触发 ADC 采集或产生定期中断。基本定时器的操作简单,通过编程计数器的自动重载和预分频器值,可以设置定时器溢出的时间周期,从而实现定时中断的功能。在 STM32CubeIDE 中,可以通过 HAL 库轻松配置和使用这些定时器。

8.2.1 基本定时器介绍

STM32F407 基本定时器 TIM6 和 TIM7 各包含一个 16 位自动重装载计数器,由各自的可编程预分频器驱动。它们可以为通用定时器提供时间基准,特别是可以为数模转换器(DAC)提供时钟。实际上,它们在芯片内部再直接连接到 DAC 并通过触发输出直接驱动DAC,这 2 个定时器是互相独立的,不共享任何资源。

TIM6 和 TIM7 定时器的主要功能如下。
(1）16 位自动重装载累加计数器。
(2）16 位可编程(可实时修改)预分频器,用于对输入的时钟按系数为 1～65536 的任意数值分频。
(3）触发 DAC 的同步电路。
(4）在更新事件(计数器溢出)时产生中断/DMA 请求。

基本定时器内部结构如图 8-1 所示。

8.2.2 基本定时器的功能

STM32 微控制器的基本定时器(Basic Timer)提供了一些简单但非常有用的功能,主要用于计时和事件计数,适用于需要精确控制时间的场景。

1. 时基单元

可编程基本定时器的主要部分是一个 16 位计数器和与它相关的自动重装载寄存器。

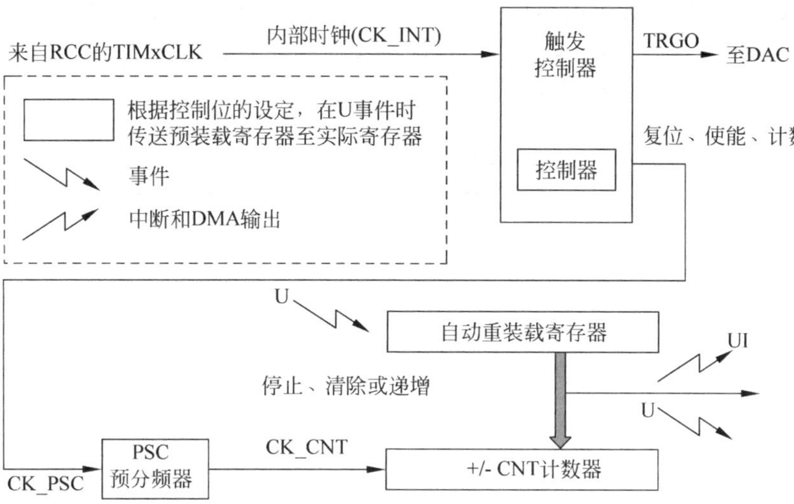

图 8-1 基本定时器内部结构框图

这个计数器可以向上计数、向下计数或者向上向下双向计数。此计数器时钟由预分频器分频得到。计数器、自动重装载寄存器和预分频器寄存器可以由软件读写,在计数器运行时仍可以读写。时基单元包含计数器寄存器(TIMx_CNT)、预分频器寄存器(TIMx_PSC)和自动重装载寄存器(TIMx_ARR)。

自动重装载寄存器是预先装载的,写或读自动重装载寄存器将访问预装载寄存器,根据在控制寄存器(TIMx_CR1)中的自动重装载预装载使能位(ARPE)的设置,预装载寄存器的内容被立即或在每次的更新事件(UEV)时传送到影子寄存器,当计数器达到溢出条件(向下计数时的下溢条件)并当 TIMx_CR1 寄存器中的 UDIS 位等于 0 时,产生 UEV。UEV 也可以由软件产生。

计数器由预分频器的时钟输出(CK_CNT)驱动,仅当设置了计数器 TIMx_CR1 寄存器中的计数器使能位(CEN)时,CK_CNT 才有效。真正的计数器使能信号 CNT_EN 是在CEN 的一个时钟周期后被设置。

预分频器可以将计数器的时钟频率按 1～65536 的任意值分频。它是基于一个(在TIMx_PSC 寄存器中的)16 位寄存器控制的 16 位计数器。这个控制寄存器带有缓冲器,能够在工作时被改变。

时基单元包含:
(1) 计数器寄存器(TIMx_CNT)。
(2) 预分频寄存器(TIMx_PSC)。
(3) 自动重装载寄存器(TIMx_ARR)。

2. 时钟源

从 STM32F407 定时器内部结构图可以看出,基本定时器 TIM6 和 TIM7 只有一个时钟源,即内部时钟(CK_INT)。对于 STM32F407 所有的定时器,CK_INT 都来自 RCC 的TIMxCLK,但对于不同的定时器,TIMxCLK 的来源不同。基本定时器 TIM6 和 TIM7 的TIMxCLK 来源于 APB1 预分频器的输出,系统默认情况下,APB1 的时钟频率为 72 MHz。

3. 预分频器

预分频可以以系数介于 1～65536 的任意数值对计数器时钟分频。它是通过一个 16 位寄存器(TIMx_PSC)的计数实现分频。因为 TIMx_PSC 控制寄存器具有缓冲作用,可以在运行过程中改变它的数值,新的预分频系数将在下一个更新事件时起作用。

预分频系数从 1 变到 2 的计数器时序图见图 8-2。

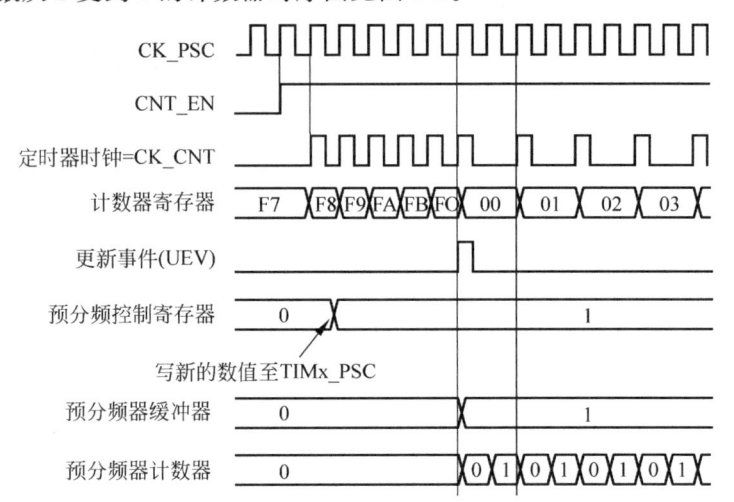

图 8-2 预分频系数从 1 变到 2 的计数器时序图

4. 计数模式

STM32F407 基本定时器只有向上计数工作模式,其工作过程如图 8-3 所示,其中 ↑ 表示产生溢出事件。

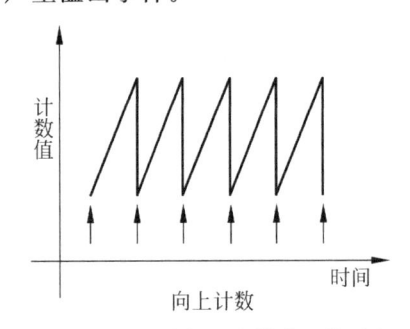

图 8-3 向上计数工作模式工作过程

基本定时器工作时,脉冲计数器寄存器(TIMx_CNT)从 0 累加计数到自动重装载寄存器(TIMx_ARR)预设值,然后重新从 0 开始计数并产生一个计数器溢出事件。由此可见,如果使用基本定时器进行延时,延时时间可以由以下公式计算:

延时时间 = (TIMx_ARR+1) × (TIMx_PSC+1) / TIMxCLK

当发生一次更新事件时,所有寄存器会被更新并设置更新标志:传送预装载值(TIMx_PSC 中的内容)至预分频器的缓冲区,自动重装载影子寄存器被更新为预装载值(TIMx_ARR 中的内容)。图 8-4 和图 8-5 是在 TIMx_ARR=0x36 时不同内部时钟分频系数下计数器时序图,图 8-4 的内部时钟分频系数为 1,图 8-5 的内部时钟分频系数为 2。

8.2.3 STM32 基本定时器的寄存器

现将 STM32F407 基本定时器的相关寄存器名称介绍如下,可以用半字(16 位)或字(32 位)的方式操作这些外设寄存器,由于采用库函数方式编程,故不作进一步的探讨。

(1) TIM6 和 TIM7 控制寄存器 1(TIMx_CR1)。
(2) TIM6 和 TIM7 控制寄存器 2(TIMx_CR2)。
(3) TIM6 和 TIM7 DMA/中断使能寄存器(TIMx_DIER)。
(4) TIM6 和 TIM7 状态寄存器(TIMx_SR)。

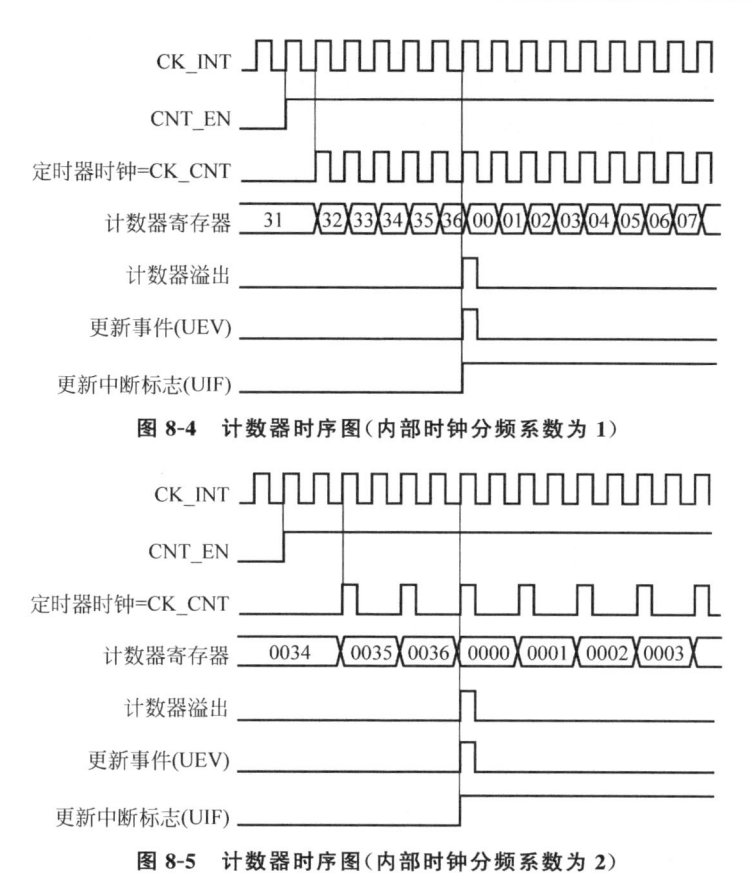

图 8-4　计数器时序图（内部时钟分频系数为 1）

图 8-5　计数器时序图（内部时钟分频系数为 2）

（5）TIM6 和 TIM7 事件产生寄存器（TIMx_EGR）。
（6）TIM6 和 TIM7 计数器寄存器（TIMx_CNT）。
（7）TIM6 和 TIM7 预分频器寄存器（TIMx_PSC）。
（8）TIM6 和 TIM7 自动重装载寄存器（TIMx_ARR）。

8.3　STM32 通用定时器

STM32 的通用定时器是多功能的定时器设备，适用于广泛的应用，包括 PWM 生成、输入捕获、时间基准、输出比较等。这些定时器具有多个独立的通道，可以独立设置，支持多种模式，如单次、连续和 PWM 模式。通用定时器还能够通过外部信号触发事件或计数，提供灵活的中断和 DMA 支持，使其能够处理复杂的与时间相关的任务。在 STM32CubeIDE 中，可以通过 HAL 库函数轻松配置和管理这些通用定时器，实现精确的时间控制和事件管理。

8.3.1　通用定时器介绍

STM32 内置 10 个可同步运行的通用定时器（TIM2、TIM3、TIM4、TIM5、TIM9、TIM10、TIM11、TIM12、TIM13、TIM14），其中，TIM2 和 TIM5 的计数长度为 32 位，其余定时器的计数长度为 16 位，每个通道都可用于输入捕获、输出比较、PWM 和单脉冲模式输出。任一通用定时器都能用于产生 PWM 输出。每个定时器都有独立的 DMA 请求机制。通过定时器链接功能与高级控制定时器共同工作,可提供同步或事件链接功能。

通用 TIMx(TIM2、TIM3、TIM4 和 TIM5)定时器有如下功能。

(1) 16 位或 32 位向上、向下、向上/向下自动装载计数器。

(2) 16 位或 32 位可编程(可以实时修改)预分频器,计数器时钟频率的分频系数为 1~65536 的任意数值。

(3) 4 个独立通道。

① 输入捕获。

② 输出比较。

③ PWM 生成(边缘或中间对齐模式)。

④ 单脉冲模式输出。

(4) 使用外部信号控制定时器和定时器互连的同步电路。

(5) 如下事件发生时产生中断/DMA。

① 更新,计数器向上溢出/向下溢出,计数器初始化(通过软件或者内部/外部触发)。

② 触发事件(计数器启动、停止、初始化或者由内部/外部触发计数)。

③ 输入捕获。

④ 输出比较。

(6) 支持针对定位的增量(正交)编码器和霍尔传感器电路。

(7) 触发输入作为外部时钟或者按周期的电流管理。

8.3.2 通用定时器的功能

通用定时器内部结构如图 8-6 所示,相比于基本定时器,其内部结构复杂得多,其中最显著的是增加了 4 个捕获/比较寄存器(TIMx_CCR),这也是通用定时器之所以拥有那么多强大功能的原因。

1. 时基单元

可编程通用定时器的主要部分是一个 16 位计数器和与它相关的自动重装载寄存器。这个计数器可以向上计数、向下计数或者向上向下双向计数。此计数器时钟由预分频器分频得到。计数器、自动重装载寄存器和预分频器寄存器可以由软件读写,在计数器运行时仍可以读写。时基单元包含计数器寄存器(TIMx_CNT)、预分频器寄存器(TIMx_PSC)和自动重装载寄存器(TIMx_ARR)。

自动重装载寄存器是预先装载的,写或读自动重装载寄存器将访问预装载寄存器。根据在控制寄存器(TIMx_CR1)中的自动重装载预装载使能位(ARPE)的设置,预装载寄存器的内容被立即或在每次的更新事件(UEV)时传送到影子寄存器。当计数器达到溢出条件(向下计数时的下溢条件)并当 TIMx_CR1 寄存器中的 UDIS 位等于 0 时,产生 UEV。UEV 也可以由软件产生。

计数器由预分频器的时钟输出(CK_CNT)驱动,仅当设置了计数器 TIMx_CR1 寄存器中的计数器使能位(CEN)时,CK_CNT 才有效。真正的计数器使能信号 CNT_EN 是在 CEN 的一个时钟周期后被设置。

预分频器可以将计数器的时钟频率按 1~65536 的任意值分频。它是基于一个(在

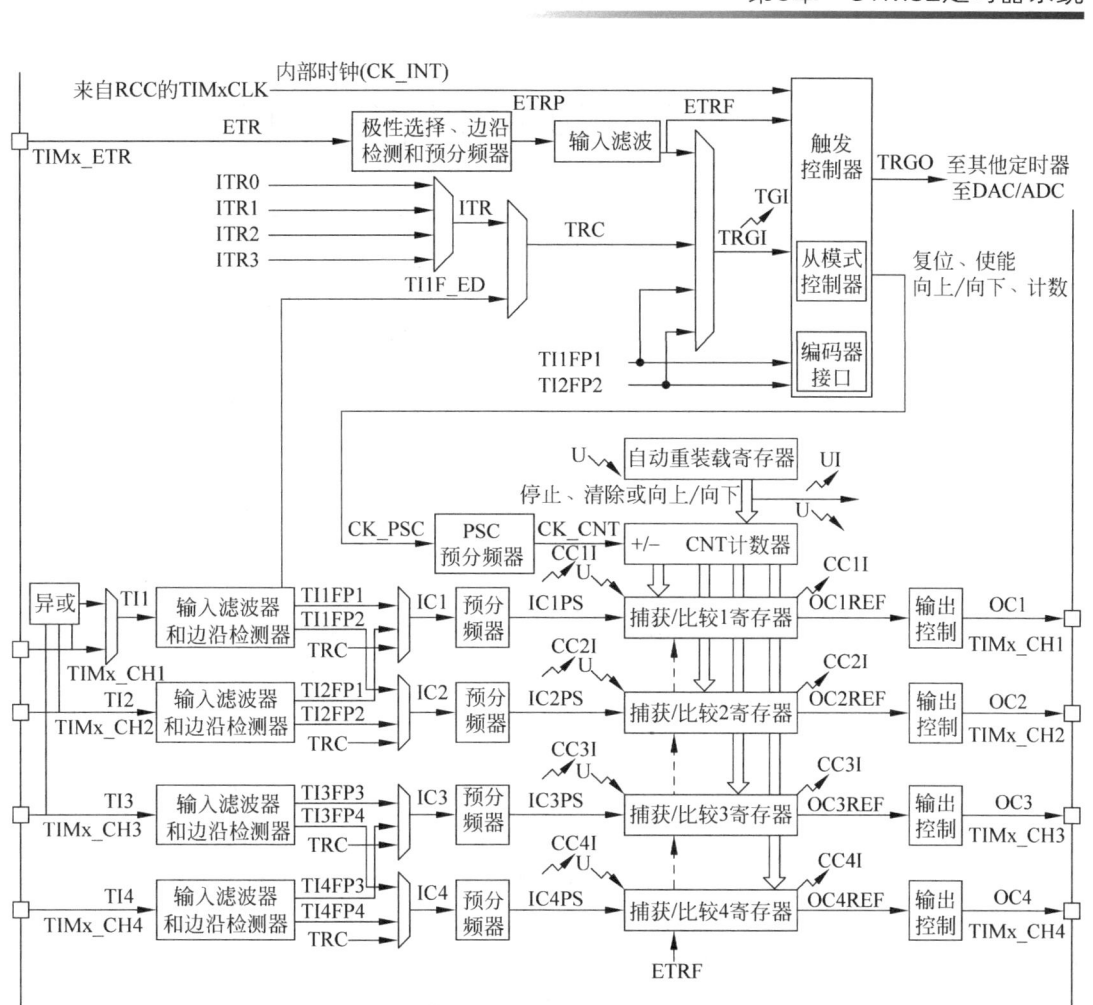

图 8-6 通用定时器内部结构框图

TIMx_PSC 寄存器中的)16 位寄存器控制的 16 位计数器。这个控制寄存器带有缓冲器,能够在工作时被改变。新的预分频器参数在下一次更新事件到来时被采用。

2. 计数模式

TIM2~TIM5 可以向上计数、向下计数、向上向下双向计数。

(1) 向上计数模式。

向上计数模式工作过程同基本定时器向上计数模式,工作过程如图 8-3 所示。在向上计数模式中,计数器在时钟 CK_CNT 的驱动下从 0 计数到自动重装载寄存器(TIMx_ARR)的预设值,然后重新从 0 开始计数,并产生一个计数器溢出事件,可触发中断或 DMA 请求。

当发生一个更新事件时,所有的寄存器都被更新,硬件同时设置更新标志位。

对于一个工作在向上计数模式下的通用定时器,当自动重装载寄存器 TIMx_ARR 的值为 0x36 时,内部预分频系数为 4(预分频寄存器 TIMx_PSC 的值为 3)的计数器时序图如

图 8-7 所示。

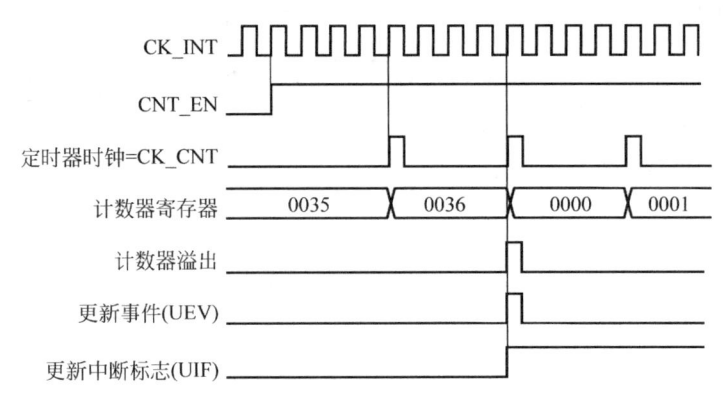

图 8-7 计数器时序图（内部时钟预分频系数为 4）

(2) 向下计数模式。

通用定时器向下计数模式工作过程如图 8-8 所示。在向下计数模式中，计数器在时钟 CK_CNT 的驱动下从自动重装载寄存器 TIMx_ARR 的预设值开始向下计数到 0，然后从自动重装载寄存器 TIMx_ARR 的预设值重新开始计数，并产生一个计数器溢出事件，可触发中断或 DMA 请求。当发生一个更新事件时，所有的寄存器都被更新，硬件同时设置更新标志位。

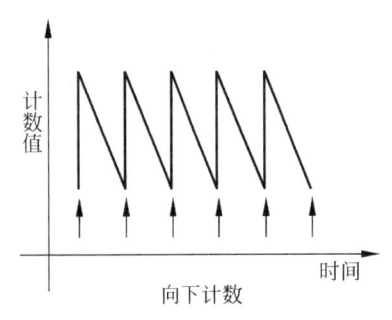

图 8-8 向下计数工作模式

对于一个工作在向下计数模式下的通用定时器，当自动重装载寄存器 TIMx_ARR 的值为 0x36，内部预分频系数为 2（预分频寄存器 TIMx_PSC 的值为 1）的计数器时序图如图 8-9 所示。

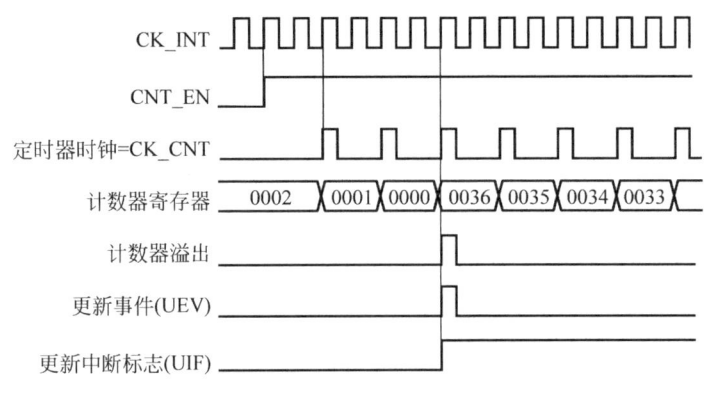

图 8-9 计数器时序图（内部时钟预分频系数为 2）

(3) 向上/向下计数模式。

向上/向下计数模式又称为中央对齐模式或双向计数模式，其工作过程如图 8-10 所示，计数器从 0 开始计数到自动加载的值（TIMx_ARR 寄存器中的内容）-1，产生一个计数器溢出事件，然后向下计数到 1 并且产生一个计数器下溢事件；然后再从 0 开始重新计数。在这个模式，不能写入 TIMx_CR1 中的 DIR 方向位。它由硬件更新并指示当前的计数方向。可以在每次计数上溢和每次计数下溢时产生更新事件，触发中断或 DMA 请求。

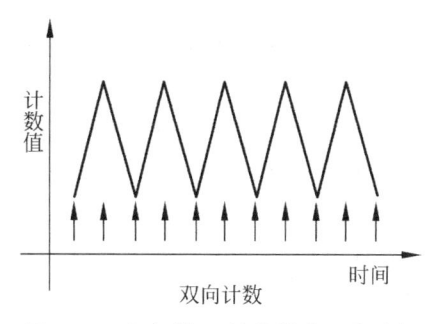

图 8-10　向上/向下计数模式工作过程

对于一个工作在向上/向下计数模式下的通用定时器,当自动重装载寄存器 TIMx_ARR 的值为 0x06,内部预分频系数为 1(预分频寄存器 TIMx_PSC 的值为 0)的计数器时序图如图 8-11 所示。

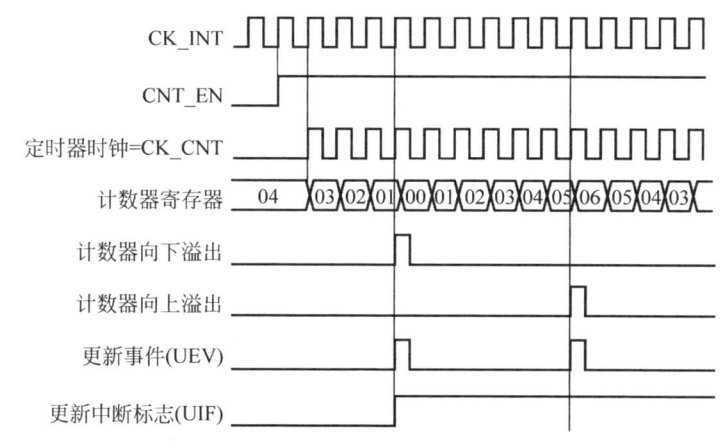

图 8-11　计数器时序图(内部时钟预分频系数为 1)

3. 时钟选择

相比于基本定时器单一的内部时钟源,STM32F407 通用定时器的 16 位计时器的时钟源有多种选择,可由以下时钟源提供。

(1) 内部时钟(CK_INT)。

CK_INT 来自 RCC 的 TIMxCLK,根据 STM32F407 时钟树,通用定时器 TIM2~TIM5 的 CK_INT 的来源为 TIM_CLK,与基本定时器相同,都是来自 APB1 预分频器的输出,通常情况下,其时钟频率是 168 MHz。

(2) 外部输入捕获引脚 TIx(外部时钟模式 1)。

外部输入捕获引脚 TIx(外部时钟模式 1)来自外部输入捕获引脚的边沿信号。计数器可以在选定的输入端(引脚 1:TI1FP1 或 TI1F_ED;引脚 2:TI2FP2)的每个上升沿或下降沿计数。

(3) 外部触发输入 ETR(外部时钟模式 2)。

外部触发输入 ETR(外部时钟模式 2)来自外部引脚 ETR。计数器能在外部触发输入 ETR 的每个上升沿或下降沿计数。

(4) 内部触发输入 ITRx。

内部触发输入 ITRx 来自芯片内部其他定时器的触发输入,使用一个定时器作为另一个定时器的预分频器,例如,可以配置 TIM1 作为 TIM2 的预分频器。

4. 捕获/比较通道

每一个捕获/比较通道都是围绕一个捕获/比较寄存器(包含影子寄存器),包括捕获的输入部分(数字滤波、多路复用和预分频器)和输出部分(比较器和输出控制)。输入部分对相应的 TIx 输入信号采样,并产生一个滤波后的信号 TIxF。然后,一个带极性选择的边缘检测器产生一个信号(TIxFPx),它可以作为从模式控制器的输入触发或者作为捕获控制。该信号通过预分频进入捕获寄存器(ICxPS)。输出部分产生一个中间波形 OCxRef(高有效)作为基准,链的末端决定最终输出信号的极性。

8.3.3 通用定时器的工作模式

STM32 的通用定时器支持的工作模式如下。

(1)输入捕获模式:用于测量输入信号的频率或脉冲宽度,通过捕获定时器计数值来实现。

(2)PWM 输入模式:测量 PWM 信号的频率和占空比,通常用两个相连的通道,一个捕获上升沿,另一个捕获下降沿。

(3)强制输出模式:无条件地将输出引脚设置为高或低状态,常用于紧急停止或安全关断功能。

(4)输出比较模式:定时器的计数值与预设值比较,达到预设值时,可以设置输出状态或触发事件。

(5)PWM 模式:生成可调频率和占空比的 PWM 信号,用于电机控制、LED 调光等应用。

这些模式使通用定时器能够应对多样化的时间测量和控制需求。

1. 输入捕获模式

在输入捕获模式下,当检测到 ICx 信号上相应的边沿后,计数器的当前值被锁存到捕获/比较寄存器(TIMx_CCRx)中。当捕获事件发生时,相应的 CCxIF 标志(TIMx_SR 寄存器)被置位 1,如果使能了中断或者 DMA 操作,则将产生中断或者 DMA 操作。如果捕获事件发生时 CCxIF 标志已经为高,那么重复捕获标志 CCxOF(TIMx_SR 寄存器)被置位 1。写 CCxIF=0 可清除 CCxIF,或读取存储在 TIMx_CCRx 寄存器中的捕获数据也可清除 CCxIF。写 CCxOF=0 可清除 CCxOF。

2. PWM 输入模式

该模式是输入捕获模式的一个特例,除下列区别外,操作与输入捕获模式相同。

(1) 2 个 ICx 信号被映射至同一个 TIx 输入。

(2) 这 2 个 ICx 信号为边沿有效,但是极性相反。

(3) 其中一个 TIxFP 信号被作为触发输入信号,从而使模式控制器被配置成复位模式。例如,需要测量输入到 TI1 上的 PWM 信号的长度(TIMx_CCR1 寄存器)和占空比(TIMx_CCR2 寄存器),具体步骤如下(取决于 CK_INT 的频率和预分频器的值)。

① 选择 TIMx_CCR1 寄存器的有效输入:置 TIMx_CCMR1 寄存器的 CC1S=01(选择 TI1)。

② 选择 TI1FP1 的有效极性(用来捕获数据到 TIMx_CCR1 寄存器和清除计数器):置

CC1P=0(上升沿有效)。

③ 选择 TIMx_CCR2 寄存器的有效输入：置 TIMx_CCMR1 寄存器的 CC2S=10。

④ 选择 TI1FP2 的有效极性(捕获数据到 TIMx_CCR2 寄存器)：置 CC2P=1(下降沿有效)。

⑤ 选择有效的触发输入信号：置 TIMx_SMCR 寄存器中的 TS=101(选择 TI1FP1)。

⑥ 配置从模式控制器为复位模式：置 TIMx_SMCR 寄存器的 SMS=100。

⑦ 使能捕获：置 TIMx_CCER 寄存器中的 CC1E=1 且 CC2E=1。

3. 强制输出模式

在输出模式(TIMx_CCMRx 寄存器中 CCxS=00)下，输出比较信号(OCxREF 和相应的 OCx)能够直接由软件强置为有效或无效状态，而不依赖于输出比较寄存器和计数器间的比较结果。置 TIMx_CCMRx 寄存器中相应的 OCxM=101，即可强置输出比较信号(OCxREF/OCx)为有效状态。这样 OCxREF 被强置为高电平(OCxREF 始终为高电平有效)，同时 OCx 得到与 CCxP 极性位相反的值。

例如，CCxP=0(OCx 高电平有效)，则 OCx 被强置为高电平。置 TIMx_CCMRx 中的 OCxM=100，可强置 OCxREF 信号为低。该模式下，在 TIMx_CCRx 影子寄存器和计数器之间的比较仍然在进行，相应的标志也会被修改。因此仍然会产生相应的中断和 DMA 请求。

4. 输出比较模式

此项功能是用来控制一个输出波形，或者指示一段给定的时间已经到时。

当计数器与捕获/比较寄存器中的内容相同时，输出比较功能作如下操作。

(1) 将输出比较模式(TIMx_CCMRx 寄存器中的 OCxM 位)和输出极性(TIMx_CCER 寄存器中的 CCxP 位)定义的值输出到对应的引脚上。在比较匹配时，输出引脚可以保持它的电平(OCxM=000)、被设置成有效电平(OCxM=001)、被设置成无效电平(OCxM=010)或进行翻转(OCxM=011)。

(2) 设置中断状态寄存器中的标志位(TIMx_SR 寄存器中的 CCxIF 位)。

(3) 若设置了相应的中断屏蔽(TIMx_DIER 寄存器中的 CCxIE 位)，则产生一个中断。

(4) 若设置了相应的使能位(TIMx_DIER 寄存器中的 CCxDE 位，TIMx_CR2 寄存器中的 CCDS 位选择 DMA 请求功能)，则产生一个 DMA 请求。

输出比较模式的配置步骤如下。

① 选择计数器时钟(内部，外部，预分频器)。

② 将相应的数据写入 TIMx_ARR 和 TIMx_CCRx 寄存器中。

③ 如果要产生一个中断请求和/或一个 DMA 请求，设置 CCxIE 位和/或 CCxDE 位。

④ 选择输出模式，例如，当计数器 CNT 与 CCRx 匹配时翻转 OCx 的输出引脚，CCRx 预装载未用，开启 OCx 输出且高电平有效，则必需设置 OCxM=011、OCxPE=0、CCxP=0 和 CCxE=1。

⑤ 设置 TIMx_CR1 寄存器的 CEN 位启动计数器。

TIMx_CCRx 寄存器能够在任何时候通过软件进行更新以控制输出波形，条件是未使用预装载寄存器(OCxPE=0，否则 TIMx_CCRx 影子寄存器只能在发生下一次更新事件时被更新)。

5. PWM 模式

PWM 输出模式是一种特殊的输出模式，在电力、电子和电机控制领域得到广泛应用。

(1) PWM 简介。

PWM 是利用微处理器的数字输出来对模拟电路进行控制的一种非常有效的技术，因具有控制简单、灵活和动态响应好等优点而成为电力、电子技术最广泛应用的控制方式，其应用领域包括测量、通信、功率控制与变换、电动机控制、伺服控制、调光、开关电源，甚至某些音频放大器。

(2) PWM 实现。

目前，在运动控制系统或电动机控制系统中实现 PWM 的方法主要有传统的数字电路、微控制器普通 I/O 模拟和微控制器的 PWM 直接输出等。

① 传统的数字电路方式：用传统的数字电路实现 PWM（如 555 定时器），电路设计较复杂，体积大，抗干扰能力差，系统的研发周期较长。

② 微控制器普通 I/O 模拟方式：对于微控制器中无 PWM 输出功能情况（如 51 单片机），可以通过 CPU 操控普通 I/O 口来实现 PWM 输出。但这样实现 PWM 将消耗大量的时间，大大降低 CPU 的效率，而且得到的 PWM 的信号精度不太高。

③ 微控制器的 PWM 直接输出方式：对于具有 PWM 输出功能的微控制器，在进行简单的配置后即可在微控制器的指定引脚上输出 PWM 脉冲。这也是目前使用最多的 PWM 实现方式。

STM32F407 就是这样一款具有 PWM 输出功能的微控制器，除了基本定时器 TIM6 和 TIM7，其他的定时器都可以用来产生 PWM 输出。其中高级定时器 TIM1 和 TIM8 可以同时产生多达 7 路的 PWM 输出。而通用定时器也能同时产生多达 4 路的 PWM 输出，STM32 最多可以同时产生 30 路 PWM 输出。

(3) PWM 输出模式的工作过程。

STM32F407 微控制器 PWM 模式可以产生一个由 TIMx_ARR 寄存器确定频率、由 TIMx_CCRx 寄存器确定占空比的信号，PWM 产生信号原理如图 8-12 所示。

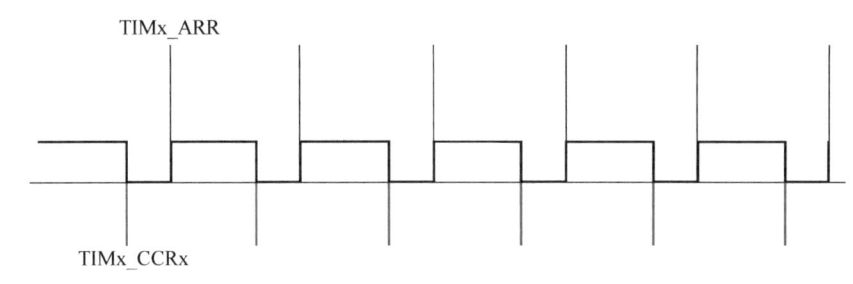

图 8-12　STM32F407 微控制器 PWM 产生信号原理

通用定时器 PWM 输出模式的工作过程如下。

① 若配置脉冲计数器寄存器 TIMx_CNT 为向上计数模式，自动重装载寄存器 TIMx_ARR 的预设为 N，则脉冲计数器寄存器 TIMx_CNT 的当前计数值 x 在时钟 CK_CNT（通常由 TIMACLK 经 TIMx_PSC 分频而得）的驱动下从 0 开始不断累加计数。

② 在脉冲计数器寄存器 TIMx_CNT 随着时钟 CK_CNT 触发进行累加计数的同时，脉冲计数 M_CNT 的当前计数值 x 与捕获/比较寄存器 TIMx_CCR 的预设值 A 进行比较；

如果 $x<A$,输出高电平(或低电平);如果 $x\geqslant A$,输出低电平(或高电平)。

③ 当脉冲计数器寄存器 TIMx_CNT 的计数值 x 大于自动重装载寄存器 TIMx_ARR 的预设值 N 时,脉冲计数器寄存器 TIMx_CNT 的计数值清零并重新开始计数。如此循环往复,得到的 PWM 的输出信号周期为 $(N+1)\times TCK\_CNT$,其中,N 为自动重装载寄存器 TIMx_ARR 的预设值,TCK_CNT 为时钟 CK_CNT 的周期。PWM 输出信号脉冲宽度为 $A\times TCK\_CNT$,其中,A 为捕获/比较寄存器 TIMx_CCR 的预设值,TCK_CNT 为时钟 CK_CNT 的周期。PWM 输出信号的占空比为 $A/(N+1)$。

下面举例具体说明,当通用定时器被设置为向上计数模式,自动重装载寄存器 TIMx_ARR 的预设值为 8,4 个捕获/比较寄存器 TIMx_CCRx 分别设为 0、4、8 和大于 8 时,通用定时器的 4 个 PWM 通道的输出时序 OCxREF 和触发中断时序 CCxIF 如图 8-13 所示。例如,在 TIMx_CCR=4 情况下,当 TIMx_CNT<4 时,OCxREF 输出高电平;当 TIMx_CNT≥4 时,OCxREF 输出低电平,并在比较结果改变时触发 CCxIF 中断标志。此 PWM 的占空比为 $4/(8+1)$。

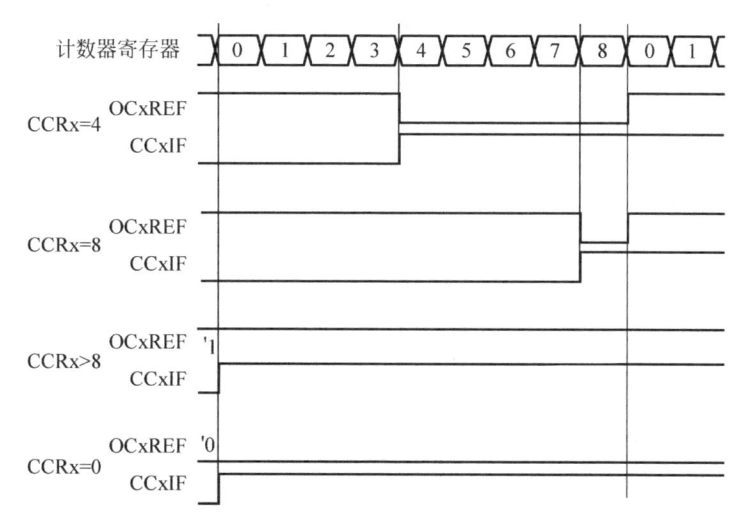

图 8-13 向上计数模式 PWM 输出时序和触发中断时序

需要注意的是,在 PWM 输出模式下,脉冲计数器寄存器 TIMx_CNT 的计数模式有向上计数、向下计数和向上/向下计数(中央对齐)3 种模式。以上仅介绍其中的向上计数模式,但是读者在掌握了通用定时器向上计数模式的 PWM 输出原理后,由此及彼,其他两种计数模式的 PWM 输出原理也就容易推导了。

8.3.4 通用定时器的寄存器

STM32F407 通用定时器相关寄存器名称如下,可以用半字(16 位)或字(位)的方式操作这些外设寄存器,由于是采用库函数方式编程,故不作进一步的探讨。

(1) 控制寄存器 1(TIMx_CR1)。
(2) 控制寄存器 2(TIMx_CR2)。
(3) 从模式控制寄存器(TIMx_SMCR)。
(4) DMA/中断使能寄存器(TIMx_DIER)。
(5) 状态寄存器(TIMx_SR)。

(6) 事件产生寄存器(TIMx_EGR)。
(7) 捕获/比较模式寄存器 1(TIMx_CCMR1)。
(8) 捕获/比较模式寄存器 2(TIMx_CCMR2)。
(9) 捕获/比较使能寄存器(TIMx_CCER)。
(10) 计数器寄存器(TIMx_CNT)。
(11) 预分频器寄存器(TIMx_PSC)。
(12) 自动重装载寄存器(TIMx_ARR)。
(13) 捕获/比较寄存器 1(TIMx_CCR1)。
(14) 捕获/比较寄存器 2(TIMx_CCR2)。
(15) 捕获/比较寄存器 3(TIMx_CCR3)。
(16) 捕获/比较寄存器 4(TIMx_CCR4)。
(17) DMA 控制寄存器(TIMx_DCR)。
(18) 连续模式的 DMA 地址(TIMx_DMAR)。

综上所述,与基本定时器相比,STM32F407 通用定时器具有以下不同特性。

(1) 具有自动重装载功能的 16 位递增/递减计数器,其内部时钟 CK_CNT 的来源 TIMxCLK 来自 APB1 预分频器的输出。

(2) 具有 4 个独立的通道,每个通道都可用于输入捕获、输出比较、PWM 输入和输出以及单脉冲模式输出等。

(3) 在更新(向上溢出/向下溢出)、触发(计数器启动/停止)、输入捕获以及输出比较事件时,可产生中断/DMA 请求。

(4) 支持针对定位的增量(正交)编码器和霍尔传感器电路。

(5) 使用外部信号控制定时器和定时器互连的同步电路。

8.4　STM32 定时器 HAL 库函数

STM32 的 HAL 库为定时器操作提供了一系列函数,使得配置和使用定时器变得简单。这些函数允许灵活地控制和管理定时器的各种工作模式,适用于多种应用场景。

8.4.1　基本定时器 HAL 驱动程序

基本定时器只有定时这一个基本功能,在计数溢出时产生的 UEV 是基本定时器中断的唯一事件源。根据控制寄存器 TIMx_CR1 中 OPM(单脉冲模式,One Pulse Mode)位的设定值不同,基本定时器有两种定时模式:连续定时模式和单次定时模式。

(1) 当 OPM 位是 0 时,定时器是连续定时模式,也就是计数器在发生 UEV 时不停止计数。所以在连续定时模式下,可以产生连续的 UEV,也就可以产生连续、周期性定时中断,这是定时器默认的工作模式。

(2) 当 OPM 位是 1 时,定时器是单次定时模式,也就是计数器在发生下一次 UEV 时会停止计数。所以在单次定时模式下,如果启用了 UEV 中断,在产生一次定时中断后,定时器就停止计数了。

1. 基本定时器主要函数

表 8-2 是基本定时器的一些主要的 HAL 驱动函数,所有定时器都具有定时功能,所以这些函数对于通用定时器、高级控制定时器也是适用的。

表 8-2 基本定时器的一些主要的 HAL 驱动函数

分 组	函 数 名	功 能 描 述
初始化	HAL_TIM_Base_Init()	定时器初始化,设置各种参数和连续定时模式
	HAL_TIM_OnePulse_Init()	将定时器配置为单次定时模式,需要先执行 HAL_TIM_Base_Init()
	HAL_TIM_Base_MspInit()	MSP 弱函数,在 HAL_TIM_Base_Init()里被调用,重新实现的这个函数一般用于定时器时钟使能和中断设置
启动和停止	HAL_TIM_Base_Start()	以轮询工作方式启动定时器,不会产生中断
	HAL_TIM_Base_Stop()	停止轮询工作方式的定时器
	HAL_TIM_Base_Start_IT()	以中断工作方式启动定时器,发生 UEV 时产生中断
	HAL_TIM_Base_Stop_IT()	停止中断工作方式的定时器
	HAL_TIM_Base_Start_DMA()	以 DMA 工作方式启动定时器
	HAL_TIM_Base_Stop_DMA()	停止 DMA 工作方式的定时器
获取状态	HAL_TIM_Base_GetState()	获取基本定时器的当前状态

(1) 定时器初始化。

函数 HAL_TIM_Base_Init()用于对定时器的连续定时工作模式和参数进行初始化设置,其原型定义如下。

```
HAL_StatusTypeDef  HAL_TIM_Base_Init(TIM_HandleTypeDef * htim);
```

其中,参数 htim 是定时器外设对象指针,是 TIM_HandleTypeDef 结构体类型指针,这个结构体类型的定义在文件 stm32f4xx_hal_tim.h 中,其定义如下,各成员变量的意义见注释。

```
typedef struct
{
TIM_Typedef              * Instance;      //定时器的寄存器基地址
TIM_Base_InitTypeDef     Init;            //定时器参数
HAL_TIM_ActiveChannel    Channel;         //当前通道
DMA_HandleTypeDef        * hdma[7];       //DMA 处理相关数组
HAL_LockTypeDef          Lock;            //是否锁定
_IO HAL_TIM_StateTypeDef State;           //定时器的工作状态
} TIM_HandleTypeDef;
```

其中,参数 Instance 是定时器的寄存器基地址,用于表示具体是哪个定时器;Init 是定时器的各种参数,是一个 TIM_Base_InitTypeDef 结构体类型,这个结构体的定义如下,各成员变量的意义见注释。

```
typedef struct
{
  uint32_t  Prescaler;         //预分频系数
  uint32_t  CounterMode;       //计数模式,递增、递减、递增/递减
  uint32_t  Period;            //计数周期
  uint32_t  ClockDivision;     //内部时钟分频,基本定时器无此参数
```

```
    uint32_t    RepetitionCounter;      //重复计数器值,用于 PWM 模式
    uint32_t    AutoReloadPreload;      //是否开启寄存器 TIMx_ARR 的缓存功能
}TIM_Base_InitTypeDef;
```

要初始化定时器,一般是先定义一个 TIM_HandleTypeDef 结构体类型的变量表示定时器,对其各个成员变量赋值,然后调用函数 HAL_TIM_Base_Init()进行初始化。定时器的初始化设置可以在 STM32CubeMX 里可视化完成,从而自动生成初始化函数代码。

函数 HAL_TIM_Base_Init()会调用 MSP 函数 HAL_TIM_Base_MspInit(),这是一个弱函数,在 STM32CubeMX 生成的定时器初始化程序文件里会重新实现这个函数,用于开启定时器的时钟,设置定时器的中断优先级。

(2) 配置为单次定时模式。

定时器默认工作于连续定时模式,如果要配置定时器工作于单次定时模式,在调用定时器初始化函数 HAL_TIM_Base_Init()之后,还需要用函数 HAL_TIM_OnePulse_Init()将定时器配置为单次定时模式。其原型定义如下。

```
HAL_StatusTypeDef  HAL_TIM_OnePulse_Init(TIM_HandleTypeDef *htim,uint32_t  OnePulseMode)
```

其中,参数 htim 是定时器对象指针;OnePulseMode 是产生脉冲的方式,有两种宏定义常量可作为该参数的取值。

① TIM_OPMODE_SINGLE,单次模式,就是将控制寄存器 TIMx_CR1 中的 OPM 位置 1。

② TIM_OPMODE_REPETITIVE,重复模式,就是将控制寄存器 TIMx_CR1 中的 OPM 位置 0。

函数 HAL_TIM_OnePulse_Init()其实是用于定时器单脉冲模式的一个函数,单脉冲模式是定时器输出比较功能的一种特殊模式,在定时器的 HAL 驱动程序中,有一组以"HAL_TIM_OnePulse"为前缀的函数,它们是专门用于定时器输出比较的单脉冲模式的。

在配置定时器的定时工作模式时,只需使用函数 HAL_TIM_OnePulse_Init()将控制寄存器 TIMx_CR1 中的 OPM 位置 1,从而将定时器配置为单次定时模式。

(3) 启动和停止定时器。

定时器有 3 种启动和停止方式,对应于表 8-2 中的 3 组函数。

① 轮询方式。以函数 HAL_TIM_Base_Start()启动定时器后,定时器会开始计数,计数溢出时会产生 UEV 标志,但是不会触发中断。用户程序需要不断地查询计数值或 UEV 标志来判断是否发生了计数溢出。

② 中断方式。以函数 HAL_TIM_Base_Start_IT()启动定时器后,定时器会开始计数,计数溢出时会产生 UEV,并触发中断。用户在中断的 ISR 中进行处理即可,这是定时器最常用的处理方式。

③ DMA 方式。以函数 HAL_TIM_Base_Start_DMA()启动定时器后,定时器会开始计数,计数溢出时会产生 UEV,并产生 DMA 请求。DMA 会在第 12 章专门介绍,DMA 一般用于需要进行高速数据传输的场合,定时器一般用不着 DMA 功能。

实际使用定时器的周期性连续定时功能时,一般使用中断方式。函数 HAL_TIM_Base_Start_IT()的原型定义如下。

```
HAL_StatusTypeDef  HAL_TIM_Base_Start_IT(TIM_HandleTypeDef *htim);
```

其中,参数 htim 是定时器对象指针。其他几个启动和停止定时器的函数参数与此相同。

(4) 获取定时器运行状态

函数 HAL_TIM_Base_GetState() 用于获取定时器的运行状态,其原型定义如下。

```
HAL_TIM_StateTypeDef  HAL_TIM_Base_GetState(TIM_HandleTypeDef *htim);
```

函数返回值是枚举类型 HAL_TIM_StateTypeDef,表示定时器的当前状态。这个枚举类型的定义如下,各枚举常量的意义见注释。

```
typedef enum
{
  HAL_TIM_STATE_RESET      = 0x00U,     /* 定时器还未被初始化,或被禁用了      */
  HAL_TIM_STATE_READY      = 0x01U,     /* 定时器已经初始化,可以使用了        */
  HAL_TIM_STATE_BUSY       = 0x02U,     /* 一个内部处理过程正在执行           */
  HAL_TIM_STATE_TIMEOUT    = 0x03U,     /* 定时到期(Timeout)状态              */
  HAL_TIM_STATE_ERROR      = 0x04U      /* 发生错误,Reception 过程正在运行    */
}HAL_TIM_StateTypeDef;
```

2. 其他通用操作函数

文件 stm32f4xx_hal_tim.h 中还定义了定时器操作的一些通用函数,这些函数都是宏函数,用于直接操作寄存器,所以主要用于在定时器运行时直接读取或修改某些寄存器的值,如修改定时周期、重新设置预分频系数等,如表 8-3 所示。表 8-3 中寄存器名称用了前缀"TIMx_",其中的"x"可以用具体的定时器编号替换,例如,TIMx_CR1 可表示 TIM6_CR1、TIM7_CR1 或 TIM9_CR1 等。

表 8-3　定时器操作部分通用函数

函 数 名	功 能 描 述
__HAL_TIM_ENABLE()	启用某个定时器,就是将定时器控制寄存器 TIMx_CR1 的 CEN 位置 1
__HAL_TIM_DISABLE()	禁用某个定时器
__HAL_TIM_GET_COUNTER()	在运行时读取定时器的当前计数值,就是读取寄存器 TIMx_CNT 的值
__HAL_TIM_SET_COUNTER()	在运行时设置定时器的计数值,就是设置寄存器 TIMx_CNT 的值
__HAL_TIM_GET_AUTORELOAD()	在运行时读取自动重装载寄存器 TIMx_ARR 的值
__HAL_TIM_SET_AUTORELOAD()	在运行时设置自动重装载寄存器 TIMx_ARR 的值,并改变定时的周期
__HAL_TIM_SET_PRESCALER()	在运行时设置预分频系数,就是设置预分频寄存器 TIMx_PSC 的值

这些函数都需要一个定时器对象指针作为参数,例如,启用定时器的函数定义如下。

```
#define __HAL_TIM_ENABLE(__HANDLE__) ((__HANDLE__)->Intendance->CR1|= (TIM_CR1 CR1_CEN))
```

其中,参数 __HANDLE__ 是表示定时器对象的指针,即 TIM_HandleTypeDef 结构体类型的指针。

函数的功能就是将定时器的寄存器 TIMx_CR1 的 CEN 位置 1,这个函数的代码如下。

```
TIM_HandleTypeDef   htim6;           //定时器 TIM6 的外设对象变量
```

```
__HAL_TIM_ENABLE(&htim6);
```

读取寄存器的函数会返回一个数值,例如,读取当前计数值的函数定义如下。

```
#define __HAL_TIM_GET_COUNTER(__HANDLE__) ((__HANDLE__)->Instance->CNT)
```

其返回值就是寄存器 TIMx_CNT 的值。有的定时器是 32 位的,有的是 16 位的,实际使用时用 uint32_t 类型的变量来存储函数返回值。

设置某个寄存器的值的函数有两个参数,例如,设置当前计数值的函数的定义如下。

```
#define __HAL_TIM_SET_COUNTER(__HANDLE__, __COUNTER__)((__HANDLE__)->Instance->CNT = (__COUNTER__))
```

其中,参数__HANDLE__是定时器的指针;__COUNTER__是需要设置的值。

3. 中断处理

定时器中断处理相关函数如表 8-4 所示,这些函数对所有定时器都是适用的。

表 8-4 定时器中断处理相关函数

函 数 名	函数功能描述
__HAL_TIM_ENABLE_IT ()	启用某个事件的中断,就是将中断使能寄存器 TIMx_DIER 中相应事件位置 1
__HAL_TIM_DISABLE_IT ()	禁用某个事件的中断,就是将中断使能寄存器 TIMx_DIER 中相应事件位置 0
__HAL_TIM_GET_FLAG ()	判断某个中断事件源的中断挂起标志位是否被置位,就是读取状态寄存器 TIMx_SR 中相应的中断事件位是否置 1,返回值为 TRUE 或 FALSE
__HAL_TIM_CLEAR_FLAG ()	清除某个中断事件源的中断挂起标志位,就是将状态寄存器 TIMx_SR 中相应的中断事件位清零
__HAL_TIM_CLEAR_IT ()	与__HAL_TIM_CLEAR_FLAG()的代码和功能完全相同
__HAL_TIM_GET_IT_SOURCE ()	查询是否允许某个中断事件源产生中断,就是检查中断使能寄存器 TIMx_DIER 中相应事件位是否置 1,返回值为 SET 或 RESET
HAL_TIM_IRQHandler ()	定时器中断的 ISR 里调用的定时器中断通用处理函数
HAL_TIM_PeriodElapsedCallback ()	弱函数,UEV 中断的回调函数

每个定时器都只有一个中断号,也就是只有一个 ISR。基本定时器只有一个中断事件源,即 UEV,但是通用定时器和高级控制定时器有多个中断事件源。在定时器的 HAL 驱动程序中,每一种中断事件对应一个回调函数,HAL 驱动程序会自动判断中断事件源,清除中断事件挂起标志,然后调用相应的回调函数。

(1) 中断事件类型。

文件 stm32f4xx_hal_tim.h 中定义了表示定时器中断事件类型的宏,定义如下。

```
#define  TIM_IT_UPDATE    TIM_DIER_UIE      //更新中断(Update interrupt)
#define  TIM_IT_CC1       TIM_DIER_CC1IE    //捕获/比较 1 中断(Capture/Compare 1 interrupt)
  #define  TIM_IT_CC2     TIM_DIER_CC2IE    //捕获/比较 2 中断(Capture/Compare 2 interrupt)
  #define  TIM_IT_CC3     TIM_DIER_CC3IE    //捕获/比较 3 中断(Capture/Compare 3 interrupt)
  #define  TIM_IT_CC4     TIM_DIER_CC4IE    //捕获/比较 4 中断(Capture/Compare 4 interrupt)
  #define  TIM_IT_COM     TIM_DIER_COMIE    //换相中断(Commutation interrupt)
  #define  TIM_IT_TRIGGER TIM_DIER_TIE      //触发中断(Trigger interrupt)
  #define  TIM_IT_BREAK   TIM_DIER_BIE      //断路中断(Break interrupt)
```

这些宏定义实际上是定时器的中断使能寄存器(TIMx_DIER)中相应位的掩码。基本定时器只有一个中断事件源，即 TIM_IT_UPDATE，其他中断事件源是通用定时器或高级控制定时器才有的。

表 8-4 中的一些宏函数需要以中断事件类型作为输入参数，就是用以上中断事件类型的宏定义。例如，函数_HAL_TIM_ENABLE_IT()的功能是开启某个中断事件源，也就是在发生这个事件时允许产生定时器中断，否则只是发生事件而不会产生中断，该函数定义如下。

```
#define_HAL_TIM_ENABLE_IT(_HANDLE_,_INTERRUPT_) ((_HANDLE_)->Instance->DIER| = (_INTERRUPT_))
```

其中，参数_HANDLE_是定时器对象指针；_INTERRUPT_是某个中断类型的宏定义。这个函数的功能就是将中断使能寄存器（TIMx_DIER）中对应于中断事件_INTERRUPT_的位置1，从而开启该中断事件源。

(2) 定时器中断处理流程。

每个定时器都只有一个中断号，也就是只有一个 ISR。STM32CubeMX 生成代码时，会在文件 stm32f4xx_it.c 中生成定时器中断的 ISR 代码框架。例如，TIM6 的 ISR 代码如下。

```
void TIM6_DAC_IRQHandler(void)
{
/* USER CODE BEGIN TIM6_DAC_IRQn 0 */
/* USER CODE END TIM6_DAC_IRQn 0 */
HAL_TIM_IRQHandler(&htim6);
/* USER CODE BEGIN TIM6_DAC_IRQn 1 */
/*   USER CODE END TIM6_DAC_IRQn 1 */
}
```

其实，所有定时器的 ISR 代码与此类似，都是调用函数 HAL_TIM_IRQHandler()，只是传递了各自的定时器对象指针，这与第 6 章的 EXTI 中断的 ISR 的处理方式类似。

所以，函数 HAL_TIM_IRQHandler()是定时器中断通用处理函数。跟踪分析这个函数的源代码，发现它的功能就是判断中断事件源、清除中断挂起标志位、调用相应的回调函数。例如，这个函数中判断中断事件是否是 UEV 的代码如下。

```
/* TIM Update event */
If(_HAL_TIM_GET_FLAG(htim,TIM_FLAG_UPDATE)!= RESET)     //事件的中断挂起标志位是否置位
{
  If(_HAL_TIM_GET_IT_SOURCE(htim,TIM_IT_UPDATE)!= RESET)  //事件的中断是否已开启
  {
  _HAL_TIM_CLEAR_IT(htim, TIM_IT_UPDATE);                //清除中断挂起标志位
  HAL_TIM_PeriodElapsedCallback(htim);                   //执行事件的中断回调函数
  }
}
```

可以看到，它先调用函数_HAL_TIM_GET_FLAG()判断 UEV 的中断挂起标志位是否置位，再调用函数_HAL_TIM_GET_IT_SOURCE()判断是否已开启了 UEV 中断事件源。如果这两个条件都成立，说明发生了 UEV 中断，就调用函数_HAL_TIM_CLEAR_IT()清除 UEV 的中断挂起标志位，再调用 UEV 中断对应的回调函数 HAL_TIM_PeriodElapsedCallback()。

所以，用户要重新实现回调函数 HAL_TIM_PeriodElapsedCallback()，在定时器发生

UEV 中断时做相应的处理。判断中断是否发生、清除中断挂起标志位等操作都由 HAL 库函数完成。这大大简化了中断处理的复杂度，特别是在一个中断号有多个中断事件源时。

基本定时器只有一个 UEV 中断事件源，只需重新实现回调函数 HAL_TIM_PeriodElapsedCallback()。通用定时器和高级控制定时器有多个中断事件源，对应不同的回调函数。

8.4.2 外设的中断处理概念小结

在第 7 章介绍了外部中断处理的相关函数和流程，在本章又介绍了基本定时器中断处理的相关函数和流程，从中可以发现一个外设的中断处理所涉及的一些概念、寄存器和常用的 HAL 函数。

每一种外设的 HAL 驱动程序头文件中都定义了一些以"_HAL"开头的宏函数，这些宏函数直接操作寄存器，几乎每一种外设都有表 8-5 中的宏函数。这些函数分为 3 组，操作 3 个寄存器。一般的外设都有这样 3 个独立的寄存器，也有将功能合并的寄存器，所以，这里的 3 个寄存器是概念上的。在表 8-5 中，用"×××"表示某种外设。

搞清楚表 8-5 中涉及的寄存器和宏函数的作用，对于理解 HAL 库的代码和运行原理，从而灵活使用 HAL 库很有帮助。

表 8-5 一般外设都定义的宏函数及其作用

寄存器	宏函数	功能描述	示例函数
外设控制寄存器	_HAL_XXX_ENABLE()	启用某个外设×××	_HAL_TIM_ENABLE()
	_HAL_XXX_DISABLE()	禁用某个外设×××	_HAL_XXX_DISABLE()
中断使能寄存器	_HAL_XXX_ENABLE_IT()	允许某个事件触发硬件中断，就是将中断使能寄存器中对应的事件使能控制位置 1	_HAL_XXX_ENABLE_IT()
	_HAL_TIM_DISABLE_IT()	禁止某个事件触发硬件中断，就是将中断使能寄存器中对应的事件使能控制位置 0	_HAL_TIM_DISABLE_IT()
	_HAL_XXX_GET_IT_SOURCE()	判断某个事件的中断是否开启，就是检查中断使能寄存器中相应事件使能控制位是否为 1，返回值为 SET 或 RESET	_HAL_TIM_GET_IT_SOURCE()
状态寄存器	_HAL_XXX_GET_FLAG()	判断某个事件的挂起标志位是否被置位，返回值为 TRUE 或 FALSE	_HAL_TIM_GET_FLAG()
	_HAL_TIM_CLEAR_FLAG()	清除某个事件的挂起标志位	_HAL_TIM_CLEAR_FLAG()
	_HAL_XXX_CLEAR_IT()	与_HAL_×××_CLEAR_FLAG()的代码和功能相同	_HAL_TIM_CLEAR_IT()

1. 外设控制寄存器

外设控制寄存器中有用于控制外设使能或禁用的位，通过函数_HAL_×××_ENABLE()启用外设，用函数_HAL_×××_DISABLE()禁用外设。一个外设被禁用后就停止工作，就不会产生中断。例如，定时器 TIM6 的控制寄存器 TIM6_CR1 的 CEN 位就是控制 TIM6 定时器是否工作的位。通过函数_HAL_TIM_DISABLE()和_HAL_TIM_ENABLE()就可以操作这个位，从而停止或启用 TIM6。

2. 外设全局中断管理

NVIC 管理硬件中断，一个外设一般有一个中断号，称为外设的全局中断。一个中断号对应一个 ISR，发生硬件中断时自动执行中断的 ISR。

NVIC 管理中断的主要功能包括启用或禁用硬件中断，设置中断优先级等。使用函数 HAL_NVIC_EnableIRQ()启用一个硬件中断，启用外设的中断且启用外设后，发生中断事件时才会触发硬件中断。使用函数 HAL_NVIC_DisableIRQ()禁用一个硬件中断，禁用中断后即使发生事件，也不会触发中断的 ISR。

3. 中断使能寄存器

外设的一个硬件中断号可能有多个中断事件源，例如，通用定时器的硬件中断就有多个中断事件源。外设有一个中断使能控制寄存器，用于控制每个事件发生时是否触发硬件中断。一般情况下，每个中断事件源在中断使能寄存器中都有一个对应的事件中断使能控制位。

例如，定时器 TIM6 的中断使能寄存器 TIM6_DIER 的 UIE 位是 UEV 的中断使能控制位。如果 UIE 位被置 1，定时溢出时产生 UEV 会触发 TIM6 的硬件中断，执行硬件中断的 ISR。如果 UIE 位被置 0，定时溢出时仍然会产生 UEV（也可通过寄存器配置是否产生 UEV，这里假设配置为允许产生 UEV），但是不会触发 TIM6 的硬件中断，也就不会执行 ISR。

对于每一种外设，HAL 驱动程序都为其中断使能寄存器中的事件中断使能控制位定义了宏，实际上就是这些位的掩码。例如，定时器的事件中断使能控制位宏定义如下。

```
#define  TIM_IT_UPDATE    TIM_DIER_UIE      //更新中断(Update interrupt)
#define  TIM_IT_CC1       TIM_DIER_CC1IE    //捕获/比较 1 中断(Capture/Compare 1 interrupt)
#define  TIM_IT_CC2       TIM_DIER_CC2IE    //捕获/比较 2 中断(Capture/Compare 2 interrupt)
#define  TIM_IT_CC3       TIM_DIER_CC3IE    //捕获/比较 3 中断(Capture/Compare 3 interrupt)
#define  TIM_IT_CC4       TIM_DIER_CC4IE    //捕获/比较 4 中断(Capture/Compare 4 interrupt)
#define  TIM_IT_COM       TIM_DIER_COMIE    //换相中断(Commutation interrupt)
#define  TIM_IT_TRIGGER   TIM_DIER_TIE      //触发中断(Trigger interrupt)
#define  TIM_IT_BREAK     TIM_DIER_BIE      //断路中断(Break interrupt)
```

函数_HAL_×××_ENABLE_IT()和_HAL_×××_DISABLE_IT()用于将中断使能寄存器中的事件中断使能控制位置位或复位，从而允许或禁止某个事件源产生硬件中断。

函数_HAL_×××_GET_IT_SOURCE()用于判断中断使能寄存器中某个事件使能控制位是否被置位，也就是判断这个事件源是否被允许产生硬件中断。

当一个外设有多个中断事件源时，将外设的中断使能寄存器中的事件中断使能控制位的宏定义作为中断事件类型定义，例如，定时器的中断事件类型就是前面定义的宏 TIM_IT_UPDATE、TIM_IT_CC1、TIM_IT_CC2 等。这些宏可以作为_HAL_×××_ENABLE_IT(HANDLE_、_INTERRUPT_)等宏函数中参数_INTERRUPT_的取值。

4. 状态寄存器

状态寄存器中有表示事件是否发生的 UEV 标志位,当事件发生时,标志位被硬件置 1,需要软件清零。例如,定时器 TIM6 的状态寄存器 TIM6_SR 中有一个 UIF 位,当定时溢出发生 UEV 时,UIF 位被硬件置 1。

注意,即使外设的中断使能寄存器中某个事件的中断使能控制位被置 0,事件发生时也会使状态寄存器中的 UEV 标志位置 1,只是不会产生硬件中断。例如,用函数 HAL_TIM_Base_Start()以轮询方式启动定时器 TIM6 之后,发生 UEV 时状态寄存器 TIM6_SR 中的 UIF 位会被硬件置 1,但是不会产生硬件中断,用户程序需要不断地查询状态寄存器 TIM6_SR 中的 UIF 位是否被置 1。

如果在中断使能寄存器中允许事件产生硬件中断,事件发生时,状态寄存器中的 UEV 标志位会被硬件置 1,并且触发硬件中断,系统会执行硬件中断的 ISR。所以,一般将状态寄存器中的 UEV 标志位称为事件中断标志位(Interrupt Flag)。在响应完中断事件后,用户需要用软件将事件中断标志位清零。例如,用函数 HAL_TIM_Base_Start_IT()以中断方式启动定时器 TIM6 之后,发生 UEV 时,状态寄存器 TIM6_SR 中的 UIF 位会被硬件置 1,并触发硬件中断,执行 TIM6 硬件中断的 ISR。在 ISR 中处理完中断后,用户需要调用函数__HAL_TIM_CLEAR_FLAG()将 UEV 中断标志位清零。

一般情况下,一个中断事件类型对应一个事件中断标志位,但也有一个事件类型对应多个事件中断标志位的情况。例如,下面是定时器的事件中断标志位宏定义,它们可以作为宏函数__HAL_TIM_CLEAR_FLAG(__HANDLE__,__FLAG__)中参数__FLAG__的取值。

```
#define TIM_FLAG_UPDATE      TIM_SR_UIF    /*!< Update interrupt flag         */
#define TIM_FLAG_CC1         TIM_SR_CC1IF  /*!< Capture/Compare 1 interrupt flag */
#define TIM_FLAG_CC2         TIM_SR_CC2IF  /*!< Capture/Compare 2 interrupt flag */
#define TIM_FLAG_CC3         TIM_SR_CC3IF  /*!< Capture/Compare 3 interrupt flag */
#define TIM_FLAG_CC4         TIM_SR_CC4IF  /*!< Capture/Compare 4 interrupt flag */
#define TIM_FLAG_COM         TIM_SR_COMIF  /*!< Commutation interrupt flag    */
#define TIM_FLAG_TRIGGER     TIM_SR_TIF    /*!< Trigger interrupt flag        */
#define TIM_FLAG_BREAK       TIM_SR_BIF    /*!< Break interrupt flag          */
#define TIM_FLAG_CC1OF       TIM_SR_CC1OF  /*!< Capture 1 overcapture flag    */
#define TIM_FLAG_CC2OF       TIM_SR_CC2OF  /*!< Capture 2 overcapture flag    */
#define TIM_FLAG_CC3OF       TIM_SR_CC3OF  /*!< Capture 3 overcapture flag    */
#define TIM_FLAG_CC4OF       TIM_SR_CC4OF  /*!< Capture 4 overcapture flag    */
```

当一个硬件中断有多个中断事件源时,在中断响应 ISR 中,用户需要先判断具体是哪个事件引发了中断,再调用相应的回调函数进行处理。一般用函数__HAL_×××_GET_FLAG()判断某个事件中断标志位是否被置位,调用中断处理回调函数之前或之后要调用函数__HAL_×××_CLEAR_FLAG()清除中断标志位,这样硬件才能响应下次的中断。

5. 中断事件对应的回调函数

在 STM32Cube 编程方式中,STM32CubeMX 为每个启用的硬件中断号生成 ISR 代码框架,ISR 中调用 HAL 库中外设的中断处理通用函数,例如,定时器的中断处理通用函数是 HAL_TIM_IRQHandler()。在中断处理通用函数中,判断引发中断的事件源、清除事件的中断标志位、调用事件处理回调函数。例如,在函数 HAL_TIM_IRQHandler()中判断是否由 UEV(中断事件类型宏 TIM_IT_UPDATE,事件中断标志位宏 TIM_FLAG_UPDATE)引发中断并进行处理的代码如下:

```c
void HAL_TIM_IRQHandler(TIM_HandleTypeDef *htim)
{
/*   省略其他代码   */
/*   TIM Update event   */
if(__HAL_TIM_GET_FLAG(htim,TIM_FLAG_UPDATE)!=RESET)    //事件的中断标志位是否置位
{
if(__HAL_TIM_GET_IT_SOURCE(htim,TIM_IT_UPDATE)!=RESET)//是否允许该事件中断
{
__HAL_TIM_CLEAR_IT(htim,TIM_IT_UPDATE);              //清除中断标志位
HAL_TIM_PeriodElapsedCallback(htim);                  //执行事件的中断回调函数
}
}
/*   省略其他代码   */
}
```

当一个外设的硬件中断有多个中断事件源时,主要的中断事件源一般对应一个中断处理回调函数。用户要对某个中断事件进行处理,只需要重新实现对应的回调函数。在后面介绍各种外设时,我们会具体介绍外设的中断事件源和对应的回调函数。

但要注意,外设的所有中断事件源不一定都有对应的回调函数,例如,USART 接口的某些中断事件源就没有对应的回调函数。另外,HAL 库中的回调函数也不全是用于中断处理的,也有一些其他用途的回调函数。

8.5 采用 STM32Cube 和 HAL 库的定时器应用实例

在 STM32Cube 和 HAL 库中使用定时器涉及几个关键技术:首先是定时器的配置,包括设置预分频器、计数值和工作模式。其次是中断管理,使用函数 HAL_TIM_Base_Start_IT()启动定时器的中断模式,处理定时器的中断请求。此外,还可以利用 PWM 生成和输入捕获功能,进行高精度的时间测量和输出控制。这些技术允许开发者实现复杂的时间控制功能,如周期任务执行、事件计时和信号调制。

8.5.1 STM32 的通用定时器配置流程

通用定时器具有多种功能,其原理大致相同,但其流程有所区别,以使用中断方式为例,主要包括三部分,即 NVIC 设置、TIM 中断配置、定时器中断服务程序。

对每个步骤通过库函数的实现方式来描述。定时器相关的库函数主要集中在 HAL 库文件 stm32f4xx_hal_tim.h 和 stm32f4xx_hal_tim.c 中。

定时器配置步骤如下。

(1) TIM3 时钟使能。

HAL 中定时器使能是通过宏定义标识符来实现对相关寄存器的操作,方法如下。

`__HAL_RCC_TIM3_CLK_ENABLE();` //使能 TIM3 时钟

(2) 初始化定时器参数,设置自动重装值、预分频系数、计数方式等。

在 HAL 库中,定时器的初始化参数是通过定时器初始化函数 HAL_TIM_Base_Init() 实现的:

`HAL_StatusTypeDef HAL_TIM_Base_Init(TIM_HandleTypeDef *htim);`

该函数只有一个入口参数 TIM_HandleTypeDef 结构体类型指针,结构体的定义如下。

```
typedef struct
{
    TIM_TypeDef                 * Instance;
    TIM_Base_InitTypeDef        Init;
    HAL_TIM_ActiveChannel       Channel;
    DMA_HandleTypeDef           * hdma[7];
    HAL_LockTypeDef             Lock;
    _IO HAL_TIM_StateTypeDef    State;
}TIM_HandleTypeDef;
```

第 1 个参数 Instance 是寄存器基地址。和串口、看门狗等外设一样,一般外设的初始化结构体定义的第一个成员变量都是寄存器基地址。这在 HAL 中都定义了,比如要初始化串口 1,那么 Instance 的值设置为 TIM1 即可。

第 2 个参数 Init 为真正的初始化 TIM_Base_InitTypeDef 结构体类型。该结构体定义如下。

```
typedef struct
{
    uint32_t Prescaler;             //预分频系数
    uint32_t CounterMode;           //计数模式
    uint32_t Period;                //自动重装载计数周期值 ARR
    uint32_t ClockDivision;         //时钟分频因子
    uint32_t RepetitionCounter;
} TIM_Base_InitTypeDef;
```

该初始化结构体中,参数 Prescaler 用来设置预分频系数;CounterMode 用来设置计数模式,可以设置为向上计数、向下计数还有中央对齐计数模式,比较常用的是向上计数模式(TIM_CounterMode_Up)和向下计数模式(TIM_CounterMode_Down);Period 用来设置自动重装载计数周期值;ClockDivision 用来设置时钟分频因子,也就是定时器时钟频率 CK_INT 与数字滤波器所使用的采样时钟之间的分频比;RepetitionCounter 用来设置重复计数器寄存器的值,用在高级定时器中。

第 3 个参数 Channel 用来设置活跃通道。每个定时器最多有 4 个通道可以用来作输出比较、输入捕获等功能之用。Channel 取值范围为 HAL_TIM_ACTIVE_CHANNEL_1~HAL_TIM_ACTIVE_CHANNEL_4。

第 4 个参数 hdma 是定时器的 DMA 功能时用到的,为了简单起见,暂时不讲解。

第 5 个和第 6 个参数 Lock 和 State 是状态过程标识符,HAL 库用来记录和标志定时器处理过程。定时器初始化范例如下。

```
TIM_HandleTypeDef TIM3_Handler;                              //定时器句柄
TIM3_Handler.Instance = TIM3;                                //通用定时器 3
TIM3_Handler.Init.Prescaler = 7199;                          //预分频系数
TIM3_Handler.Init.CounterMode = TIM_COUNTERMODE_UP;          //向上计数模式
TIM3_Handler.Init.Period = 4999;                             //自动重装载计数周期值
TIM3_Handler.Init.ClockDivision = TIM_CLOCKDIVISION_DIV1;    //时钟分频因子
HAL_TIM_Base_Init(&TIM3_Handler);
```

(3) 使能定时器更新中断,使能定时器。

HAL 库中,使能定时器更新中断和使能定时器两个操作可以在函数 HAL_TIM_Base_

Start_IT()中一次完成,该函数代码如下。

```
HAL_StatusTypeDef HAL_TIM_Base_Start_IT(TIM_HandleTypeDef * htim);
```

该函数只有一个入口参数。调用该定时器之后,会首先调用宏定义_HAL_TIM_ENABLE_IT 使能更新中断,然后调用宏定义_HAL_TIM_ENABLE 使能相应的定时器。以下分别列出单独使能/关闭定时器中断和使能/关闭定时器方法。

```
_HAL_TIM_ENABLE_IT(htim, TIM_IT_UPDATE);    //使能句柄指定的定时器更新中断
_HAL_TIM_DISABLE_IT (htim, TIM_IT_UPDATE);  //关闭句柄指定的定时器更新中断
_HAL_TIM_ENABLE(htim);                      //使能句柄 htim 指定的定时器
_HAL_TIM_DISABLE(htim);                     //关闭句柄 htim 指定的定时器
```

(4) TIM3 中断优先级设置。

在定时器中断使能之后,因为要产生中断,必不可少地要设置 NVIC 相关寄存器和中断优先级。之前多次讲解了中断优先级的设置,这里就不重复讲解。

和串口等其他外设一样,HAL 库为定时器初始化定义了回调函数 HAL_TIM_Base_MspInit()。

一般情况下,与 MCU 有关的时钟使能,以及中断优先级设置都会放在该回调函数内部。

该函数声明如下。

```
void HAL_TIM_Base_MspInit(TIM_HandleTypeDef * htim);
```

对于回调函数,这里不做过多讲解,只需要重写这个函数即可。

(5) 编写中断服务函数。

最后编写定时器中断服务函数,通过该函数来处理定时器产生的相关中断。通常情况下,在中断产生后,通过状态寄存器的值来判断此次产生的中断属于什么类型。然后执行相关的操作,这里使用的是更新(溢出)中断,所以在状态寄存器 SR 的最低位。在处理完中断之后应该向 TIM3_SR 的最低位写 0,来清除该中断标志位。

跟串口一样,对于定时器中断,HAL 库同样封装了处理过程。这里以定时器 3 的更新中断为例来讲解。

首先,中断服务函数是不变的,定时器 3 的中断服务函数为 TIM3_IRQHandler()。

一般情况下是在中断服务函数内部编写中断控制逻辑。但是 HAL 库定义了新的定时器中断共用处理函数 HAL_TIM_IRQHandler(),在每个定时器的中断服务函数内部会调用该函数。该函数声明如下。

```
void HAL_TIM_IRQHandler(TIM_HandleTypeDef * htim);
```

而函数 HAL_TIM_IRQHandler()内部,会对相应的中断标志位进行详细判断,确定中断来源后,会自动清除该中断标志位,同时调用不同类型中断的回调函数。所以中断控制逻辑只需编写在中断回调函数中,并且中断回调函数中不需要清除中断标志位。

比如定时器更新中断回调函数为

```
void HAL_TIM_PeriodElapsedCallback(TIM_HandleTypeDef * htim);
```

跟串口中断回调函数一样,只需要重写该函数即可。对于其他类型中断,HAL 库同样提供了几个不同的回调函数,常用的回调函数如下。

```c
void HAL_TIM_PeriodElapsedCallback(TIM_HandleTypeDef * htim);      //更新中断
void HAL_TIM_OC_DelayElapsedCallback(TIM_HandleTypeDef * htim);    //输出比较
void HAL_TIM_IC_CaptureCallback(TIM_HandleTypeDef * htim);         //输入捕获
void HAL_TIM_TriggerCallback(TIM_HandleTypeDef * htim);            //触发中断
```

8.5.2 STM32 的定时器应用硬件设计

本实例实现 DS0 用来指示程序运行，每 200 ms 翻转一次。在 TIM6 更新中断中，将 DS1 的状态取反。DS1 用于指示定时器发生更新事件的频率，500 ms 取反一次。

8.5.3 STM32 的定时器应用软件设计

在 HAL 库函数头文件 stm32f4xx_hal_tim.h 中对定时器外设建立了 4 个初始化结构体，基本定时器只用到其中一个，即 TIM_TimeBaseInitTypeDef，其实现代码如下。

```c
typedef struct {
    uint32_t Prescaler;            // 预分频器
    uint32_t CounterMode;          // 计数模式
    uint32_t Period;               // 定时器周期
    uint32_t ClockDivision;        // 时钟分频
    uint32_t RepetitionCounter;    // 重复计算器
    uint32_t AutoReloadPreload;    // 自动预装载
} TIM_TimeBaseInitTypeDef;
```

结构体成员说明如下，其中的注释对应参数在 STM32 HAL 库中定义的宏。

（1）Prescaler：定时器预分频器设置，时钟源经过该预分频器才是定时器时钟，它设定寄存器 TIMx_PSC 的值，可设置范围为 0～65535，实现 1～65536 分频。

（2）CounterMode：定时器计数模式，可设置为向上计数、向下计数以及中央对齐模式。基本定时器只能是向上计数，即 TIMx_CNT 只能从 0 开始递增，并且无须初始化。

（3）Period：定时器周期，实际就是设定自动重装载寄存器的值，在事件生成时更新到影子寄存器，可设置范围为 0～65535。

（4）ClockDivision：时钟分频，设置定时器时钟 CK_INT 频率与数字滤波器采样时钟频率分频比，基本定时器没有此功能，不用设置。

（5）RepetitionCounter：重复计数器，属于高级控制寄存器专用寄存器位，利用它可以非常容易控制 PWM 输出的个数，这里不用设置。

（6）AutoReloadPreload：自动预装载，计数器在计满一个周期之后会自动重新计数，也就是默认连续运行。连续运行过程中如果修改了 Period，那么根据当前状态的不同有可能发生超出预料的过程。如果使能了 AutoReloadPreload，那么对 Period 的修改将会在完成当前计数周期后才更新，这里不用设置。

1. 通过 STM32CubeMX 新建工程

通过 STM32CubeMX 新建工程的步骤如下。

（1）新建文件夹。

在 Demo 目录下新建文件夹 TIMER，这是保存本章新建工程的文件夹。

（2）新建 STM32CubeMX 工程。

在 STM32CubeMX 开发环境中新建工程。

(3) 选择 MCU 或开发板。

Commercial Part Number 和 MCUs/MPUs List 文本框选择 STM32F407ZGT6,单击 Start Project 按钮启动工程。

(4) 保存 STM32Cube MX 工程。

使用 STM32CubeMX 菜单项 File→Save Project 保存工程。

(5) 生成报告。

使用 STM32CubeMX 菜单项 File→Generate Report 生成当前工程的报告文件。

(6) 配置 MCU 时钟树。

在 STM32CubeMXPinout & Configuration 子页面下,选择 System Core→RCC 选项,High Speed Clock(HSE)项根据开发板实际情况,选择 Crystal/Ceramic Resonator(晶体/陶瓷晶振)。

切换到 STM32CubeMX Clock Configuration 子页面下,根据开发板外设情况配置总线时钟。此处配置 Input frequency 为 8 MHz,PLL Source Mux 为 HSE,分频系数/M 为 8,PLLMul 倍频为 336 MHz,PLLCLK 分频/2 后为 168 MHz,System Clock Mux 为 PLLCLK,APB1 Prescaler 为/4,APB2 Prescaler 为/2,其余默认设置即可。

(7) 配置 MCU 外设。

根据 LED 电路,整理出 MCU 连接的 GPIO 引脚的配置,如表 8-6 所示。

表 8-6 MCU 连接的 GPIO 引脚的配置

用户标签	引脚名称	引脚功能	GPIO 模式	上拉或下拉	端口速率
LED0	PF9	GPIO_Output	推挽输出	上拉	高
LED1	PF10	GPIO_Output	推挽输出	上拉	高

再根据表 8-6 进行 GPIO 引脚配置,具体步骤如下。

在 STM32CubeMX Pinout & Configuration 子页面下选择 System Core→GPIO 选项,对使用的 GPIO 端口进行设置。LED 输出端口:LED0(PF9)和 LED1(PF10),配置完成后的 GPIO 端口页面如图 8-14 所示。

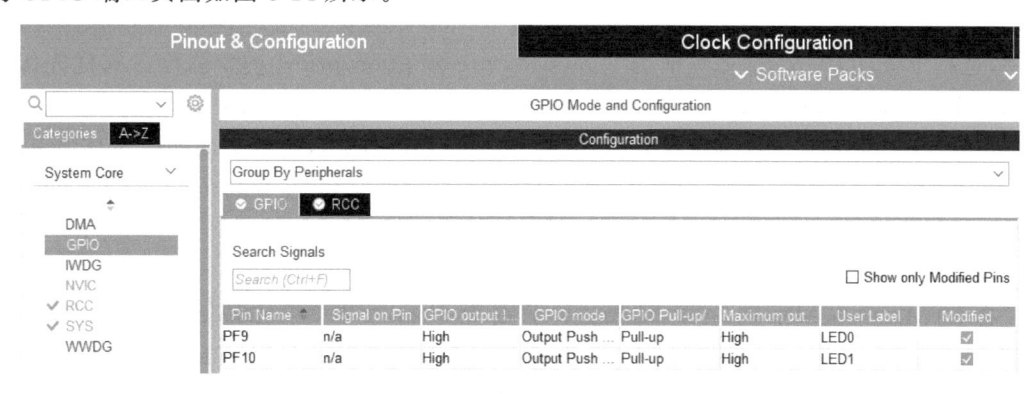

图 8-14 配置完成后的 GPIO 端口页面

在 STM32CubeMX Pinout & Configuration 子页面下选择 Timers→TIM6 选项,对 TIM6 进行配置。Mode 区域选择 Activated 复选框,TIM6 所在的 APB1 总线时钟为 84 MHz,设置定时器预分频器为 8399,经过预分频器后得到 10 kHz 的频率。设置定时器周期数为 4999，即计数 5000 次生成事件，这样定时器的周期为 0.5 s。TIM6 配置页面如图 8-15 所示。

图 8-15 TIM6 配置页面

切换到 STM32CubeMX Pinout & Configuration 子页面下选择 System Core→NVIC 选项，选择 Priority Group 文本框为 2 bits for pre-emption priority（2 位抢占式优先级），TIM6 global interrupt 选项勾选 Enabled 复选框，并修改 Preemption Priority（抢占式优先级）数目为 1，Sub Priority（响应优先级）数目为 3。TIM6 NVIC 配置页面如图 8-16 所示。

在 Code generation 界面 TIM6 global interrupt 选项勾选 Select for init sequence ordering 复选框。NVIC Code generation 配置页面如图 8-17 所示。

（8）配置工程。

在 STM32CubeMX Project Manager 子页面 Project 栏 Toolchain/IDE 项中，选择 MDK-ARM，Min Version 项选择 V5，可生成 Keil MDK 工程；选择 STM32CubeIDE，可生成 CubeIDE 工程。

（9）生成 C 代码工程。

在 STM32CubeMX 主页面，单击 GENERATE CODE 按钮生成 C 代码工程。分别生成 MDK-ARM 和 CubeIDE 工程。

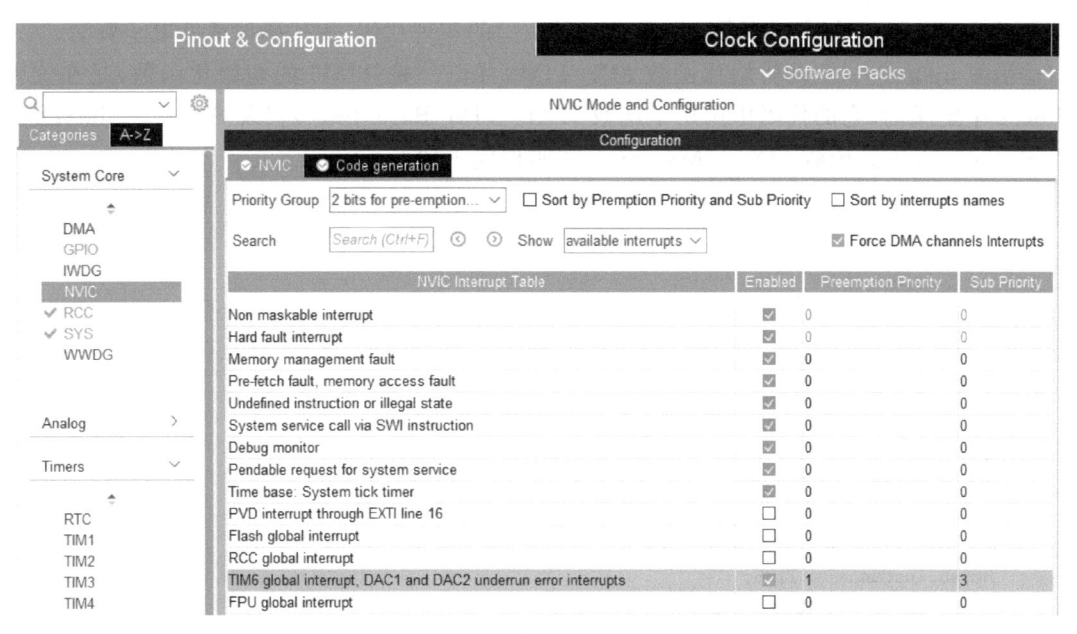

图 8-16 TIM6 NVIC 配置页面

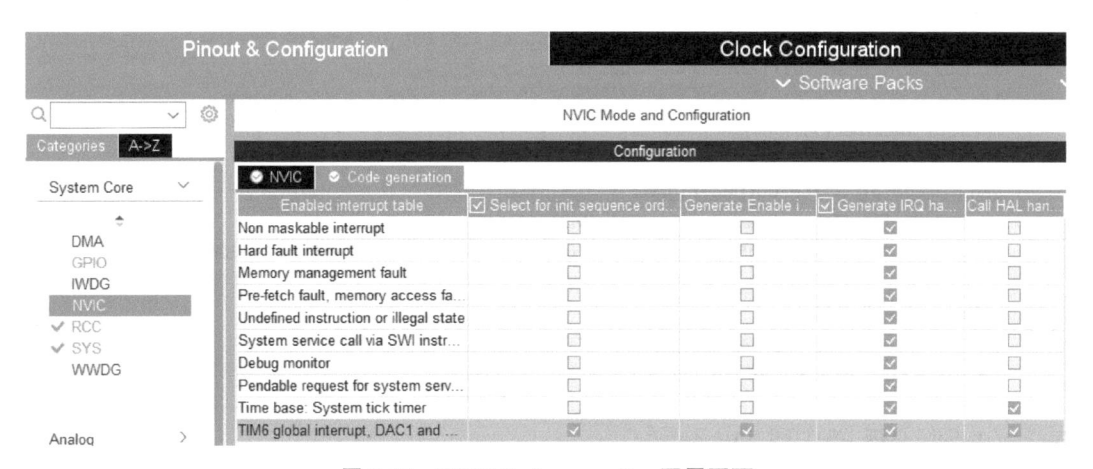

图 8-17 NVIC Code generation 配置页面

2. 通过 STM32CubeIDE 实现工程

通过 STM32CubeIDE 实现工程的步骤如下。

(1) 打开工程。

打开 TIMER\STM32CubeIDE 文件夹下的工程文件。

(2) 编译 STM32CubeMX 自动生成的 STM32CubeIDE 工程。

在 STM32CubeIDE 开发环境中通过菜单项 Project→Build All 或单击工具栏中的 Build All 按钮 编译工程。

(3) STM32CubeMX 自动生成 STM32CubeIDE 工程。

文件 main.c 中函数 main()依次调用了函数 HAL_Init()用于复位所有外设,初始化闪存接口和 SyStick 定时器。函数 SystemClock_Config()用于配置各种时钟信号频率。函数 MX_GPIO_Init()用于初始化 GPIO 引脚。

文件 gpio.c 中包含了函数 MX_GPIO_Init() 的实现代码,源代码请参考电子资源。

函数 main() 中外设初始化函数 MX_TIM6_Init() 是 TIM6 的初始化函数,是在文件 time.c 中定义的,它的代码中调用了函数 HAL_TIM_Base_Init() 实现 STM32CubeMX 配置的定时器设置。函数 MX_TIM6_Init() 的实现代码如下。

```
void MX_TIM6_Init(void)
{

  /* USER CODE BEGIN TIM6_Init 0 */

  /* USER CODE END TIM6_Init 0 */

  TIM_MasterConfigTypeDef sMasterConfig = {0};

  /* USER CODE BEGIN TIM6_Init 1 */

  /* USER CODE END TIM6_Init 1 */
  htim6.Instance = TIM6;
  htim6.Init.Prescaler = 8399;
  htim6.Init.CounterMode = TIM_COUNTERMODE_UP;
  htim6.Init.Period = 4999;
  htim6.Init.AutoReloadPreload = TIM_AUTORELOAD_PRELOAD_DISABLE;
  if (HAL_TIM_Base_Init(&htim6) != HAL_OK)
  {
    Error_Handler();
  }
  sMasterConfig.MasterOutputTrigger = TIM_TRGO_RESET;
  sMasterConfig.MasterSlaveMode = TIM_MASTERSLAVEMODE_DISABLE;
  if (HAL_TIMEx_MasterConfigSynchronization(&htim6, &sMasterConfig) != HAL_OK)
  {
    Error_Handler();
  }
  /* USER CODE BEGIN TIM6_Init 2 */

  /* USER CODE END TIM6_Init 2 */

}
```

函数 MX_NVIC_Init() 实现中断的初始化,代码如下。

```
static void MX_NVIC_Init(void)
{
  /* TIM6_DAC_IRQn interrupt configuration */
  HAL_NVIC_SetPriority(TIM6_DAC_IRQn, 1, 3);
  HAL_NVIC_EnableIRQ(TIM6_DAC_IRQn);
}
```

(4) 新建用户文件。

在 TIMER\Core\Src 文件夹下新建文件 led.c,在 TIMER\Core\Inc 文件夹下新建文件 led.h。将文件 led.c 添加到 Application/User/Core 文件夹下。

(5) 编写用户代码。

文件 led.h 和 led.c 实现 LED 操作的宏定义和 LED 初始化。

文件 timer.c 中的函数 MX_TIM6_Init()用于使能 TIM6 和更新中断,代码如下。

```
/* USER CODE BEGIN TIM6_Init 2 */
HAL_TIM_Base_Start_IT(&htim6);
/* USER CODE END TIM6_Init 2 */
```

文件 timer.c 中添加中断回调函数 HAL_TIM_PeriodElapsedCallback(),用于翻转 LED1,代码如下。

```
void HAL_TIM_PeriodElapsedCallback(TIM_HandleTypeDef * htim)
{
    if (htim -> Instance == TIM6)
    {
        LED1_TOGGLE(); /* LED1 反转 */
    }
}
```

文件 main.c 中添加对用户自定义头文件的引用。

```
/* Private includes ----------------------------------------------------
--- */
/* USER CODE BEGIN Includes */
#include "led.h"
/* USER CODE END Includes */
```

文件 main.c 中添加对 LED0 的取反操作。延时函数 delay_us()和 delay_ms()在文件 main.c 中实现。

```
/* USER CODE BEGIN 2 */
  led_init();                 /* 初始化 LED */
  /* USER CODE END 2 */

  /* Infinite loop */
  /* USER CODE BEGIN WHILE */
  while (1)
  {
        LED0_TOGGLE();         /* LED0 翻转 */
        delay_ms(200);
    /* USER CODE END WHILE */

    /* USER CODE BEGIN 3 */
  }
  /* USER CODE END 3 */
```

(6) 重新编译工程。

(7) 下载工程。

连接好仿真下载器,开发板上电。

单击菜单项 Run→Run 或单击工具栏中的 ◎ 图标,首次运行时会弹出配置页面,选择调试探头为 ST-LINK,接口为 JTAG,其余默认,单击 OK 按钮确认。

工程下载完成后,可以看到 LED0 以 0.2 s 的频率闪烁一次,LED1 以 0.5 s 的频率闪烁一次。

第 9 章 STM32 通用同步/异步收发器

CHAPTER 9

本章详细介绍 STM32 中通用同步/异步收发器(USART)的工作原理和应用,从串行通信的基础知识入手,包括异步和同步通信的数据格式;深入探讨 USART 的主要特性、功能、通信时序、中断处理以及相关寄存器配置;通过 USART 的 HAL 驱动程序部分,介绍常用的功能函数、宏函数以及中断事件与回调函数的使用;通过实例展示如何使用 STM32Cube 和 HAL 库进行 USART 的配置、硬件设计和软件设计。本章旨在帮助读者掌握 STM32 的 USART 串行通信技术,为开发高效稳定的串行通信应用打下坚实基础。

本章的学习目标:

(1) 掌握串行通信的基础知识。

(2) 深入了解 STM32 的 USART 特性和功能。

(3) 使用 HAL 库进行 USART 配置和管理。

(4) 实际应用案例分析。

(5) 开发实践能力。

通过本章的学习,学生将具备在 STM32 微控制器上设计、配置和实现 USART 通信系统的能力,能够有效地利用 USART 进行复杂的同步或异步串行通信任务,提高微控制器应用的通信效率和可靠性。

9.1 串行通信基础

在串行通信中,参与通信的两台或多台设备通常共享一条物理通路。发送者依次逐位发送一串数据信号,按一定的约定规则为接收者所接收。由于串行端口通常只规定了物理层的接口规范,所以为确保每次传送的数据报文能准确到达目的地,使每一个接收者能够接收到所有发向它的数据,必须在通信连接上采取相应的措施。

由于借助串行端口所连接的设备在功能、型号上往往互不相同,大多数设备除了等待接收数据之外还会有其他任务。例如,一个数据采集单元需要周期性地收集和存储数据;一个控制器需要负责控制计算或向其他设备发送报文;一台设备可能会在接收方正在进行其他任务时向它发送信息。必须有能应对多种不同工作状态的一系列规则来保证通信的有效性。保证串行通信有效性的方法包括使用轮询或者中断来检测、接收信息;设置通信帧的起始、停止位;建立连接握手;实行对接收数据的确认、数据缓存以及错误检查等。

9.1.1 串行异步通信数据格式

无论是 RS-232 还是 RS-485,均可采用通用异步收发数据格式。

在串行端口的异步传输中,接收方一般事先并不知道数据会在什么时候到达,在它检测到数据并做出响应之前,第一个数据位就已经过去了。因此每次进行异步传输时都应该在发送的数据之前设置至少一个起始位,以通知接收方有数据到达,给接收方一个准备接收数据、缓存数据和做出其他响应所需要的时间。而在传输过程结束时,则应用一个停止位通知接收方本次传输过程已终止,以便接收方正常终止本次通信而转入其他工作程序。

串行异步收发(UART)通信的数据格式如图 9-1 所示。

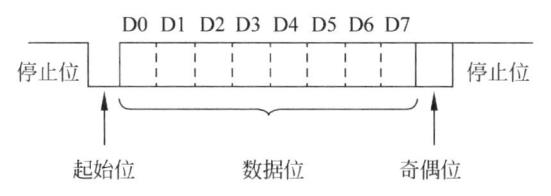

图 9-1 串行异步收发(UART)通信的数据格式

若通信线上无数据发送,该线路应处于逻辑 1 状态(高电平)。当计算机向外发送一个字符数据时,应先送出起始位(逻辑 0,低电平),随后紧跟着数据位,这些数据构成要发送的字符信息。有效数据位的个数可以规定为 5、6、7 或 8。奇偶校验位视需要设定,紧跟其后的是停止位(逻辑 1,高电平),其位数可在 1、1.5、2 中选择其一。

9.1.2 串行同步通信数据格式

同步通信由 1~2 个同步字符和多字节数据位组成,同步字符作为起始位以触发同步时钟开始发送或接收数据;多字节数据之间不允许有空隙,每位占用的时间相等;空闲位需发送同步字符。

同步通信传送的多字节数据由于中间没有空隙,因而传输速度较快,但要求有准确的时钟来实现收发双方的严格同步,对硬件要求较高,适用于成批数据传送。串行同步收发通信的数据格式如图 9-2 所示。

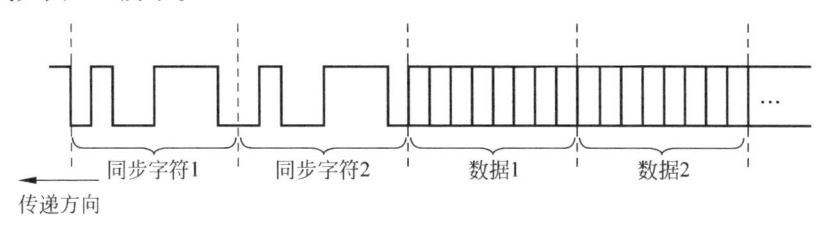

图 9-2 串行同步收发通信的数据格式

9.2 STM32 的 USART 工作原理

通信是嵌入式系统的重要功能之一。嵌入式系统中使用的通信接口有很多,如 UART、SPI、I2C、USB 和 CAN 等。其中,UART(Universal Asynchronous Receiver/Transmitter,通用异步收发器)是最常见、最方便、使用最频繁的通信接口。在嵌入式系统中,很多微控制器或者外设模块都带有 UART 接口,例如,STM32F407 系列微控制器、6 轴运动处理组件 MPU6050(包括 3 轴陀螺仪和 3 轴加速器)、超声波测距模块 US-100、GPS 模块 UBLOX、13.56 MHz 非接触式 IC 卡读卡模块 RC522 等。它们彼此通过 UART 相互通信交换数据,但由于 UART 通信距离较短,一般仅能支持板级通信,因此,通常在 UART 的基础上,经过简单扩展或变换,就可以得到实际生活中常用的各种适于较长距离的串行数据通信接口,如 RS-232、RS-485 和 IrDA 等。

出于成本和功能两方面的考虑,目前大多半导体厂商选择在微控制器内部集成 UART 模块。ST 公司的 STM32F407 系列微控制器也不例外,内部配备了强大的 UART 模块 USART(Universal Synchronous/Asynchronous Receiver/Transmitter,通用同步/异步收发器)。STM32F407 的 USART 模块不仅具备 UART 接口的基本功能,而且还支持同步单向通信、LIN(局部互联网)协议、智能卡协议、IrDA SIR 编码/解码规范、调制解调器(CTS/RTS)操作。

9.2.1 USART 介绍

USART 是嵌入式系统中除了 GPIO 外最常用的一种外设。USART 常用的原因不在于其性能超强,而是因为它简单、通用。自英特尔公司 20 世纪 70 年代发明 USART 以来,上至服务器、PC 之类的高性能计算机,下到 4 位或 8 位的单片机几乎无一例外地都配置了 USART 口,通过 USART,嵌入式系统可以和几乎所有的计算机系统进行简单的数据交换。USART 口的物理连接也很简单,只要 2～3 根线即可实现通信。

与 PC 软件开发不同,很多嵌入式系统没有完备的显示系统,开发者在软、硬件开发和调试过程中很难实时地了解系统的运行状态。一般开发者会选择用 USART 作为调试手段:首先完成 USART 的调试,在后续功能的调试中通过 USART 向 PC 发送嵌入式系统运行状态的提示信息,以便定位软、硬件错误,加快调试进度。

USART 通信的另一个优势是可以适应不同的物理层。例如,使用 RS-232 或 RS-485 可以明显提升 USART 通信的距离,无线 FSK 调制可以降低布线施工的难度。所以 USART 口在工控领域也有着广泛的应用,是串行接口的工业标准。

SM32F407 微控制器的小容量产品有 2 个 USART,中等容量产品有 3 个 USART,大容量产品有 3 个 USART+2 个 UART。

9.2.2 USART 的主要特性

USART 主要特性如下。

(1) 全双工,异步通信。
(2) NRZ 标准格式。
(3) 分数波特率发生器系统。发送和接收共用的可编程波特率,最高达 10.5 Mb/s。
(4) 可编程数据字长度(8 位或 9 位)。
(5) 可配置的停止位——支持 1 或 2 个停止位。
(6) LIN 主发送同步断开符的能力以及 LIN 从检测断开符的能力。当 USART 硬件配置成 LIN 时,生成 13 位断开符;检测 10/11 位断开符。
(7) 发送方为同步传输提供时钟。

(8) IRDA SIR 编码器解码器。在正常模式下支持 3/16 位的持续时间。

(9) 智能卡模拟功能。智能卡接口支持 ISO 7816-3 标准中定义的异步智能卡协议；智能卡用到 0.5 和 1.5 个停止位。

(10) 单线半双工通信。

(11) 可配置使用 DMA 的多缓冲器通信。在 SRAM 里利用集中式 DMA 缓冲接收/发送字节。

(12) 单独的发送器和接收器使能位。

(13) 检测标志。接收缓冲器满；发送缓冲器空；传输结束标志。

(14) 校验控制。发送校验位；对接收数据进行校验。

(15) 四个错误检测标志。溢出错误；噪声错误；帧错误；校验错误。

(16) 10 个带标志的中断源。CTS 改变；LIN 断开符检测；发送数据寄存器空；发送完成；接收数据寄存器满；检测到总线为空闲；溢出错误；帧错误；噪声错误；校验错误。

(17) 多处理器通信。如果地址不匹配，则进入静默模式。

(18) 从静默模式中唤醒。通过空闲总线检测或地址标志检测。

(19) 两种唤醒接收器的方式。地址位(MSB，第 9 位)，总线空闲。

9.2.3 USART 的功能

STM32F407 微控制器 USART 接口通过 3 个引脚与其他设备连接，其内部结构如图 9-3 所示。

任何 USART 双向通信至少需要两个引脚：接收数据输入(RX)引脚和发送数据输出(TX)引脚。

RX 引脚：接收数据串行输入。通过采样技术来区别数据和噪声，从而恢复数据。

TX 引脚：发送数据串行输出。当发送器被禁止时，TX 引脚恢复到它的 I/O 端口配置。当发送器被激活，并且不发送数据时，TX 引脚处于高电平。在单线和智能卡模式中，此 I/O 端口同时用于数据的发送和接收。

(1) 总线在发送或接收前应处于空闲状态。

(2) 一个起始位。

(3) 一个数据字(8 或 9 位)，最低有效位在前。

(4) 0.5，1.5，2 个停止位，由此表明数据帧的结束。

(5) 使用分数波特率发生器——12 位整数和 4 位小数的表示方法。

(6) 一个状态寄存器(USART_SR)。

(7) 数据寄存器(USART_DR)。

(8) 一个波特率寄存器(USART_BRR)，12 位整数和 4 位小数。

(9) 一个智能卡模式下的保护时间寄存器(USART_GTPR)。

在同步模式中需要以下引脚。

CK 引脚：发送器时钟输出。此引脚输出用于同步传输的时钟。可以用来控制带有移位寄存器的外部设备(如 LCD 驱动器)。时钟相位和极性都是软件可编程的。在智能卡模式中，CK 引脚可以为智能卡提供时钟。

在 IrDA 模式中需要下列引脚。

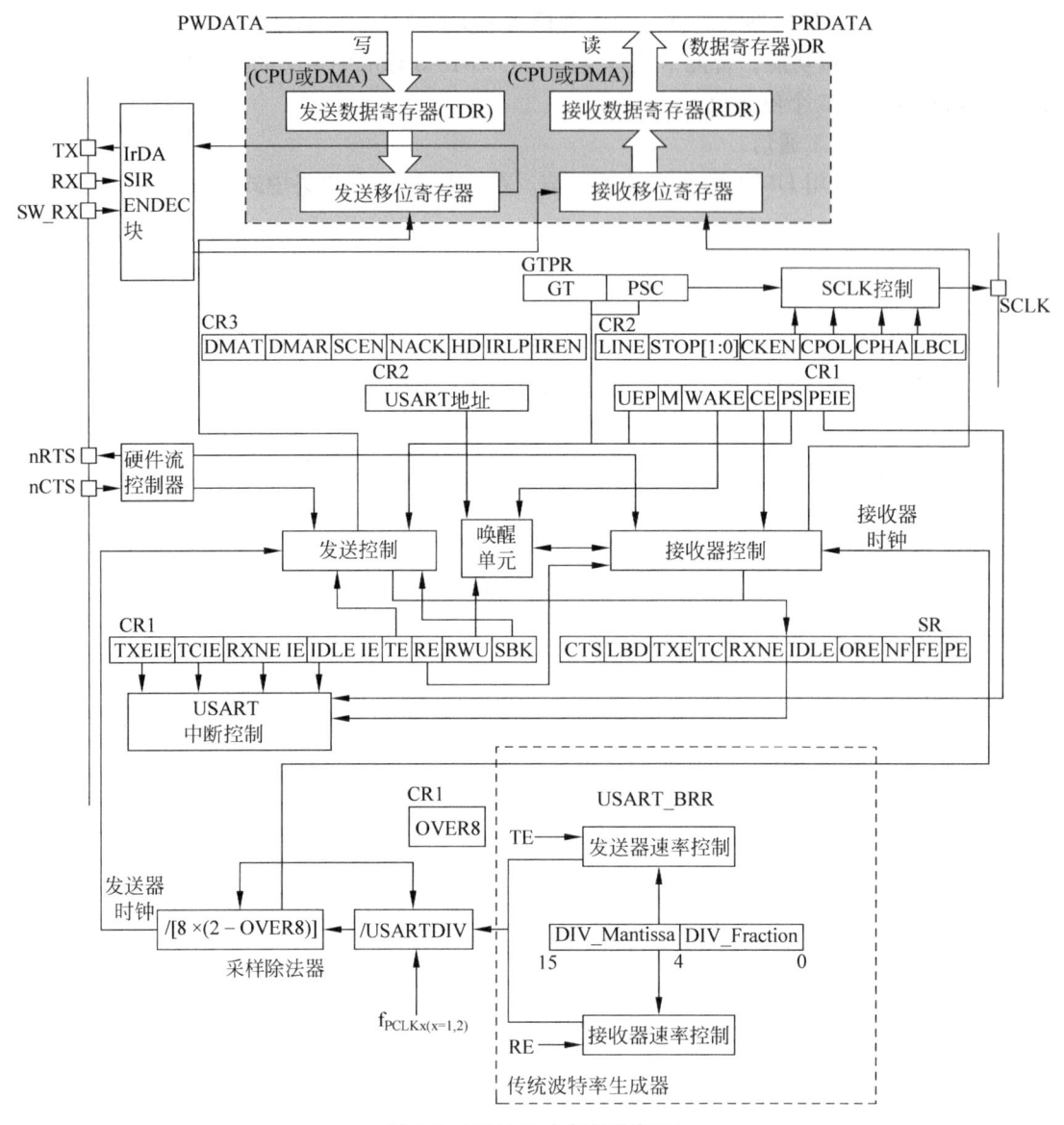

图 9-3 USART 内部结构框图

(1) IrDA_RDI 引脚：IrDA 模式下的数据输入。

(2) IrDA_TDO 引脚：IrDA 模式下的数据输出。

在硬件流控制模式中需要下列引脚。

(1) nCTS 引脚：清除发送,若是高电平,在当前数据传输结束时阻断下一次的数据发送。

(2) nRTS 引脚：发送请求,若是低电平,表明 USART 准备好接收数据。

1. 波特率控制

波特率控制即图 9-3 下部虚线框的部分。通过对 USART 时钟的控制,可以控制 USART 的数据传输速度。

USART 外设时钟源根据 USART 的编号不同而不同：对于挂载在 APB2 总线上的

USART1，它的时钟源是 f_{PCLK_2}；对于挂载在 APB1 总线上的其他 USART(如 USART2 和 USART3 等)，它们的时钟源是 f_{PCLK_1}。以上 USART 外设时钟源经各自 USART 的分频系数 USARTDIV 分频后，分别输出作为发送器时钟和接收器时钟，控制发送和接收的时序。

通过改变 USART 外设时钟源的分频系数 USARTDIV，可以设置 USART 的波特率。

波特率决定了 USART 数据通信的速率，通过设置波特率寄存器(USART_BRR)来配置波特率。

标准 USART 的波特率计算公式如下。

$$波特率 = f_{PCLK}/(8×(2-OVER8)×USARTDIV)$$

式中，f_{PCLK} 是 USART 总线时钟；OVER8 是过采样设置；USARTDIV 是需要存储在 USART_BRR 中的数据。

USART_BRR 由以下两部分组成。①USARTDIV 的整数部分：USART_BRR 的位 15:4，即 DIV_Mantissa[11:0]。②USARTDIV 的小数部分：USART_BRR 的位 3:0，即 DIV_Fraction[3:0]。

一般根据需要的波特率计算 USARTDIV，然后换算成存储到 USART_BRR 的数据。

接收器采用过采样技术(除了同步模式)来检测接收到的数据，可以从噪声中提取有效数据。可通过编程 USART_CR1 中的 OVER8 位来选择采样方法，且采样时钟可以是波特率时钟的 16 倍或 8 倍。

8 倍过采样(OVER8=1)：此时以 8 倍于波特率的采样频率对输入信号进行采样，每个采样数据位被采样 8 次。此时可以获得最高的波特率($f_{PCLK}/16$)。根据采样中间的 3 次采样(第 4、5、6 次)判断当前采样数据位的状态。

16 倍过采样(OVER8=0)：此时以 16 倍于波特率的采样频率对输入信号进行采样，每个采样数据位被采样 16 次。此时可以获得最高的波特率($f_{PCLK}/16$)。根据采样中间的 3 次采样(第 8、9、10 次)判断当前采样数据位的状态。

2. 收发控制

收发控制即图 9-3 的中间部分。该部分由若干控制寄存器组成，如 USART 控制寄存器 CR1、CR2、CR3 和 USART 状态寄存器 SR 等。通过向以上控制寄存器写入各种参数，控制 USART 数据的发送和接收。同时，通过读取状态寄存器，可以查询 USART 当前的状态。USART 状态的查询和控制可以通过库函数来实现，因此，无须深入了解这些寄存器的具体细节(如各个位代表的意义)，而只需学会使用 USART 相关的库函数即可。

3. 数据存储转移

数据存储转移即图 9-3 上部灰色的部分。它的核心是两个移位寄存器：发送移位寄存器和接收移位寄存器。这两个移位寄存器负责收发数据并做并串转换。

(1) USART 数据发送过程。

当 USART 发送数据时，内核指令或 DMA 外设先将数据从内存(变量)写入发送数据寄存器(TDR)。然后，发送控制器适时地自动把数据从 TDR 加载到发送移位寄存器，将数据一位一位地通过 TX 引脚发送出去。

当数据完成从 TDR 到发送移位寄存器的转移后，会产生 TDR 已空的事件 TXE。当数据从发送移位寄存器全部发送到 TX 引脚后，会产生数据发送完成事件 TC。这些事件都可以在状态寄存器中查询到。

（2）USART 数据接收过程。

USART 数据接收是 USART 数据发送的逆过程。

当 USART 接收数据时，数据从 RX 引脚一位一位地输入到接收移位寄存器中。然后，接收控制器自动将接收移位寄存器中的数据转移到接收数据寄存器（RDR）中。最后，内核指令或 DMA 将 RDR 的数据读入内存（变量）中。

当接收移位寄存器的数据转移到 RDR 后，会产生 RDR 非空/已满事件 RXNE。

9.2.4 USART 的通信时序

字长可以通过编程 USART_CR1 中的 M 位，选择 8 或 9 位，USART 通信时序如图 9-4 所示。

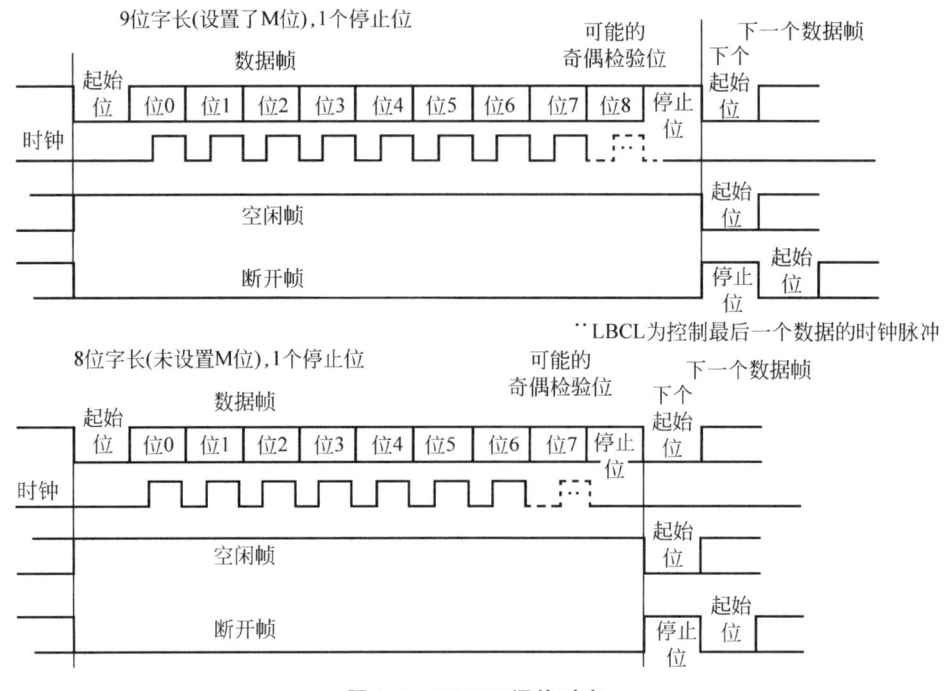

图 9-4 USART 通信时序

TX 引脚在起始位期间处于低电平，在停止位期间处于高电平。空闲符号被视为完全由 1 组成的一个完整的数据帧，后面跟着包含了数据的下一帧的开始位。断开符号被视为在一个帧周期内全部收到 0。在断开帧结束时，发送器再插入 1 或 2 个停止位(1)来应答起始位。发送和接收由一共用的波特率发生器驱动，当发送器和接收器的使能位分别置位时，分别为它们产生时钟。

图 9-4 中的 LBCL（最后一位时钟脉冲，Last Bit Clock Pulse）为控制寄存器 2（USART_CR2）的位 8。在同步模式下，该位用于控制是否在 CK 引脚上输出最后发送的那个数据位（最高位）对应的时钟脉冲。

0：最后一位数据的时钟脉冲不从 CK 引脚输出；

1：最后一位数据的时钟脉冲会从 CK 引脚输出。

注：(1)最后一个数据位就是第 8 或者第 9 个发送的位(根据 USART_CR1 中的 M 位所定义的 8 或者 9 位数据帧格式)。

(2) UART4 和 UART5 上不存在这一位。

9.2.5 USART 的中断

STM32F407 系列微控制器的 USART 主要有以下各种中断事件。

(1) 发送期间的中断事件包括发送完成(TC)、清除发送(CTS)、发送数据寄存器空(TXE)。

(2) 接收期间的中断文件包括空闲总线检测(IDLE)、溢出错误(ORE)、接收数据寄存器非空(RXNE)、校验错误(PE)、LIN 断开检测(LBD)、噪声错误(NE,仅在多缓冲器通信)和帧错误(FE,仅在多缓冲器通信)。

如果设置了对应的使能标志位,这些事件就可以产生各自的中断,STM32F407 系列微控制器 USART 的中断事件及其使能标志位如表 9-1 所示。

表 9-1　STM32F407 系列微控制器 USART 的中断事件及其使能标志位

中 断 事 件	事 件 标 志	使能标志位
发送数据寄存器空	TXE	TXEIE
清除发送	CTS	CTSIE
发送完成	TC	TCIE
接收数据寄存器非空	RXNE	RXNEIE
溢出错误	ORE	OREIE
空闲总线检测	IDLE	IDLEIE
校验错误	PE	PEIE
LIN 断开检测	LBD	LBDIE
噪声错误、溢出错误和帧错误	NF 或 ORE 或 FE	EIE

9.2.6 USART 相关寄存器

STM32F407 的 USART 相关寄存器名称如下,可以用半字(16 位)或字(32 位)的方式操作这些外设寄存器,由于采用库函数方式编程,故不作进一步的探讨。

(1) 状态寄存器(USART_SR)。

(2) 数据寄存器(USART_DR)。

(3) 波特比率寄存器(USART_BRR)。

(4) 控制寄存器 1(USART_CR1)。

(5) 控制寄存器 2(USART_CR2)。

(6) 控制寄存器 3(USART_CR3)。

(7) 保护时间和预分频寄存器(USART_GTPR)。

9.3　USART 的 HAL 驱动程序

STM32 的 USART HAL 驱动程序提供了串行通信的全面支持,允许以中断、轮询或 DMA 方式进行数据的发送和接收。

9.3.1 常用功能函数

串口的驱动程序头文件是 stm32f4xx_hal_uart.h。串口操作的常用 HAL 函数如表 9-2 所示。

表 9-2 串口操作的常用 HAL 函数

分　　组	函　数　名	功　能　说　明
初始化和总体功能	HAL_UART_Init()	串口初始化,设置串口通信参数
	HAL_UART_MspInit()	串口初始化的 MSP 弱函数,在 HAL_UART_Init() 中被调用。重新实现的这个函数一般用于串口引脚的 GPIO 初始化和中断设置
	HAL_UART_GetState()	获取串口当前状态
	HAL_UART_GetError()	返回串口错误代码
	HAL_UART_Transmit()	阻塞方式发送一个缓冲区的数据,发送完成或超时后才返回
	HAL_UART_Receive()	阻塞方式将数据接收到一个缓冲区,接收完成或超时后才返回
阻塞式传输	HAL_UART_Transmit_IT()	以中断方式(非阻塞式)发送一个缓冲区的数据
	HAL_UART_Receive_IT()	以中断方式(非阻塞式)将指定长度的数据接收到缓冲区
中断方式传输	HAL_UART_Transmit_IT()	以中断方式发送一个缓冲区的数据
	HAL_UART_Receive_IT()	以中断方式将指定长度的数据接收到缓冲区
DMA 方式传输	HAL_UART_Transmit_DMA()	以 DMA 方式发送一个缓冲区的数据
	HAL_UART_Receive_DMA()	以 DMA 方式将指定长度的数据接收到缓冲区
	HAL_UART_DMAPause()	暂停 DMA 传输过程
	HAL_UART_DMAResume()	继续先前暂停的 DMA 传输过程
	HAL_UART_DMAStop()	停止 DMA 传输过程
取消数据传输	HAL_UART_Abort()	终止以中断方式或 DMA 方式启动的传输过程,函数自身以阻塞方式运行
	HAL_UART_AbortTransmit()	终止以中断方式或 DMA 方式启动的数据发送过程,函数自身以阻塞方式运行
	HAL_UART_AbortReceive()	终止以中断方式或 DMA 方式启动的数据接收过程,函数自身以阻塞方式运行
	HAL_UART_Abort_IT()	终止以中断方式或 DMA 方式启动的传输过程,函数自身以非阻塞方式运行
	HAL_UART_AbortTransmit_IT()	终止以中断方式或 DMA 方式启动的数据发送过程,函数自身以非阻塞方式运行
	HAL_UART_AbortReceive_IT()	终止以中断方式或 DMA 方式启动的数据接收过程,函数自身以非阻塞方式运行

1. 串口初始化

函数 HAL_UART_Init()用于串口初始化,主要是设置串口通信参数。其原型定义如下。

```
HAL_StatusTypeDef  HAL_UART_Init(UART_HandleTypeDef * huart)
```

参数 huart 是 UART_HandleTypeDef 结构体类型的指针，是串口外设对象指针。在 STM32CubeMX 生成的串口程序文件 usart.c 中，会为一个串口定义外设对象变量，如：

```
UART_HandleTypeDef   huart1; //USART1 的外设对象变量
```

UART_HandleTypeDef 结构体的定义如下，各成员变量的意义见注释。

```
typedef struct_UART_HandleTypeDef
{
USART_TypeDef                * Instance;       //UART 寄存器基地址
UART_InitTypeDef             Init;             //UART 通信参数
uint8_t                      * pTxBuffPtr;     //发送数据缓冲区指针
uint16_t                     TxXferSize;       //需要发送数据的字节数
_IO uint16_t                 TxXferCount;      //发送数据计数器，递增计数
uint8_t                      * pRxBuffPtr;     //接收数据缓冲区指针
uint16_t                     RxXferSize;       //需要接收数据的字节数
_IO uint16_t                 RxXferCount;      //接收数据计数器，递减计数
DMA_HandleTypeDef            * hdmatx;         //数据发送 DMA 流对象指针
DMA_HandleTypeDef            * hdmarx;         //数据接收 DMA 流对象指针
HAL_LockTypeDef              Lock;             //锁定类型
_IO HAL_UART_StateTypeDef    gState;           //UART 状态
_IO HAL_UART_StateTypeDef    RxState;          //发送操作相关的状态
_IO uint32_t                 ErrorCode;        //错误码
} UART_HandleTypeDef;
```

Init 是 UART_InitTypeDef 结构体类型变量，它表示串口通信参数，其定义如下，各成员变量的意义见注释。

```
typedef struct
{
uint32_t   BaudRate;      //波特率
uint32_t   WordLength;    //字长
uint32_t   StopBits;      //停止位个数
uint32_t   Parity;        //是否有奇偶校验
uint32_t   Mode;          //工作模式
uint32_t   HwFlowCtl;     //硬件流控制
uint32_t   OverSampling;  //过采样
}  UART_InitTypeDef;
```

在 STM32CubeMX 中，用户可以可视化地设置串口通信参数，生成代码时会自动生成串口初始化函数。

2. 阻塞式数据传输

串口数据传输有两种模式：阻塞模式和非阻塞模式。

(1) 阻塞模式就是轮询模式，例如，使用函数 HAL_UART_Transmit()发送一个缓冲区的数据时，这个函数会一直执行，直到数据传输完成或超时之后，函数才返回。

(2) 非阻塞模式是使用中断或 DMA 方式进行数据传输，例如，使用函数 HAL_UART_Transmit_IT()启动一个缓冲区的数据传输后，该函数立刻返回。在数据传输的过程中会引发各种中断事件，用户在相应的回调函数中进行处理。

以阻塞模式发送数据的函数是 HAL_UART_Transmit()，其原型定义如下。

```
HAL_StatusTypeDef  HAL_UART_Transmit (UART_HandleTypeDef * huart,uint8_t * pData,uint16_t Size,uint32_t Timeout)
```

其中,参数 pData 是缓冲区指针;Size 是需要发送的数据长度(字节);Timeout 是超时限制时间,用嘀嗒信号的节拍数表示。该函数使用示例代码如下。

```
uint8_t  timeStr[] = "15:32:06\n";
HAL_UART_Transmit(&huart1,timeStr,sizeof(timeStr),200);
```

函数 HAL_UART_Transmit()以阻塞模式发送一个缓冲区的数据,若返回值为 HAL_OK,表示传输成功,否则可能是超时或其他错误。超时参数 Timeout 的单位是嘀嗒信号的节拍数,当 SysTick 定时器的定时周期是 1 ms 时,Timeout 的单位就是 ms。

以阻塞模式接收数据的函数是 HAL_UART_Receive(),其原型定义如下。

```
HAL_StatusTypeDef  HAL_UART_Receive(UART_HandleTypeDef * huart,uint8_t * pData,uint16_t Size,uint32_t Timeout)
```

其中,参数 pData 是用于存放接收数据的缓冲区指针;Size 是需要接收的数据长度(字节);Timeout 是超时限制时间,单位是嘀嗒信号的节拍数,默认情况下是 ms。例如:

```
uint8_t recvstr[10];
HAL_UART_Receive(&huart1,recvStr,10,200);
```

函数 HAL_UART_Receive()以阻塞模式将指定长度的数据接收到缓冲区,若返回值为 HAL_OK,表示接收成功,否则可能是超时或其他错误。

3. 非阻塞式数据传输

以中断或 DMA 方式启动的数据传输是非阻塞式的。我们将在第 12 章介绍 DMA 方式,在本章只介绍中断方式。以中断方式发送数据的函数是 HAL_UART_Transmit_IT(),其原型定义如下。

```
HAL_StatuaTypeDet  HAL_UART_Transmit_IT(UART_HandleTypeDef * huart,uint8_t * pData,uint16_t Size)
```

其中,参数 pData 是需要发送的数据的缓冲区指针;Size 是需要发送的数据长度(字节)。这个函数以中断方式发送一定长度的数据,若函数返回值为 HAL_OK,表示启动发送成功,但并不表示数据发送完成。该函数使用示例代码如下。

```
uint8_t  timeStr[] = "15:32:06\n";
HAL_UART_Transmit_IT(&huart1,timeStr,sizeof(timestr));
```

数据发送结束时,会触发中断并调用回调函数 HAL_UART_TxCpltCallback(),若要在数据发送结束时做一些处理,就需要重新实现这个回调函数。

以中断方式接收数据的函数是 HAL_UART_Receive_IT(),其原型定义如下。

```
HAL_StatusTypeDef  HAL_UART_Receive_IT(UART_HandleTypeDef * huart,uint8_t * pData,uint16_t Size)
```

其中,参数 pData 是存放接收数据的缓冲区的指针;Size 是需要接收的数据长度(字节数)。这个函数以中断方式接收一定长度的数据,若函数返回值为 HAL_OK,表示启动成功,但并不表示已经完成数据接收。该函数使用示例代码如下。

```
uint8_t  rxBuffer[10];          //接收数据的缓冲区
HAL_UART_Receive_IT(huart, rxBuffer,10);
```

数据接收完成时,会触发中断并调用回调函数 HAL_UART_RxCpltCallback(),若要在接收完数据后做一些处理,就需要重新实现这个回调函数。

函数 HAL_UART_Receive_IT()有以下一些特性需要注意。

(1) 函数执行一次只能接收固定长度的数据,即使设置为只接收1字节的数据。

(2) 在完成数据接收后会自动关闭接收中断,不会再继续接收数据,也就是说,这个函数是"一次性"的。若要再接收下一批数据,需要再次执行这个函数,但是不能在回调函数 HAL_UART_RxCpltCallback()中调用这个函数启动下一次数据接收。

函数 HAL_UART_Receive_IT()的这些特性,使其在处理不确定长度、不确定输入时间的串口数据输入时比较麻烦,需要做一些特殊的处理。

9.3.2 常用的宏函数

在 HAL 驱动程序中,每个外设都有一些以"_HAL"为前缀的宏函数。这些宏函数直接操作寄存器,主要是进行启用或禁用外设、开启或禁止事件中断、判断和清除中断标志位等操作。串口操作常用的宏函数如表 9-3 所示。

表 9-3 串口操作常用的宏函数

宏 函 数	功 能 描 述
_HAL_UART_ENABLE(_HANDLE_)	启用某个串口,例如 _HAL_UART_ENABLE(&huart1)
_HAL_UART_DISABLE(_HANDLE_)	禁用某个串口,例如 _HAL_UART_DISABLE(&huart1)
_HAL_UART_ENABLE_IT(_HANDLE, INTERRUPT)	允许某个事件产生硬件中断,例如 _HAL_UART_ENABLE_IT(&huart1,UART_IT_IDLE)
_HAL_UART_DISABLE_IT(_HANDLE, INTERRUPT)	禁止某个事件产生硬件中断,例如 _HAL_UART_DISABLE_IT(&huart1,UART_IT_IDLE)
_HAL_UART_GET_IT_SOURCE(_HANDLE, IT)	检查某个事件是否被允许产生硬件中断
_HAL_UART_GET_FLAG(HANDLE,FLAG_)	检查某个事件的中断标志位是否被置位
_HAL_UART_CLEAR_FLAG(HANDLE, FLAG)	清除某个事件的中断标志位

这些宏函数中的参数_HANDLE_是串口外设对象指针,_INTERRUPT_和_IT_都是中断事件类型。一个串口只有一个中断号,但是中断事件类型较多,文件 stm32f4xx_hal_uart.h 中定义了这些中断事件类型的宏,全部中断事件类型宏定义如下。

```
#define UART_IT_PE      ((uint32_t)(UART_CR1_REG_INDEX << 28U  |  USART_CR1_PEIE))
#define UART_IT_TXE     ((uint32_t)(UART_CR1_REG_INDEX << 28U  |  USART_CR1_TXEIE))
#define UART_IT_TC      ((uint32_t)(UART_CR1_REG_INDEX << 28 U |  USART_CR1_TCIE))
#define UART_IT_RXNE    ((uint32_t)(UART_CR1_REG_INDEX << 28 U |  USART_CR1_RXNEIE))
#define UART_IT_IDLE    ((uint32_t)(UART_CR1_REG_INDEX << 28U  |  USART_CR1_IDLEIE))
#define UART_IT_LBD     ((uint32_t)(UART_CR2_REG_INDEX << 28U  |  USART_CR2_LBDIE))
#define UART_IT_CTS     ((uint32_t)(UART_CR3_REG_INDEX << 28U  |  USART_CR3_CTSIE))
#define UART_IT_ERR     ((uint32_t)(UART_CR3_REG_INDEX << 28 U |  USART_CR3_EIE))
```

9.3.3 中断事件与回调函数

一个串口只有一个中断号,也就是只有一个 ISR,例如,USART1 的全局中断对应的 ISR 是 USART1_IRQHandler()。在 STM32CubeMX 自动生成代码时,其 ISR 框架会在文件 stm32f4xx_it.c 中生成,代码如下。

```
void USART1_IRQHandler(void)        //USART1 中断 ISR
{
HAL_UART_IRQHandler(&huart1);       //串口中断通用处理函数
}
```

所有串口的 ISR 都是调用函数 HAL_UART_IRQHandler(),该函数是中断处理通用函数。该函数会判断产生中断的事件类型、清除事件中断标志位、调用中断事件对应的回调函数。

对函数 HAL_UART_IRQHandler()进行代码跟踪分析,整理出如表 9-4 所示的串口中断事件类型与回调函数的对应关系。注意,并不是所有中断事件都有对应的回调函数,例如,UART_IT_IDLE 中断事件就没有对应的回调函数。

表 9-4 串口中断事件类型与回调函数的对应关系

中断事件类型宏定义	中断事件描述	对应的回调函数
UART_IT_CTS	CTS 信号变化中断	无
UART_IT_LBD	LIN 打断检测中断	无
UART_IT_TXE	发送数据寄存器非空中断	无
UART_IT_TC	传输完成中断,用于发送完成	HAL_UART_TxCpltCallback()
UART_IT_RXNE	接收数据寄存器非空中断	HAL_UART_RxCpltCallback()
UART_IT_IDLE	线路空闲状态中断	无
UART_IT_PE	奇偶校验错误中断	HAL_UART_ErrorCallback()
UART_IT_ERR	发生帧错误、噪声错误、溢出错误的中断	HAL_UART_ErrorCallback()

常用的回调函数有 HAL_UART_TxCpltCallback()和 HAL_UART_RxCpltCallback()。在以中断或 DMA 方式发送数据完成时,会触发 UART_IT_TC 事件中断,执行回调函数 HAL_UART_TxCpltCallback();在以中断或 DMA 方式完成接收数据时,会触发 UART_IT_RXNE 事件中断,执行回调函数 HAL_UART_RxCpltCallback()。

文件 stm32f4xx_hal_uart.h 中还有其他几个回调函数,它们的定义如下。

```
void HAL_UART_TxHalfCpltCallback(UART_HandleTypeDef * huart);
void HAL_UART_RxHalfCpltCallback(UART_HandleTypeDef * huart);
void HAL_UART_AbortCpltCallback (UART_HandleTypeDef * huart);
void HAL_UART_AbortTransmitCpltCallback(UART_HandleTypeDef * huart);
void HAL_UART_AbortReceiveCpltCallback(UART_HandleTypeDef * huart);
```

其中,函数 HAL_UART_TxHalfCpltCallback()是 DMA 传输完成一半时调用的回调函数,函数 HAL_UART_AbortCpltCallback()是在函数 HAL_UART_Abort()中调用的。

所以,并不是所有中断事件都有对应的回调函数,也不是所有回调函数都与中断事件关联。

9.4 采用 STM32Cube 和 HAL 库的 USART 串行通信应用实例

STM32 通常具有 3 个以上的串行通信口(USART),可根据需要选择其中一个。

在串行通信应用的实现中,难点在于正确配置、设置相应的 USART。与 51 单片机不同的是,除了要设置串行通信口的波特率、数据位数、停止位和奇偶校验等参数外,还要正确配置 USART 涉及的 GPIO 和 USART 接口本身的时钟,即使能相应的时钟。否则,无法正常通信。

由于串行通信通常有查询法和中断法两种。因此,如果采用中断法,还必须正确配置中断向量、中断优先级,使能相应的中断,并设计具体的中断服务函数;如果采用查询法,则只要判断发送、接收的标志,即可进行数据的发送和接收。

USART 只需两根信号线即可完成双向通信,对硬件要求低,使得很多模块都预留 USART 接口来实现与其他模块或者控制器进行数据传输,比如 GSM 模块、Wi-Fi 模块、蓝牙模块等。在硬件设计时,注意还需要一根"共地线"。

经常使用 USART 来实现控制器与计算机之间的数据传输,这使得调试程序非常方便。比如可以把一些变量的值、函数的返回值、寄存器标志位等,通过 USART 发送到串口调试助手,可以非常清楚程序的运行状态,在程序正式发布时再把这些调试信息去掉即可。

这样不仅可以将数据发送到串口调试助手,还可以从串口调试助手发送数据给控制器,控制器程序根据接收到的数据进行下一步工作。

首先,编写一个程序实现开发板与计算机通信,在开发板上电时通过 USART 发送一串字符串给计算机,然后开发板进入中断接收等待状态。如果计算机发送数据过来,开发板就会产生中断,通过中断服务函数接收数据,并把数据返回给计算机。

9.4.1 STM32 的 USART 的基本配置流程

STM32F4 的 USART 的功能有很多。最基本的功能就是发送和接收。其功能的实现需要串口工作方式配置、串口发送和串口接收三部分程序。本节只介绍基本配置,其他功能和技巧都是在基本配置的基础上完成的,读者可参考相关资料。

(1) 串口参数初始化(波特率/停止位等),并使能串口。

串口作为 STM32 的一个外设,HAL 库为其配置了串口初始化函数。串口初始化函数 HAL_UART_Init()的定义如下。

```
HAL_StatusTypeDef HAL_UART_Init(UART_HandleTypeDef * huart);
```

该函数只有一个入口参数 huart,为 UART_HandleTypeDef 结构体指针类型,俗称串口句柄,它的使用会贯穿整个串口程序。一般情况下,会定义一个 UART_HandleTypeDef 结构体类型全局变量,然后初始化各个成员变量。UART_HandleTypeDef 结构体的定义如下。

```
typedef struct
{
    USART_TypeDef              * Instance;
```

```
UART_InitTypeDef              Init;
uint8_t                       * pTxBuffPtr;
uint16_t                      TxXferSize;
__IO uint16_t                 TxXferCount;
uint8_t                       * pRxBuffPtr;
uint16_t                      RxXferSize;
__IO uint16_t                 RxXferCount;
DMA_HandleTypeDef             * hdmatx;
DMA_HandleTypeDef             * hdmarx;
HAL_LockTypeDef               Lock;
__IO_HAL_UART_StateTypeDef    gState;
__IO_HAL_UART_StateTypeDef    RxState;
__IO uint32_t                 ErrorCode;
}UART_HandleTypeDef;
```

该结构体成员变量非常多，一般情况下调用函数 HAL_UART_Init()对串口进行初始化时，只需要先设置 Instance 和 Init 两个成员变量的值。

Instance 是 USART_TypeDef 结构体类型指针变量，它用于执行寄存器基地址，实际上 HAL 库已经定义好了这个基地址，如果是串口 1，取值为 USART1 即可。

Init 是 UART_InitTypeDef 结构体类型变量，它用来设置串口的各个参数，包括波特率、停止位等，它的使用方法非常简单。

UART_InitTypeDef 结构体定义如下。

```
typedef struct
{
uint32_t  BaudRate;         //波特率
uint32_t  WordLength;       //字长
uint32_t  StopBits;         //停止位
uint32_t  Parity;           //奇偶校验
uint32_t  Mode;             //收/发模式设置
uint32_t  HwFlowCtl;        //硬件流设置
uint32_t  OverSampling;     //过采样设置
}UART_InitTypeDef
```

第 1 个参数 BaudRate 为波特率，波特率是串口最重要的参数，它用来确定串口通信的速率；第 2 个参数 WordLength 为字长，可以设置为 8 位或者 9 位字长，这里设置为 8 位字长数据格式 UART_WORDLENGTH_8B；第 3 个参数 StopBits 为停止位设置，可以设置为 1 位停止位或者 2 位停止位，这里设置为 1 位停止位 UART_STOPBITS_1；第 4 个参数 Parity 用于设置是否需要奇偶校验，这里设置为无奇偶校验位；第 5 个参数 Mode 为串口模式，可以设置为只收模式、只发模式，或者收发模式，这里设置为全双工收发模式；第 6 个参数 HwFlowCtl 为是否支持硬件流控制，这里设置为无硬件流控制；第 7 个参数 OverSampling 用来设置过采样为 16 倍还是 8 倍。

pTxBuffPtr，TxXferSize 和 TxXferCount 变量分别用来设置串口发送的数据缓存指针、发送的数据量和还剩余的要发送的数据量。pRxBuffPtr，RxXferSize 和 RxXferCount 变量则是用来设置接收的数据缓存指针、接收的数据量以及还剩余的要接收的数据量。

hdmatx 和 hdmarx 是与串口 DMA 相关的变量，指向 DMA 句柄。

最后几个变量用于设置一些 HAL 库处理过程状态标志位和串口通信的错误码。

函数 HAL_UART_Init()使用的一般格式如下。

```c
UART_HandleTypeDef UART1_Handler;                        //UART 句柄
UART1_Handler.Instance = USART1;                         //USART1
UART1_Handler.Init.BaudRate = 115200;                    //波特率
UART1_Handler.Init.WordLength = UART_WORDLENGTH_8B;      //字长为 8 位格式
UART1_Handler.Init.StopBits = UART_STOPBITS_1;           //一个停止位
UART1_Handler.Init.Parity = UART_PARITY_NONE;            //无奇偶校验位
UART1_Handler.Init.HwFlowCtl = UART_HWCONTROL_NONE;      //无硬件流控制
UART1_Handler.Init.Mode = UART_MODE_TX_RX;               //收发模式
HAL_UART_Init(&UART1_Handler);                           //HAL_UART_Init()会使能 UART1
```

需要说明的是,函数 HAL_UART_Init()内部会调用串口使能函数使能相应串口,所以调用了该函数之后就不需要重复使能串口了。当然,HAL 库也提供了具体的串口使能和关闭方法,具体使用方法如下。

```c
_HAL_UART_ENABLE(handler);         //使能句柄 handler 指定的串口
_HAL_UART_DISABLE(handler);        //关闭句柄 handler 指定的串口
```

还需要提醒的是:串口作为一个重要外设,在调用的初始化函数 HAL_UART_Init()内部,会先调用 MSP 初始化回调函数进行 MCU 相关的初始化,函数为

```c
void HAL_UART_MspInit(UART_HandleTypeDef * huart);
```

在程序中,只需要重写该函数即可。一般情况下,该函数内部用来编写 GPIO 接口初始化、时钟使能以及 NVIC 配置。

(2) 使能串口和 GPIO 接口时钟。

要使能串口,必须使能串口时钟和使用到的 GPIO 接口时钟。例如要使能串口 1,必须使能串口 1 时钟和 GPIOA 时钟(串口 1 使用的是 PA9 和 PA10 引脚)。具体方法如下。

```c
_HAL_RCC_USART1_CLK_ENABLE();      //使能 USART1 时钟
_HAL_RCC_GPIOA_CLK_ENABLE();       //使能 GPIOA 时钟
```

(3) GPIO 接口初始化设置(速度、上下拉等)以及复用映射配置。

在 HAL 库中 GPIO 接口初始化参数设置和复用映射配置是在函数 HAL_GPIO_Init()中一次性完成的。这里只需要注意,要复用 PA9 和 PA10 为串口发送接收相关引脚,需要配置 GPIO 接口为复用,同时复用映射到串口 1。配置源码如下。

```c
GPIO_Initure.Pin = GPIO_PIN_9;                   //PA9
GPIO_Initure.Mode = GPIO_MODE_AF_PP;             //复用推挽输出
GPIO_Initure.Pull = GPIO_PULLUP;                 //上拉
GPIO_Initure.Speed = GPIO_SPEED_FREQ_HIGH;       //高速
HAL-GPIO-Init(GPIOA,&GPIO_Initure);              //初始化 PA9
GPIO_Initure.Pin = GPIO_PIN_10;                  //PA10
GPIO_Initure.Mode = GPIO_MODE_AF_INPUT;          //模式要设置为复用输入模式!
HAL-GPIO-Init(GPIOA,&GPIO_Initure);              //初始化 PA10
```

(4) 开启串口相关中断,配置串口中断优先级。

HAL 库中定义了一个使能串口中断的标识符_HAL_UART_ENABLE_IT,可以把它当作一个函数来使用,具体定义请参考 HAL 库文件 stm32f4xx_hal_uart.h 中该标识符定义。例如要使能接收完成中断,方法如下。

```c
HAL_UART_ENABLE_IT(huart,UART_IT_RXNE);          //开启接收完成中断
```

第 1 个参数为步骤(1)讲解的串口句柄,为 UART_HandleTypeDef 结构体类型;第 2

个参数为要开启的中断类型值,可选值在头文件 stm32f4xx_hal_uart.h 中有宏定义。

有开启中断就有关闭中断,操作方法如下。

```
HAL_UART_DISABLE_IT(huart,UART_IT_RXNE);        //关闭接收完成中断
```

对于中断优先级配置,方法非常简单,参考方法如下。

```
HAL_NVIC_EnableIRQ(USART1_IRQn);                //使能 USART1 中断通道
HAL_NVIC_SetPriority(USART1_IRQn,3,3);          //抢占式优先级 3,响应优先级 3
```

(5)编写中断服务函数。

串口 1 中断服务函数为

```
void USART1_IRQHandler(void);
```

当发生中断时,程序就会执行中断服务函数;然后在中断服务函数中编写相应的逻辑代码即可。

(6)串口数据接收和发送。

STM32F4 的发送与接收是通过数据寄存器(USART_DR)来实现的,这是一个双寄存器,包含 TDR 和 RDR。当向该寄存器写数据的时候,串口就会自动发送,当收到数据时,也是存在该寄存器内。HAL 库操作寄存器 USART_DR 发送数据的函数如下。

```
HAL_StatusTypeDef HAL_UART_Transmit(UART_HandleTypeDef * huart,uint8_t * pData, uint16_t
Size, uint32_t Timeout);
```

通过该函数向寄存器 USART_DR 写入一个数据。

HAL 库操作寄存器 USART_DR 读取串口接收到的数据的函数如下。

```
HAL_StatusTypeDef HAL_UART_Receive(UART_HandleTypeDef * huart,uint8_t * pData, uint16_t
Size, uint32_t Timeout);
```

通过该函数可以读取串口接收到的数据。

9.4.2　USART 串行通信应用硬件设计

为利用 USART 实现开发板与计算机通信,需要用到一个 USB 转 USART 的 IC 电路,选择 CH340G 芯片来实现这个功能。CH340G 芯片是一个 USB 总线的转接芯片,用于实现 USB 转 USART、USB 转 IrDA 红外或者 USB 转打印机接口。使用其 USB 转 USART 功能,具体电路设计如图 9-5 所示。

将 CH340G 芯片的 TXD 引脚与 USART1 的 RX 引脚连接,CH340G 芯片的 RXD 引脚与 USART1 的 TX 引脚连接。CH340G 芯片集成在开发板上,其地线(GND)已与控制器的 GND 相连。

在本实例中,编写一个程序实现 STM32 通过串口 1 和上位机对话,STM32 在收到上位机发过来的字符串(以回车换行结束)后,会返回给上位机。同时每隔一定时间,通过串口 1 输出一段信息到计算机。DS0 闪烁,提示程序在运行。

9.4.3　USART 串行通信应用软件设计

STM32F407ZGT6 有四个 USART 和两个 UART,其中 USART1 和 USART6 的时钟来源于 APB2 总线时钟,最大频率为 84 MHz,其他四个的时钟来源于 APB1 总线时钟,最

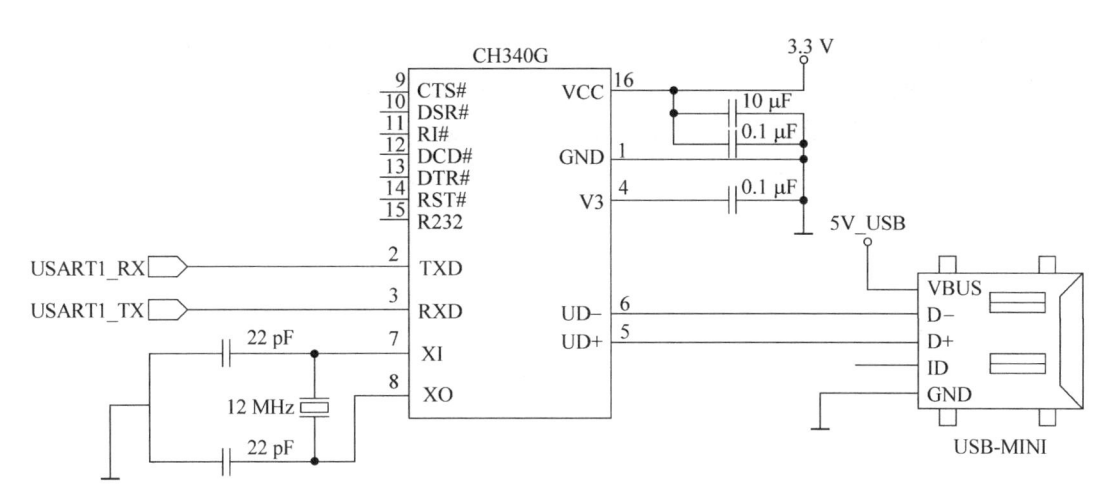

图 9-5　USB 转 USART 的硬件电路设计

大频率为 42 MHz。

USART_InitTypeDef 结构体成员用于设置 USART 工作参数,并由外设初始化配置函数,比如函数 MX_USART1_UART_Init()调用,这些设定参数将会设置外设相应的寄存器,达到配置外设工作环境的目的。初始化结构体定义在文件 stm32f4xx_hal_usart.h 中,初始化库函数定义在文件 stm32f4xx_hal_usart.c 中,编程时可以结合这两个文件内注释使用。

USART_InitTypeDef 结构体定义如下。

```
typedef struct {
uint32_t BaudRate;          //波特率
uint32_t WordLength;        //字长
uint32_t StopBits;          //停止位
uint32_t Parity;            //校验位
uint32_t Mode;              //UART 模式
uint32_t HwFlowCtl;         //硬件流控制
uint32_t OverSampling;      // 过采样模式
} USART_InitTypeDef;
```

结构体成员说明如下。

(1) BaudRate:波特率设置。一般设置为 2400、9600、19200、115200。HAL 库函数会根据设定值计算得到 UARTDIV 值,并设置 UART_BRR 寄存器的值。

(2) WordLength:数据帧字长,可选 8 位或 9 位。它设定 UART_CR1 寄存器的 M 位的值。如果没有使能奇偶校验控制,一般使用 8 数据位;如果使能了奇偶校验则一般设置为 9 数据位。

(3) StopBits:停止位设置,可选 0.5 个、1 个、1.5 个和 2 个停止位,它设定 USART_CR2 寄存器的 STOP[1:0]位的值,一般选择 1 个停止位。

(4) Parity:奇偶校验控制选择,可选 USART_PARITY_NONE(无校验)、USART_PARITY_EVEN(偶校验)以及 USART_PARITY_ODD(奇校验),它设定 UART_CR1 寄存器的 PCE 位和 PS 位的值。

(5) Mode：UART 模式选择，有 USART_MODE_RX 和 USART_MODE_TX，允许使用逻辑或运算选择两个，它设定 USART_CR1 寄存器的 RE 位和 TE 位。

(6) HwFlowCtl：设置硬件流控制是否使能或禁能。硬件流控制可以控制数据传输的进程，防止数据丢失，该功能主要在收发双方传输速度不匹配时使用。

(7) OverSampling：设置过采样频率和信号传输频率的比例。

1. 通过 STM32CubeMX 新建工程

通过 STM32CubeMX 新建工程的步骤如下。

(1) 新建文件夹。

在 Demo 目录下新建文件夹 USART，这是保存新建工程的文件夹。

(2) 新建 STM32CubeMX 工程。

在 STM32CubeMX 开发环境中新建工程。

(3) 选择 MCU 或开发板。

Commercial Part Number 和 MCUs/MPUs List 文本框选择 STM32F407ZGT6，单击 Start Project 按钮启动工程。

(4) 保存 STM32Cube MX 工程。

使用 STM32CubeMX 菜单项 File→Save Project 保存工程。

(5) 生成报告。

使用 STM32CubeMX 菜单项 File→Generate Report 生成当前工程的报告文件。

(6) 配置 MCU 时钟树。

在 STM32CubeMXPinout & Configuration 子页面下，选择 System Core→RCC 选项，High Speed Clock(HSE)项根据开发板实际情况，选择 Crystal/Ceramic Resonator(晶体/陶瓷晶振)。

切换到 STM32CubeMX Clock Configuration 子页面，根据开发板外设情况配置总线时钟。此处配置 Input frequency 为 8 MHz，PLL Source Mux 为 HSE，分频系数/M 为 8，PLLMul 倍频为 336 MHz，PLLCLK 分频/2 后为 168 MHz，System Clock Mux 为 PLLCLK，APB1 Prescaler 为/4，APB2 Prescaler 为/2，其余默认设置即可。

(7) 配置 MCU 外设。

首先配置 USART1。在 STM32CubeMX Pinout & Configuration 子页面选择 Connectivity→USART1 选项，对 USART1 进行设置。Mode 区域下 Mode 栏选择 Asynchronous，Hardware Flow Control (RS232)栏选择 Disable，Parameter Settings 选项具体配置如图 9-6 所示。

切换到 STM32CubeMX Pinout & Configuration 子页面选择 System Core→NVIC 选项，选择 Priority Group 文本框为 2 bits for pre-emption priority(2 位抢占式优先级)，USART1 global interrupt 选项勾选 Enabled 复选框，并修改 Preemption Priority(抢占式优先级)数目为 3，Sub Priority(响应优先级)数目为 3。NVIC 配置页面如图 9-7 所示。

在 Code generation 界面 USART1 global interrupt 选项勾选 Select for init sequence ordering 复选框。NVIC Code generation 配置页面如图 9-8 所示。

根据 LED 和 USART1 电路，整理出 MCU 连接的 GPIO 引脚的配置，如表 9-5 所示。

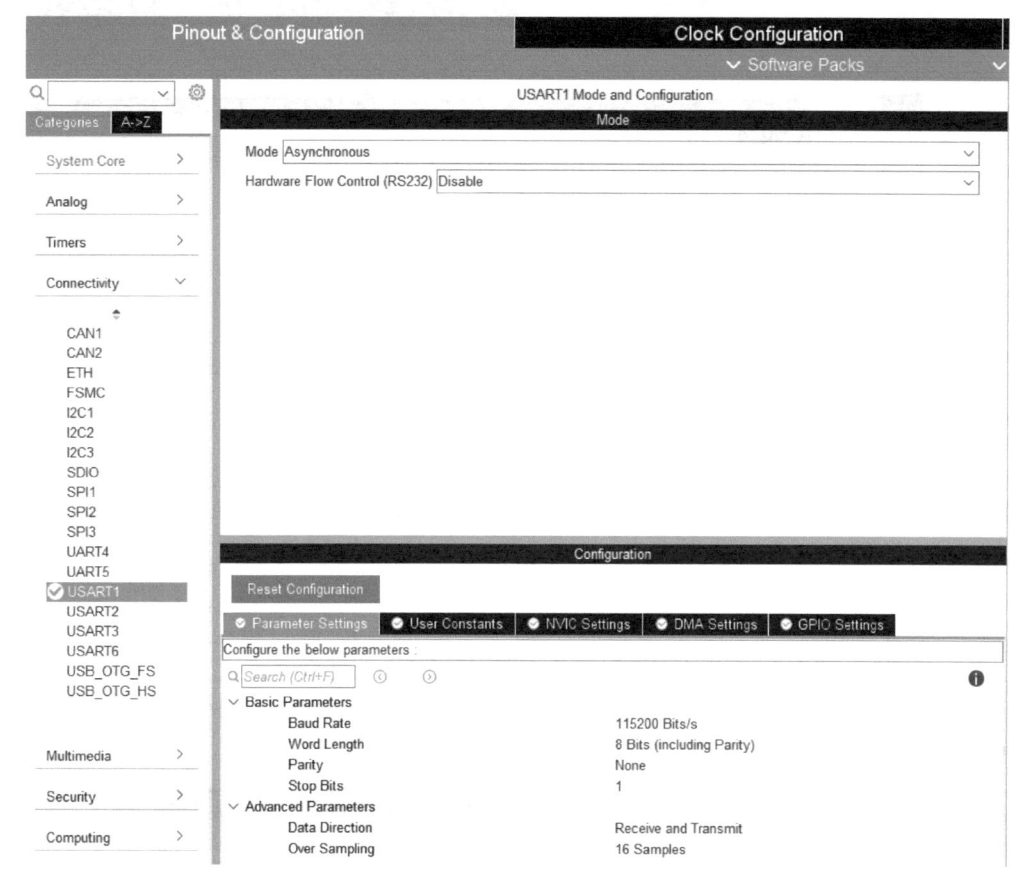

图 9-6　USART1 配置页面

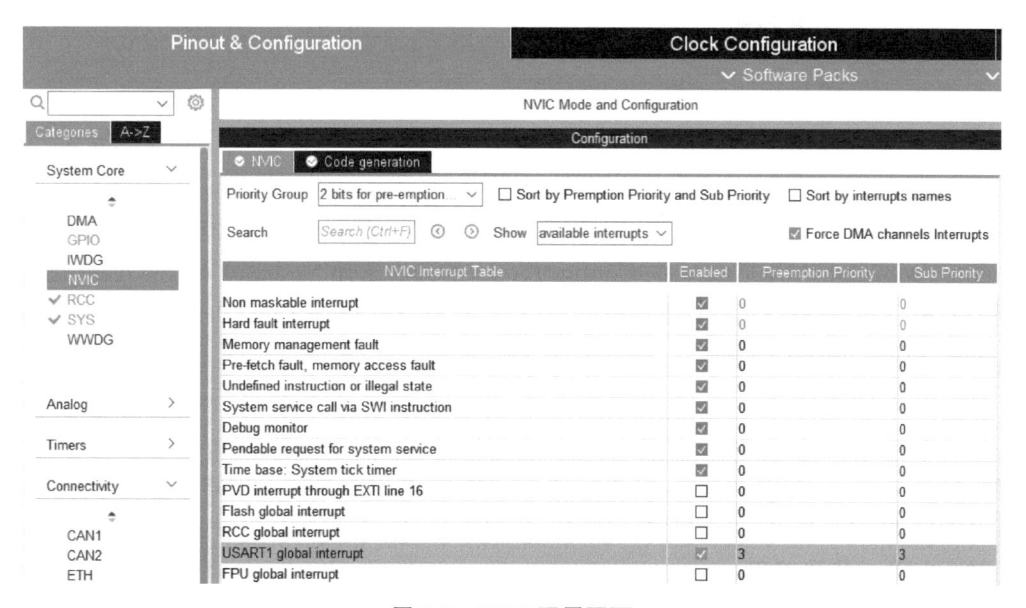

图 9-7　NVIC 配置页面

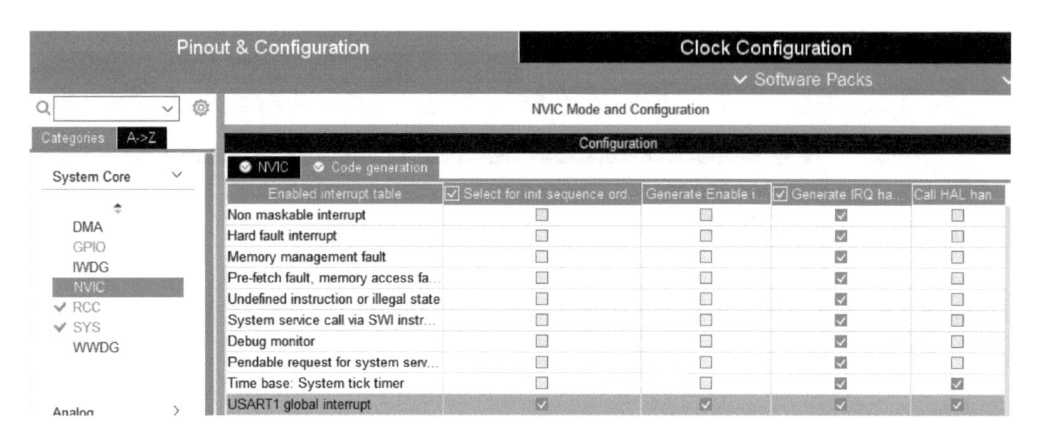

图 9-8 NVIC Code generation 配置页面

表 9-5 MCU 连接的 GPIO 引脚的配置

用户标签	引脚名称	引脚功能	GPIO 模式	上拉或下拉	端口速率
LED0	PF9	GPIO_Output	推挽输出	上拉	高
LED1	PF10	GPIO_Output	推挽输出	上拉	高
—	PA9	USART1_TX	复用推挽输出	—	高
—	PA10	USART1_RX	复用输入模式	—	高

在 STM32CubeMX 中配置完成 USART1 后，会自动完成相关 GPIO 端口的配置，不需用户配置。USART GPIO 配置页面如图 9-9 所示。

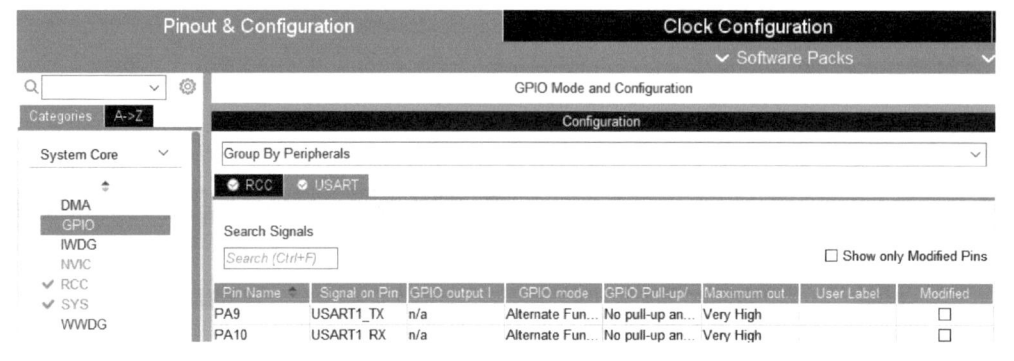

图 9-9 USART GPIO 配置页面

在 STM32CubeMX Pinout & Configuration 子页面选择 System Core→GPIO 选项，对使用的 GPIO 端口进行设置。LED 输出端口：LED0(PF9)和 LED1(PF10)，配置完成后的 GPIO 端口页面如图 9-10 所示。

(8) 配置工程。

在 STM32CubeMX Project Manager 子页面 Project 栏 Toolchain/IDE 项选择 MDK-ARM，Min Version 项选择 V5，可生成 Keil MDK 工程；选择 STM32CubeIDE，可生成 CubeIDE 工程。

(9) 生成 C 代码工程。

在 STM32CubeMX 主页面单击 GENERATE CODE 按钮生成 C 代码工程。分别生成 MDK-ARM 和 CubeIDE 工程。

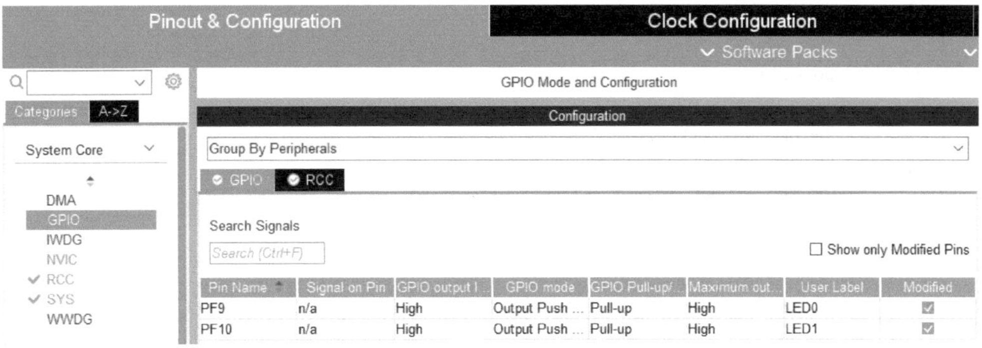

图 9-10 配置完成后的 GPIO 端口页面

2. 通过 STM32CubeIDE 实现工程

通过 STM32CubeIDE 实现工程的步骤如下。

(1) 打开工程。

打开 USART\STM32CubeIDE 文件夹下的工程文件。

(2) 编译 STM32CubeMX 自动生成的 STM32CubeIDE 工程。

在 STM32CubeIDE 开发环境中通过菜单项 Project→Build All 或单击工具栏中的 Build All 按钮 ▦ 编译工程。

(3) STM32CubeMX 自动生成的 STM32CubeIDE 工程。

文件 main.c 中函数 main()依次调用了函数 HAL_Init()用于复位所有外设,初始化闪存接口和 SysTick 定时器。函数 SystemClock_Config()用于配置各种时钟信号频率。函数 MX_GPIO_Init()用于初始化 GPIO 引脚。

文件 gpio.c 中包含了函数 MX_GPIO_Init()的实现代码,源代码请参考电子资源。

函数 main()中外设初始化新增函数 MX_USART1_UART_Init(),它是 USART1 的初始化函数。函数 MX_USART1_UART_Init()是在文件 usart.c 中定义的,实现 STM32CubeMX 配置的 USART1 设置。函数 MX_USART1_UART_Init()的实现代码如下。

```
void MX_USART1_UART_Init(void)
{
  /* USER CODE BEGIN USART1_Init 0 */

  /* USER CODE END USART1_Init 0 */

  /* USER CODE BEGIN USART1_Init 1 */

  /* USER CODE END USART1_Init 1 */
  huart1.Instance = USART1;
  huart1.Init.BaudRate = 115200;
  huart1.Init.WordLength = UART_WORDLENGTH_8B;
  huart1.Init.StopBits = UART_STOPBITS_1;
  huart1.Init.Parity = UART_PARITY_NONE;
  huart1.Init.Mode = UART_MODE_TX_RX;
  huart1.Init.HwFlowCtl = UART_HWCONTROL_NONE;
  huart1.Init.OverSampling = UART_OVERSAMPLING_16;
```

```
    if (HAL_UART_Init(&huart1) != HAL_OK)
    {
      Error_Handler();
    }
    /* USER CODE BEGIN USART1_Init 2 */
    __HAL_UART_ENABLE_IT(&huart1,UART_IT_RXNE);
    /* USER CODE END USART1_Init 2 */

  }
```

函数 MX_USART1_UART_Init()调用了函数 HAL_UART_Init(),继而调用了文件 usart.c 中实现的函数 HAL_UART_MspInit(),用于初始化 USART1 相关的时钟和 GPIO 端口。函数 HAL_UART_MspInit()实现代码如下。

```
void HAL_UART_MspInit(UART_HandleTypeDef* uartHandle)
{

  GPIO_InitTypeDef GPIO_InitStruct = {0};
  if(uartHandle->Instance==USART1)
  {
  /* USER CODE BEGIN USART1_MspInit 0 */

  /* USER CODE END USART1_MspInit 0 */
    /* USART1 clock enable */
    __HAL_RCC_USART1_CLK_ENABLE();

    __HAL_RCC_GPIOA_CLK_ENABLE();
    /**USART1 GPIO Configuration
    PA9     ------> USART1_TX
    PA10    ------> USART1_RX
    */
    GPIO_InitStruct.Pin = GPIO_PIN_9|GPIO_PIN_10;
    GPIO_InitStruct.Mode = GPIO_MODE_AF_PP;
    GPIO_InitStruct.Pull = GPIO_NOPULL;
    GPIO_InitStruct.Speed = GPIO_SPEED_FREQ_VERY_HIGH;
    GPIO_InitStruct.Alternate = GPIO_AF7_USART1;
    HAL_GPIO_Init(GPIOA, &GPIO_InitStruct);

  /* USER CODE BEGIN USART1_MspInit 1 */

  /* USER CODE END USART1_MspInit 1 */
  }
}
```

(4) 新建用户文件。

在 TIMER\Core\Src 文件夹下新建文件 led.c,在 TIMER\Core\Inc 文件夹下新建文件 led.h。将文件 led.c 添加到 Application/User/Core 文件夹下。

(5) 编写用户代码。

文件 led.h 和 led.c 实现 LED 操作的宏定义和 LED 初始化。

文件 usart.c 中函数 MX_USART1_UART_Init()用于开启 USART1 接收中断,代码如下。

```
/* USER CODE BEGIN USART1_Init 2 */
/*使能串口接收中断*/
_HAL_UART_ENABLE_IT(&huart1,UART_IT_RXNE);
/* USER CODE END USART1_Init 2 */
```

在 C 语言 HAL 库中,函数 fputc()是函数 printf()内部的一个函数,功能是将字符 ch 写入文件指针 f 所指向文件的当前写指针位置,简单理解就是把字符写入特定文件中。使用 USART 函数重新修改 fputc 函数内容,达到类似"写入"的功能。

为了使用函数 printf()需要在文件 usart.c 中包含头文件 stdio.h。

此处函数 fputc()的实现与 Keil MDK 中略有不同。

```
#ifdef _GNUC_
#define PUTCHAR_PROTOTYPE int _io_putchar(int ch)
#else
#define PUTCHAR_PROTOTYPE int fputc(int ch, FILE * f)
#endif
PUTCHAR_PROTOTYPE
{
    while ((USART1->SR & 0X40) == 0);    /* 等待上一个字符发送完成 */

    USART1->DR = (uint8_t)ch;             /* 将要发送的字符 ch 写入 DR 寄存器 */
    return ch;
}
```

文件 stm32f1xx_it.c 用来集中存放外设中断服务函数。当使能了中断并且中断发生时就会执行中断服务函数。本实验使能了 USART1 接收中断,当 USART1 接收到数据会执行函数 USART1_IRQHandler()。HAL 库为了使用方便,提供了一个串口中断通用处理函数 HAL_UART_IRQHandler(),该函数在串口接收完数据后,又会调用回调函数 HAL_UART_RxCpltCallback(),用于给用户处理串口接收到的数据。

```
void USART1_IRQHandler(void)
{
  /* USER CODE BEGIN USART1_IRQn 0 */
    uint32_t timeout = 0;
    uint32_t maxDelay = 0x1FFFF;
  /* USER CODE END USART1_IRQn 0 */

  HAL_UART_IRQHandler(&huart1);

  /* USER CODE BEGIN USART1_IRQn 1 */
  timeout = 0;
  while (HAL_UART_GetState(&huart1) != HAL_UART_STATE_READY) /* 等待就绪 */
  {
        timeout++;                          /* 超时处理 */
        if(timeout > maxDelay)
        {
        break;
        }
  }

  timeout = 0;
```

```c
        /* 一次处理完成之后,重新开启中断并设置 RxXferCount 为 1 */
        while (HAL_UART_Receive_IT(&huart1, (uint8_t *)g_rx_buffer, RXBUFFERSIZE) != HAL_OK)
        {
                timeout++;     /* 超时处理 */
                if (timeout > maxDelay)
                {
                break;
                }
        }
    /* USER CODE END USART1_IRQn 1 */
}
```

在文件 usart.c 中的函数 HAL_UART_RxCpltCallback()用于实现数据接收处理,源代码请参考电子资源。

在文件 main.c 中添加对串口的操作。无限循环里面的逻辑:首先判断全局变量 g_usart_rx_sta 的最高位是否为 1,如果为 1,那么代表前一次数据接收已经完成,接下来把自定义接收缓冲的数据发送到串口,在上位机显示。比较重点的两条语句是:第一条是调用 HAL 串口发送函数 HAL_UART_Transmit()来发送一段字符到串口;第二条是发送一个字节之后,要检测这个数据是否已经被发送完成了。如果全局变量 g_usart_rx_sta 的最高位为 0,则执行一段时间后往上位机发送提示字符,以及让 LED0 每隔一段时间翻转,提示系统正在运行。

```c
/* Infinite loop */
/* USER CODE BEGIN WHILE */
while (1)
{
  if (g_usart_rx_sta & 0x8000)              /* 接收到了数据 */
    {
    len = g_usart_rx_sta & 0x3fff;     /* 得到此次接收到的数据长度 */
    printf("\r\n您发送的消息为:\r\n");

    HAL_UART_Transmit(&huart1,(uint8_t *)g_usart_rx_buf,len,1000);    /* 发送接收到的数据 */
    while(__HAL_UART_GET_FLAG(&huart1,UART_FLAG_TC)!= SET);    /* 等待发送结束 */
    printf("\r\n\r\n");              /* 插入换行 */
    g_usart_rx_sta = 0;
    }
    else
    {
            times++;

            if (times % 5000 == 0)
            {
            printf("\r\n 正点原子 STM32 开发板 串口实验\r\n");
            printf("正点原子@ALIENTEK\r\n\r\n\r\n");
            }

            if (times % 200 == 0) printf("请输入数据,以回车键结束\r\n");

            if (times % 30   == 0) LED0_TOGGLE(); /* 闪烁 LED,提示系统正在运行. */

            delay_ms(10);
```

```
        }
    /* USER CODE END WHILE */

    /* USER CODE BEGIN 3 */
    }
/* USER CODE END 3 */
```

(6) 重新编译工程。

重新编译修改后的工程。

(7) 下载工程。

连接好仿真下载器,开发板上电。

单击菜单项 Run→Run 或单击工具栏中的 ⊙ 图标,首次运行时会弹出配置页面,选择调试探头为 ST-LINK,接口为 JTAG,其余默认,单击 OK 按钮确认。

工程下载完成后,连接串口,打开串口调试助手,在串口调试助手发送区域输入任意字符,单击发送按钮,马上在串口调试助手接收区可看到相同的字符。

第10章 STM32 模数转换器

CHAPTER 10

本章全面介绍 STM32 的模数转换器(Analog-to-Digital Converter,ADC)系统,从模拟量输入通道的基础知识、ADC 的工作原理到模拟量输入信号类型及量程自动转换;强调 STM32F407 微控制器 ADC 的结构和功能,包括 ADC 的使能与启动、时钟配置、转换模式、DMA 控制以及 STM32 的 ADC 应用特征;通过 ADC 的 HAL 驱动程序部分,详细介绍常规通道、注入通道和多重 ADC 的使用;通过实例展示 STM32Cube 和 HAL 库在 ADC 应用中的配置流程、硬件设计和软件设计。本章旨在帮助读者深入理解 STM32 ADC 的工作原理和应用方法,以便在嵌入式系统设计中有效地实现模拟信号的数字化处理。

本章的学习目标:
(1) 理解模拟量输入通道的基本组成和工作原理。
(2) 了解模拟量输入信号的类型和量程自动转换。
(3) 深入学习 STM32F407 微控制器 ADC 的结构和功能。
(4) 使用 HAL 库进行 ADC 配置和管理。
(5) 实际应用案例分析。
(6) 开发实践能力。

通过本章的学习,学生将具备在 STM32F407 微控制器上设计、配置和实现高效的模数转换系统的能力,能够有效地利用 ADC 进行模拟信号的精确采集和处理,提高微控制器应用的性能和准确性。

10.1 模拟量输入通道

模拟量输入通道用于将外部模拟信号(如电压或电流)转换为数字值,以便微控制器处理。这通常通过 ADC 实现。模拟量输入通道可以配置为接收不同范围和类型的模拟信号,如温度、压力或光强度信号。在微控制器中,这些输入通道通过特定的引脚连接,并可以通过编程设置其分辨率(如 10 位、12 位等),以满足不同的精度要求。模拟量输入在自动化、传感器接口和数据采集系统中扮演着关键角色。

10.1.1 模拟量输入通道的组成

模拟量输入通道根据应用要求的不同,可以有不同的结构形式。图 10-1 是多路模拟量输入通道的组成框图。

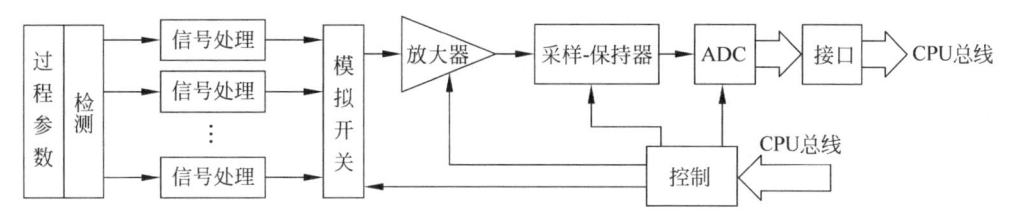

图 10-1 多路模拟量输入通道的组成框图

从图 10-1 可看出，模拟量输入通道一般由信号处理、模拟开关、放大器、采样-保持器和 ADC 组成。

根据需要，信号处理可选择的内容包括小信号放大、信号滤波、信号衰减、阻抗匹配、电平变换、非线性补偿、电流/电压转换等。

10.1.2 ADC 的工作原理

在计算机控制系统中，大多采用低、中速的大规模集成 A/D 转换芯片。

对于低、中速 ADC，这类芯片常用的转换方法有计数比较式、双斜率积分式和逐次逼近式 3 种。计数比较式器件简单、价格便宜，但转换速度慢，较少采用。双斜率积分式精度高，有时也采用。由于逐次逼近式 A/D 转换技术能很好地兼顾速度和精度，故它在 16 位以下的 ADC 中得到了广泛的应用。

近几年，又出现了 16 位以上的 Σ-ΔADC、流水线型 ADC 和闪速型 ADC。

10.2 模拟量输入信号类型与量程自动转换

模拟量输入信号类型与量程自动转换是一种常见的需求，尤其在工业控制和数据采集系统中。这种转换功能允许系统自动调整接收不同类型（如电压、电流）和不同量程（如 0～5 V, 0～10 V, 4～20 mA）的模拟信号。通常，这通过使用可编程增益放大器（Programmable Gain Amplifier, PGA）或 ADC 的软件配置来实现。系统可以根据输入信号的特征自动调整放大器的增益或 ADC 的参考电压，以适应不同的信号类型和量程，从而确保精确的数据采集和处理。

10.2.1 模拟量输入信号类型

在接到一个具体的测控任务后，需根据被测控对象选择合适的传感器，从而完成非电物理量到电量的转换，经传感器转换后的量，如电流、电压等，往往信号幅度很小，很难直接进行模数转换，因此，需对这些模拟电信号进行幅度处理，完成阻抗匹配、波形变换、噪声抑制等要求，而这些工作需要放大器完成。

模拟量输入信号主要有以下两类。

第一类为传感器输出的信号，如下所示。

（1）电压信号：一般为 mV 信号，如热电偶（TC）的输出或电桥输出。

（2）电阻信号：单位为 Ω，如热电阻（RTD）信号，通过电桥转换成 mV 信号。

(3) 电流信号：一般为 μA 信号，如电流型集成温度传感器 AD590 的输出信号，通过取样电阻转换成 mV 信号。

对于以上这些信号往往不能直接送 ADC，因为信号的幅值太小，需经运算放大器放大后，变换成标准电压信号，如 0～5 V，1～5 V，0～10 V，-5 V～+5 V 等，再送往 ADC 进行采样。有些双积分 ADC 的输入为 -200 mV～+200 mV 或 -2 V～+2 V，有些 ADC 内部带有 PGA，可直接接收 mV 信号。

第二类为变送器输出的信号，如下所示。

(1) 电流信号：0～10 mA(0～1.5 kΩ 负载)或 4～20 mA(0～500 Ω 负载)。

(2) 电压信号：0～5 V 或 1～5 V 等。

电流信号可以远距离传输，通过一个标准精密取样电阻就可以变成标准电压信号，送往 ADC 进行采样，这类信号一般不需要放大处理。

10.2.2 量程自动转换

由于传感器所提供的信号变化范围很宽(从 μV 到 V)，特别是在多回路检测系统中，当各回路的参数信号不一样时，必须提供各种量程的放大器，才能保证送到计算机的信号一致(如 0～5 V)。在模拟系统中，为了放大不同的信号，需要使用不同倍数的放大器。而在电动单位组合仪表中，常常使用各种类型的变送器，如温度变送器、差压变送器、位移变送器等。但是，这种变送器造价比较贵，系统也比较复杂。随着计算机的应用，为了减少硬件设备，已经研制出 PGA。它是一种通用性很强的放大器，其放大倍数可根据需要用程序进行控制。采用这种放大器，可通过程序调节放大倍数，使 ADC 满量程信号达到均一化，从而大大提高测量精度。这就是量程自动转换。

10.3 STM32F407 微控制器的 ADC 结构

真实世界的物理量，如温度、压力、电流和电压等，都是连续变化的模拟量。但数字计算机处理器主要由数字电路构成，无法直接认知这些连续变换的物理量。ADC 和 DAC 就是跨越模拟量和数字量之间"鸿沟"的桥梁。ADC 将连续变化的物理量转换为数字计算机可以理解的、离散的数字信号。DAC 则反过来将数字计算机产生的离散的数字信号转换为连续变化的物理量。如果把嵌入式系统处理器比作人的大脑，ADC 可以理解为这个大脑的眼、耳、鼻等感觉器官。嵌入式系统作为一种在真实物理世界中和宿主对象协同工作的专用计算机系统，ADC 和 DAC 是其必不可少的组成部分。

STM32F407ZGT6 微控制器带 3 个 12 位逐次逼近型 ADC，每个 ADC 有多达 19 个复用通道，可测量来自 16 个外部源、2 个内部源和 1 个 V_{BAT} 通道的信号。这些通道的 A/D 转换可在单次、连续、扫描或不连续采样模式下进行。ADC 的结果存储在一个左对齐或右对齐的 16 位数据寄存器中。ADC 具有模拟看门狗特性，允许应用检测输入电压是否超过了用户自定义的阈值上限或下限。

STM32F407 微控制器 ADC 的主要特征如下。

(1) 可配置 12 位、10 位、8 位或 6 位分辨率。

(2) 在转换结束、注入转换结束以及发生模拟看门狗或溢出事件时产生。

(3) 单次和连续转换模式。
(4) 用于自动将通道 0 转换为通道"n"的扫描模式。
(5) 数据对齐以保持内置数据一致性。
(6) 可独立设置各通道采样时间。
(7) 外部触发器选项,可为规则转换和注入转换配置极性。
(8) 不连续采样模式。
(9) 双重/三重模式(具有 2 个或更多 ADC 的器件提供)。
(10) 双重/三重 ADC 模式下可配置的 DMA 数据存储。
(11) 双重/三重交替模式下可配置的转换时间延迟。
(12) 自校准功能。
(13) ADC 电源要求:全速运行时为 2.4~3.6 V,慢速运行时为 1.8 V。
(14) ADC 输入范围:$V_{REF-} \leqslant V_{IN} \leqslant V_{REF+}$。
(15) 规则通道转换期间可产生 DMA 请求。

STM32F407 微控制器的 ADC 内部结构如图 10-2 所示。
ADC 相关引脚如下。
(1) 模拟电源 V_{DDA}:等效于 V_{DD} 的模拟电源且 2.4 V$\leqslant V_{DDA} \leqslant V_{DD}$(3.6 V)。
(2) 模拟电源地 V_{SSA}:等效于 V_{SS} 的模拟电源地。
(3) 模拟参考正极 V_{REF+}:ADC 使用的高端/正极参考电压,2.4 V$\leqslant V_{REF+} \leqslant V_{DDA}$。
(4) 模拟参考负极 V_{REF-}:ADC 使用的低端/负极参考电压,$V_{REF-} = V_{SSA}$。
(5) 模拟信号输入端 ADCx_IN[15:0]:16 个模拟输入通道。

为了更好地进行通道管理和成组转换,借鉴中断中后台程序与前台程序的概念,STM32F407 微控制器的 ADC 根据优先级把所有通道分为两个组:规则通道组和注入通道组。当用户在应用程序中将通道分组设置完成后,一旦触发信号到来,相应通道组中的各个通道即可自动地进行逐个转换。

(1) 规则通道组。划分到规则通道组中的通道称为规则通道。大多数情况下,如果仅是一般模拟输入信号的转换,那么将该模拟输入信号的通道设置为规则通道。规则通道组最多可以有 16 个规则通道,当每个规则通道转换完成后,将转换结果保存到同一个规则通道数据寄存器,同时产生 ADC 转换结束事件,可以产生对应的中断和 DMA 请求。

(2) 注入通道组。划分到注入通道组中的通道称为注入通道。如果需要转换的模拟输入信号的优先级较其他模拟输入信号高,那么可将该模拟输入信号的通道归入注入通道组。

1. 电源引脚

ADC 的各个电源引脚的功能定义如表 10-1 所示。V_{DDA} 和 V_{SSA} 是模拟电源引脚,在实际使用过程中需要和数字电源进行一定的隔离,防止数字信号干扰模拟电路。参考电压 V_{REF+} 可以由专用的参考电压电路提供,也可以直接和模拟电源连接在一起,需要满足 $V_{DDA} - V_{REF+} \leqslant 1.2$ V 的条件。V_{REF-} 引脚一般连接在 V_{SSA} 引脚上。一些小封装的芯片没有 V_{REF+} 和 V_{REF-} 这两个引脚,这时,它们在内部分别连接在 V_{DDA} 引脚和 V_{SSA} 引脚上。

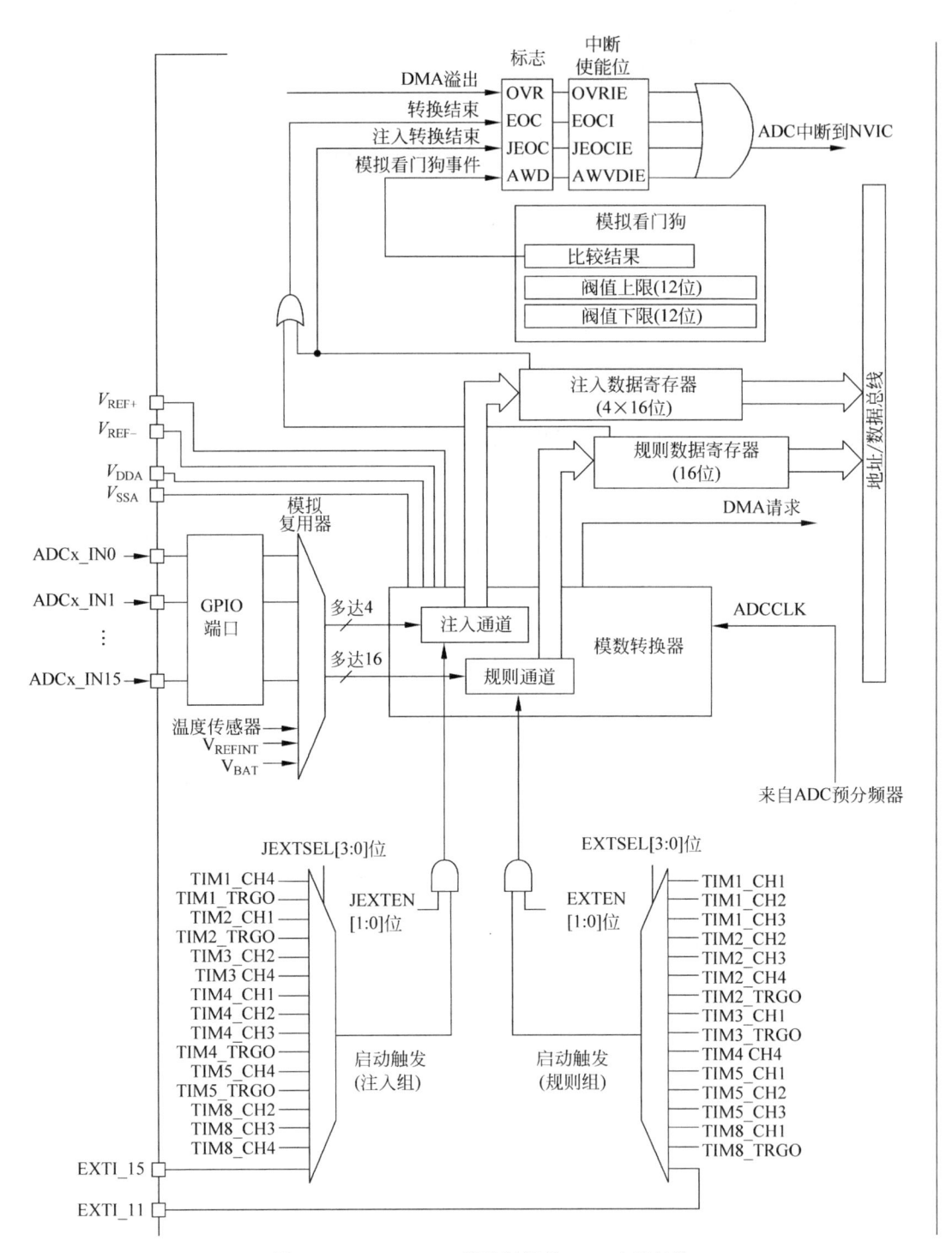

图 10-2　STM32F407 微控制器的 ADC 内部结构

表 10-1　ADC 的各个电源引脚功能定义

名 称	信号类型	备 注
V_{REF+}	正模拟参考电压输入引脚	ADC 高/正参考电压, $1.8\ V \leqslant V_{REF+} \leqslant V_{DDA}$
V_{DDA}	模拟电源输入引脚	模拟电源电压等于 V_{DD}, 全速运行时, $2.4\ V \leqslant V_{DDA} \leqslant V_{DD}$ (3.6 V)低速运行时, $1.8\ V \leqslant V_{DDA} \leqslant V_{DD}$
V_{REF-}	负模拟参考电压输入引脚	ADC 低/负参考电压, $V_{REF-} = V_{SSA}$
V_{SSA}	模拟电源接地输入引脚	模拟电源接地电压, $V_{SSA} = V_{SS}$
ADCx_IN[15:0]	模拟信号输入引脚	各外部模拟输入通道

2. 模拟电压输入引脚

ADC 可以转换 19 路模拟信号, ADCx_IN[15:0]是 16 个外部模拟输入通道, 另外三路分别是内部温度传感器、内部参考电压 V_{REFINT}(-1.21 V)和电池电压 V_{BAT}。ADC 各个输入通道与 GPIO 引脚对应表如表 10-2 所示。

表 10-2　ADC 各个输入通道与 GPIO 引脚对应表

STM32F429IGT6 ADC 模拟输入					
ADC1	**GPIO 引脚**	**ADC2**	**GPIO 引脚**	**ADC3**	**GPIO 引脚**
通道 0	PA0	通道 0	PA0	通道 0	PA0
通道 1	PA1	通道 1	PA1	通道 1	PA1
通道 2	PA2	通道 2	PA2	通道 2	PA2
通道 3	PA3	通道 3	PA3	通道 3	PA3
通道 4	PA4	通道 4	PA4	通道 4	PF6
通道 5	PA5	通道 5	PA5	通道 5	PF7
通道 6	PA6	通道 6	PA6	通道 6	PF8
通道 7	PA7	通道 7	PA7	通道 7	PF9
通道 8	PB0	通道 8	PB0	通道 8	PF10
通道 9	PB1	通道 9	PB1	通道 9	PF3
通道 10	PC0	通道 10	PC0	通道 10	PC0
通道 11	PC1	通道 11	PC1	通道 11	PC1
通道 12	PC2	通道 12	PC2	通道 12	PC2
通道 13	PC3	通道 13	PC3	通道 13	PC3
通道 14	PC4	通道 14	PC4	通道 14	PF4
通道 15	PC5	通道 15	PC5	通道 15	PF5
通道 16	连接内部 V_{SS} 引脚	通道 16	连接内部 V_{SS} 引脚	通道 16	连接内部 V_{SS} 引脚
通道 17	连接内部 V_{REFINT} 引脚	通道 17	连接内部 V_{SS} 引脚	通道 17	连接内部 V_{SS} 引脚
通道 18	连接内部温度传感器/内部 V_{BAT} 引脚	通道 18	连接内部 V_{SS} 引脚	通道 18	连接内部 V_{SS} 引脚

对于 STM32F42X 和 STM32F43X 系列微控制器的器件, 温度传感器内部连接到与 V_{BAT} 引脚共用的输入通道 ADC1_IN18, 用于将温度传感器输出电压或电池电压 V_{BAT}(设置 ADC_CCR 的 TSVREFE 和 VBATE 位)转换为数字值。一次只能选择一个转换(温度传感器输出电压或 V_{BAT}), 同时设置了温度传感器和电池转换时, 将只进行 V_{BAT} 转换。内部参考电压 V_{REFINT} 连接到 ADC1_IN17 通道。

对于 STM32F40X 和 STM32F41X 系列微控制器的器件, 温度传感器内部连接到

ADC1_IN16 通道,而 ADC1 用于将温度传感器输出电压转换为数字值。

3. ADC 转换时钟源

STM32F4 系列微控制器的 ADC 是逐次比较逼近型,因此必须使用驱动时钟。所有 ADC 共用时钟 ADCCLK,它来自经可编程预分频器分频的 APB2 时钟,该预分频器允许 ADC 在 $f_{PCLK2}/2$、$f_{PCLK2}/4$、$f_{PCLK2}/6$ 或 $f_{PCLK2}/8$ 等频率下工作。ADCCLK 最大频率为 36 MHz。

4. ADC 转换通道

ADC 内部把输入信号分成两路进行转换,分别为规则组和注入组。注入组最多可以转换 4 路模拟信号,规则组最多可以转换 16 路模拟信号。

规则组和它的转换顺序在 ADC_SQRx 中选择,规则组转换的总数写入 ADC_SQR1 的 L[3:0] 位中。在 ADC_SQR1~ADC_SQR3 的 SQ1[4:0]~SQ16[4:0] 位域可以设置规则组输入通道转换的顺序。SQ1[4:0] 位用于定义规则组中第一个转换的通道编号(0~18),SQ2[4:0] 位用于定义规则组中第 2 个转换的通道编号,以此类推。

例如,规则组转换 3 个输入通道的信号,分别是输入通道 0、输入通道 3 和输入通道 6,并定义输入通道 3 第一个转换、输入通道 6 第二个转换、输入通道 0 第三个转换。那么相关寄存器中的设定如下。

ADC_SQR1 的 L[3:0]=3,规则组转换总数。

ADC_SQR3 的 SQ1[4:0]=3,规则组中第一个转换输入通道编号。

ADC_SQR3 的 SQ2[4:0]=6,规则组中第二个转换输入通道编号。

ADC_SQR3 的 SQ3[4:0]=0,规则组中第三个转换输入通道编号。

注入组和它的转换顺序在 ADC_JSQR 中选择。注入组转换的总数应写入 ADC_JSQR 的 JL[1:0] 位中。ADC_JSQR 的 JSQ1[4:0]~JSQ4[4:0] 位域设置注入组输入转换通道转换的顺序。JSQ1[4:0] 位用于定义注入组中第一个转换的通道编号(0~18),JSQ2[4:0] 位用于定义注入组中第 2 个转换的通道编号,以此类推。

注入组转换总数、转换通道和顺序定义方法与规则组一致。

当规则组正在转换时,启动注入组的转换会中断规则组的转换过程。规则组和注入组转换关系如图 10-3 所示。

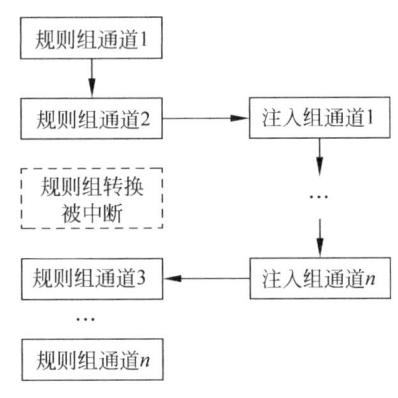

图 10-3 规则组和注入组转换关系

5. ADC 转换触发源

触发 ADC 转换的可以是软件触发方式,也可以由 ADC 以外的事件源触发。如果 EXTEN[1:0] 位(对于规则组转换)或 JEXTEN[1:0] 位(对于注入组转换)不等于 0b00,则可使用外部事件触发转换。例如,定时器捕获、EXTI 线。

6. ADC 转换结果存储寄存器

注入组有 4 个转换结果寄存器(ADC_JDRx),分别对应每一个注入通道。

而规则组只有一个数据寄存器(ADC_DR),所有规则组通道转换结果共用一个数据寄存器,因此,在使用规则组转换多路模拟信号时,多使用 DMA 配合。

7. 中断

ADC 在规则组和注入组转换结束、模拟看门狗状态位置 1 和溢出状态位置零时可能会产生中断。

ADC 中断事件如表 10-3 所示。

表 10-3　ADC 中断事件

中 断 事 件	事 件 标 志	使能控制位
结束规则组的转换	EOC	EOCIE
结束注入组的转换	JEOC	JEOCIE
模拟看门狗状态位置 1	AWD	AWDIE
溢出（Overrun）	OVR	OVRIE

8. 模拟看门狗

使用看门狗功能，可以限制 ADC 转换模拟电压的范围（低于阈值下限或高于阈值上限，定义在 ADC_HTR 和 ADC_LTR 这两个寄存器中），当转换的结果超过这一范围时，会将 ADC_SR 中的模拟看门狗状态位置 1，如果使能了相应中断，则会触发中断服务程序，以及时进行对应的处理。

10.4　STM32F407 微控制器的 ADC 功能

STM32F407 微控制器包含多个 12 位分辨率的 ADC，支持多达 16 个通道。这些 ADC 能够以最高速度 2.4 MSPS（百万次采样每秒）进行数据转换，支持单次转换和连续扫描模式。STM32F407 的 ADC 还支持多种触发源，包括定时器和外部事件，以及内部温度传感器和电压参考的读取功能。这些特性使其适合于高精度的传感器数据采集和实时信号处理应用。

10.4.1　ADC 使能和启动

ADC 使能可以由 ADC 控制寄存器 2（ADC_CR2）的 ADON 位来控制，写 1 时使能 ADC，写 0 时禁止 ADC，这个是开启 ADC 转换的前提。

如果需要开始转换，还需要触发转换。有两种方式：软件触发和硬件触发。

1. 软件触发

软件触发方式如下。

（1）SWSTART 位：规则组启动控制。

（2）JSWSTART 位：注入组启动控制。

当 SWSTART 位或 JSWSTART 位置 1 时，启动 ADC。

2. 硬件触发

触发源有很多，具体选择哪一种触发源，由 ADC_CR2 的 EXTSEL[2:0] 位和 JEXTSEL[2:0] 位来控制。

（1）EXTSEL[2:0] 位用于选择规则组通道的触发源。

（2）JEXTSEL[2:0] 位用于选择注入组通道的触发源。

10.4.2 时钟配置

ADC 的总转换时间与 ADC 的输入时钟和采样时间有关，T_{conv}＝采样时间＋12 个 ADCCLK 周期。

ADC 会在数个 ADCCLK 周期内对输入电压进行采样，可使用 ADC_SMPR1 和 MPR2 中的 SMP[2:0]位修改周期数。每个通道均可以使用不同的采样时间进行采样。

如果 ADCCLK＝30 MHz，采样时间设置为 3 个 ADCCLK 周期，那么总的转换时间 T_{conv}＝3＋12＝15 个 ADCCLK 周期＝0.5 μs。

同时，ADC 完整转换时间与 ADC 位数有关系，在不同分辨率下，最快的转换时间如下。

12 位：3＋12＝15 个 ADCCLK 周期。

10 位：3＋10＝13 个 ADCCLK 周期。

8 位：3＋8＝11 个 ADCCLK 周期。

6 位：3＋6＝9 个 ADCCLK 周期。

10.4.3 转换模式

STM32 的 ADC 支持多种转换模式，包括单次转换模式、连续转换模式、扫描模式和间断模式。这些模式提供了灵活的数据采集方式，可根据应用需求选择适合的模式，如单个通道快速采样或多通道顺序采样。

1. 单次转换模式

在单次转换模式下启动转换后，ADC 执行一次转换，然后即停止。单次转换模式示意图如图 10-4 所示。

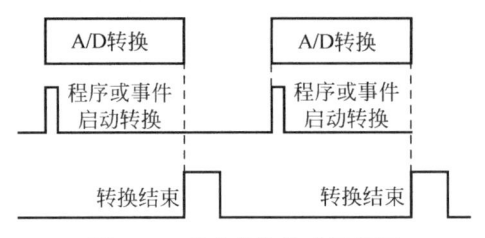

图 10-4 单次转换模式示意图

如果想要继续转换，需要重新触发启动转换。通过设置 ADC_CR2 的 CONT 位为 0 实现该模式。

一旦选择通道的转换完成，有以下情况。

（1）如果一个规则组通道被转换

① 转换数据被储存在 16 位的 ADC_DR 中。

② EOC 标志被设置。

③ 如果设置了 EOCIE 位，则产生中断。

（2）如果一个注入组通道被转换

① 转换数据被储存在 16 位的 ADC_DRJ1 中。

② JEOC 标志被设置。

③ 如果设置了 JEOCIE 位，则产生中断。在经过以上 3 个操作后，ADC 停止转换。

2. 连续转换模式

在连续转换模式下,当前面的 A/D 转换一结束马上就启动另一次转换。连续转换模式示意图如图 10-5 所示。也就是说,只需启动一次,即可开启连续的转换过程。此时 ADC_CR2 的 CONT 位是 1。

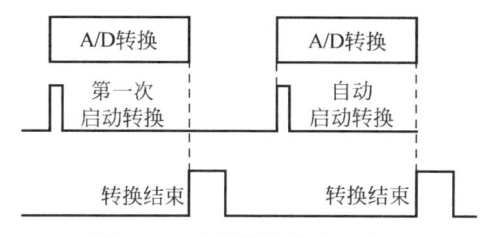

图 10-5 连续转换模式示意图

在每个转换后,有以下情况。

(1) 如果一个规则组通道被转换
① 转换数据被存储在 16 位的 ADC_DR 中。
② EOC 标志被设置。
③ 如果设置了 EOCIE 位,则产生中断。

(2) 如果一个注入组通道被转换
① 转换数据被储存在 16 位的 ADC_DRJ1 中。
② JEOC 标志被设置。
③ 如果设置了 JEOCIE 位,则产生中断。

3. 扫描模式

在规则组或注入组转换多个通道时,可以使能扫描模式以转换一组模拟通道。扫描模式示意图如图 10-6 所示。通过设置 ADC_CR1 的 SCAN 位为 1 来选择扫描模式。扫描过程符合以下规则。

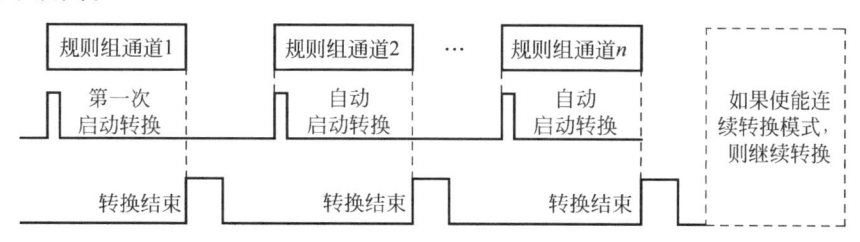

图 10-6 扫描模式示意图

(1) ADC 扫描所有被 ADC_SQRx 或 ADC_JSQR 选中的通道,在每个组的每个通道上执行单次转换。

(2) 在每个转换结束时,同一组的下一个通道被自动转换。

(3) 当 ADC_CR2 的 CONT 位为 1 时,转换不会在所选择组的最后一个通道上停止,而是从所选择组的第一个通道继续转换。

(4) 如果设置了 DMA 位为 1,在每次产生 EOC 事件后,DMA 控制器把规则组通道的转换数据传输到 SRAM。

因为规则组转换只有一个 ADC_DR,所以在多个规则组通道转换时,一般常使用扫描方式并结合 DMA 一起使用,进行模拟信号的转换。

4. 间断模式

此模式通过设置 ADC_CR1 的 DISCEN 位激活。

间断模式用来执行一个短序列的 n 次转换($n\leqslant 8$),此转换是 ADC_SQRx 所选择的转换序列的一部分,数值 n 由 ADC_CR1 的 DISCNUM[2:0] 位给出。

一个外部触发信号可以启动 ADC_SQRx 中描述的下一轮 n 次转换,直到此序列所有的转换完成为止。总的序列长度由 ADC_SQR1 的 L[3:0] 位定义。

设置 $n=3$,总的序列长度为 8,被转换的通道为 0、1、2、3、6、7、9、10,在间断模式下,转换的过程如下。

第一次触发:转换的序列为 0、1、2。
第二次触发:转换的序列为 3、6、7。
第三次触发:转换的序列为 9、10,并产生 EOC 事件。
第四次触发:转换的序列为 0、1、2。

5. 时序图

A/D 转换时序图如图 10-7 所示,ADC 在开始精确转换前需要一个稳定时间 t_{STAB},在 A/D 转换 14 个时钟周期后,EOC 标志被设置,16 位 ADC 数据寄存器包含转换后结果。

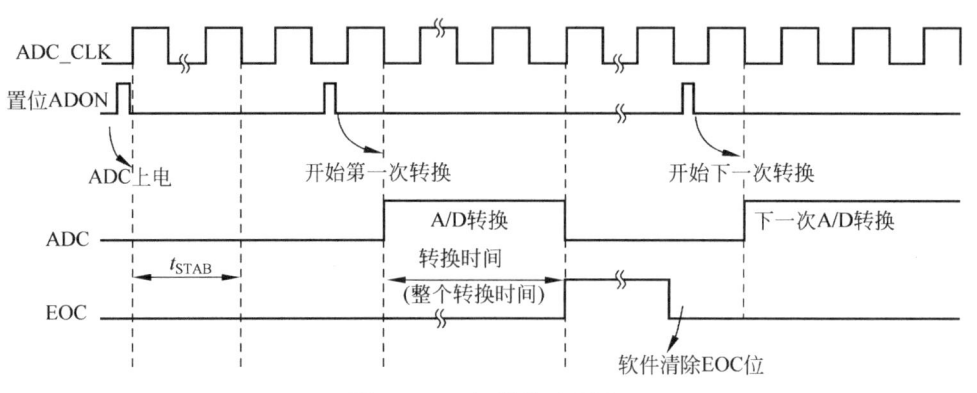

图 10-7 A/D 转换时序图

6. 模拟看门狗

如果被 A/D 转换的模拟电压低于低阈值或高于高阈值,模拟看门狗(AWD)的状态位将被置位,模拟看门狗警戒区如图 10-8 所示。

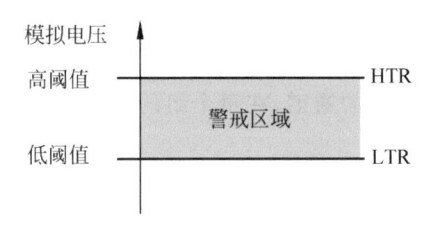

图 10-8 模拟看门狗警戒区

阈值位于 ADC_HTR 和 ADC_LTR 寄存器的最低 12 个有效位中。通过设置 ADC_CR1 寄存器的 AWDIE 位以允许产生相应中断。

阈值的数据对齐模式与 ADC_CR2 寄存器中的 ALIGN 位选择无关。比较是在对齐之前完成的。

通过配置 ADC_CR1 寄存器,模拟看门狗可以作用于一个或多个通道。

7. ADC 工作过程

ADC 通道的转换过程如下。

(1) 输入信号经过 ADC 的输入信号通道 ADCx_IN0~ADCx_IN15 被送到 ADC 部件

（即图10-2中的模数转换器）。

（2）ADC部件需要受到触发信号后才开始进行A/D转换,触发信号可以使用软件触发,也可以使用EXTI外部触发或定时器触发。

（3）ADC部件接收到触发信号后,在ADC时钟ADCCLK的驱动下,对输入通道的信号进行采样、量化和编码。

（4）ADC部件完成转换后,将转换后的12位数值以左对齐或者右对齐的方式保存到一个16位的规则通道数据寄存器或注入通道数据寄存器中,产生A/D转换结束/注入转换结束事件,可触发中断或DMA请求。这时,程序员可通过CPU指令或者使用DMA方式将其读取到内存(变量)中。特别需要注意的是,仅ADC1和ADC3具有DMA功能,且只有在规则通道转换结束时才发生DMA请求。由ADC2转换的数据结果可以通过双ADC模式,利用ADC1的DMA功能传输。另外,如果配置了模拟看门狗并且采集的电压值大于阈值,会触发看门狗中断。

10.4.4 DMA控制

由于规则组通道只有一个ADC_DR,因此,对于多个规则组通道的转换,使用DMA非常有帮助。这样可以避免丢失在下一次写入之前还未被读出的ADC_DR的数据。

在使能DMA模式的情况下(ADC_CR2中的DMA位置1),每完成规则组通道中的一个通道转换后,都会生成一个DMA请求。这样便可将转换的数据从ADC_DR传输到软件选择的目标位置。

例如,ADC1规则组转换4个输入通道信号时,需要用到DMA2的数据流0的通道0,在扫描模式下,在每个输入通道转化结束后,都会触发DMA控制器将转换结果从规则组ADC_DR传输到定义的存储器。ADC规则组转换数据DMA传输示意图如图10-9所示。

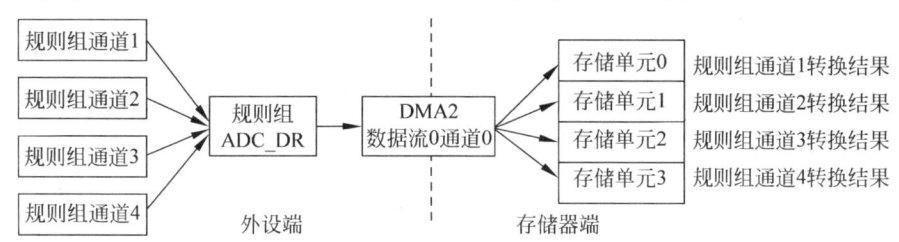

图10-9　ADC规则组转换数据DMA传输示意图

10.4.5 STM32的ADC应用特征

STM32的ADC具备自动校准功能,可以提高转换精度,确保结果的准确性。校准过程通过执行一个特定的命令来启动,无须手动干预。此外,STM32的ADC还支持数据对齐选项,允许用户根据需要选择右对齐或左对齐方式。右对齐便于读取较低位的有效数据,而左对齐则方便在使用不同分辨率时保持数据一致性。这些特性使得STM32的ADC在各种应用中能够提供灵活且精确的数据处理能力。

1. 校准

ADC有一个内置自校准模式。校准可大幅度减小因内部电容器组的变化而造成的精度误差。在校准期间,在每个电容器上都会计算出一个误差修正码(数字值),这个修正码用于消除在随后的转换中每个电容器上产生的误差。

通过设置 ADC_CR2 寄存器的 CAL 位启动校准。一旦校准结束,CAL 位被硬件复位,可以开始正常转换。建议在每次上电后执行一次 ADC 校准。启动校准前,ADC 必须处于关电状态(ADON=0)至少两个 ADC 时钟周期。校准阶段结束后,校准码储存在 ADC_DR 中。ADC 校准时序图如图 10-10 所示。

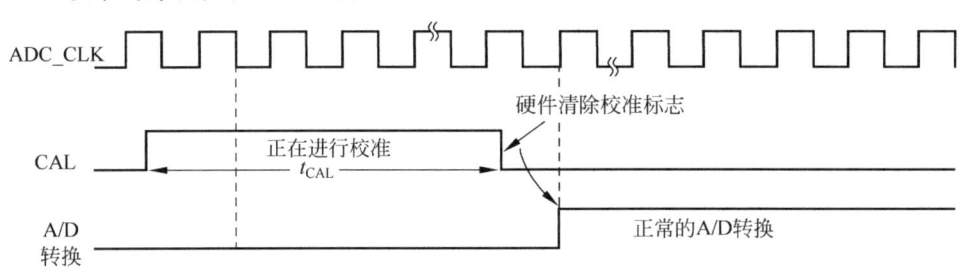

图 10-10 ADC 校准时序图

2. 数据对齐

ADC_CR2 寄存器中的 ALIGN 位选择转换后数据储存的对齐方式。数据可以右对齐或左对齐,如图 10-11 和图 10-12 所示。

图 10-11 数据右对齐

图 10-12 数据左对齐

注入组通道转换的数据值已经减去了 ADC_JOFRx 寄存器中定义的偏移量,因此结果可以是一个负值。SEXT 位是扩展的符号值。

对于规则组通道,不需要减去偏移值,因此只有 12 个位有效。

10.5 ADC 的 HAL 驱动程序

STM32 的 HAL 库为 ADC 提供了一套全面的驱动程序,使配置和使用 ADC 变得简单高效。主要函数包括:HAL_ADC_Init()用于初始化 ADC,HAL_ADC_Start()和 HAL_ADC_Stop()用于开始和停止 A/D 转换。数据可以通过函数 HAL_ADC_PollForConversion()在轮询模式下读取,或通过中断和 DMA 方式进行高效处理。HAL 库还支持 ADC 的多种配置选项,如触发源、转换模式和通道管理,使得开发者能够轻松实现复杂的模拟信号采集和处理功能。

10.5.1 常规通道

ADC 的驱动程序有两个头文件：文件 stm32f4xx_hal_adc.h 中是 ADC 模块总体设置和常规通道相关的函数和定义；文件 stm32f4xx_hal_adc_ex.h 中是注入通道和多重 ADC 模式相关的函数和定义。表 10-4 是文件 stm32f4xx_hal_adc.h 中的一些主要函数。

表 10-4 文件 **stm32f4xx_hal_adc.h** 中的一些主要函数

分 组	函 数 名	功 能 描 述
初始化和配置	HAL_ADC_Init()	ADC 的初始化，设置 ADC 的总体参数
	HAL_ADC_MspInit()	ADC 初始化的 MSP 弱函数，在 HAL_ADC_Init() 里被调用
	HAL_ADC_ConfigChannel()	ADC 常规通道配置，一次配置一个通道
	HAL_ADC_AnalogWDGConfig()	模拟看门狗配置
初始化和配置	HAL_ADC_GetState()	返回 ADC 当前状态
	HAL_ADC_GetError()	返回 ADC 的错误码
软件启动转换	HAL_ADC_Start()	启动 ADC，并开始常规通道的转换
	HAL_ADC_Stop()	停止常规通道的转换，并停止 A/D 转换
	HAL_ADC_PollForConversion()	轮询方式等待 ADC 常规通道转换完成
	HAL_ADC_GetValue()	读取常规通道转换结果寄存器的数据
中断方式转换	HAL_ADC_Start_IT()	开启中断，开始 ADC 常规通道的转换
	HAL_ADC_Stop_IT()	关闭中断，停止 ADC 常规通道的转换
	HAL_ADC_IRQHandler()	ADC 中断 ISR 里调用的 ADC 中断通用处理函数转换
DMA 方式转换	HAL_ADC_Start_DMA()	开启 ADC 的 DMA 请求，开始 ADC 常规通道的转换
	HAL_ADC_Stop_DMA()	停止 ADC 的 DMA 请求，停止 ADC 常规通道的转换

1. ADC 初始化

函数 HAL_ADC_Init() 用于初始化某个 ADC 模块，设置 ADC 的总体参数。函数 HAL_ADC_Init() 的原型定义如下。

```
HAL_StatusTypeDef  HAL_ADC_Init(ADC_HandleTypeDef * hadc)
```

其中，参数 hadc 是 ADC_HandleTypeDef 结构体类型指针，是 ADC 外设对象指针。在 STM32CubeMX 为 ADC 外设生成的用户程序文件 adc.c 中，STM32CubeMX 会为 ADC 定义外设对象变量。例如，用到 ADC1 时就会定义如下的变量。

```
ADC_HandleTypeDef  hadc1;            //表示 ADC1 的外设对象变量
```

ADC_HandleTypeDef 结构体的定义如下，各成员变量的意义见注释。

```
typedef struct
{
ADC_TypeDef         * Instance;                  //ADC 寄存器基地址
ADC_InitTypeDef     Init;                        //ADC 参数
_IO uint32_t        NbrOfCurrentConversionRank;  //转换通道的个数
DMA_HandleTypeDef   * DMA_Handle;                //DMA 流对象指针
HAL_LockTypeDef     Lock;                        //ADC 锁定对象
_IO uint32_t        State;                       //ADC 状态
_IO uint32_t        ErrorCode;                   //ADC 错误码
```

```
}ADC_HandleTypeDef;
```

Init 是 ADC_InitTypeDef 结构体类型变量，它存储了 ADC 的必要参数。ADC_InitTypeDef 结构体的定义如下，各成员变量的意义见注释。

```
typedef struct
{
uint32_t   ClockPrescaler;                  //ADC 时钟预分频系数
uint32_t   Resolution;                      //ADC 分辨率,最高为 12 位
uint32_t   DataAlign;                       //数据对齐方式,右对齐或左对齐
uint32_t   ScanConvMode;                    //是否使用扫描模式
uint32_t   EOCSelection;                    //产生 EOC 信号的方式
FunctionalState ContinuousConvMode;         //是否使用连续转换模式
uint32_t   NbrOfConversion;                 //转换通道个数
FunctionalState DiscontinuousConvMode;      //是否使用非连续转换模式
uint32_t   NbrofDiacconversion;             //非连续转换模式的通道个数
uint32_t   ExternalTrigConv;                //外部触发转换信号源
uint32_t   ExternalTrigConvEdge:            //外部触发信号边沿选择
Functionalstate DMAContinuousRequests:      //是否使用 DMA 连续请求
}ADC_InitTypeDef:
```

ADC_HandleTypeDef 和 ADC_InitTypeDef 结构体成员变量的意义和取值，在后面示例里结合 STM32CubeMX 的设置具体解释。

2. 常规转换通道配置

函数 HAL_ADC_ConfigChannel()用于配置一个 ADC 常规通道,其原型定义如下：

```
HAL_StatusTypeDef  HAL_ADC_ConfigChannel(ADC_HandleTypeDef * hadc,ADC_ChannelConfTypeDef *
sConfig);
```

其中,参数 sConfig 是 ADC_ChannelConfTypeDef 结构体类型指针,用于设置通道的一些参数,结构体的定义如下,各成员变量的意义见注释。

```
typedef struct
{
uint32_t   Channel;           //输入通道号
uint32_t   Rank;              //在 ADC 常规转换组里的编号
uint32_t   SamplingTime;      //采样时间,单位是 ADCCLK 周期数
uint32_t   offset;            //信号偏移量
}ADC_ChannelConfTypeDef;
```

3. 软件启动转换

函数 HAL_ADC_Start()用于以软件方式启动 ADC 常规通道的转换,软件启动转换后,需要调用函数 HAL_ADC_PollForConversion()查询转换是否完成,转换完成后可用函数 HAL_ADC_GetValue()读出常规转换结果寄存器中的 32 位数据。若要再次转换,需要再次使用这 3 个函数启动转换、查询转换是否完成、读出转换结果。使用函数 HAL_ADC_Stop()停止 ADC 常规通道转换。

这种软件启动转换的模式适用于单通道、低采样频率的 A/D 转换。这几个函数的原型定义如下。

```
HAL_StatusTypeDef   HAL_ADC_Start(ADC_HandleTypeDef * hadc);      //软件启动转换
HAL_StatusTypeDef   HAL_ADC_Stop(ADC_HandleTypeDef * hadc);       //停止转换
HAL_StatusTypeDef   HAL_ADC_PollForConversion(ADC_HandleTypeDef * hadc,uint32_t Timeout);
```

```
uint32_t  HAL_ADC_GetValue(ADC_HandleTypeDef * hadc);    //读取转换结果寄存器中的32位数据
```

其中,参数 hadc 是 ADC 外设对象指针;Timeout 是超时等待时间(单位是 ms)。

4. 中断方式转换

当 ADC 设置为用定时器或外部信号触发转换时,函数 HAL_ADC_Start_IT()用于启动转换,这会开启 A/D 的中断。当 A/D 转换完成时会触发中断,在中断服务程序中,可以用函数 HAL_ADC_GetValue()读取转换结果寄存器中的数据。函数 HAL_ADC_Stop_IT()可以关闭中断,停止 A/D 转换。开启和停止 ADC 中断方式转换的两个函数的原型定义如下。

```
HAL_StatusTypeDef  HAL_ADC_Start_IT(ADC_HandleTypeDef * hadc);
HAL_StatusTypeDef  HAL_ADC_Stop_IT(ADC_HandleTypeDef * hadc);
```

ADC1、ADC2 和 ADC3 共用一个中断号,ISR 名称是 ADC_IRQHandler()。ADC 有 4 个中断事件源,中断事件类型的宏定义如下。

```
#detine   ADC_IT_EOC    ((uint32_t)ADC_CR1_EOCIE)    //规则通道转换结束(EOC)事件
#define   ADC_IT_AND    ((uint32_t)ADC_CR1_AWDIE)    //模拟看门狗触发事件
#define   ADC_IT_JEOC   ((uint32_t)ADC_CR1_JEOCIE)   //注入通道转换结束事件
#define   ADC_IT_OVR    ((uint32_t)ADC_CR1_OVRIE)    //数据溢出事件,即转换结果未被及时读出
```

ADC 中断通用处理函数是 HAL_ADC_IRQHandler(),其内部会判断中断事件类型,并调用相应的回调函数。ADC 的 4 个中断事件类型及其对应的回调函数如表 10-5 所示。

表 10-5 ADC 的中断事件类型及其对应的回调函数

中断事件类型	中 断 事 件	回 调 函 数
ADC_IT_EOC	规则通道转换结束(EOC)事件	HAL_ADC_ConvCpltCallback()
ADC_IT_AWD	模拟看门狗触发事件	HAL_ADC_LevelOutOfWindowCallback()
ADC_IT_JEOC	注入通道转换结束事件	HAL_ADCEx_InjectedConvCpltCallback()
ADC_IT_OVR	数据溢出事件,即数据寄存器内的数据未被及时读出	HAL_ADC_ErrorCallback()

用户可以设置成在转换完一个通道后就产生 EOC 事件,也可以设置成转换完规则组的所有通道之后产生 EOC 事件。但是规则组只有一个转换结果寄存器,如果有多个转换通道,设置成转换完规则组的所有通道之后产生 EOC 事件,会导致数据溢出。一般设置成在转换完一个通道后就产生 EOC 事件,所以,中断方式转换适用于单通道或采样频率不高的场合。

5. DMA 方式转换

ADC 只有一个 DMA 请求,方向是从外设到存储器。DMA 在 ADC 中非常有用,它可以处理多通道、高采样频率的情况。函数 HAL_ADC_Start_DMA()以 DMA 方式启动 ADC,其原型定义如下。

```
HAL_StatusTypeDef  HAL_ADC_Start_DMA(ADC_HandleTypeDef * hadc,uint32_t * pData,uint32_t Length)
```

其中,参数 hadc 是 ADC 外设对象指针;pData 是 uint32_t 类型缓冲区指针,因为 A/D 转换结果寄存器是 32 位的,所以 DMA 数据宽度是 32 位;Length 是缓冲区长度,单位是字 (4 字节)。

停止 DMA 方式采集的函数是 HAL_ADC_Stop_DMA(),其原型定义如下。

```
HAL_StatusTypeDef HAL_ADC_Stop_DMA(ADC_HandleTypeDef * hadc);
```

DMA 流的主要中断事件与 ADC 的回调函数之间的关系如表 10-6 所示。一个外设使用 DMA 传输方式时，DMA 流的事件中断一般使用外设的事件中断回调函数。

表 10-6　DMA 流中断事件类型和关联的回调函数

DMA 流中断事件类型宏	DMA 流中断事件类型	关联的回调函数名称
DMA_IT_TC	传输完成中断	HAL_ADC_ConvCpltCallback()
DMA_IT_HT	传输半完成中断	HAL_ADC_ConvHalfCpltCallback()
DMA_IT_TE	传输错误中断	HAL_ADC_ErrorCallback()

在实际使用 ADC 的 DMA 方式时发现：不开启 ADC 的全局中断，也可以用 DMA 方式进行 A/D 转换。但是在第 12 章测试 USART1 使用 DMA 时，USART1 的全局中断必须打开。所以，某个外设在使用 DMA 时，是否需要开启外设的全局中断，与具体的外设有关。

10.5.2　注入通道

ADC 的注入通道有一组单独的处理函数，在文件 stm32f4xx_hal_adc_ex.h 中定义。ADC 的注入通道相关函数如表 10-7 所示。注意，注入通道没有 DMA 方式。

表 10-7　ADC 的注入通道相关函数

分　组	函　数　名	功　能　描　述
通道配置	HAL_ADCEx_InjectedConfigChannel()	注入通道配置
软件启动转换	HAL_ADCEx_InjectedStart()	软件方式启动注入通道的转换
	HAL_ADCEx_InjectedStop()	软件方式停止注入通道的转换
	HAL_ADCEx_InjectedPollForConversion()	查询注入通道转换是否完成
	HAL_ADCEx_InjectedGetValue()	读取注入通道的转换结果数据寄存器
中断方式转换	HAL_ADCEx_InjectedStart_IT()	开启注入通道的中断方式转换
	HAL_ADCEx_InjectedStop_IT()	停止注入通道的中断方式转换
	HAL_ADCEx_InjectedConvCpltCallback()	注入通道转换结束中断事件（ADC_IT_JEOC）的回调函数

10.6　采用 STM32Cube 和 HAL 库的 ADC 应用实例

STM32 的 ADC 功能繁多，比较基础实用的是单通道采集，实现开发板上电位器的动触点输出引脚电压的采集，并通过串口输出至 PC 端串口调试助手。单通道采集适用 A/D 转换完成中断，在中断服务函数中读取数据，不使用 DMA 传输，在多通道采集时才使用 DMA 传输。

10.6.1　STM32 的 ADC 配置流程

STM32 的 ADC 功能较多，可以 DMA、中断等方式进行数据的传输，结合标准库并根据实际需要，按步骤进行配置，可以大大提高 ADC 的使用效率。

使用 ADC 的通道 1 来进行 A/D 转换，这里需要说明一下，使用到的库函数分布在文件 stm32f4xx_adc.c 和 stm32f4xx_adc.h 中。下面讲解其详细设置步骤。

(1) 开启 PA 口时钟和 ADC 时钟,设置 PA1 为模拟输入。

STM32F407ZGT6 的 ADC 通道 1 在 PA1 上,所以,先要使能 PORTA 的时钟,然后设 PA1 为模拟输入。同时要把 PA1 复用为 ADC,所以要使能 ADC1 时钟。使能 GPIOA 时钟和 ADC1 时钟都很简单,具体方法如下。

```
__HAL_RCC_ADC1_CLK_ENABLE();      //使能 ADC1 时钟
__HAL_RCC_GPIOA_CLK_ENABLE();     //使能 GPIOA 时钟
```

初始化 PA1 为模拟输入,关键代码如下。

```
GPIO_InitTypeDef  GPIO_Initure;
// 使能 GPIOA 时钟
  __HAL_RCC_GPIOA_CLK_ENABLE();
// 配置 PA1 引脚
GPIO_Initure t.Pin = GPIO_PIN_1;           // 选择 PA1 引脚
GPIO_Initure.Mode = GPIO_MODE_ANALOG;      // 设置引脚模式为模拟输入
GPIO_InitStruct.Pull = GPIO_NOPULL;        // 不使用上拉或下拉电阻
// 初始化 PA1 引脚
HAL_GPIO_Init(GPIOA, & GPIO_Initure);
```

(2) 初始化 ADC,设置 ADC 时钟分频系数、分辨率、模式、扫描方式、对齐方式等信息。在 HAL 库中,初始化 ADC 是通过函数 HAL_ADC_Init() 来实现的,该函数代码如下。

```
HAL_StatusTypeDef HAL_ADC_Init(ADC_HandleTypeDef * hadc);
```

该函数只有一个入口参数 hadc,为 ADC_HandleTypeDef 结构体类型指针,该结构体定义为

```
typedef struct
{
ADC_TypeDef              * Instance;      //ADC1/ ADC2/ ADC3
ADC_InitTypeDef          Init;            //初始化结构体变量
DMA_HandleTypeDef        * DMA_Handle;    //DMA 方式使用
HAL_LockTypeDef          Lock;
_IO HAL_ADC_StateTypeDef State;
_IO uint32_t             ErrorCode;
}ADC_HandleTypeDef;
```

该结构体定义和其他外设比较类似,着重看第二个成员变量 Init 的含义,它是 ADC_InitTypeDef 结构体类型,ADC_InitTypeDef 结构体定义如下。

```
typedef struct
{
uint32_t  DataAlign;               //对齐方式:左对齐还是右对齐:ADC_DATAALIGN_RIGHT
uint32_t  ScanConvMode;            //扫描模式 DISABLE
uint32_t  ContinuousConvMode;      //开启连续转换模式或者单次转换模式 DISABLE
uint32_t  NbrOfConversion;         //规则序列中有多少个转换 1
uint32_t  DiscontinuousConvMode;   //不连续采样模式 DISABLE
uint32_t  NbrOfDiscConversion;     //不连续采样通道数
uint32_t  ExternalTrigConv;        //外部触发方式 ADC_SOFTWARE_START
}ADC_InitTypeDef;
```

每个成员变量含义直接注释在结构体定义的后面,请大家仔细阅读上面的注释。

这里需要说明一下,和其他外设一样,HAL 库同样提供了 ADC 的 MSP 初始化函数,一般情况下,时钟使能和 GPIO 初始化都会放在 MSP 初始化函数中。函数代码如下。

```
void HAL_ADC_MspInit(ADC_HandleTypeDef * hadc);
```

(3) 开启 AD。

在设置完以上信息后,就开启 ADC 了(通过 ADC_CR2 寄存器控制),代码如下。

```
HAL_ADC_Start(&ADC1_Handler);         //开启 ADC
```

(4) 配置通道,读取通道 ADC 值。

在上面的步骤完成后,ADC 即准备好了。接下来设置规则序列 1 中的通道,然后启动 A/D 转换。在转换结束后,读取转换结果值。

设置规则序列通道以及采样周期的函数如下。

```
HAL_StatusTypeDef HAL_ADC_ConfigChannel(ADC_HandleTypeDef * hadc,ADC_ChannelConfTypeDef * sConfig);
```

该函数有两个入口参数,其中,参数 sConfig 是 ADC_ChannelConfTypeDef 结构体类型指针,该结构体定义如下。

```
typedef struct
{
uint32_t  Channel;           //ADC 通道
uint32_t  Rank;              //规则通道中的第几个转换
uint32_t  SamplingTime;      //采样时间
}ADC_ChannelConfTypeDef;
```

该结构体有 4 个成员变量,对于 STM32F4 只用前面 3 个。其中,Channel 用来设置 ADC 通道,Rank 用来设置要配置的通道是规则序列中的第几个转换,SamplingTime 用来设置采样时间。

使用实例如下。

```
ADC1_ChanConf.Channel = ch;                              //ADC 通道
ADC1_ChanConf.Rank = 1;                                  //第 1 个序列,序列 1
ADC1_ChanConf.SamplingTime = ADC_SAMPLETIME_239CYCLES_5; //采样时间
HAL_ADC_ConfigChannel(&ADC1_Handler,&ADC1_ChanConf);     //通道配置
```

配置好通道并且使能 ADC 后,读取 ADC 值。采取查询方式读取,所以还要等待上一次转换结束。此过程 HAL 库提供了专用函数 HAL_ADC_PollForConversion(),函数定义如下。

```
HAL_StatusTypeDef HAL_ADC_PollForConversion(ADC_HandleTypeDef * hadc,
uint32_t Timeout);
```

等待上一次转换结束之后读取 ADC 值,函数如下。

```
uint32_t  HAL_ADC_GetValue(ADC_HandleTypeDef * hadc);
```

10.6.2　ADC 应用的硬件设计

开发板板载一个贴片滑动变阻器,ADC 采集电路设计如图 10-13 所示。

贴片滑动变阻器的动触点连接至 STM32 芯片的 ADC 通道引脚。当使用旋转滑动变阻器调节旋钮时,

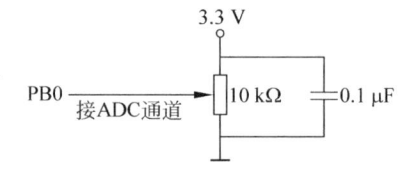

图 10-13　ADC 采集电路设计

其动触点电压会随之改变,电压变化范围为 0～3.3 V,这是开发板默认的 ADC 电压采集范围。

在本实例中,编写一个程序实现开发板与电脑串口调试助手通信,在开发板上电时通过 USART1 不停地发送 ADC 采集的 PB0 引脚采样值和转换电压给电脑。

10.6.3 ADC 应用的软件设计

ADC_InitTypeDef 结构体成员用于设置 ADC 工作参数,并由外设初始化配置函数,比如函数 MX_ADC1_Init() 调用,这些设定参数将会设置外设相应的寄存器,达到配置外设工作环境的目的。初始化结构体定义在文件 stm32f4xx_hal_adc.h 中,初始化库函数定义在文件 stm32f4xx_hal_adc.c 中,编程时可以结合这两个文件内注释使用。

ADC_InitTypeDef 结构体定义如下。

```
typedef struct
{
uint32_t ClockPrescaler;            /* ADC 时钟预分频系数 */
uint32_t Resolution;                /* ADC 分辨率选择 */
uint32_t DataAlign;                 /* 输出数据对齐模式 */
uint32_t ScanConvMode;              /* 扫描转换模式 */
uint32_t EOCSelection;              /* 转换结束标志使用轮询或者中断 */
uint32_t ContinuousConvMode;        /* 连续转换模式 */
uint32_t NbrOfConversion;           /* 规则转换通道数目 */
uint32_t DiscontinuousConvMode;     /* 不连续采样模式 */
uint32_t NbrOfDiscConversion;       /* 不连续采样通道数目 */
uint32_t ExternalTrigConv;          /* 外部事件触发选择 */
uint32_t ExternalTrigConvEdge;      /* 外部事件触发极性 */
uint32_t DMAContinuousRequests;     /* DMA 连续请求转换 */
} ADC_InitTypeDef;
```

结构体成员说明如下,其中的说明对应参数在 STM32 HAL 库中定义的宏。

(1) ClockPrescaler：ADC 时钟预分频系数选择,ADC 时钟是由 PCLK2 分频而来,预分频系数决定 ADC 时钟频率,可选的预分频系数为 2、4、6 和 8。

(2) Resolution：配置 ADC 的分辨率,可选的分辨率有 12 位、10 位、8 位和 6 位。分辨率越高,A/D 转换数据精度越高,转换时间也越长;分辨率越低,A/D 转换数据精度越低,转换时间也越短。

(3) DataAlign：转换结果数据对齐模式,可选右对齐 ADC_DataAlign_Right 或者左对齐 ADC_DataAlign_Left。一般选择右对齐模式。

(4) ScanConvMode：配置是否使用扫描转换模式,可选参数为 ENABLE 和 DISABLE。如果是单通道 A/D 转换使用 DISABLE,如果是多通道 A/D 转换使用 ENABLE。

(5) EOCSelection：可选参数为 ENABLE 和 DISABLE,指定通过轮询和中断来使用 EOC(转换结束)标志进行转换。

(6) ContinuousConvMode：可选参数为 ENABLE 和 DISABLE,配置是启动自动连续转换还是单次转换。使用 ENABLE 配置为使能自动连续转换;使用 DISABLE 配置为使能单次转换,转换一次后停止,需要手动控制才能重新启动转换。

(7) NbrOfConversion：规则转换通道数目。

(8) DiscontinuousConvMode：不连续采样模式。一般为禁止模式。

(9) NbrOfDiscConversion：不连续采样通道数目。

(10) ExternalTrigConv：外部事件触发选择，可根据项目需求配置触发源。实际上，一般使用软件自动触发。

(11) ExternalTrigConvEdge：外部事件触发极性选择，如果使用外部触发，可以选择触发的极性，可选择禁止触发检测、上升沿触发检测、下降沿触发检测以及上升沿和下降沿均可触发检测。

(12) DMAContinuousRequests：DMA 连续请求转换，开启 DMA 传输时用到。

配置这些结构体成员值后，调用库函数 HAL_ADC_Init() 即可把结构体的配置写入寄存器中。

1. 通过 STM32CubeMX 新建工程

(1) 新建文件夹。

在 Demo 目录下新建文件夹 ADC，这是保存本章新建工程的文件夹。

(2) 新建 STM32CubeMX 工程。

在 STM32CubeMX 开发环境中新建工程。

(3) 选择 MCU 或开发板。

在 Commercial Part Number 和 MCUs/MPUs List 文本框中选择 STM32F407ZGT6，单击 Start Project 按钮启动工程。

(4) 保存 STM32Cube MX 工程。

使用 STM32CubeMX 菜单项 File→Save Project 保存工程。

(5) 生成报告。

使用 STM32CubeMX 菜单项 File→Generate Report 生成当前工程的报告文件。

(6) 配置 MCU 时钟树。

在 STM32CubeMXPinout & Configuration 子页面下，选择 System Core→RCC 选项，High Speed Clock(HSE)项根据开发板实际情况，选择 Crystal/Ceramic Resonator(晶体/陶瓷晶振)。

切换到 STM32CubeMX Clock Configuration 子页面，根据开发板外设情况配置总线时钟。此处配置 Input frequency 为 8 MHz，PLL Source Mux 为 HSE，分频系数/M 为 8，PLLMul 倍频为 336 MHz，PLLCLK 分频/2 后为 168 MHz，System Clock Mux 为 PLLCLK，APB1 Prescaler 为/4，APB2 Prescaler 为/2，其余默认设置即可。

(7) 配置 MCU 外设。

根据 ADC、LED、LCD 电路，整理出 MCU 连接的 GPIO 引脚的配置，如表 10-8 所示。

表 10-8　MCU 连接的 GPIO 引脚的配置

用户标签	引脚名称	引脚功能	GPIO 模式	上拉或下拉	端口速率
LED0	PF9	GPIO_Output	推挽输出	上拉	高
LED1	PF10	GPIO_Output	推挽输出	上拉	高
LCD_BL	PB15	GPIO_Output	推挽输出	上拉	高
—	PA5	ADC1_IN5	模拟输入	—	—

再根据表 10-8 进行 GPIO 引脚配置，具体步骤如下。

在 STM32CubeMX Pinout & Configuration 子页面选择 System Core→GPIO 选项，对使用的 GPIO 端口进行设置。LED 输出端口：LED0(PF9) 和 LED1(PF10)。LCD 背光控制端口：LCD_BL(PB15)。ADC1 输入端口 PA5 配置为 ADC1_IN5。配置完成后的 GPIO 和 ADC 端口页面分别如图 10-14 和图 10-15 所示。

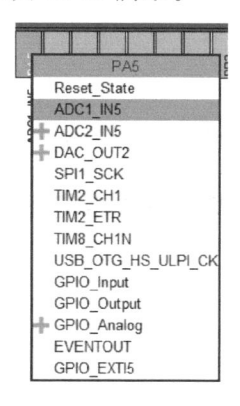

图 10-14 配置完成后的 GPIO 端口页面

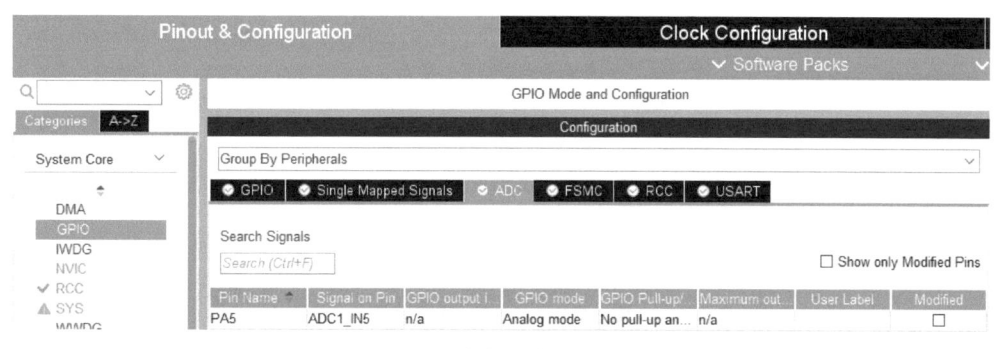

图 10-15 配置完成后的 ADC 端口页面

在 STM32CubeMX 中配置 USART1、FSMC 后，会自动完成相关 GPIO 端口的配置，不需用户配置。

在 STM32CubeMX Pinout & Configuration 子页面选择 Analog→ADC1 选项，对 ADC1 进行配置。配置 GPIO 端口 PA5 时自动选择 Mode 区域下 IN5，ADC 的 Parameter Settings 界面默认配置选项即可。ADC1 配置页面如图 10-16 所示。

在 STM32CubeMX Pinout & Configuration 子页面分别配置 USART1、NVIC 模块，方法同 SPI 部分。

切换到 STM32CubeMX Pinout & Configuration 子页面选择 System Core→NVIC 选项，修改 Priority Group 文本框为 2 bits for pre-emption priority（2 位抢占式优先级），USART1 global interrupt 选项勾选 Enabled 复选框，并分别修改 Preemption Priority（抢占式优先级）和 Sub Priority（响应优先级）数目。NVIC 配置页面如图 10-17 所示。

在 Code generation 界面 USART1 global interrupt 选项勾选 Select for init sequence ordering 复选框。NVIC Code generation 配置页面如图 10-18 所示。

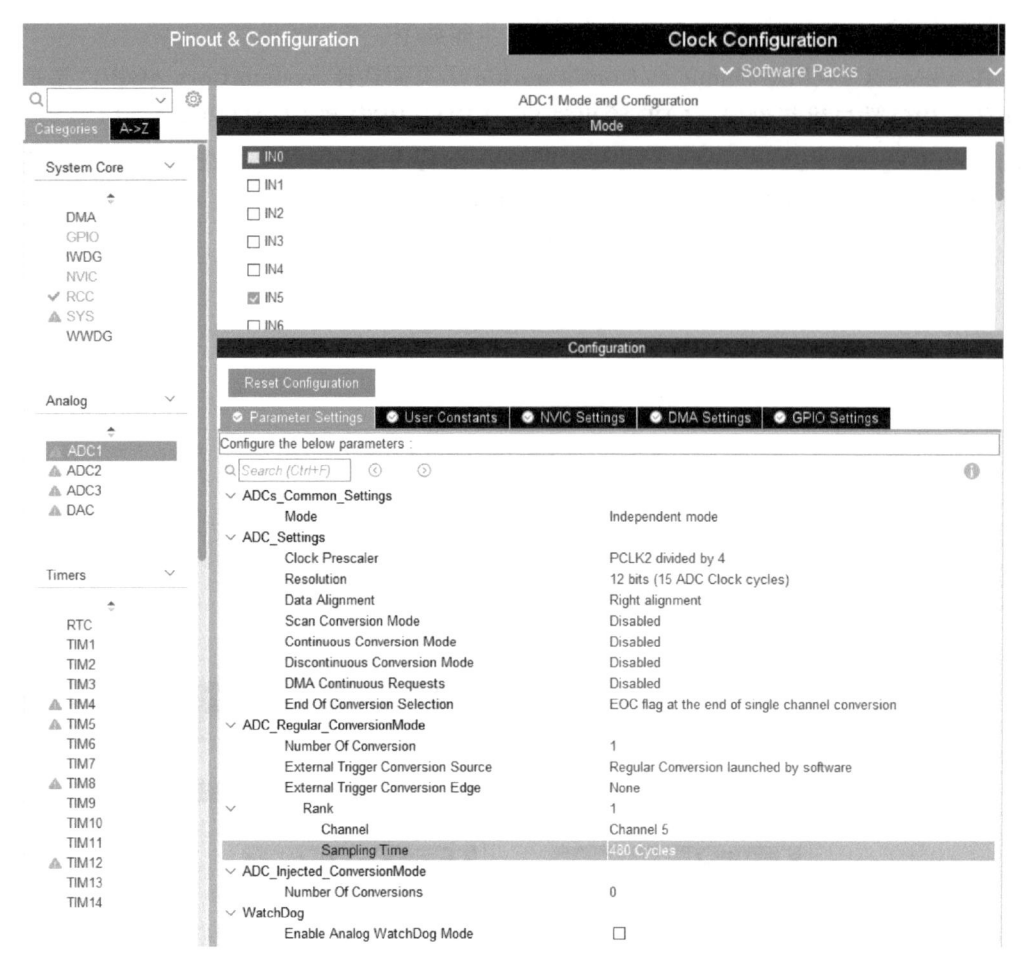

图 10-16 ADC1 配置页面

图 10-17 NVIC 配置页面

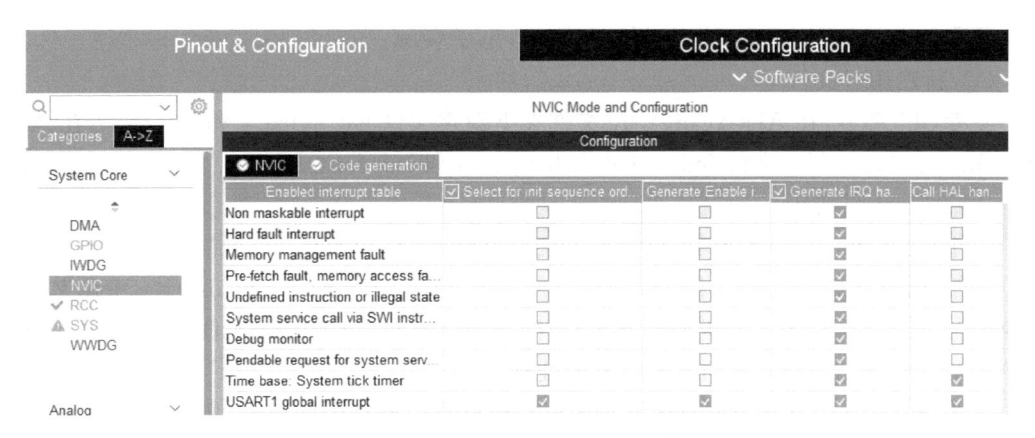

图 10-18 NVIC Code generation 配置页面

(8) 配置工程。

在 STM32CubeMX Project Manager 子页面 Project 栏 Toolchain/IDE 项选择 MDK-ARM,Min Version 项选择 V5,可生成 Keil MDK 工程；选择 STM32CubeIDE,可生成 CubeIDE 工程。

(9) 生成 C 代码工。

在 STM32CubeMX 主页面单击 GENERATE CODE 按钮生成 C 代码工程。

分别生成 MDK-ARM 和 CubeIDE 工程。

2. 通过 STM32CubeIDE 实现工程

通过 STM32CubeIDE 实现工程的步骤如下。

(1) 打开工程。

打开 ADC\STM32CubeIDE 文件夹下的工程文件。

(2) 编译 STM32CubeMX 自动生成的 STM32CubeIDE 工程。

在 STM32CubeIDE 开发环境中通过菜单项 Project→Build All 或单击工具栏中的 Build All 按钮 编译工程。

(3) STM32CubeMX 自动生成 STM32CubeIDE 工程。

文件 main.c 中函数 main()依次调用了函数 HAL_Init()用于复位所有外设,初始化闪存接口和 SysTick 定时器。函数 SystemClock_Config()用于配置各种时钟信号频率。函数 MX_GPIO_Init()用于初始化 GPIO 引脚。

文件 gpio.c 中包含了函数 MX_GPIO_Init()的实现代码,程序源代码请参考电子资源。

USART1 的初始化函数 MX_USART1_UART_Init()用于实现 STM32CubeMX 配置的 USART1 设置。

FSMC 的初始化函数 MX_FSMC_Init()用于实现 STM32CubeMX 配置的 FSMC 设置。

函数 main()中外设初始化新增函数 MX_ADC1_Init()是 ADC1 的初始化函数,是在文件 adc.c 中定义的,实现 STM32CubeMX 配置的 ADC1 设置。分频系数为 4、ADC1 为 12 位分辨率、单通道采集不需要扫描、启动连续转换、使用内部软件触发无需外部触发事件、使用右对齐数据格式、转换通道为 5,采样周期设置为 480 个周期。

函数 MX_ADC1_Init() 的实现代码请参考电子资源。

(4) 新建用户文件。

参考 SPI 部分，在 ADC\Core\Src 文件夹下新建文件 led.c、lcd.c 和 lcd_ex.c，在 ADC\Core\Inc 文件夹下新建文件 led.h、lcd.h、lcd_ex.h 和 lcd_font.h。

(5) 编写用户代码。

文件 led.h 和 led.c 实现 LED 操作的宏定义和 LED 初始化。

文件 usart.h 和 usart.c 中声明和定义使用的变量、宏定义。文件 usart.c 中函数 MX_USART1_UART_Init() 用于开启 USART1 接收中断。文件 stm32f1xx_it.c 中对函数 USART1_IRQHandler() 添加接收数据的处理。

文件 lcd.c、lcd_ex.c、lcd_font.h、lcd.h 实现对液晶操作的宏定义、操作函数等。

文件 adc.c 中添加处理函数 adc_channel_set()、adc_get_result() 和 adc_get_result_average()，程序源代码请参考电子资源。

文件 main.c 中添加对 ADC 的操作。在 LCD 模块上显示一些提示信息后，将每隔 100 ms 读取一次 ADC1 通道 5 的转换值，并显示读到的 ADC 值（数字量），以及将其转换成模拟量后的电压值。同时控制 LED0 闪烁，以提示程序正在运行。关于最后的 ADC 值的显示，我们说明一下，首先在液晶固定位置显示小数点，然后在后面计算步骤中，先计算出整数部分在小数点前面显示，然后计算出小数部分在小数点后面显示，就可在液晶上显示转换结果的整数和小数部分。

```
/* USER CODE BEGIN 2 */
  led_init();                    /* 初始化 LED */

lcd_init();                      /* 初始化 LCD */
  具体程序代码请参考电子资源
  /* USER CODE END 2 */

  /* Infinite loop */
  /* USER CODE BEGIN WHILE */
  while (1)
  {
        adcx = adc_get_result_average(ADC_CHANNEL_5, 10);    /* 获取通道 5 的转换值,10 次取平均 */
        lcd_show_xnum(134, 110, adcx, 5, 16, 0, BLUE); /* 显示 ADC 采样后的原始值 */

        temp = (float)adcx * (3.3 / 4096);   /* 获取计算后的带小数的实际电压值,比如 3.1111 */
        adcx = temp; /* 赋值整数部分给 adcx 变量,因为 adcx 为 u16 整型 */
        lcd_show_xnum(134, 130, adcx, 1, 16, 0, BLUE);    /* 显示电压值的整数部分,如果是 3.1111,这里就是显示 3 */
         temp -= adcx;    /* 把已经显示的整数部分去掉,留下小数部分,比如 3.1111 - 3 = 0.1111 */
        temp *= 1000; /* 小数部分乘以 1000,例如:0.1111 就转换为 111.1,相当于保留三位小数。*/
        lcd_show_xnum(150, 130, temp, 3, 16, 0X80, BLUE);    /* 显示小数部分(前面转换为了整型显示),这里显示的就是 111。*/
        LED0_TOGGLE();
        delay_ms(100);
   /* USER CODE END WHILE */
```

```
    /* USER CODE BEGIN 3 */
  }
  /* USER CODE END 3 */
```

(6) 重新编译工程。

重新编译添加代码后的工程。

(7) 下载工程。

连接好仿真下载器，开发板上电。

单击菜单项 Run→Run 或单击工具栏中的 ◎ 图标，首次运行时会弹出配置页面，选择调试探头为 ST-LINK，接口为 JTAG，其余默认，单击 OK 按钮确认。

工程下载完成后，连接串口，打开串口调试助手，查看串口收发是否正常，转动电位器，查看串口显示的采样电压是否正常。

第 11 章 STM32 DMA 控制器

CHAPTER 11

本章详细讲述 STM32 的直接存储器访问(DMA)控制器,包括 DMA 的基本概念、实时系统中的价值、传输的基本要素、过程、优点和应用;介绍 STM32 DMA 控制器的结构、主要特征、功能描述、处理机制、仲裁器、通道和中断管理;通过 DMA 的 HAL 驱动程序部分,阐述 DMA 传输的初始化配置、数据传输启动方法和中断处理;通过实例展示如何使用 STM32Cube 和 HAL 库进行 DMA 的配置、硬件设计和软件设计。本章旨在使读者理解并掌握 STM32 DMA 控制器的工作原理和应用方法,以便在高效处理大量数据传输时减轻 CPU 的负担,提高系统性能。

本章的学习目标:

(1) 掌握 STM32 DMA 的基本概念。
(2) 了解 STM32 DMA 控制器的结构和主要特征。
(3) 深入学习 STM32 DMA 的功能描述。
(4) 使用 HAL 库进行 DMA 配置和管理。
(5) 实际应用案例分析。
(6) 开发实践能力。

通过本章的学习,学生将具备在 STM32 微控制器上设计、配置和实现高效的 DMA 系统的能力,能够有效地利用 DMA 进行高速数据传输和处理,减轻 CPU 的负担,提高整个系统的性能和响应速度。

11.1 STM32 DMA 的基本概念

在很多实际应用中,有进行大量数据传输的需求,这时如果 CPU 参与数据的转移,则在数据传输过程中 CPU 不能进行其他工作。如果找到一种可以不需要 CPU 参与的数据传输方式,则可解放 CPU,让它去进行其他操作。特别是在大量数据传输的应用中,这一需求显得尤为重要。

直接存储器访问(Direct Memory Access,DMA)就是基于以上设想设计的,用于解决大量数据转移过度消耗 CPU 资源的问题。DMA 是一种可以大大减轻 CPU 工作量的数据转移方式,用于在外设与存储器之间及存储器与存储器之间提供高速数据传输。DMA 操作可以在无须任何 CPU 操作的情况下快速移动数据,从而解放 CPU 资源以用于其他操作。DMA 使 CPU 更专注于更加实用的操作——计算、控制等。

DMA 传输方式无须 CPU 直接控制传输,也没有像中断处理方式那样保留现场和恢复现场过程,它通过硬件为 RAM 和外设开辟一条直接传输数据的通道,使得 CPU 的效率大大提高。

DMA 的作用就是实现数据的直接传输,虽然去掉了传统数据传输需要 CPU 寄存器参与的环节,但本质一样,都是从内存的某一区域传输到内存的另一区域(外设的数据寄存器本质上就是内存的一个存储单元)。在用户设置参数(主要涉及源地址、目标地址、传输数据量)后,DMA 控制器就会启动数据传输,传输的终点就是剩余传输数据量为 0(循环传输不是这样的)。

11.1.1 DMA 的定义

学过计算机组成原理的读者都知道,DMA 是一个计算机术语,是一种完全由硬件执行数据交换的工作方式,用来提供在外设与存储器之间,或者存储器与存储器之间的高速数据传输。DMA 在无须 CPU 干预的情况下能够实现存储器之间的数据快速移动。图 11-1 所示为 DMA 数据传输的示意图。

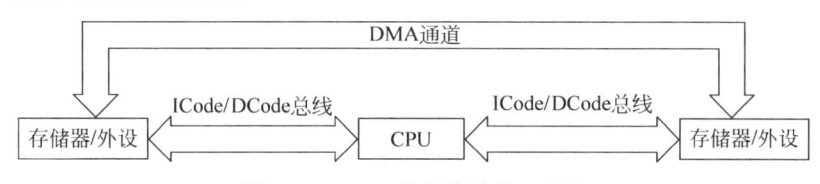

图 11-1 DMA 数据传输的示意图

CPU 通常是存储器或外设间数据交互的中介和核心,在 CPU 上运行的软件控制了数据交互的规则和时机。但许多数据交互的规则非常简单,例如,很多数据传输会从某个地址区域连续地读出数据转存到另一个连续的地址区域。这类简单的数据交互工作往往由于传输的数据量巨大而占据了 CPU 大量的时间。DMA 的设计思路正是通过硬件控制逻辑电路产生简单数据交互所需的地址调整信息,在无须 CPU 参与的情况下完成存储器或外设之间的数据交互。从图 11-1 可以看到,DMA 越过 CPU 构建了一条直接的数据通路,这将 CPU 从繁重、简单的数据传输工作中解脱出来,提高了计算机系统的可用性。

11.1.2 DMA 传输的基本要素

DMA 传输由以下基本要素构成。

(1) 传输源地址和目的地址:顾名思义,定义了 DMA 传输的源地址和目的地址。

(2) 触发信号:引发 DMA 进行数据传输的信号。如果是存储器之间的数据传输,则可由软件一次触发后连续传输直至完成即可。数据何时传输,则由外设的工作状态决定,并且可能需要多次触发才能完成。

(3) 传输的数据量:每次 DMA 数据传输的数据量及 DMA 传输存储器的大小。

(4) DMA 通道:每个 DMA 控制器能够支持多个通道的 DMA 传输,每个 DMA 通道都有自己独立的传输源地址和目的地址,以及触发信号和传输数据量。当然各个 DMA 通道使用总线的优先级也不相同。

(5) 传输方式:包括 DMA 传输是在两块存储器间还是存储器和外设之间进行;传输

方向是从存储器到外设,还是外设到存储器;存储器地址递增的方式和递增值的大小,以及每次传输的数据宽度(8位、16位或32位等);到达存储区域边界后地址是否循环等要素(循环方式多用于存储器和外设之间的DMA数据传输)。

(6) 其他要素:包括DMA传输通道使用总线资源的优先级,DMA完成或出错后是否起中断等要素。

11.1.3 DMA传输过程

一个完整的DMA数据传输过程具体如下。

(1) DMA请求。CPU初始化DMA控制器,外设(I/O接口)发出DMA请求。

(2) DMA响应。DMA控制器判断DMA请求的优先级屏蔽,向总线仲裁器提出总线请求。当CPU执行完当前总线周期时,可释放总线控制权。此时,总线仲裁器输出总线应答,表示DMA已经响应,DMA控制器从CPU接管对总线的控制,并通知外设(I/O接口)开始DMA传输。

(3) DMA传输。DMA数据以规定的传输单位(通常是字)传输,每个单位的数据传送完成后,DMA控制器修改地址,并对传送单位的个数进行计数,继而开始下一个单位数据的传送,如此循环往复,直至达到预先设定的传送单位数量为止。

(4) DMA结束。当规定数量的DMA数据传输完成后,DMA控制器通知外设(I/O接口)停止传输,并向CPU发送一个信号(产生中断或事件)报告DMA数据传输操作结束,同时释放总线控制权。

11.2 STM32 DMA的结构和主要特征

DMA用来提供在外设和存储器之间或者存储器和存储器之间的高速数据传输,无须CPU干预,是所有现代计算机的重要特色。在DMA模式下,CPU只需向DMA控制器下达指令,让DMA控制器来处理数据的传送,数据传送完毕再把信息反馈给CPU,这在很大程度上减轻了CPU资源占有率,可以大大节省系统资源。

DMA主要用于快速设备和主存储器成批交换数据的场合。在这种应用中,处理问题的出发点集中在两点:一是不能丢失快速设备提供出来的数据,二是进一步减少快速设备输入/输出操作过程中对CPU的打扰。这可以通过把这批数据的传输过程交由DMA来控制,让DMA代替CPU控制在快速设备与主存储器之间直接传输数据。当完成一批数据传输之后,快速设备还是要向CPU发一次中断请求,在报告本次传输结束的同时,"请示"下一步的操作要求。

STM32的两个DMA控制器有12个通道(DMA1有7个通道,DMA2有5个通道),每个通道专门用来管理来自一个或多个外设对存储器访问的请求。还有一个仲裁器来协调各个DMA请求的优先权。STM32F4系列微控制器的DMA控制器的内部结构框图如图11-2所示。

STM32F407ZGT6的DMA模块具有如下特征。

(1) 12个独立的可配置的通道(请求):DMA1有7个通道,DMA2有5个通道。

(2) 每个通道都直接连接专用的硬件DMA请求,每个通道都支持软件触发。这些功能通过软件配置。

（3）在同一个 DMA 模块上，多个请求间的优先权可以通过软件编程设置（共有 4 级：很高、高、中等和低），优先权设置相等时由硬件决定（请求 0 优先于请求 1，以此类推）。

（4）独立数据源和目标数据区的传输宽度（字节、半字、全字）是独立的，模拟打包和拆包的过程。源地址和目的地址必须按数据传输宽度对齐。

（5）支持循环的缓冲器管理。

（6）每个通道都有 3 个事件标志（DMA 半传输、DMA 传输完成和 DMA 传输出错），这 3 个事件标志通过逻辑"或"运算成为一个单独的中断请求。

（7）存储器和存储器间的传输。

（8）外设和存储器、存储器和外设之间的传输。

（9）闪存、SRAM、外设的 SRAM、APB1、APB2 和 AHB 外设均可作为访问的源和目标。

（10）可编程的数据传输最大数目为 65536。

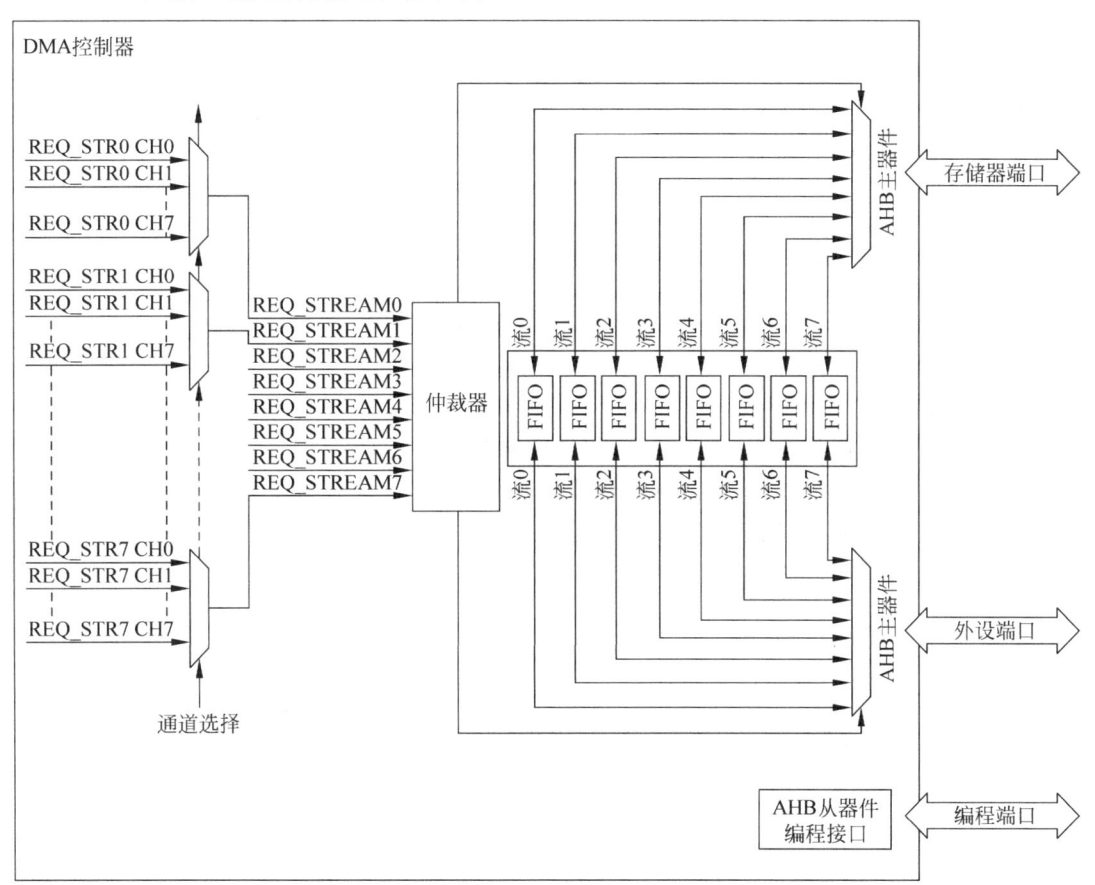

图 11-2　STM32F4 系列微控制器的 DMA 控制器的内部结构框图

11.3　STM32 DMA 的功能描述

DMA 控制器和 Cortex-M4 内核共享系统数据总线，执行直接存储器数据传输。当 CPU 和 DMA 同时访问相同的目标（RAM 或外设）时，DMA 请求会暂停 CPU 访问系统总线若干个周期,总线仲裁器执行循环调度,以保证 CPU 至少可以得到一半的系统总线(存储器或外设)使用时间。

11.3.1 DMA 处理

发生一个事件后,外设向 DMA 控制器发送一个请求信号。DMA 控制器根据通道的优先权处理请求。当 DMA 控制器开始访问发出请求的外设时,DMA 控制器立即发送给外设一个应答信号。当从 DMA 控制器得到应答信号时,外设立即释放请求。一旦外设释放了请求,DMA 控制器同时撤销应答信号。如果有更多的请求,外设可以在下一个周期启动请求。

总之,每次 DMA 传输由以下 3 个操作组成。

(1) 从外设数据寄存器或者从当前外设/存储器地址寄存器指示的存储器地址读取数据,第一次传输时的开始地址是 DMA_CPARx 或 DMA_CMARx 寄存器指定的外设基地址或存储器单元。

(2) 将读取的数据保存到外设数据寄存器或者当前外设/存储器地址寄存器指示的存储器地址,第一次传输时的开始地址是 DMA_CPARx 或 DMA_CMARx 寄存器指定的外设基地址或存储器单元。

(3) 执行一次 DMA_CNDTRx 寄存器的递减操作,该寄存器包含未完成的操作数目。

11.3.2 仲裁器

仲裁器根据通道请求的优先级启动外设/存储器的访问。

优先权管理分两个阶段。

(1) 软件:每个通道的优先权可以在 DMA_CCRx 寄存器中的 PL[1:0]位设置,有 4 个等级:最高优先级、高优先级、中等优先级、低优先级。

(2) 硬件:如果两个请求有相同的软件优先级,则较低编号的通道比较高编号的通道有较高的优先权。例如,通道 2 优先于通道 4。

DMA1 控制器的优先级高于 DMA2 控制器的优先级。

11.3.3 DMA 通道

每个通道都可以在有固定地址的外设寄存器和存储器之间执行 DMA 传输。DMA 传输的数据量是可编程的,最大为 65535。数据项数量寄存器包含要传输的数据项数量,在每次传输后递减。

1. 可编程的数据量

外设和存储器的传输数据量可以通过 DMA_CCRx 寄存器中的 PSIZE 和 MSIZE 位编程设置。

2. 指针增量

通过设置 DMA_CCRx 寄存器中的 PINC 和 MINC 标志位,外设和存储器的指针在每次传输后可以有选择地完成自动增量。当设置为增量模式时,下一个要传输的地址将是前一个地址加上增量值,增量值取决于所选的数据宽度为 1、2 或 4。第一个传输的地址存放在 DMA_CPARx/DMA_CMARx 寄存器中。在传输过程中,这些寄存器保持它们初始的数值,软件不能改变和读出当前正在传输的地址(它在内部的当前外设/存储器地址寄存器中)。

当通道配置为非循环模式时,传输结束后(即传输计数变为0)将不再产生DMA操作。要开始新的DMA传输,需要在关闭DMA通道的情况下,在DMA_CNDTRx寄存器中重新写入传输数目。

在循环模式下,最后一次传输结束时,DMA_CNDTRx寄存器的内容会自动地被重新加载为其初始数值,内部的当前外设/存储器地址寄存器也被重新加载为DMA_CPARx/DMA_CMARx寄存器设定的初始基地址。

3. 通道配置过程

下面是配置DMA通道x的过程(x代表通道号)。

(1) 在DMA_CPARx寄存器中设置外设寄存器的地址。发生外设数据传输请求时,这个地址将是数据传输的源或目标。

(2) 在DMA_CMARx寄存器中设置数据存储器的地址。发生存储器数据传输请求时,传输的数据将从这个地址读出或写入这个地址。

(3) 在DMA_CNDTRx寄存器中设置要传输的数据量。在每个数据传输后,这个数值递减。

(4) 在DMA_CCRx寄存器的PL[1:0]位中设置通道的优先级。

(5) 在DMA_CCRx寄存器中设置数据传输的方向、循环模式、外设和存储器的增量模式、外设和存储器的数据宽度、传输一半产生中断或传输完成产生中断。

(6) 设置DMA_CCRx寄存器的ENABLE位,启动该通道。

一旦启动了DMA通道,即可响应连到该通道上的外设的DMA请求。

当传输一半数据后,半传输标志位(HTIF)被置1,当设置了允许半传输中断位(HTIE)时,将产生中断请求。在数据传输结束后,传输完成标志位(TCIF)被置1,如果设置了允许传输完成中断位(TCIE),则将产生中断请求。

4. 循环模式

循环模式用于处理循环缓冲区和连续的数据传输(如ADC的扫描模式)。DMA_CCR寄存器中的CIRC位用于开启这一功能。当循环模式启动时,要被传输的数据个数会自动地被重新装载成配置通道时设置的初值,DMA操作将会继续进行。

5. 存储器到存储器模式

DMA通道的操作可以在没有外设请求的情况下进行,这种操作就是存储器到存储器模式。

如果设置了DMA_CCRx寄存器中的MEM2MEM位,则在软件设置了DMA_CCRx寄存器中的EN位启动DMA通道时,DMA传输将马上开始。当DMA_CNDTRx寄存器为0时,DMA传输结束。存储器到存储器模式不能与循环模式同时使用。

11.3.4 DMA 中断

每个DMA通道都可以在DMA传输过半、传输完成和传输错误时产生中断。为应用的灵活性考虑,通过设置寄存器的不同位来打开这些中断。相关的中断事件标志位及对应的使能控制位分别如下。

(1)"传输过半"的中断事件标志位是 HTIF,中断使能控制位是 HTIE。
(2)"传输完成"的中断事件标志位是 TCIF,中断使能控制位是 TCIE。
(3)"传输错误"的中断事件标志位是 TEIF,中断使能控制位是 TEIE。

读写一个保留的地址区域,将会产生 DMA 传输错误。在 DMA 读写操作期间发生 DMA 传输错误时,硬件会自动清除发生错误的通道所对应的通道配置寄存器(DMA_CCRx)的 EN 位,该通道操作被停止。此时,在 DMA_IFR 寄存器中对应该通道的传输错误中断标志位(TEIF)将被置位,如果在 DMA_CCRx 寄存器中设置了传输错误中断允许位,则将产生中断。

11.4 DMA 的 HAL 驱动程序

STM32 的 HAL 库中,DMA 驱动程序允许高效的数据传输,无须 CPU 干预。通过函数 HAL_DMA_Init()初始化 DMA 通道,设置传输方向、数据宽度和增量模式。使用函数 HAL_DMA_Start()启动数据传输,函数 HAL_DMA_Stop()停止传输。此外,DMA 支持中断功能,可以通过函数 HAL_DMA_IRQHandler()处理传输完成、传输错误等事件。这些功能使得 DMA 在数据高速传输和多任务操作中非常有效,大大提高了系统的总体性能和响应速度。

11.4.1 DMA 的 HAL 函数概述

DMA 的 HAL 驱动程序头文件是 stm32f4xx_hal_dma.h 和 stm32f4xx_hal_dma_ex.h,主要驱动函数如表 11-1 所示。

表 11-1 DMA 的 HAL 驱动函数

分 组	函 数 名	功 能 描 述
初始化	HAL_DMA_Init()	DMA 传输初始化配置
轮询方式	HAL_DMA_Start()	启动 DMA 传输,不开启 DMA 中断
	HAL_DMA_PollForTransfer()	轮询方式等待 DMA 传输结束,可设置一个超时等待时间
	HAL_DMA_Abort()	中止以轮询方式启动的 DMA 传输
中断方式	HAL_DMA_Start_IT()	启动 DMA 传输,开启 DMA 中断
	HAL_DMA_Abort_IT()	中止以中断方式启动的 DMA 传输
	HAL_DMA_GetState()	获取 DMA 当前状态
	HAL_DMA_IRQHandler()	DMA 中断 ISR 里调用的通用处理函数
双缓冲区模式	HAL_DMAEx_MultiBufferStart()	启动双缓冲区 DMA 传输,不开启 DMA 中断双缓冲区
	HAL_DMAEx_MultiBufferStart_IT()	启动双缓冲区 DMA 传输,开启 DMA 中断
	HAL_DMAEx_ChangeMemory()	传输过程中改变缓冲区地址

DMA 是 MCU 上的一种比较特殊的硬件,它需要与其他外设结合使用,不能单独使用。一个外设要使用 DMA 传输数据,必须先用函数 HAL_DMA_Init()进行 DMA 初始化配置,设置 DMA 流和通道、传输方向、工作模式(循环或正常)、源和目标数据宽度、DMA 流优先级别等参数,然后才可以使用外设的 DMA 传输函数进行 DMA 方式的数据传输。

DMA 数据传输有轮询方式和中断方式。如果以轮询方式启动 DMA 数据传输,则需要调用函数 HAL_DMA_PollForTransfer()查询,并等待 DMA 传输结束。如果以中断方式启动 DMA 数据传输,则传输过程中 DMA 流会产生传输完成事件中断。每个 DMA 流都有独立的中断地址,使用中断方式的 DMA 数据传输更方便,所以在实际使用 DMA 时,一般是以中断方式启动 DMA 数据传输。

DMA 传输还有双缓冲区模式,可用于一些高速实时处理的场合。例如,ADC 的 DMA 传输方向是从外设到存储器,存储器一端可以设置两个缓冲区,在高速 ADC 采集时,可以交替使用两个数据缓冲区,一个用于接收 ADC 的数据,另一个用于实时处理。

11.4.2 DMA 传输初始化配置

函数 HAL_DMA_Init()用于 DMA 传输初始化配置,其原型定义如下。

```
HAL_StatusTypeDef  HAL_DMA_Init(DMA_HandleTypeDef * hdma);
```

其中,参数 hdma 是 DMA_HandleTypeDef 结构体类型指针。DMA_HandleTypeDef 结构体的完整定义如下,各成员变量的意义见注释。

```
typedef struct DMA_HandleTypeDef
{
DMA_Stream_TypeDef       * Instance;      //DMA 流寄存器基地址,用于指定一个 DMA 流
DMA_InitTypeDef          Init;            //DMA 传输的各种配置参数
HAL_LockTypeDef          Lock;            //DMA 锁定状态
_IO HAL_DMA_StateTypeDef State            //DMA 传输状态
void    * Parent;                         //父对象,即关联的外设对象
/*DMA 传输完成事件中断的回调函数指针 */
void (* XferCpltCallback)(struct_DMA_HandleTypeDef *   hdma);
/*DMA 传输半完成事件中断的回调函数指针 */
void (* XferHalfCpltCallback)(struct_DMA_HandleTypeDef *  hdma);
/*DMA 传输完成 Memory1 回调函数指针 */
void (* XferM1CpltCallback)(struct_DMA_HandleTypeDef * hdma);
/*DMA 传输错误事件中断的回调函数指针 */
void (*  XferM1HalfCpltCallback)(struct_DMA_HandleTypeDef *   hdma);
/* DMA 传输中止回调函数指针 */
void (*  XferErrorCallback) (struct_DMA_HandleTypeDef *   hdma);

_IO  uint32_t    ErrorCode;              //DMA 错误码
uint32_t         StreamBaseAddress;      //DMA 流基地址
uint32_t         StreamIndex;            //DMA 流索引号
}DMA_HandleTypeDef;
```

DMA_HandleTypeDef 结构体的成员指针变量 Instance 要指向一个 DMA 流的寄存器基地址。

Init 是 DMA_InitTypeDef 结构体类型变量,它存储了 DMA 传输的各种属性参数。DMA_HandleTypeDef 结构体还定义了多个用于 DMA 事件中断处理的回调函数指针。

存储 DMA 传输属性参数的 DMA_InitTypeDef 结构体的完整定义如下,各成员变量的意义见注释。

```
typedef  struct
{
```

```
    uint32_t  Channel;              //DMA 通道,也就是外设的 DMA 请求
    uint32_t  Direction;            //DMA 传输方向
    uint32_t  PeriphInc;            //外设地址指针是否自增
    uint32_t  MemInc;               //存储器地址指针是否自增
    uint32_t  PeriphDataAlignment;  //外设数据宽度
    uint32_t  MemDataAlignment;     //存储器数据宽度
    uint32_t  Mode;                 //传输模式,即循环模式或正常模式
    uint32_t  Priority;             //DMA 流的软件优先级别
    uint32_t  FIFOMode;             //FIFO 模式,是否使用 FIFO
    uint32_t  FIFOThreshold;        //FIFO 阈值,1/4、1/2、3/4 或 1
    uint32_t  MemBurst;             //存储器突发传输数据量
    uint32_t  PeriphBurst;          //外设突发传输数据量
}DMA_InitTypeDef;
```

DMA_InitTypeDef 结构体的很多成员变量的取值是宏定义常量,具体的取值和意义在后面实例中通过 STM32CubeMX 的设置和生成的代码来解释。

在 STM32CubeMX 中为外设进行 DMA 配置后,在生成的代码中会有一个 DMA_HandleTypeDef 结构体类型变量。例如,为 USART1 的 DMA 请求 USART1_TX 配置 DMA 后,在生成的文件 usart.c 中有如下的变量定义,称之为 DMA 流对象变量:

```
DMA_HandleTypeDef  hdma_usart1_rx:;  //DMA 流对象变量
```

在 USART1 的外设初始化函数中,程序会为变量 hdma_usart1_rx 赋值(hdma_usart1_rx.Instance 指向一个具体的 DMA 流的寄存器基地址,hdma_usart1_rx.Init 的各成员变量设置 DMA 传输的各个属性参数);然后执行 HAL_DMA_Init(&hdma_usart1_rx)进行 DMA 传输初始化配置。

变量 hdma_usart1_rx 的基地址指针 Instance 指向一个 DMA 流的寄存器基地址,它还包含 DMA 传输的各种属性参数,以及用于 DMA 事件中断处理的回调函数指针。所以,将用 DMA_HandleTypeDef 结构体定义的变量称为 DMA 流对象变量。

11.4.3 启动 DMA 数据传输

在完成 DMA 传输初始化配置后,就可以启动 DMA 数据传输。DMA 数据传输有轮询方式和中断方式。每个 DMA 流都有独立的中断地址、传输完成中断事件,使用中断方式的 DMA 数据传输更方便。函数 HAL_DMA_Start_IT()以中断方式启动 DMA 数据传输,其原型定义如下。

```
HAL_StatusTypeDef  HAL_DMA_Start_IT(DMA_HandleTypeDef * hdma,uint32_t SrcAddress,uint32_t
    DstAddress,uint32_t  DataLength)
```

其中,参数 hdma 是 DMA 流对象指针;SrcAddress 是源地址;DstAddress 是目标地址;DataLength 是需要传输的数据长度。

在使用具体外设进行 DMA 数据传输时,一般无须直接调用函数 HAL_DMA_Start_IT()启动 DMA 数据传输,而是由外设的 DMA 传输函数内部调用函数 HAL_DMA_Start_IT()启动 DMA 数据传输。

例如,串口传输数据除了有阻塞方式和中断方式外,还有 DMA 方式。串口以 DMA 方式发送数据和接收数据的两个函数的原型定义如下。

```
HAL_StatusTypeDef  HAL_UART_Transmit_DMA (UART_HandleTypeDef * huart,uint8_t * pData,uint16_t
```

Size)
HAL_StatusTypeDef HAL_UART_Receive_DMA (UART_HandleTypeDef * huart,uint8_t * pData,uint16_t Size)

其中,参数 huart 是串口对象指针;pData 是数据缓冲区指针,缓冲区是 uint8_t 类型数组,因为串口传输数据的基本单位是字节;Size 是缓冲区长度,单位是字节。

USART1 使用 DMA 方式发送一个字符串的示意代码如下。

```
uint8_t  hello1[]="Hello,DMA transmit\n";
HAL_UART_Transmit_DMA (&huart1,hello1,sizeof (hello1));
```

函数 HAL_UART_Transmit_DMA()内部会调用函数 HAL_DMA_Start_IT(),而且会根据 USART1 关联的 DMA 流对象的参数自动设置函数 HAL_DMA_Start_IT()的输入参数,如源地址、目标地址等。

11.4.4　DMA 的中断

DMA 的中断实际就是 DMA 流的中断。每个 DMA 流有独立的中断号,有对应的 ISR。DMA 中断有多个中断事件源,DMA 中断事件类型的宏定义(也就是中断事件使能控制位的宏定义)如下。

```
#define    DMA_IT_TC     ((uint32_t)DMA_SxCR_TCIE)      //DMA 传输完成中断事件
#define    DMA_IT_HT     ((uint32_t)DMA_SxCR_HTIE)      //DMA 传输半完成中断事件
#define    DMA_IT_TE     ((uint32_t)DMA_SxCR_TEIE)      //DMA 传输错误中断事件
#define    DMA_IT_DME    ((uint32_t)DMA_SxCR_DMEIE)     //DMA 直接模式错误中断事件
#define    DMA_IT_FE     0x00000080U                     //DMA FIFO 上溢/下溢中断事件
```

对一般的外设来说,一个中断事件可能对应一个回调函数,这个回调函数是 HAL 库固定好的,例如,UART 的发送完成中断事件对应的回调函数是 HAL_UART_TxCpltCallback()。但是在 DMA 的 HAL 驱动程序头文件 stm32f4xx_hal_dma.h 中,并没有定义这样的回调函数,因为 DMA 流是关联不同外设的,所以它的中断事件回调函数没有固定的函数,而是采用函数指针的方式指向关联外设的中断事件回调函数。DMA 流对象的 DMA_HandleTypeDef 结构体的定义代码中有这些函数指针。

函数 HAL_DMA_IRQHandler()是 DMA 流中断通用处理函数,在 DMA 流中断的 ISR 里被调用。这个函数的原型定义如下,其中的参数 hdma 是 DMA 流对象指针:

```
void  HAL_DMA_IRQHandler(DMA_HandleTypeDef * hdma)
```

通过分析函数 HAL_DMA_IRQHandler()的源代码,整理出 DMA 流中断事件与 DMA 流对象,也就是 DMA_HandleTypeDef()结构体中的回调函数指针之间的关系,如表 11-2 所示。

表 11-2　DMA 流中断事件与 DMA 流对象的回调函数指针的关系

DMA 流中断事件类型宏	DMA 流中断事件	DMA_HandleTypeDef 结构体中的函数指针
DMA_IT_TC	传输完成中断	XferCpltCallback
DMA_IT_HT	传输半完成中断	XferHalfCpltCallback
DMA_IT_TE	传输错误中断	XferErrorCallback
DMA_IT_FE	FIFO 错误中断	无
DMA_IT_DME	直接模式错误中断	无

在 DMA 传输初始化配置函数 HAL_DMA_Init() 中,不会为 DMA 流对象的中断事件回调函数指针赋值,一般在外设以 DMA 方式启动传输时,为这些回调函数指针赋值。例如,对于 UART,执行函数 HAL_UART_Transmit_DMA() 启动 DMA 方式发送数据时,就会将串口关联的 DMA 流对象的函数指针 XferCpltCallback 指向 UART 的发送完成中断事件回调函数 HAL_UART_TxCpltCallback()。

UART 以 DMA 方式发送和接收数据时,常用的 DMA 流中断事件与回调函数的关系如表 11-3 所示。注意,这里发生的中断是 DMA 流的中断,而不是 UART 的中断,DMA 流只是使用了 UART 的回调函数。特别地,DMA 流有传输半完成中断事件(DMA_IT_HT),而 UART 没有这种中断事件,UART 的 HAL 驱动程序中定义的两个回调函数就是为了 DMA 流的传输半完成中断事件调用的。

表 11-3　UART 以 DMA 方式传输数据时 DMA 流中断文件与回调函数的关系

UART 的 DMA 传输函数	DMA 流事件中断事件	DMA 流对象的函数指针	DMA 流事件中断关联的具体回调函数
HAL_UART_Transmit_DMA()	DMA_IT_TC	XferCpltCallback	HAL_UART_TxCpltCallback()
	DMA_IT_HT	XferHalfCpltCallback	HAL_UART_TxHalfCpltCallback()
HAL_UART_Receive_DMA()	DMA_IT_TC	XferCpltCallback	HAL_UART_RxCpltCallback()
	DMA_IT_HT	XferHalfCpltCallback	HAL_UART_RxHalfCpltCallback()

UART 使用 DMA 方式传输数据时,UART 的全局中断需要开启,但是 UART 的接收完成和发送完成中断事件源可以关闭。

11.5　采用 STM32Cube 和 HAL 库的 DMA 应用实例

本节讲述一个从存储器到外设的 DMA 应用实例。先定义一个数据变量存于 SRAM 中,通过 DMA 方式传输到串口的数据寄存器,然后通过串口把这些数据发送到计算机显示。

11.5.1　STM32 的 DMA 配置流程

DMA 的应用广泛,可完成外设到外设、外设到内存、内存到外设的传输,以使用中断方式为例,其基本使用流程由 3 部分构成,即 NVIC 设置、DMA 模式及中断配置、DMA 中断服务。

采用串口 1 的发送,属于 DMA1 的通道 4,DMA1 通道 4 的配置步骤如下。

(1) 使能 DMA1 时钟。

DMA 的时钟使能是通过 AHB1ENR 寄存器控制的,先使能时钟,才可以配置 DMA 相关寄存器。HAL 库方法为

```
_HAL_RCC_DMA1_CLK_ENABLE();      //DMA1 时钟使能
```

(2) 初始化 DMA1 数据流 4,包括配置通道、外设地址、存储器地址、传输数据量等。

DMA 的某个数据流各种配置参数初始化通过函数 HAL_DMA_Init() 实现,该函数声明为

```
HAL_StatusTypeDef HAL_DMA_Init(DMA_HandleTypeDef * hdma);
```

该函数只有一个 DMA_HandleTypeDef 结构体类型指针入口参数,该结构体定义为

```
typedef struct _DMA_HandleTypeDef
{
  DMA_Stream_TypeDef            * Instance;
  DMA_InitTypeDef               Init;
  HAL_LockTypeDef               Lock;
  _IO HAL_DMA_StateTypeDef      State;
  void                          * Parent;
  Void  ( * XferCpltCallback)(struct_DMA_HandleTypeDef * hdma);
  Void  ( * XferHalfCpltCallback)(struct_DMA_HandleTypeDef * hdma);
  Void  ( * XferM1CpltCallback)(struct_DMA_HandleTypeDef * hdma);
  Void  ( * XferErrorCallback)(struct_DMA_HandleTypeDef * hdma);
  _IO uint32_t                  ErrorCode;
  uint32_t                      StreamBaseAddress;
  uint32_t                      StreamIndex;
}DMA_HandleTypeDef;
```

成员变量 Instance 用来设置寄存器基地址,例如要设置为 DMA1 的通道 4,那么取值为 DMA1_Channel4。

成员变量 Parent 是 HAL 库处理中间变量,用来指向 DMA 通道外设句柄。

成员变量 XferCpltCallback(传输完成回调函数),XferHalfCpltCallback(半传输完成回调函数),XferM1CpltCallback(Memory1 传输完成回调函数),XferErrorCallback(传输错误回调函数)是四个函数指针,用来指向回调函数入口地址。

成员变量 StreamBaseAddress 和 StreamIndex 是数据流基地址和索引号,它们在 HAL 库处理的时候会自动计算,用户无须设置。

其他成员变量是 HAL 库处理过程状态标识变量,这里不作过多讲解。接下来着重介绍成员变量 Init,它是 DMA_InitTypeDef 结构体类型,该结构体定义为

```
typedef struct
{
uint32_t  Direction;              //传输方向,例如存储器到外设 DMA_MEMORY_TO_PERIPH
uint32_t  PeriphInc;              //外设(非)增量模式,非增量模式 DMA_PINC_DISABLE
uint32_t  MemInc;                 //存储器(非)增量模式,增量模式 DMA_MINC_ENABLE
uint32_t  PeriphDataAlignment;    //外设数据大小:8/16/32 位
uint32_t  MemDataAlignment;       //存储器数据大小:8/16/32 位
uint32_t  Mode;                   //模式:外设流控模式/循环模式/普通模式
uint32_t  Priority;               //DMA 优先级:低/中/高/非常高
}DMA_InitTypeDef;
```

该结构体成员变量非常多,但是每个成员变量配置的基本都是 DMA_SxCR 寄存器和 DMA_SxFCR 寄存器的相应位。结构体各个成员变量的含义都通过注释的方式列出。

例如本实验要用到 DMA1_Channel4,把内存中数组的值发送到串口外设发送寄存器 DR,所以方向为存储器到外设 DMA_MEMORY_TO_PERIPH,一个一个字节发送,需要数字索引自动增加,所以是存储器增量模式 DMA_MINC_ENABLE,存储器和外设的字宽都是 8 位。具体配置如下。

```
DMA_HandleTypeDef   UART1TxDMA_Handler;     //DMA 句柄
UART1TxDMA_Handler.Instance =  DMA1_Channel4; //通道选择
```

```
UART1TxDMA_Handler.Init.Direction = DMA_MEMORY_TO_PERIPH;   //存储器到外设
UART1TxDMA_Handler.Init.PeriphInc = DMA_PINC_DISABLE;       //外设非增量模式
UART1TxDMA_Handler.Init.MemInc = DMA_MINC_ENABLE;           //存储器增量
UART1TxDMA_Handler.Init.PeriphDataAlignment = DMA_PDATAALIGN_BYTE;  //外设数据长度:8 位
UART1TxDMA_Handler.Init.MemDataAlignment = DMA_MDATAALIGN_BYTE;
//存储器数据长度:8 位
UART1TxDMA_Handler.Init.Mode = DMA_NORMAL;                 //外设普通模式
UART1TxDMA_Handler.Init.Priority = DMA_PRIORITY_MEDIUM;    //中等优先级
```

这里要注意,HAL 库为了处理各类外设的 DMA 请求,在调用相关函数之前,需要调用一个宏定义标识符连接 DMA 和外设句柄。例如要使用串口 DMA 发送,方式为

```
_HAL_LINKDMA(&UART1_Handler,hdmatx,UART1TxDMA_Handler);
```

其中 UART1_Handler 是串口初始化句柄,在文件 usart.c 中定义过了;UART1TxDMA_Handler 是 DMA 初始化句柄;hdmatx 是外设句柄结构体的成员变量,实际就是 UART1_Handler 的成员变量。在 HAL 库中,任何一个可以使用 DMA 的外设,它的初始化结构体句柄都会有一个 DMA_HandleTypeDef 结构体类型指针的成员变量,是 HAL 库用来作相关指向的。hdmatx 就是 DMA_HandleTypeDef 结构体指针类型。

这句话的含义就是把 UART1_Handler 句柄的成员变量 hdmatx 和 DMA 句柄 UART1TxDMA_Handler 连接,是纯软件处理,没有任何硬件操作。

(3) 使能串口 1 的 DMA 发送。

在实验中,开启一次 DMA 传输的传输函数如下。

```
//开启一次 DMA 传输
//huart:串口句柄
//pData:传输的数据指针
//Size:传输的数据量
void MYDMA_USART_Transmit(UART_HandleTypeDef * huart, uint8_t * pData,uint16_t Size)
{
HAL_DMA_Start(huart->hdmatx,(u32)pData, (uint32_t)&huart->Instance->DR,Size);
                                                          //开启 DMA 传输
huart->Instance->CR3|= USART_CR3_DMAT;                    //使能串口 DMA 发送
}
HAL 库还提供了对串口的 DMA 发送的停止、暂停、恢复等操作函数:
HAL_StatusTypeDef HAL_UART_DMAStop(UART_HandleTypeDef * huart);     //停止
HAL_StatusTypeDef HAL_UART_DMAPause(UART_HandleTypeDef * huart);    //暂停
HAL_StatusTypeDef HAL_UART_DMAResume(UART_HandleTypeDef * huart);   //恢复
```

(4) 使能 DMA1 数据流 4,启动传输。

使能 DMA 数据流的函数为

```
HAL_StatusTypeDef HAL_DMA_Start(DMA_HandleTypeDef * hdma, uint32_t SrcAddress, uint32_t
DstAddress, uint32_t DataLength);
```

这个函数比较好理解,第一个参数是 DMA 句柄,第二个参数是传输源地址,第三个参数是传输目标地址,第四个参数是传输的数据长度。

通过以上 4 步设置,就可以启动一次 USART1 的 DMA 传输了。

(5) 查询 DMA 传输状态。

在 DMA 传输过程中,要查询 DMA 传输通道的状态,使用的函数为

```
_HAL_DMA_GET_FLAG(&UART1TxDMA_Handler,DMA_FLAG_TCIF3_7);
```

获取当前传输剩余数据量的函数为

```
__HAL_DMA_GET_COUNTER(&UART1TxDMA_Handler);
```

DMA 相关的库函数就讲解到这里,读者可以查看固件库中文手册详细了解。

(6) DMA 中断使用方法。

DMA 中断对于每个流都有一个中断服务函数,比如 DMA1_Channel4 的中断服务函数为 DMA1_Channel4_IRQHandler。同样,HAL 库也提供了一个通用的 DMA 中断处理函数 HAL_DMA_IRQHandler,在该函数内部,会对 DMA 传输状态进行分析,然后调用相应的中断处理回调函数:

```
void HAL_UART_TxCpltCallback(UART_HandleTypeDef * huart);      //发送完成回调函数
void HAL_UART_TxHalfCpltCallback(UART_HandleTypeDef * huart);  //发送一半回调函数
void HAL_UART_RxCpltCallback(UART_HandleTypeDef * huart);      //接收完成回调函数
void HAL_UART_RxHalfCpltCallback(UART_HandleTypeDef * huart);  //接收一半回调函数
void HAL_UART_ErrorCallback(UART_HandleTypeDef * husart);      //传输出错回调函数
```

对于串口 DMA 开启,使能数据流,启动传输,这些步骤如果使用了中断,可以直接调用 HAL 库函数 HAL_USART_Transmit_DMA(),该函数声明如下。

```
HAL_StatusTypeDef HAL_USART_Transmit_DMA(USART_HandleTypeDef * husart, uint8_t * pTxData,
uint16_t Size);
```

11.5.2 DMA 应用的硬件设计

存储器到外设模式使用 USART1 功能,具体电路设置参考图 9-5,无须其他硬件设计。

在本实例中,编写一个程序实现开发板与计算机串口调试助手通信,在开发板上电时 USART1 通过 DMA 发送一串字符给计算机,并每隔一定时间改变 LED 的状态。

11.5.3 DMA 应用的软件设计

DMA_InitTypeDef 结构体成员用于设置 DMA 工作参数,并由外设初始化配置函数,比如函数 MX_DMA_Init()调用,这些设定参数将会设置外设相应的寄存器,达到配置外设工作环境的目的。初始化结构体定义在文件 stm32f4xx_hal_dma.h 中,初始化库函数定义在文件 stm32f4xx_hal_dma.c 中,编程时可以结合这两个文件内注释使用。

DMA_InitTypeDef 结构体如下。

```
typedef struct {
uint32_t Channel;               //通道选择
uint32_t Direction;             //传输方向
uint32_t PeriphInc;             //外设递增
uint32_t MemInc;                //存储器递增
uint32_t PeriphDataAlignment;   //外设数据宽度
uint32_t MemDataAlignment;      //存储器数据宽度
uint32_t Mode;                  //模式选择
uint32_t Priority;              //优先级
uint32_t FIFOMode;              //FIFO 模式
uint32_t FIFOThreshold;         //FIFO 阈值
uint32_t MemBurst;              //存储器突发传输
uint32_t PeriphBurst;           //外设突发传输
} DMA_InitTypeDef;
```

结构体成员说明如下，其中括号内的文字是对应参数在 STM32 HAL 库中定义的宏。

(1) Channel：DMA 请求通道选择，可选通道 0～7，每个外设对应固定的通道；它设定 DMA_SxCR 寄存器中 CHSEL[2:0] 位的值。

(2) Direction：传输方向选择，可选外设到存储器、存储器到外设以及存储器到存储器。它设定 DMA_SxCR 寄存器中 DIR[1:0] 位的值。

(3) PeriphInc：如果配置为 PeriphInc_Enable，使能外设地址自动递增功能，它设定 DMA_SxCR 寄存器中 PINC 位的值；一般外设只有一个数据寄存器，所以一般不会使能该位。

(4) MemInc：如果配置为 MemInc_Enable，使能存储器地址自动递增功能，它设定 DMA_SxCR 寄存器中 MINC 位的值；自定义的存储区一般存放多个数据，所以使能存储器地址自动递增功能。

(5) PeriphDataAlignment：外设数据宽度，可选字节（8 位）、半字（16 位）和字（32 位），它设定 DMA_SxCR 寄存器中 PSIZE[1:0] 位的值。

(6) MemDataAlignment：存储器数据宽度，可选字节（8 位）、半字（16 位）和字（32 位），它设定 DMA_SxCR 寄存器中 MSIZE[1:0] 位的值。

(7) Mode：DMA 传输模式选择，可选一次传输或者循环传输，它设定 DMA_SxCR 寄存器中 CIRC 位的值。

(8) Priority：软件设置数据流的优先级，有 4 个可选优先级，分别为非常高、高、中和低，它设定 DMA_SxCR 寄存器中 PL[1:0] 位的值。DMA 优先级只有在多个 DMA 数据流同时使用时才有意义，这里设置为非常高优先级就可以。

(9) FIFOMode：FIFO 模式使能，如果设置为 DMA_FIFOMode_Enable 表示使能 FIFO 模式功能；它设定 DMA_SxFCR 寄存器中 DMDIS 位的值。

(10) FIFOThreshold：FIFO 阈值选择，可选 4 种状态，分别为 FIFO 容量的 1/4、1/2、3/4 和满；它设定 DMA_SxFCR 寄存器中 FTH[1:0] 位的值；DMA_FIFOMode 设置为 DMA_FIFOMode_Disable，那么 DMA_FIFOThreshold 值无效。

(11) MemBurst：存储器突发模式选择，可选单次模式、4 节拍的增量突发模式、8 节拍的增量突发模式或 16 节拍的增量突发模式，它设定 DMA_SxCR 寄存器中 MBURST[1:0] 位的值。

(12) PeriphBurst：外设突发模式选择，可选单次模式、4 节拍的增量突发模式、8 节拍的增量突发模式或 16 节拍的增量突发模式，它设定 DMA_SxCR 寄存器中 PBURST[1:0] 位的值。

配置完这些结构体成员值，调用库函数 HAL_DMA_Init() 即可把结构体的配置写入寄存器中。

1. 通过 STM32CubeMX 新建工程

通过 STM32CubeMX 新建工程的步骤如下。

(1) 新建文件夹。

Demo 目录下新建文件夹 DMA，这是保存本章新建工程的文件夹。

(2) 新建 STM32CubeMX 工程。

在 STM32CubeMX 开发环境中新建工程。

(3）选择 MCU 或开发板。

在 Commercial Part Number 和 MCUs/MPUs List 列表中选择 STM32F407ZGT6，单击 Start Project 按钮启动工程。

(4）保存 STM32Cube MX 工程。

使用 STM32CubeMX 菜单项 File→Save Project 保存工程。

(5）生成报告。

使用 STM32CubeMX 菜单项 File→Generate Report 生成当前工程的报告文件。

(6）配置 MCU 时钟树。

在 STM32CubeMXPinout & Configuration 子页面，选择 System Core→RCC 选项，High Speed Clock(HSE)项根据开发板实际情况，选择 Crystal/Ceramic Resonator（晶体/陶瓷晶振）。

切换到 STM32CubeMX Clock Configuration 子页面下，根据开发板外设情况配置总线时钟。此处配置 Input frequency 为 8 MHz，PLL Source Mux 为 HSE，分频系数/M 为 8，PLLMul 倍频为 336 MHz，PLLCLK 分频/2 后为 168 MHz，System Clock Mux 为 PLLCLK，APB1 Prescaler 为/4，APB2 Prescaler 为/2，其余默认设置即可。

(7）配置 MCU 外设。

根据 LED、KEY 和 LCD 电路，整理出 MCU 连接的 GPIO 引脚的配置，如表 11-4 所示。

表 11-4　MCU 连接的 GPIO 引脚的配置

用户标签	引脚名称	引脚功能	GPIO 模式	上拉或下拉	端口速率
LED0	PF9	GPIO_Output	推挽输出	上拉	高
LED1	PF10	GPIO_Output	推挽输出	上拉	高
KEY0	PE4	GPIO_Input	输入	上拉	—
KEY1	PE3	GPIO_Input	输入	上拉	—
KEY2	PE2	GPIO_Input	输入	上拉	—
KEY_UP	PA0	GPIO_Input	输入	下拉	—
LCD_BL	PB15	GPIO_Output	推挽输出	上拉	高

在 STM32CubeMX Pinout & Configuration 子页面选择 System Core→GPIO 选项，对使用的 GPIO 端口进行设置。按键输入端口：KEY0(PE4)、KEY1(PE3)、KEY2(PE2)和 KEY_UP(PA0)。LCD 背光控制端口：LCD_BL(PB15)。配置完成后的 GPIO 端口页面如图 11-3 所示。

在 STM32CubeMX 中配置 USART1 后，会自动完成相关 GPIO 端口的配置，不需用户配置。

在 STM32CubeMX Pinout & Configuration 子页面分别配置 USART1、NVIC 模块，方法同 SPI 部分。

在 STM32CubeMX Pinout & Configuration 子页面选择 System Core→DMA 选项，DMA2 界面下 DMA Request 选项选择 USART1_TX，Direction 选项为 Memory To Peripheral，Priority 选项为 Medium，其余默认，配置完成后的 DMA 页面如图 11-4 所示。

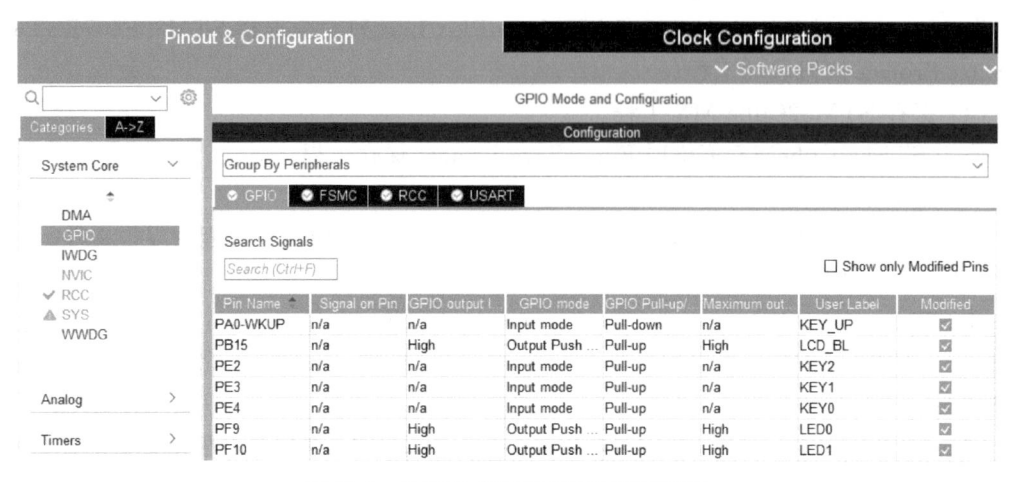

图 11-3 配置完成后的 GPIO 端口页面

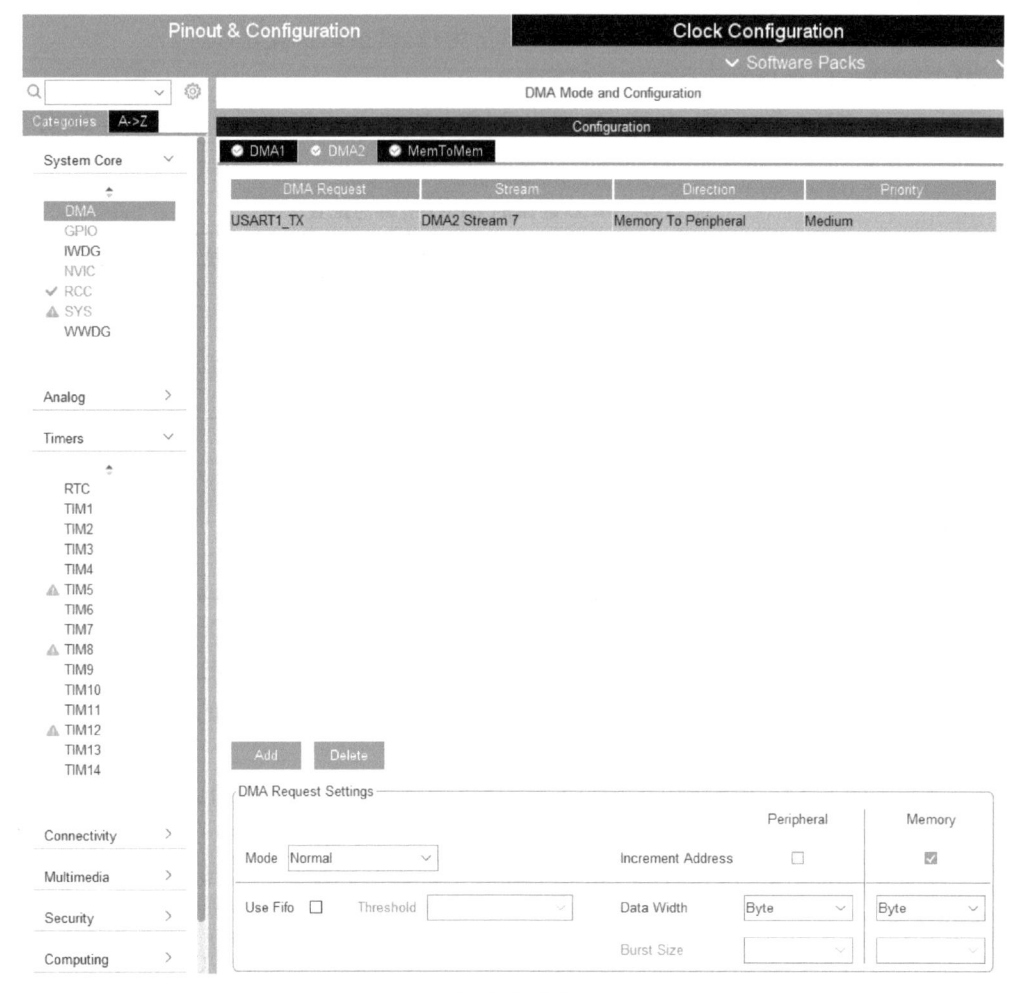

图 11-4 配置完成后的 DMA 页面

切换到 STM32CubeMX Pinout & Configuration 子页面选择 System Core→NVIC 选项,不勾选 Force DMA Channels Interrupts 复选框,不使能 DMA 中断,DMA2 stream7 global interrupt 选项不勾选 Enabled 复选框,NVIC 配置页面如图 11-5 所示。

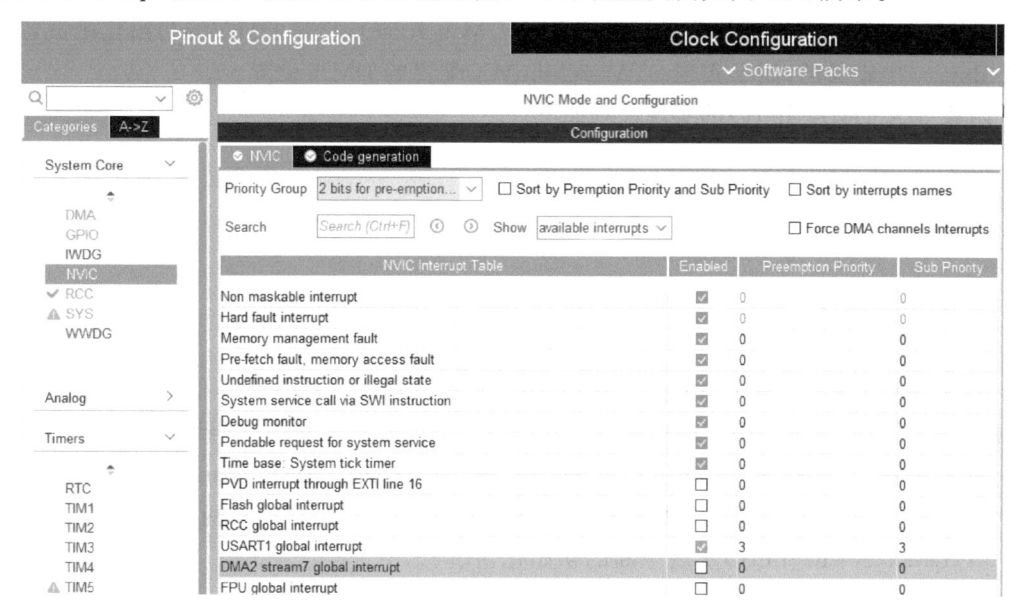

图 11-5 NVIC 配置页面

(8) 配置工程。

在 STM32CubeMX Project Manager 子页面 Project 栏 Toolchain/IDE 项选择 MDK-ARM,Min Version 项选择 V5,可生成 Keil MDK 工程;选择 STM32CubeIDE,可生成 CubeIDE 工程。

(9) 生成 C 代码工程。

在 STM32CubeMX 主页面,单击 GENERATE CODE 按钮生成 C 代码工程。分别生成 MDK-ARM 和 CubeIDE 工程。

2. 通过 STM32CubeIDE 实现工程

通过 STM32CubeIDE 实现工程的步骤如下。

(1) 打开工程。

打开 DMA\STM32CubeIDE 文件夹下的工程文件。

(2) 编译 STM32CubeMX 自动生成的 STM32CubeIDE 工程。

在 STM32CubeIDE 开发环境中通过菜单项 Project→Build All 或单击工具栏中的 Build All 按钮 编译工程。

(3) STM32CubeMX 自动生成 MDK 工程。

文件 main.c 中函数 main()依次调用了函数 HAL_Init()用于复位所有外设、初始化闪存接口和 SysTick 定时器。函数 SystemClock_Config()用于配置各种时钟信号频率。函数 MX_GPIO_Init()用于初始化 GPIO 引脚。

文件 gpio.c 中包含了函数 MX_GPIO_Init()的实现代码,源代码请参考电子资源。

USART1 的初始化函数 MX_USART1_UART_Init(),用于实现 STM32CubeMX 配

置的 USART1 设置。

FSMC 的初始化函数 MX_FSMC_Init()用于实现 STM32CubeMX 配置的 FSMC 设置。

函数 main()中外设初始化新增函数 MX_DMA_Init(),它是 DMA 的初始化函数,是在文件 dma.c 中定义的,用于实现 STM32CubeMX 配置的 DMA 设置。

函数 MX_DMA_Init()的实现代码如下。

```
void MX_DMA_Init(void)
{

  /* DMA controller clock enable */
  _HAL_RCC_DMA2_CLK_ENABLE();

}
```

函数 MX_DMA_Init()用于启用 DMA2 时钟。DMA 相关的其他设置均放在函数 HAL_UART_MspInit()中。函数 HAL_UART_MspInit()实现源代码请参考电子资源。

函数 HAL_UART_MspInit()调用了函数 HAL_DMA_Init(),根据 DMA_InitTypeDef 结构体中的参数对 DMA 进行初始化,并初始化关联的句柄。

函数 MX_NVIC_Init()实现中断的初始化,代码如下。

```
static void MX_NVIC_Init(void)
{
  /* USART1_IRQn interrupt configuration */
  HAL_NVIC_SetPriority(USART1_IRQn, 3, 3);
  HAL_NVIC_EnableIRQ(USART1_IRQn);
}
```

(4) 新建用户文件。

参考 SPI 部分,在 DMA\Core\Src 文件夹下新建文件 led.c、key.c、lcd.c 和 lcd_ex.c,在 DMA\Core\Inc 文件夹下新建文件 led.h、key.h、lcd.h、lcd_ex.h 和 lcdfont.h。

(5) 编写用户代码。

文件 led.h 和 led.c 实现 LED 操作的宏定义和 LED 初始化。

文件 key.h 和 key.c 实现按键操作的宏定义和按键扫描函数 key_scan()。

文件 lcd.c、lcd_ex.c、lcd_font.h、lcd.h 实现对液晶操作的宏定义、操作函数等。

文件 usart.h 和 usart.c 声明和定义使用到的变量、宏定义。文件 usart.c 中的函数 MX_USART1_UART_Init()用于开启 USART1 接收中断。文件 stm32f1xx_it.c 对函数 USART1_IRQHandler()添加接收数据的处理。

文件 main.c 中添加对用户自定义头文件的引用。

```
/* Private includes ------------------------------------------------
--- */
/* USER CODE BEGIN Includes */
#include "led.h"
#include "key.h"
#include "lcd.h"
/* USER CODE END Includes */
```

文件 main.c 中添加对 DMA 的操作。先初始化发送数据缓冲区 g_sendbuf 的值,然后通过 KEY0 开启串口 DMA 发送,在发送过程中,通过函数_HAL_DMA_GET_COUNTER(&g_dma_handle)获取当前剩余的数据量来计算传输百分比,最后在传输结束之后清除相应标志位,提示已经传输完成。

具体源代码请参考电子资源。

函数 HAL_UART_Transmit_DMA()用于启动 USART 的 DMA 传输。只需要指定源数据地址及长度,运行该函数后,USART 的 DMA 发送传输就开始了,根据配置 DMA 会通过 USART1 循环发送数据。DMA 传输过程是不占用 CPU 资源的,可以一边传输一边运行其他任务。

(6)重新编译工程。

重新编译修改好的工程。

(7)下载工程。

连接好仿真下载器,开发板上电。

单击菜单项 Run→Run 或工具栏中的 图标,首次运行时会弹出配置页面,选择调试探头为 ST-LINK,接口为 JTAG,其余默认,单击 OK 按钮确认。

工程下载完成后,连接串口,打开串口调试助手,可接收到发送的字符串,在 LCD 上可看到发送的百分比,同时 LED 不断闪烁。

第 12 章 嵌入式实时操作系统 FreeRTOS

CHAPTER 12

本章全面介绍嵌入式实时操作系统 FreeRTOS,包括系统概述、特点、商业许可、发展历史、功能;详细介绍如何获取 FreeRTOS 源码和官方手册、系统移植步骤、文件组成、编码规则以及配置和功能裁剪方法;重点讨论 FreeRTOS 的任务管理,包括任务概念、任务调度和管理相关函数;进一步探讨进程间通信、消息队列、信号量(二值信号量、计数信号量、互斥量、递归互斥量)及其基本操作和相关函数;通过实例展示 FreeRTOS 任务管理的应用。本章旨在帮助读者深入理解 FreeRTOS 的工作原理和应用方法,为开发高效、可靠的嵌入式系统提供指导。

本章的学习目标:

(1) 了解 FreeRTOS 的基本信息。
(2) 获取和移植 FreeRTOS。
(3) 理解 FreeRTOS 的文件组成和编码规则。
(4) 深入学习 FreeRTOS 的任务管理。
(5) 掌握进程间通信机制。
(6) 学习信号量的使用和管理。
(7) 实际应用案例分析。
(8) 开发实践能力。

通过本章的学习,学生将具备在嵌入式系统中设计、配置和实现基于 FreeRTOS 的应用的能力,能够有效地利用 FreeRTOS 丰富的功能来提高嵌入式系统的实时性和可靠性。

12.1 FreeRTOS 系统概述

FreeRTOS 是一款"开源免费"的嵌入式实时操作系统,它作为一个轻量级的实时操作系统内核,功能包括任务管理、时间管理、信号量、消息队列、内存管理、软件定时器等,可基本满足较小系统的需要。

FreeRTOS 体积小巧,支持抢占式任务调度。

12.1.1 FreeRTOS 的特点

FreeRTOS 是可裁剪的小型嵌入式实时操作系统,除开源、免费以外,还具有以下特点。

(1) FreeRTOS 的内核支持抢占式、合作式和时间片 3 种调度方式。

(2) 支持的芯片种类多,已经在超过 30 种架构的芯片上进行了移植。

(3) 系统简单、小巧、易用,通常情况下其内核仅占用 4~9KB 的闪存空间。

(4) 代码主要用 C 语言编写,可移植性高。

(5) 支持 Arm Cortex-M 系列中的 MPU,如 STM32F407、STM32F429 等有 MPU 的芯片。

(6) 任务数量不限。

(7) 任务优先级不限。

(8) 任务与任务、任务与中断之间可以使用任务通知、队列、二值信号量、计数信号量、互斥信号量和递归互斥信号量进行通信和同步。

(9) 有高效的软件定时器。

(10) 有强大的跟踪执行功能。

(11) 有堆栈溢出检测功能。

(12) 适用于低功耗应用。FreeRTOS 提供了一个低功耗无节拍模式。

(13) 在创建任务通知、队列、信号量、软件定时器等系统组件时,可以选择动态或静态 RAM。

(14) SafeRTOS 作为 FreeRTOS 的衍生品,具有比 FreeRTOS 更高的代码完整性。

12.1.2 FreeRTOS 的商业许可

FreeRTOS 最大的优势是开源、免费,可供自由使用。在商业应用中使用时,不需要用户公开源码,也不存在任何版权问题,因而在小型嵌入式操作系统中拥有极高的使用率。

FreeRTOS 还有两个衍生的商业版本。

(1) OpenRTOS 是一个基于 FreeRTOS 内核的商业许可版本,为用户提供专门的支持和法律保障。OpenRTOS 是由亚马逊云计算服务(Amazon Web Service,AWS)许可的一家战略伙伴公司 WITTENSTEIN 提供的。

(2) SafeRTOS 是一个基于 FreeRTOS 内核的衍生版本,用于安全性要求高的应用,它经过了工业(IEC 61508 SIL 3)、医疗(IEC 62304 和 FDA 510(K))、汽车(ISO 26262)等国际安全标准的认证。SafeRTOS 也是由 WITTENSTEIN 公司提供的。

如果开发者不能接受 FreeRTOS 的开源许可协议条件,需要技术支持、法律保护,或者想获得开发帮助,则可以考虑使用 OpenRTOS;如果开发者需要获得安全认证,则推荐使用 SafeRTOS。

使用 OpenRTOS 需要遵守商业许可协议,FreeRTOS 的开源许可和 OpenRTOS 的商业许可的区别如表 12-1 所示。

表 12-1 FreeRTOS 的开源许可和 OpenRTOS 的商业许可的区别

项 目	FreeRTOS 的开源许可	OpenRTOS 的商业许可
是否免费	是	否
是否可在商业应用中使用	是	是
是否免版权费	是	是
是否提供质量保证	否	是

续表

项　　目	FreeRTOS 的开源许可	OpenRTOS 的商业许可
是否有技术支持	否,只有论坛支持	是
是否提供法律保护	否	是
是否需要开源工程代码	否	否
是否需要开源对于源码的修改	是	否
是否需要记录产品使用了 FreeRTOS	如果发布源码,则需要记录	否
是否需要提供 FreeRTOS 代码给工程用户	如果发布源码,则需要提供	否

OpenRTOS 是 FreeRTOS 的商业化版本,OpenRTOS 的商业许可协议不包含任何 GPL 条款。FreeRTOS 还有另外一个衍生版本 SafeRTOS,SafeRTOS 由安全方面的专家重新做了设计,在工业(IEC61508)、铁路(EN50128)、医疗(IEC62304)、核能(IEC61513)等领域获得了安全认证。

12.1.3　FreeRTOS 的发展历史

FreeRTOS 是一个完全免费和开源的嵌入式实时操作系统(Real-time Operating System,RTOS)。FreeRTOS 的内核最初是由 Richard Barry 在 2003 年左右开发的,后来由 Richard 创立 Real Time Engineers 公司管理和维护,使用开源和商业两种许可模式。2017 年,Real Time Engineers 公司将 FreeRTOS 项目的管理权转交给 AWS,并且使用了更加开放的 MIT(Massachusetts Institute of Technology,麻省理工学院)许可协议。

AWS 是世界领先的云服务平台。2015 年,AWS 增加了物联网(Internet of Things,IoT)功能。为了使大量基于 MCU 的设备能更容易地连接云端,AWS 获得了 FreeRTOS 的管理权,并在 FreeRTOS 内核的基础上增加了一些库,使得小型的低功耗边缘设备也能容易地编程和部署,并且安全地连接到云端,为物联网设备的开发提供基础软件。

亚马逊公司接管 FreeRTOS 后,发布的第一个版本是 V10.0.0,它向下兼容 V9 版本。V10 版本中新增了流缓冲区、消息缓冲区等功能。亚马逊公司承诺不会使 FreeRTOS 分支化,也就是说,亚马逊公司发布的 FreeRTOS 的内核与 FreeRTOS.org 发布的 FreeRTOS 的内核完全一样,亚马逊公司会对 FreeRTOS 的内核维护和改进持续投资。

FreeRTOS 支持的处理器架构超过 35 种。由于完全免费,又有亚马逊公司维护,FreeRTOS 逐渐成为市场领先的 RTOS 系统,在嵌入式微控制器应用领域成为一种事实上标准的 RTOS。

STM32 MCU 固件库提供了 FreeRTOS 作为中间件,可供用户很方便地在 STM32Cube 开发方式中使用 FreeRTOS。

12.1.4　FreeRTOS 的功能

FreeRTOS 是一个技术上非常完善和成功的 RTOS,具有如下功能。

(1) 抢占式或合作式任务调度方式。

(2) 非常灵活的优先级管理。

(3) 灵活、快速而轻量化的任务通知机制。

(4) 队列功能。

(5) 二值信号量。
(6) 计数信号量。
(7) 互斥量。
(8) 递归互斥量。
(9) 软件定时器。
(10) 事件组。
(11) 时间节拍钩子函数。
(12) 空闲时钩子函数。
(13) 栈溢出检查。
(14) 踪迹记录。
(15) 任务运行时间统计收集。
(16) 完整的中断嵌套模型(对某些架构有用)。
(17) 用于低功耗的无节拍特性。

除了技术上的功能,FreeRTOS 的开源免费许可协议也为用户扫除了使用 FreeRTOS 的障碍。FreeRTOS 不涉及其他任何知识产权(Intellectual Property,IP)问题,因此用户可以完全免费地使用 FreeRTOS,即使用于商业性项目,也无须公开自己的源代码,无须支付任何费用。当然,如果用户想获得额外的技术支持,那么可以付费升级为商业版本。

12.2　FreeRTOS 的源码和相应官方手册获取

FreeRTOS 的源码和相应官方手册都可以从其官网(www.freertos.org)获得,如图 12-1 所示。

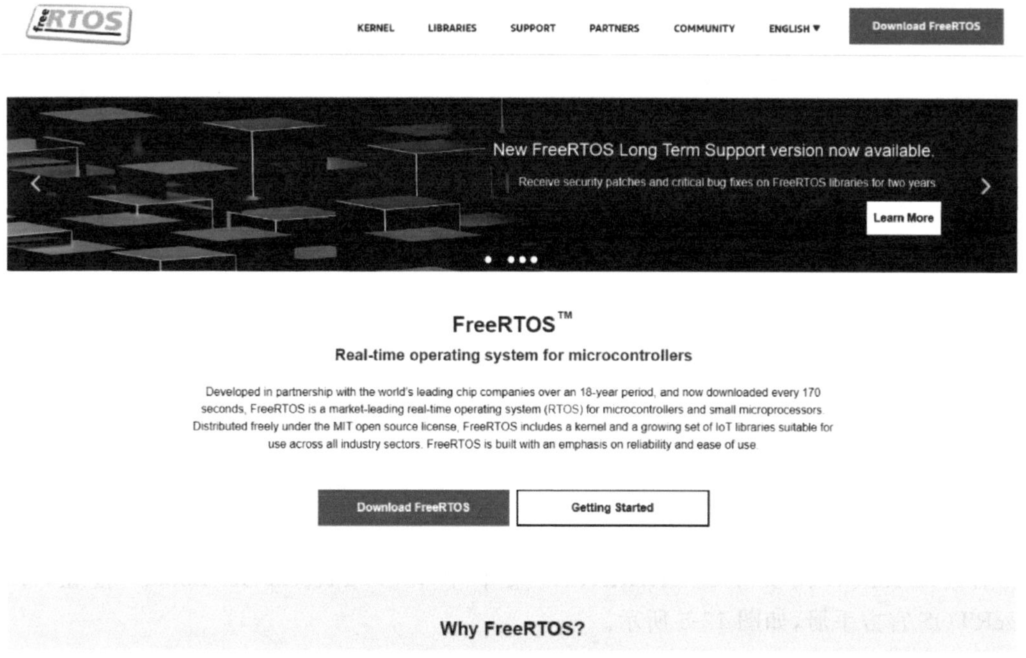

图 12-1　FreeRTOS 官网

在浏览器中打开 FreeRTOS 官网主页后,单击图 12-1 所示界面中的源码下载按钮 "Download FreeRTOS",如图 12-2 所示,可以下载 FreeRTOS 最新版本的源码包。

图 12-2 下载 FreeRTOS 源码包

FreeRTOSv202112.00 源码文件架构如图 12-3 所示。

图 12-3 FreeRTOSv202112.00 源码文件架构

另外,在 sourceforge 站点中提供了 FreeRTOS 的过往历史版本,有需要的读者可以到版本列表页面中选择下载,网址为 https://sourceforge.net/projects/freertos/files/FreeRTOS/。

下载 FreeRTOS 的过往历史版本页面如图 12-4 所示。

在 FreeRTOS 网页上的"KERNEL"菜单中单击"FreeRTOS Books"按钮,下载 FreeRTOS 官方手册,如图 12-5 所示。

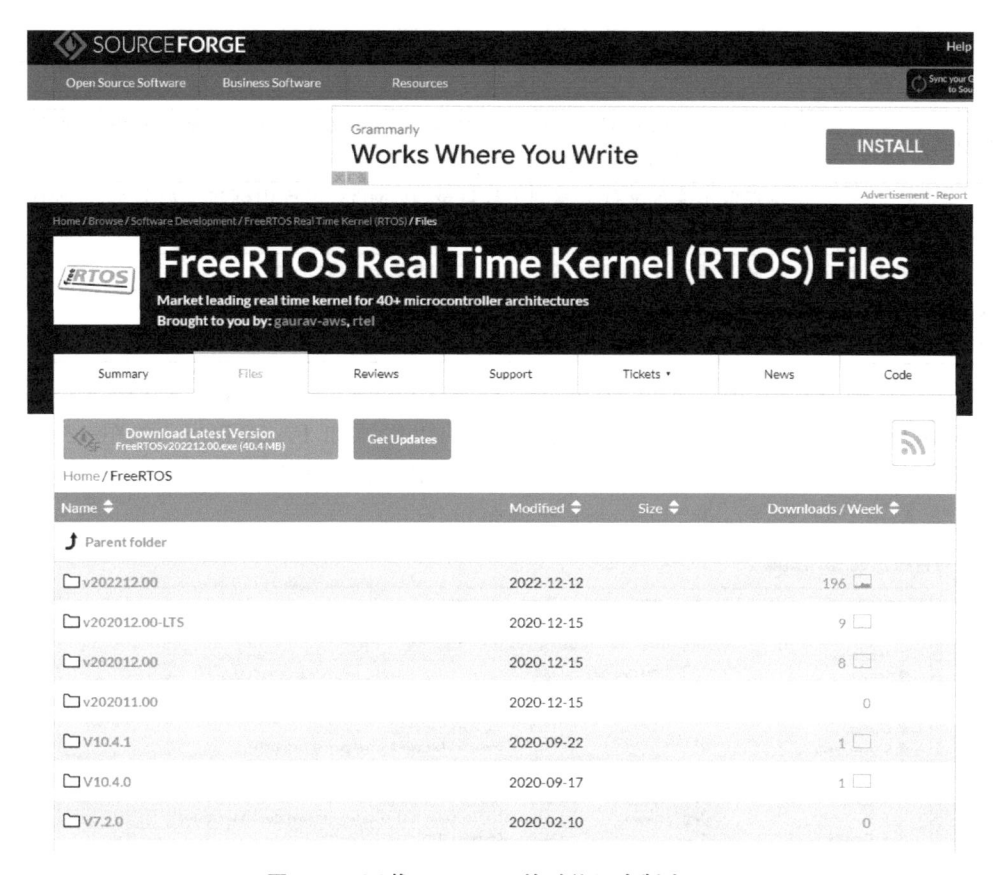

图 12-4　下载 FreeRTOS 的过往历史版本页面

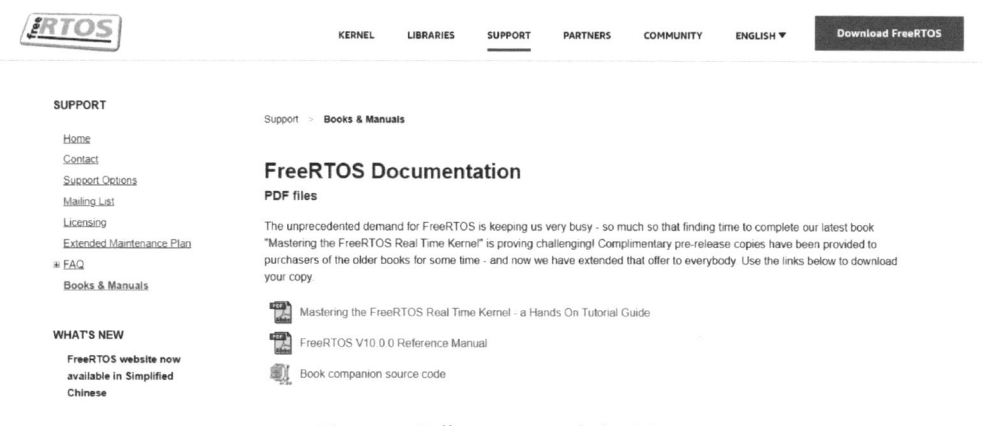

图 12-5　下载 FreeRTOS 官方手册

12.3　FreeRTOS 系统移植

一般而言，在 Keil MDK 和 STM32CubeMX 中都集成有 FreeRTOS，仅需在图形化配置界面中勾选 FreeRTOS 就可以向工程中添加 FreeRTOS。如果要向工程中手动添加 FreeRTOS，则需要按表 12-2 中的顺序完成几个步骤。

表 12-2 手动添加 FreeRTOS 到 MDK 工程

操作步骤	说 明
下载源码	到 FreeRTOS 官网下载最新版本源码包,并从中提取 FreeRTOS 内核文件、移植相关 port 文件、内存管理文件
添加到工程	将提取出来的文件复制到工程目录,在 MDK 工程中创建工程分组,添加刚复制的源文件,添加工程选项头文件路径
配置 FreeRTOS 选项	复制并修改 FreeRTOSConfig.h 中的部分参数选项
修改中断	修改中断文件 stm32f10x_it.c 中的部分中断函数
创建任务	在 main 函数主循环之前创建并启动任务

整个操作稍显复杂,由于 Keil MDK 和 STM32CubeMX 中都已集成了 FreeRTOS 的较新版本,用户可以在图形界面通过勾选配置向当前工程添加 FreeRTOS。如图 12-6 所示,在 Keil MDK 工程的运行管理设置窗口界面中添加 FreeRTOS 的勾选设置即可(Keil MDK 需预选装 Arm CMSIS-FreeRTOS.pack 组件包)。

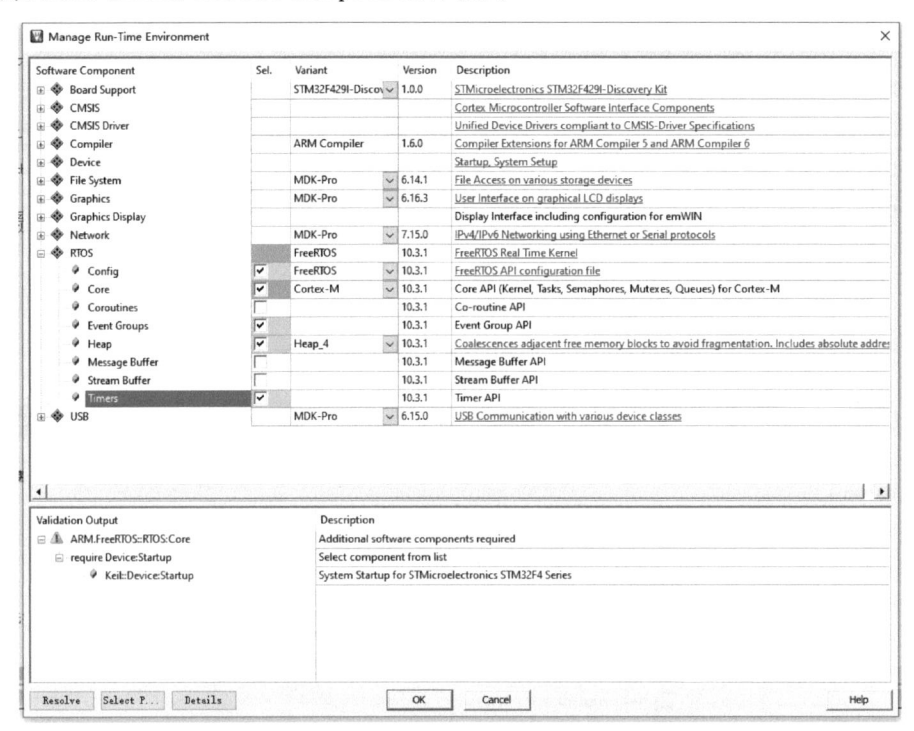

图 12-6 在 Keil MDK 中通过管理器添加 FreeRTOS

STM32CubeMX 中添加 FreeRTOS 的操作如图 12-7 所示,在窗口左侧的 Middleware 中间件列表栏中添加。

在 STM32CubeMX 导出生成添加了 FreeRTOS 的 Keil MDK 工程中,函数 main()中会自动添加函数 osKernelInitialize()和 osKernelStart()进行内核初始化和启动内核调度程序的操作,当然,在两个函数之间还有创建用户任务的操作,下节将介绍任务和任务管理相关内容。

在 Keil MDK 中配置 FreeRTOS,需要修改文件 FreeRTOSconfig.h 中的各个系统参数,如图 12-8 所示。

图 12-7 STM32CubeMX 中添加 FreeRTOS 的操作

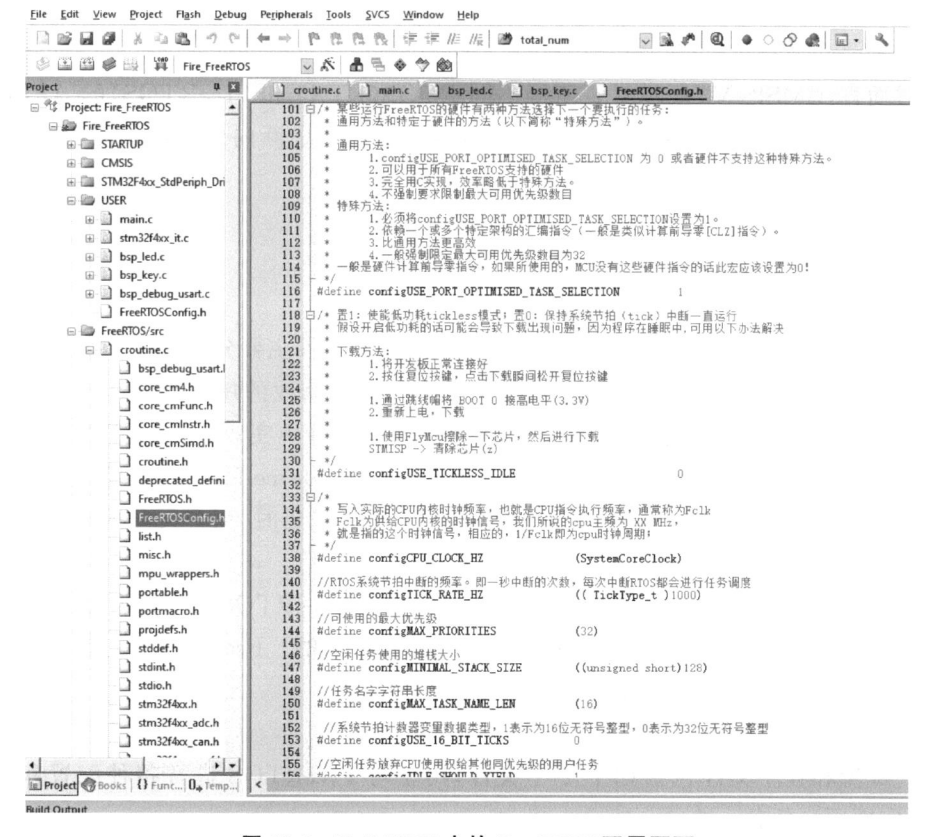

图 12-8 Keil MDK 中的 FreeRTOS 配置页面

例如：配置 RTOS 系统节拍中断的频率，方法如下。

```
//RTOS 系统节拍中断的频率。即一秒中断的次数，每次中断 RTOS 都会进行任务调度
#define configTICK_RATE_HZ   (( TickType_t )1000)
```

如果是 STM32CubeMX 导出的工程，需要到 STM32CubeMX 中的 FreeRTOS 配置页面进行设置，如图 12-9 所示，注意在 STM32CubeMX 中修改配置后需要重新导出 MDK 工程。

图 12-9 STM32CubeMX 中的 FreeRTOS 配置页面

相对而言，CMSIS-V2 版本封装使得不同 RTOS(RTX5 和 FreeRTOS)的 API 函数接口变得统一，而且个别函数的 CMSIS-V2 封装版本统一了中断内外调用的名称，方便了程序设计人员。

12.4 FreeRTOS 的文件组成

在 FreeRTOS 的应用中，与 FreeRTOS 相关的程序文件主要分为可修改的用户程序文件和不可修改的 FreeRTOS 源程序文件。freertos.c 是可修改的用户程序文件，FreeRTOS 中任务、信号量等对象的创建，用户任务函数都在这个文件中实现。项目中 FreeRTOS 的源程序文件都在 \Middlewares\Third_Party\FreeRTOS\Source 目录下，这些是针对选择的 MCU 型号做了移植的文件。使用 STM32CubeMX 生成代码时，用户无须关心 FreeRTOS 的移植问题，所需的源程序文件也为用户组织好了。

虽然无须自己进行程序移植和文件组织，但是了解 FreeRTOS 的文件组成以及主要文件的功能，对于掌握 FreeRTOS 的原理和使用还是有帮助的。FreeRTOS 的源程序文件大致可以分为 5 类，如图 12-10 所示。

1. 用户配置和程序文件

用户配置和程序文件包括如下 2 个文件，用于对 FreeRTOS 进行各种配置和功能裁剪，以及实现用户任务。

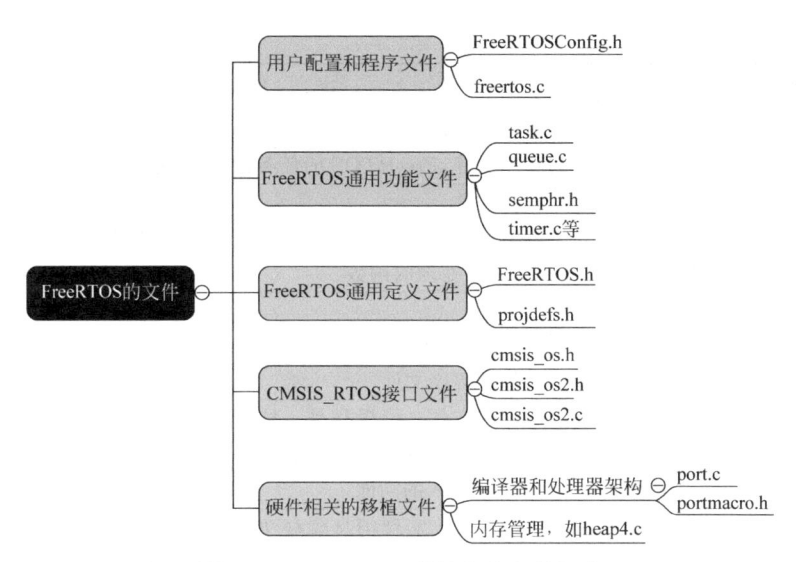

图 12-10 FreeRTOS 的源程序文件组成

（1）文件 FreeRTOSConfig.h，是对 FreeRTOS 进行各种配置的文件，FreeRTOS 的功能裁剪就是通过这个文件中的各种宏定义实现的，这个文件中的各种配置参数的作用详见后文。

（2）文件 freertos.c，包含 FreeRTOS 对象初始化函数 MX_FREERTOS_Init()和任务函数，是编写用户代码的主要文件。

2. FreeRTOS 通用功能文件

通用功能文件是实现 FreeRTOS 的任务、队列、信号量、软件定时器、事件组等通用功能的文件，这些功能与硬件无关。源程序文件在\Source 目录下，头文件在\Source\include 目录下。这两个目录下的源程序文件和头文件如图 12-11 所示。

FreeRTOS 通用功能文件及其功能如表 12-3 所示。在一个嵌入式操作系统中，任务管理是必需的，而某些功能在用到时才需加入，如事件组、软件定时器、信号量、流缓冲区等。STM32CubeMX 在生成代码时，将这些文件全部复制到项目中，但是它们不会被全部编译到最终的二进制文件中。用户可以对 FreeRTOS 的各种参数进行配置，实现功能裁剪，这些参数配置实际就是各种条件编译的条件定义。

图 12-11 \Source 目录和\Source\include 目录下的源程序文件和头文件

表 12-3　FreeRTOS 通用功能文件及其功能

文　件	功　能
croutine.h/.c	实现协程(co-routine)功能的程序文件，协程主要用于非常小的 MCU，现在已经很少使用

续表

文件	功能
event_groups.h/.c	实现事件组功能的程序文件
list.h/.c	实现链表功能的程序文件,FreeRTOS的任务调度器用到链表
queue.h/.c	实现队列功能的程序文件
semphr.h	实现信号量功能的文件,信号量是基于队列的,信号量操作的函数都是宏定义函数,其实现都是调用队列处理的函数
task.h tasks.c	实现任务管理功能的程序文件
timers.h/.c	实现软件定时器功能的程序文件
stream_buffer.h/.c	实现流缓存功能的程序文件。流缓存是一种优化的进程间通信机制,用于在任务与任务之间、任务与中断服务函数之间传输连续的流数据。流缓存功能是在FreeRTOS 10版本中才引入的功能
message_buffer.h	实现消息缓存功能的文件。实现消息缓存功能的所有函数都是宏定义函数,因为消息缓存是基于流缓存实现的,都调用流缓存的函数。消息缓存功能是在FreeRTOS 10版本中才引入的功能
mpu_prototypes.h mpu_wrappers.h	MPU功能的头文件。该文件中定义的函数就是在标准函数前面增加前缀"MPU_",当应用程序使用MPU功能时,此文件中的函数被FreeRTOS内核优先执行。MPU功能是在FreeRTOS 10版本中才引入的功能

3. FreeRTOS通用定义文件

\Source\include目录下有几个与硬件无关的通用定义文件。

(1) 文件FreeRTOS.h。

该文件包含FreeRTOS的默认宏定义、数据类型定义、接口函数定义等。文件FreeRTOS.h中有一些默认的用于FreeRTOS功能裁剪的宏定义,例如:

```
#ifndef configIDLE_SHOULD_YIELD
    #define configIDLE_SHOULD_YIELD   1
#endif

#ifndef INCLUDE_vTaskDelete
    #define INCLUDE_vTaskDelete       0
#endif
```

FreeRTOS的功能裁剪通过这些宏定义实现,这些用于配置的宏定义主要分为如下两类。

① 前缀为"config"的宏表示某种参数设置,一般地,值为1表示开启此功能,值为0表示禁用此功能,如configIDLE_SHOULD_YIELD表示空闲任务是否对同优先级的任务让出处理器使用权。

② 前缀为"INCLUDE_"的宏表示是否编译某个函数的源代码,例如,宏INCLUDE_vTaskDelete的值为1表示编译函数vTaskDelete()的源代码,值为0就表示不编译函数vTaskDelete()的源代码。

在FreeRTOS中,这些宏定义通常称为参数,因为它们决定了系统的一些特性。文件FreeRTOS.h包含系统默认的一些参数的宏定义,不要直接修改此文件的内容。用户可修改的配置文件是FreeRTOSConfig.h,这个文件也包含大量前缀为"config"和"INCLUDE_"的宏定义。如果文件FreeRTOSConfig.h中没有定义某个宏,就使用文件FreeRTOS.h中的默认定义。

FreeRTOS 的大部分功能配置都可以通过 STM32CubeMX 可视化设置完成,并生成文件 FreeRTOSConfig.h 中的宏定义代码。

(2) 文件 projdefs.h。

该文件包含 FreeRTOS 中的一些通用定义,如错误编号宏定义、逻辑值的宏定义等。文件 projdefs.h 中常用的几个宏定义及其功能如表 12-4 所示。

表 12-4　文件 projdefs.h 中常用的几个宏定义及其功能

宏定义	值	功　　能
pdFALSE	0	表示逻辑值 false
pdTRUE	1	表示逻辑值 true
pdFAlL	0	表示逻辑值 false
pdPASS	1	表示逻辑值 true
pdMS_TO_TICKS (xTimelnMs)		这是个宏函数,其功能是将 xTimelnMs 表示的毫秒数转换为时钟节拍数

(3) 文件 stack_macros.h 和 StackMacros.h。

这两个文件的内容完全一样,只是为了向后兼容才出现这两个文件。这两个文件定义了进行栈溢出检查的函数,如果要使用栈溢出检查功能,需要设置参数 configCHECK_FOR_STACK_OVERFLOW 的值为 1 或 2。

4. CMSIS-RTOS 标准接口文件

\Source\CMSIS_RTOS_V2 目录下是 CMSIS-RTOS 标准接口文件,如图 12-12 所示。这些文件中的宏定义、数据类型、函数名称等的前缀都是"os"。从原理上,这些函数和数据类型的名称与具体的 RTOS 无关,它们是 CMSIS-RTOS 标准的定义。在具体实现上,这些前缀为"os"的函数调用具体移植的 RTOS 的实现函数,若移植的是 FreeRTOS,"os"函数就调用 FreeRTOS 的实现函数;若移植的是 μC/OS-Ⅱ,"os"函数就调用 μC/OS-Ⅱ 的实现函数。

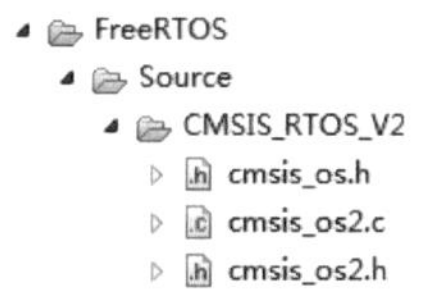

图 12-12　CMSIS-RTOS 标准接口文件

本书使用的是 FreeRTOS,所以"os"函数调用的都是 FreeRTOS 的实现函数。例如,MSIS-RTOS 的延时函数 osDelay() 的内部就是调用了 FreeRTOS 的延时函数 vTaskDelay(),其完整源代码如下。

```
osStatus_t osDelay (uint32_t ticks)
{
  osStatus_t stat;
  if (IS_IRQ()){
     stat = osErrorISR;
  }
  else {
       stat = osOK;
  if (ticks != 0U){
     vTaskDelay(ticks);
     }
  }
  return (stat);
}
```

在 FreeRTOS 中，会有一些类似的函数：函数 osThreadNew() 的内部调用函数 xTaskCreate() 或函数 xTaskCreateStatic() 创建任务；函数 osKernelStart() 的内部调用函数 vTaskStartScheduler() 启动 FreeRTOS 内核运行。

从原理上来说，如果在程序中使用这些 CMSIS-RTOS 标准接口函数和类型定义，可以减少与具体 RTOS 的关联。例如，一个应用程序原先是使用 FreeRTOS 写的，后来要改为使用 μC/OS-Ⅱ，则只需修改 RTOS 移植部分的程序，而无须修改应用程序，但是这种情况可能极少。

为了讲解 FreeRTOS 的使用，在编写用户功能代码时，将尽量直接使用 FreeRTOS 的函数，而不使用 CMSIS-RTOS 接口函数，但是 STM32CubeMX 自动生成的代码使用的基本都是 CMSIS-RTOS 接口函数，这些不需要更改，明白两者之间的关系即可。

5. 硬件相关的移植文件

硬件相关的移植文件就是需要根据硬件类型进行改写的文件，一个移植好的版本称为一个端口（port），这些文件在 \Source\portable 目录下，分为架构与编译器、内存管理两部分，如图 12-13 所示。

(1) 处理器架构和编译器相关文件。

处理器架构和编译器部分有 2 个文件，即 portmacro.h 和 port.c。这两个文件中是一些与硬件相关的基础数据类型、宏定义和函数定义。因为某些函数功能的实现涉及底层操作，其实现代码甚至是用汇编语言写的，所以与硬件密切相关。

FreeRTOS 需要使用一个基础数据类型定义头文件 stdint.h，这个头文件定义的是 uint8_t、uint32_t 等基础数据类型，STM32 的 HAL 库包含这个文件。

图 12-13 硬件相关的移植文件

在文件 portmacro.h 中，FreeRTOS 重新定义了一些基础数据类型的类型符号，定义的代码如下。Cortex-M4 是 32 位处理器，这些类型定义对应的整数或浮点数类型见注释。

```
#define  portCHAR        char                    //int8_t
#define  portFLOAT       float                   //4 字节浮点数
#define  portDOUBLE      double                  //8 字节浮点数
#define  portLONG        long                    //int32_t
#define  portSHORT       short                   //int16_t
#define  portSTACK_TYPE  uint32_t                //栈数据类型
#define  portBASE_TYPE   long                    //int32_t
Typedef  portSTACK_TYPE  StackType_t;            // 栈数据类型 StackType_t,是 uint32_t
typedef  long            BaseType_t;             //基础数据类型 BaseType_t,是 int32_t
typedef  unsigned        long UBaseType_t;       //基础数据类型 UBaseType_t,是 uint32_t typedef
uint32_t                 TickType_t;             //节拍数类型 TickType_t,是 uint32_t
```

重新定义的 4 个数据类型符号是为了移植方便，它们的等效定义和意义如表 12-5 所示。

表 12-5 重新定义的数据类型符号的等效定义和意义

数据类型符号	等效定义	意　　义
BaseType_t	int32_t	基础数据类型，32 位整数
UBaseType_t	uint32_t	基础数据类型，32 位无符号整数

续表

数据类型符号	等效定义	意　义
StackType_t	uint32_t	栈数据类型,32位无符号整数
TickType_t	uint32_t	基础时钟节拍数类型,32位无符号整数

(2) 内存管理相关文件。

内存管理涉及内存动态分配和释放等操作,与具体的处理器密切相关。FreeRTOS提供5种内存管理方案,即heap_1～heap_5,在STM32CubeMX中设置FreeRTOS参数时,选择1种即可。

文件heap_4.c实现了动态分配内存的函数pvPortMalloc()、释放内存的函数vPortFree(),以及其他几个函数。文件heap_4.c以\Source\include目录下的文件portable.h为头文件。

12.5　FreeRTOS的编码规则及配置和功能裁剪

FreeRTOS的核心源程序文件遵循一套编码规则,其变量命名、函数命名、宏定义命名等都有规律,知道这些规律有助于理解函数名、宏定义的意义。

1. 变量名

变量名使用类型前缀。通过变量名的前缀,用户可以知道变量的类型。

(1) 对于文件stdint.h中定义的各种标准类型整数,前缀"c"表示char类型变量,前缀"s"表示int16_t(short)类型变量,前缀"l"表示int32_t类型变量。对于无符号整数,再在前面增加前缀"u",如"uc"表示uint_8类型,"us"表示uint16_t类型,"ul"表示uint32_t类型。

(2) BaseType_t和所有其他非标准类型的变量,如结构体变量、任务句柄、队列句柄等都用前缀"x"。

(3) UBaseType_t类型的变量使用前缀"ux"。

(4) 指针类型变量在前面再增加一个"p",例如,"pc"表示char * 类型。

2. 函数名

函数名的前缀由返回值类型和函数所在文件组成,若返回值为void类型,则类型前缀是"v"。举例如下。

(1) 函数xTaskCreate(),其返回值为BaseType_t类型,在文件task.h中定义。

(2) 函数vQueueDelete(),其返回值为void,在文件queue.h中定义。

(3) 函数pcTimerGetName(),其返回值为char *,在文件timer.h中定义。

(4) 函数pvPortMalloc(),其返回值为void *,在文件portable.h中定义。

如果函数是在static声明的文件内使用的私有函数,则其前缀为"prv"。例如,文件tasks.c中的函数prvAddNewTaskToReadyList(),因为私有函数不会被外部调用,所以函数名中就不用包括返回值类型和所在文件的前缀了。

CMSIS-RTOS相关文件中定义的函数前缀都是"os",不包括返回值类型和所在文件的前缀。例如,文件cmsis_os2.h中定义的函数osThreadNew()、osDelay()等。

3. 宏名称

宏定义和宏函数的名称一般用大写字母,并使用小写字母前缀表示宏的功能分组。FreeRTOS 中常用的宏名称前缀如表 12-6 所示。

表 12-6　FreeRTOS 中常用的宏名称前缀

前缀	意义	所在文件	举例
config	用于系统功能配置的宏	FreeRTOSConfig.h FreeRTOS.h	configUSE_MUTEXES
INCLUDE_	条件编译某个函数的宏	FreeRTOSConfig.h FreeRTOS.h	INCLUDE_vTaskDelay
task	任务相关的宏	task.h task.c	taskENTER_CRITICAL() taskWAITING_NOTIFICATION
queue	队列相关的宏	queue.h	queueQUEUE_TYPE_MUTEX
pd	项目通用定义的宏	projdefs.h	pdTRUE,pdFALSE
port	移植接口文件定义的宏	portable.h portmacro.h port.c	portBYTE_ALIGNMENT_MASK portCHAR portMAX_24_BIT_NUMBER
tmr	软件定时器相关的宏	timer.h	tmrCOMMAND_START
OS	CMSIS RTOS 接口相关的宏	cmsis_os.h cmsis_os2.h	osFeature_SysTick osFlagsWaitAll

4. FreeRTOS 的配置和功能裁剪

FreeRTOS 的配置和功能裁剪主要是通过文件 FreeRTOSConfig.h 和 FreeRTOS.h 中的一些宏定义实现的,前缀为"config"的宏用于配置 FreeRTOS 的一些参数,前缀为"INCLUDE_"的宏用于控制是否编译某些函数的源代码。文件 FreeRTOS.h 中的宏定义是系统默认的宏定义,请勿直接修改。FreeRTOSConfig.h 是用户可修改的配置文件,如果一个宏没有在文件 FreeRTOSConfig.h 中重新定义,就使用文件 FreeRTOS.h 中的默认定义。

在 STM32CubeMX 中,FreeRTOS 的配置界面中有 Config parameters 和 Include parameters 两个页面,用于对这两类宏进行设置。

12.6　FreeRTOS 的任务管理

一个嵌入式操作系统的核心功能就是多任务管理功能,FreeRTOS 的任务调度器具有基于优先级的抢占式任务调度方法,能满足实时性的要求。在本节中,将介绍 FreeRTOS 的多任务运行原理,各种任务调度方法的特点和作用,以及任务管理相关函数的使用。

12.6.1　任务相关的一些概念

FreeRTOS 是一个流行的实时操作系统,用于嵌入式设备。在 FreeRTOS 中,任务是独立执行的代码块,类似于线程。每个任务都有自己的优先级,系统根据这些优先级来调度任务的执行。任务可以处于运行、就绪、阻塞或挂起状态。运行状态表示任务正在 CPU 上执行,就绪状态表示任务已准备好执行但等待 CPU 资源,阻塞状态表示任务等待某些事件如时间延迟或资源可用，挂起状态则是任务被暂停执行。任务管理是通过 FreeRTOS 的 API 函数来进行，如创建、删除、挂起和恢复等任务。

下面介绍任务相关的一些概念。

1. 多任务运行基本机制

在 FreeRTOS 中，一个任务就是实现某种功能的一个函数，任务函数的内部一般有一个死循环结构。任何时候都不允许从任务函数退出，也就是不能出现 return 语句。如果需要结束任务，在任务函数中可以跳出死循环，然后使用函数 vTaskDelete() 删除任务自己，也可以在其他任务里调用函数 vTaskDelete() 删除这个任务。

在 FreeRTOS 里，用户可以创建多个任务。每个任务需要分配一个栈空间和一个任务控制块(Task Control Block, TCB)空间。每个任务还需要设定一个优先级，优先级的数字越小，表示优先级越低。

在单核处理器上，任何时刻只能有一个任务占用 CPU 并运行。但是在 RTOS 系统上运行多个任务时，运行起来却好像多个任务在同时运行，这是由于 RTOS 的任务调度使得多个任务对 CPU 实现了分时复用的功能。

最简单的基于时间片的多任务运行原理如图 12-14 所示。

这里假设只有两个任务，并且任务 Task1 和 Task2 具有相同的优先级。圆周表示 CPU 时间，如同钟表的一圈，RTOS 将 CPU 时间分成基本的时间片，例如，FreeRTOS 默认的时间片长度是 1 ms，也就是 SysTick 定时器的定时周期。在一个时间片内，会有一个任务占用 CPU 并执行，假设当前运行的任务是 Task1。在一个时间片结束时(实际就是 SysTick 定时器发生中断时)进行任务调度，由于 Task1 和 Task2 具有相同的优先级，RTOS 会将 CPU 使用权交给 Task2。Task1 交出 CPU 使用权时，会将 CPU 的当前场景(CPU 各个核心寄存器的值)压入自己的栈空间。

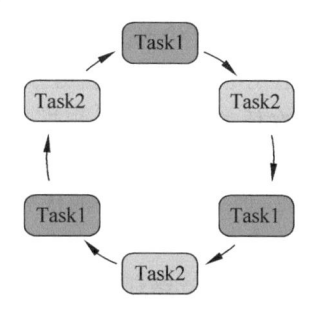

图 12-14 最简单的基于时间片的多任务运行原理

而 Task2 获取 CPU 的使用权时，会用自己栈空间保存的数据恢复 CPU 场景，因而 Task2 可以从上次运行的状态继续运行。

基于时间片的多任务调度就是通过控制多个同等优先级任务实现 CPU 的分时复用，从而实现多任务运行的。因为时间片的长度很短(默认是 1 ms)，任务切换的速度非常快，所以程序运行时，给用户的感觉就是多个任务在同时运行。

当多个任务的优先级不同时，FreeRTOS 还会使用基于优先级的抢占式任务调度方法，每个任务获得的 CPU 使用时间长度可以是不一样的。任务优先级和抢占式任务调度的原理详见后文。

2. 任务的状态

由单核 CPU 的多任务运行机制可知，任何时刻，只能有一个任务占用 CPU 并运行，这个任务的状态称为运行状态，其他未占用 CPU 的任务的状态都可称为非运行状态。非运行状态又可以细分为 3 个状态，任务的各个状态以及状态之间的转换如图 12-15 所示。

FreeRTOS 任务调度有抢占式和合作式两种方式，一般使用基于任务优先级的抢占式任务调度方法。任务调度的各种方法在后面详细介绍，这里以抢占式任务调度方法为例，说

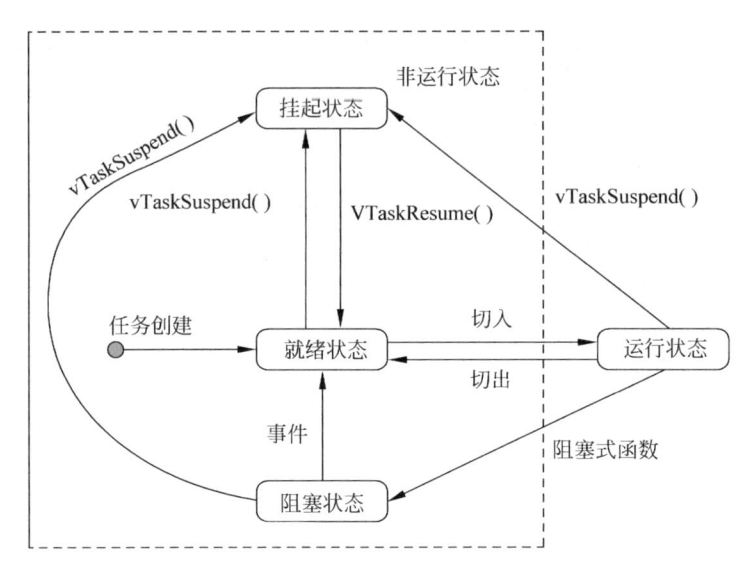

图 12-15 任务的状态以及状态之间的转换

明图 12-15 所示的原理。

(1) 就绪状态。

任务被创建之后就处于就绪状态。FreeRTOS 的任务调度器在基础时钟每次中断时进行一次任务调度申请,根据抢占式任务调度的特点,任务调度的结果有以下几种情况。

① 如果当前没有其他处于运行状态的任务,处于就绪状态的任务进入运行状态。

② 如果就绪任务的优先级高于或等于当前运行任务的优先级,处于就绪状态的任务进入运行状态。

③ 如果就绪任务的优先级低于当前运行任务的优先级,处于就绪状态的任务无法获得 CPU 使用权,继续处于就绪状态。

就绪的任务获取 CPU 的使用权,进入运行状态,这个过程称为切入。相应地,处于运行状态的任务被调度器调度为就绪状态,这个过程称为切出。

(2) 运行状态。

在单核处理器上,占用 CPU 并运行的任务就处于运行状态。处于运行状态的高优先级任务如果一直运行,将一直占用 CPU,在任务调度时,低优先级的就绪任务就无法获得 CPU 的使用权,无法实现多任务的运行。因此,处于运行状态的任务,应该在空闲的时候让出 CPU 的使用权。

处于运行状态的任务,有两种主动让出 CPU 使用权的方法,一种是执行函数 vTaskSuspend()进入挂起状态,另一种是执行阻塞式函数进入阻塞状态。这两种状态都是非运行状态,在该状态下运行的任务就交出了 CPU 的使用权,任务调度器可以使其他处于就绪状态的任务进入运行状态。

(3) 阻塞状态。

阻塞状态就是任务暂时让出 CPU 的使用权,处于等待的状态。运行状态的任务可以调用两类函数进入阻塞状态。

一类是时间延迟函数,如 vTaskDelay()或 vTaskDelayUntil()。处于运行状态的任务调用这类函数后,就进入阻塞状态,并延迟指定的时间。延迟时间到了后,进入就绪状态,参与任务调度后,又可以进入运行状态。

另一类是用于进程间通信的事件请求函数,例如,请求信号量的函数 xSemaphoreTake()。处于运行状态的任务执行函数 xSemaphoreTake()后,就进入阻塞状态,如果其他任务释放了信号量,或等待的超时时间到了,任务就从阻塞状态进入就绪状态。

在运行状态的任务中调用函数 vTaskSuspend(),可以将一个处于阻塞状态的任务转入挂起状态。

(4) 挂起状态。

挂起状态的任务就是暂停的任务,不参与调度器的调度。其他 3 种状态的任务都可以通过函数 vTaskSuspend()进入挂起状态。处于挂起状态的任务不能自动退出挂起状态,需要在其他任务中调用函数 vTaskResume(),才能使一个挂起的任务变为就绪状态。

3. 任务的优先级

在 FreeRTOS 中,每个任务都必须设置一个优先级。总的优先级个数由文件 FreeRTOSConfig.h 中的宏 configMAX_PRIORITIES 定义,默认值是 56。优先级数字越小,优先级越低,所以最低优先级是 0,最高优先级是 configMAX_PRIORITIES-1。在创建任务时,用户必须为任务设置初始的优先级,在任务运行时,还可以修改优先级。多个任务可以具有相同的优先级。

另外,参数 configMAX_PRIORITIES 可设置的最大值,以及调度器决定哪个就绪任务进入运行状态,还与参数 configUSE_PORT_OPTIMISED_TASK_SELECTION 的取值有关。根据这个参数的取值,任务调度器有两种方法。

(1) 通用方法。若 configUSE_PORT_OPTIMISED_TASK_SELECTION 设置为 0,则为通用方法。通用方法是用 C 语言实现的,可以在所有的 FreeRTOS 移植版本上使用,configMAX_PRIORITIES 的最大值也不受限制。

(2) 架构优化的方法。若 configUSE_PORT_OPTIMISED_TASK_SELECTION 设置为 1,则为架构优化方法,部分代码是用汇编语言写的,运行速度比通用方法快。使用架构优化方法时,configMAX_PRIORITIES 的最大值不能超过 32。在使用 Cortex-M0 架构或 CMSIS-RTOS V2 接口时,不能使用架构优化方法。

本书使用的开发板上的处理器是 STM32F407ZGT6,FreeRTOS 的接口一般设置为 CMSIS-RTOS V2,所以在 STM32CubeMX 中,参数 USE_PORT_OPTIMISED_TASK_SELECTION 是不可修改的,总是 Disabled。

4. 空闲任务

在函数 main()中,调用函数 osKernelStart()启动 FreeRTOS 的任务调度器时,FreeRTOS 会自动创建一个空闲任务,空闲任务的优先级为 0,也就是最低优先级。

在 FreeRTOS 中,任何时候都需要有一个任务占用 CPU,使其处于运行状态。如果用户创建的任务都不处于运行状态,例如,都处于阻塞状态,空闲任务就占用 CPU 处于运行状态。

空闲任务是比较重要的,也有很多用途。与空闲任务相关的配置参数有如下几个。

(1) configUSE_IDLE_HOOK,是否使用空闲任务的钩子函数,若配置为 1,则可以利用空闲任务的钩子函数,在系统空闲时作一些处理。

(2) configIDLE_SHOULD_YIELD,空闲任务是否对同等优先级的用户任务主动让出

CPU 使用权,这会影响任务调度结果。

(3) configUSE_TICKLESS_IDLE,是否使用无节拍低功耗模式,若设置为 1,可实现系统的低功耗。

5. 基础时钟与嘀嗒信号

FreeRTOS 自动采用 SysTick 定时器作为 FreeRTOS 的基础时钟。SysTick 定时器只有定时中断功能,其定时频率由参数 configTICK_RATE_HZ 指定,默认值为 1000Hz,也就是 1 ms 中断一次。

在 FreeRTOS 中有一个全局变量 xTickCount,在 SysTick 定时器每次中断时,这个变量加 1,也就是每 1 ms 变化一次。FreeRTOS 的嘀嗒信号是指全局变量 xTickCount 的值发生变化,所以嘀嗒信号的变化周期是 1 ms。通过函数 xTaskGetTickCount()可以获得全局变量 xTickCount 的值,延时函数 vTaskDelay()和 vTaskDelayUntil()通过嘀嗒信号实现毫秒级延时。SysTick 定时器中断不仅用于产生嘀嗒信号,还用于产生任务切换申请。

12.6.2 FreeRTOS 的任务调度

下面介绍 FreeRTOS 的任务调度。

1. 任务调度方法概述

FreeRTOS 有两种任务调度算法,基于优先级的抢占式调度算法和合作式调度算法。其中,抢占式调度算法可以使用时间片,也可以不使用时间片。通过参数的设置,用户可以选择具体的调度算法。FreeRTOS 的任务调度方法有 3 种,对应的宏定义参数、取值及特点如表 12-7 所示。

表 12-7　FreeRTOS 的任务调度方法的宏定义参数、取值及特点

调度方式	宏定义参数	取值	特　点
抢占式(使用时间片)	configUSE_PREEMPTION	1	基于优先级的抢占式任务调度,同优先级任务使用时间片轮流进入运行状态(默认模式)
	configUSE_TIME_SLICING	1	
抢占式(不使用时间片)	configUSE_PREEMPTION	1	基于优先级的抢占式任务调度,同优先级任务不使用时间片调度
	configUSE_TIME_SLICING	0	
合作式	configUSE_PREEMPTION	0	只有当运行状态的任务进入阻塞状态,或显式地调用要求执行任务调度的函数 taskYIELD(),FreeRTOS 才会发生任务调度,选择就绪状态的高优先级任务进入运行状态
	configUSE_TIME_SLICING	任意	

在 FreeRTOS 中,默认使用带有时间片的抢占式任务调度方法。在 STM32CubeMX 中,用户不能设置参数 configUSE_TIME_SLICING,其默认值为 1。

2. 使用时间片的抢占式调度方法

抢占式任务调度方法,是 FreeRTOS 主动进行任务调度,分为使用时间片和不使用时间片两种情况。

FreeRTOS 基础时钟的一个定时周期称为一个时间片,FreeRTOS 的基础时钟是 SysTick 定时器。基础时钟的定时周期由参数 configTICK_RATE_HZ 决定,默认值为 1000 Hz,所以时间片长度为 1 ms。当使用时间片时,在基础时钟的每次中断里,系统会要求进行一次上下文切换。文件 port.c 中的函数 xPortSysTickHandler()是 SysTick 定时器

定时中断的处理函数,其代码如下。

```
void xPortSysTickHandler(void)
{/ * SysTick 中断的抢占优先级是 15,优先级最低 * /
portDISABLE_INTERRUPTS();
//禁用所有中断
{
If(xTaskIncrementTick()! = pdFALSE)         //增加 RTOS 嘀嗒计数器的值
{
/ * 将 PendSV 中断的挂起标志位置位,申请进行上下文切换,在 PendSV 中断里处理上下文切换 * /
portNVIC_INT_CTRL_REG = portNVIC_PENDSVSET_BIT;
}
portENABLE_INTERRUPTS();
//使能中断
```

这个函数的功能就是将 PendSV(Pendable Request for System Service,可挂起的系统服务请求)中断的挂起标志位置位,也就是发起上下文切换的请求,而进行上下文切换是在 PendSV 的中断服务函数中完成的。文件 port.c 中的函数 xPortPendSVHandler()是 FreeRTOS 的 PendSV 中断服务函数,其功能就是根据任务调度计算的结果,选择下一个任务进入运行状态,函数的代码是用汇编语言写的。

在 STM32CubeMX 中,一个项目使用了 FreeRTOS 后,自动对 NVIC 作一些设置。系统自动将优先级分组方案设置为 4 位全部用于抢占优先级,SysTick 和 PendSV 中断的抢占优先级都是 15,也就是最低优先级。FreeRTOS 在最低优先级的 PendSV 的中断服务函数里进行上下文切换,所以,FreeRTOS 的任务切换的优先级总是低于系统中断的优先级。

使用时间片的抢占式调度方法的特点如下。
(1) 在基础时钟每个中断里发起一次任务调度请求。
(2) 在 PendSV 中断服务函数里进行上下文切换。
(3) 在上下文切换时,高优先级的就绪任务获得 CPU 的使用权。
(4) 若多个就绪状态的任务的优先级相同,则将轮流获得 CPU 的使用权。

图 12-16 所示的是使用带时间片的抢占式任务调度方法时,3 个任务运行的时序图。图中横轴是时间轴,纵轴是系统中的任务。垂直方向的虚线表示发生任务切换的时间点,水平位的实心矩形表示任务占据 CPU 处于运行状态的时间段,水平方向的虚线表示任务处于就绪的时间段,水平方向的空白段表示任务处于阻塞状态或挂起状态的时间段。

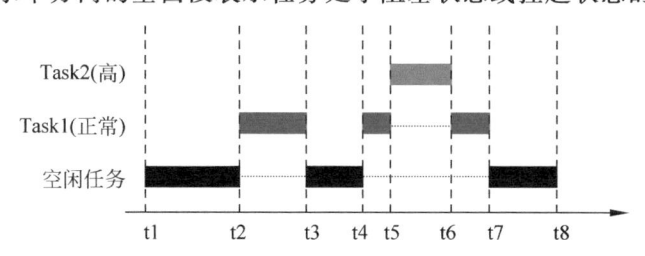

图 12-16　任务运行时序图(带时间片的抢占式任务调度方法)

图 12-16 可以说明带时间片的抢占式任务调度方法的特点。假设 Task2 具有高优先级,Task1 具有正常优先级,且这两个任务的优先级都高于空闲任务的优先级。从这个时序图可以看到这 3 个任务的运行和任务切换的过程。

(1) t1 时刻开始是空闲任务在运行,这时系统里没有其他任务处于就绪状态。

（2）在 t2 时刻进行调度时，Task1 抢占 CPU 开始运行，因为 Task1 的优先级高于空闲任务。

（3）在 t3 时刻，Task1 进入阻塞状态，让出了 CPU 的使用权，空闲任务又进入运行状态。

（4）在 t4 时刻，Task1 又进入运行状态。

（5）在 t5 时刻，更高优先级的 Task2 抢占了 CPU 开始运行，Task1 进入就绪状态。

（6）在 t6 时刻，Task2 运行后进入阻塞状态，让出 CPU 使用权，Task1 从就绪状态变为运行状态。

（7）在 t7 时刻，Task1 进入阻塞状态，主动让出 CPU 使用权，空闲任务又进入运行状态。

从图 12-16 的多任务运行过程可以看出，在低优先级任务运行时，高优先级的任务能抢占获得 CPU 的使用权。在没有其他用户任务运行时，空闲任务处于运行状态，否则，空闲任务处于就绪状态。

当多个就绪状态的任务优先级相同时，它们将轮流获得 CPU 的使用权，每个任务占用 CPU 运行 1 个时间片的时间。如果就绪任务的优先级与空闲任务的优先级都相同，参数 configIDLE_SHOULD_YIELD 就会影响任务调度的结果。

（1）如果 configIDLE_SHOULD_YIELD 设置为 0，表示空闲任务不会主动让出 CPU 的使用权，空闲任务与其他优先级为 0 的就绪任务轮流使用 CPU。

（2）如果 configIDLE_SHOULD_YIELD 设置为 1，表示空闲任务会主动让出 CPU 的使用权，空闲任务不会占用 CPU。

参数 configIDLE_SHOULD_YIELD 的默认值为 1。设计用户任务时，用户任务的优先级一般要高于空闲任务。

12.6.3 任务管理相关函数

在 FreeRTOS 中，任务的管理主要包括任务的创建、删除、挂起、恢复等操作，还包括任务调度器的启动、挂起与恢复，以及使任务进入阻塞状态的延迟函数等。

FreeRTOS 中任务管理相关的函数都在文件 task.h 中定义，在文件 tasks.c 中实现。在 CMSIS-RTOS 中还有一些函数，对 FreeRTOS 的函数进行了封装，也就是调用相应的 FreeRTOS 函数实现相同的功能，这些标准接口函数的定义在文件 cmsis_os.h 和 cmsis_os2.h 中。CubeMX 生成的代码一般使用 CMSIS-RTOS 标准接口函数，在用户自己编写的程序中，一般直接使用 FreeRTOS 的函数。

任务管理常用的一些函数及其功能描述如表 12-8 所示。表 12-8 中只列出了函数名，省略了输入/输出参数。如需了解每个函数的参数定义和功能说明，可以查看其源代码，或参考 FreeRTOS 官网的在线文档，或查阅 FreeRTOS 参考手册文档 The FreeRTOS Reference Manual。

表 12-8 任务管理常用的一些函数及其功能描述

分　　组	FreeRTOS 函数	函 数 功 能
任务管理	xTaskCreate()	创建一个任务，动态分配内存
	xTaskCreateStatic()	创建一个任务，静态分配内存
	vTaskDelete()	删除当前任务或另一个任务
	vTaskSuspend()	挂起当前任务或另一个任务
	vTaskResume()	恢复另一个挂起任务的运行

续表

分组	FreeRTOS 函数	函 数 功 能
调度器管理	vTaskStartScheduler()	开启任务调度器
	vTaskSuspendAll()	挂起调度器,但不禁止中断。调度器被挂起后不会再进行上下文切换
	vTaskResumeAll()	恢复调度器的执行,但是不会解除用函数 vTaskSuspend()单独挂起的任务的挂起状态
	vTaskStepTick()	用于在无节拍低功耗模式时补足系统时钟计数节拍
延时与调度	vTaskDelay()	当前任务延时指定节拍数,并进入阻塞状态
	vTaskDelayUntil()	当前任务延时到指定的时间,并进入阻塞状态,用于精确延时的周期性任务
	xTaskGetTickCount()	返回基础时钟定时器的当前计数值
	xTaskAbortDelay()	终止另一个任务的延时,使其立刻退出阻塞状态
	taskYIELD()	请求进行一次上下文切换,用于合作式任务调度

12.7 进程间通信与消息队列

进程间同步与通信是一个操作系统的基本功能。FreeRTOS 提供了完善的进程间通信功能,包括消息队列、信号量、互斥量、事件组、任务通知等。其中,消息队列是信号量和互斥量的基础,所以先介绍进程间通信的基本概念以及消息队列的原理和使用,在后面各节再逐步介绍信号量、互斥量等其他进程间通信方式。

12.7.1 进程间通信

在使用 RTOS 的系统中,有多个任务,还可以有多个中断的 ISR,任务和 ISR 可以统称为进程。任务与任务之间,或任务与 ISR 之间,有时需要进行通信或同步,这称为进程间通信(Inter-Process Communication,IPC),例如,图 12-17 所示的是使用 RTOS 进程间通信时,ADC 连续数据采集与处理的一种工作方式示意图。

图 12-17 进程间通信时的工作方式示意图

图 12-17 中各个数据缓冲区部分的功能解释如下。

(1) ADC 中断 ISR 负责在 ADC 完成一次转换触发中断时,读取转换结果,然后写入数据缓冲区。数据处理任务负责读取数据缓冲区里的 ADC 转换结果数据,然后进行处理,例如,进行滤波、频谱计算,或保存到 SD 卡上。

(2) 数据缓冲区负责临时保存 ADC 转换结果数据。在实际的 ADC 连续数据采集中,一般使用双缓冲区,一个缓冲区存满之后,用于读取和处理,另一个缓冲区继续用于保存 ADC 转换结果数据。两个缓冲区交替使用,以保证采集和处理的连续性。

（3）进程间通信就是 ADC 中断 ISR 与数据处理任务之间的通信。在 ADC 中断 ISR 向缓冲区写入数据后，如果发现缓冲区满了，就可以发出一个标志信号，通知数据处理任务，一直在阻塞状态下等待这个信号的数据处理任务就可以退出阻塞状态，被调度为运行状态后，就可以及时读取缓冲区的数据并处理。

进程间通信是操作系统的一个基本功能，不管是小型的嵌入式操作系统，还是 Linux、Windows 等大型操作系统，当然，各种操作系统的进程间通信的技术和实现方式可能不一样。

FreeRTOS 提供了完善的进程间通信技术，包括队列、信号量、互斥量等。如果读者学过 C++语言中的多线程同步的编程，对于 FreeRTOS 中这些进程间通信技术就很容易理解和掌握了。

FreeRTOS 提供了多种进程间通信技术，各种技术有各自的特点和用途。

（1）队列。队列就是一个缓冲区，用于在进程间传递少量的数据，所以也称为消息队列。队列可以存储多个数据项，一般采用先进先出（FIFO）的方式，也可以采用后进先出（LIFO）的方式。

（2）信号量，分为二值信号量和计数信号量。二值信号量用于进程间同步，计数信号量一般用于共享资源的管理。二值信号量没有优先级继承机制，可能出现优先级翻转问题。

（3）互斥量，分为互斥量和递归互斥量。互斥量可用于互斥性共享资源的访问。互斥量具有优先级继承机制，可以减轻优先级翻转的问题。

（4）事件组。事件组适用于多个事件触发一个或多个任务的运行，可以实现事件的广播，还可以实现多个任务的同步运行。

（5）任务通知。使用任务通知不需要创建任何中间对象，可以直接从任务向任务，或从 ISR 向任务发送通知，传递一个通知值。任务通知可以模拟二值信号量、计数信号量，或长度为 1 的消息队列。使用任务通知，通常效率更高，消耗内存更少。

（6）流缓冲区和消息缓冲区。流缓冲区和消息缓冲区是 FreeRTOS V10.0.0 版本新增的功能，是一种优化的进程间通信机制，专门应用于只有一个写入者和一个读取者的场景，还可用于多核 CPU 的两个内核之间的高效数据传输。

12.7.2 队列的特点和基本操作

FreeRTOS 中的队列提供了任务之间的数据交换机制，允许发送和接收数据项，实现任务同步和通信。队列可以是 FIFO 或者 LIFO，具体取决于应用需求。基本操作包括创建队列、发送数据到队列、从队列接收数据，以及查询队列状态。通过函数 xQueueCreate()创建队列，函数 xQueueSend()和 xQueueReceive()分别用于向队列发送和从队列接收数据。队列操作可以选择阻塞或非阻塞方式，支持超时设置。这些特性使得 FreeRTOS 队列成为任务协调和数据传递的有效工具。

下面讲述队列的特点和基本操作。

1. 队列的创建和存储

队列是 FreeRTOS 中的一种对象，可以使用函数 xQueueCreate()或 xQueueCreateStatic()创建。

创建队列时，会给队列分配固定个数的存储单元，每个存储单元可以存储固定大小的数据项，进程间需要传递的数据就保存在队列的存储单元里。

函数 xQueueCreate()是以动态分配内存方式创建队列，队列需要的存储空间由 FreeRTOS 自动从堆空间分配。函数 xQueueCreateStatic()是以静态分配内存方式创建队列，静态分配内存时，需要为队列创建存储用的数组，以及存储队列信息的结构体变量。在 FreeRTOS 中创建对象，如任务、队列、信号量等，都有静态分配内存和动态分配内存两种方式。在创建任务时介绍过这两种方式的区别，在本书后面介绍创建这些对象时，一般只介绍动态分配内存方式，不再介绍静态分配内存方式。

函数 xQueueCreate()实际上是一个宏函数，其原型定义如下。

```
# define xQueueCreate (uxQueueLength, uxItemSize) xQueueGenericCreate ((uxQueueLength),
(uxItemSize),(queueQUEUE_TYPE_BASE))
```

函数 xQueueCreate()调用了函数 xQueueGenericCreate()，这个是创建队列、信号量、互斥量等对象的通用函数。xQueueGenericCreate()的原型定义如下。

```
QueueHandle_t  xQueueGenericCreate(const UBaseType_t uxQueueLength, const
UBaseType_t uxItemSize, const uint8_t ucQueueType)
```

其中，参数 uxQueueLength 表示队列的长度，也就是存储单元的个数；uxItemSize 是每个存储单元的字节数；ucQueueType 表示创建对象的类型，有以下几种常数取值。

```
# define queueQUEUE_TYPE_BASE                  ((uint8_t)0U)//队列
# define queueQUEUE_TYPE_SET                   ((uint8_t)0U) //队列集合
# define queueQUEUE_TYPE_MUTEX                 ((uint8_t)1U)//互斥量
# define queueQUEUE_TYPE_COUNTING_SEMAPHORE    ((uint8_t)2U)//计数信号量
# define queueQUEUE_TYPE_BINARY_SEMAPHORE      ((uint8_t)3U)//二值信号量
# define queueQUEUE_TYPE_RECURSIVE_MUTEX       ((uint8_t)4U)//递归互斥量
```

函数 xQueueGenericCreate()的返回值是 QueueHandle_t 类型，是所创建队列的句柄，这个类型实际上是一个指针类型，定义如下。

```
typedef void * QueueHandle_t;
```

函数 xQueueCreate()调用函数 xQueueGenericCreate()时，传递了类型常数 queueQUEUE_TYPE_BASE，所以创建的是一个基本的队列。调用函数 xQueueCreate()的示例如下。

```
Queue_KeysHandle = xQueueCreate(5,sizeof(uint16_t));
```

这行代码创建了一个具有 5 个存储单元的队列，每个单元占用 sizeof(uint16_t)字节，也就是 2 字节。这个队列的存储结构如图 12-18 所示。

图 12-18　队列的存储结构

队列的存储单元可以设置任意大小，因而可以存储任意数据类型，例如，可以存储一个复杂结构体的数据队列，存储数据采用数据复制的方式，如果数据项比较大，复制数据会占用较大的存储空间。所以，如果传递的是比较大的数据，例如，比较长的字符串或大的结构体，可以在队列的存储单元中存储需要传递数据的指针，通过指针再读取原始数据。

2. 向队列写入数据

一个任务或 ISR 向队列写入数据称为发送消息，可以 FIFO 方式写入，也可以 LIFO 方式写入。

队列是一个共享的存储区域，可以被多个进程写入，也可以被多个进程读取。图 12-19 所示的是多个进程以 FIFO 方式向队列写入消息的示意图，先写入的靠前，后写入的靠后。

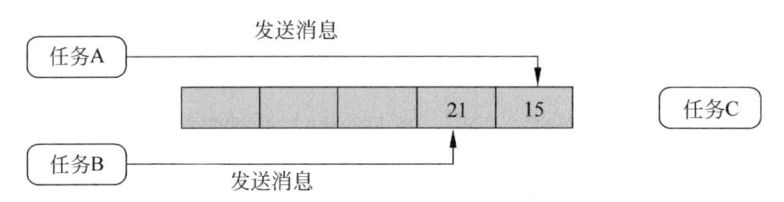

图 12-19 多个进程以 FIFO 方式向队列写入消息

向队列后端写入数据（FIFO 模式）的函数是 xQueueSendToBack()，它是一个宏函数，其原型定义如下。

```
#define xQueueSendToBack(xQueue, pvItemToQueue, xTicksToWait)
xQueueGenericSend((xQueue),(pvItemToQueue),(xTicksTowait), queueSEND_TO_BACK)
```

宏函数 xQueueSendToBack() 调用了函数 xQueueGenericSend()，这是向队列写入数据的通用函数，其原型定义如下

```
BaseType_t xQueueGenericSend(QueueHandle_t xQueue, const void * const pvItemToQueue,
TickType_t xTicksToWait,const BaseType_t xCopyPosition)
```

其中，参数 xQueue 是所操作队列的句柄；pvItemToQueue 是需要向队列写入的一个项的数据；xTicksToWait 是阻塞方式等待队列出现空闲单元的节拍数，为 0 时，表示不等待，为常数 portMAX_DELAY 时，表示一直等待，为其他数时，表示等待的节拍数；xCopyPosition 表示写入队列的位置，有如下 3 种常数定义。

```
#define queueSEND_TO_BACK       ((BaseType_t)0)    //写入后端,FIFO 方式
#define queueSEND_TO_FRONT      ((BaseType_t)1)    //写入前端,LIFO 方式
#define queueOVERWRITE          ((BaseType_t)2)    //在队列满时,尾端覆盖
```

向队列前端写入数据（LIFO 方式）时使用函数 xQueueSendToFront()，它也是一个宏函数。在调用函数 xQueueGenericSend() 时，为参数 xCopyPosition 传递值 queueSEND_TO_FRONT，代码如下。

```
#define xQueueSendToFront( xQueue, pvItemToQueue, xTicksToWait)
xQueueGenericSend( ( xQueue ), (pvItemToQueue ), (xTicksToWait ), queueSEND_TO_FRONT)
```

在队列未满时，函数 xQueueSendToBack() 和 xQueueSendToFront() 能正常向队列写入数据，函数返回值均为 pdTRUE；在队列已满时，这两个函数不能再向队列写入数据，函数返回值均为 errQUEUE_FULL。

函数 xQueueOverwrite() 也可以向队列写入数据，但是这个函数只用于队列长度为 1 的队列，在队列已满时，它会覆盖队列原来的数据。xQueueOverwrite() 是一个宏函数，也调用了函数 xQueueGenericSend()，其原型定义如下。

```
#define xQueueOverwrite(xQueue, pvItemToQueue) xQueueGenericSend( ( xQueue ),
(pvItemToQueue ), 0, queueOVERWRITE )
```

3. 从队列读取数据

可以在任务或 ISR 中读取队列的数据，称为接收消息。图 12-20 所示为一个任务从队列读取数据的示意图。读取数据总是从队列首端读取，读出后删除这个单元的数据，如果后面还有未读取的数据，就依次向队列首端移动。

图 12-20　任务从队列读取数据消息

从队列读取数据的函数是 xQueueReceive()，其原型定义如下。

```
BaseType_t xQueueReceive(QueueHandle_t xQueue, void * const pvBuffer, TickType_t xTicksToWait);
```

其中，参数 xQueue 是所操作的队列句柄；pvBuffer 是缓冲区，用于保存从队列读出的数据；xTicksToWait 是阻塞方式等待节拍数，为 0 时，表示不等待，为常数 portMAX_DELAY 时，表示一直等待，为其他数时，表示等待的节拍数。

函数的返回值为 pdTRUE 时，表示从队列成功读取了数据，返回值为 pdFALSE 时，表示读取不成功。

在一个任务中执行函数 xQueueReceive() 时，如果设置了等待节拍数并且队列中没有数据，任务就会转入阻塞状态并等待指定的时间。如果在此等待时间内，队列里有了数据，这个任务就会退出阻塞状态，进入就绪状态，再被调度进入运行状态后，就可以从队列里读取数据了。如果超过了等待时间，队列里还是没有数据，函数 xQueueReceive() 会返回 pdFALSE，任务退出阻塞状态，进入就绪状态。

还有一个函数 xQueuePeek() 也是从队列中读取数据，其功能与函数 xQueueReceive() 类似，只是读出数据后，并不删除队列中的数据。

4. 队列操作相关函数

除了在任务函数中操作队列，用户在 ISR 中也可以操作队列，但是在 ISR 中操作队列必须使用相应的中断级函数，即带有后缀"FromISR"的函数。

FreeRTOS 中队列操作的相关函数如表 12-9 所示，表中仅列出了函数名。要了解这些函数的原型定义，可查看其源代码，也可以查看 FreeRTOS 参考手册中关于每个函数的详细说明。

表 12-9　FreeRTOS 中队列操作的相关函数

功 能 分 组	函 数 名	功 能 描 述
队列管理	xQueueCreate()	动态分配内存方式创建一个队列
	xQueueCreateStatic()	静态分配内存方式创建一个队列
	xQueueReset()	将队列复位为空的状态，丢弃队列内的所有数据
	vQueueDelete()	删除一个队列，也可用于删除一个信号量
获取队列信息	pcQueueGetName()	获取队列的名称，也就是创建队列时设置的队列名称字符串
	vQueueSetQueueNumber()	为队列设置一个编号，这个编号由用户设置并使用

续表

功能分组	函数名	功能描述
获取队列信息	uxQueueGetQueueNumber()	获取队列的编号
	uxQueueSpacesAvailable()	获取队列剩余空间个数，也就是还可以写入的消息个数
	uxQueueMessagesWaiting()	获取队列中等待被读取的消息个数
	uxQueueMessagesWaitingFromISR()	uxQueueMessagesWaiting()的 ISR 版本
	xQueueIsQueueEmptyFromISR()	查询队列是否为空，返回值为 pdTRUE 表示队列为空
	xQueueIsQueueFullFromISR()	查询队列是否已满，返回值为 pdTRUE 表示队列已满
写入消息	xQueueSend()	将一个消息写到队列的后端(FIFO 方式)，这个函数是早期版本
	xQueueSendFromISR()	xQueueSend()的 ISR 版本
	xQueueSendToBack()	与 xQueueSend()功能完全相同，建议使用这个函数
	xQueueSendToBackFromISR()	xQueueSendToBack()的 ISR 版本
	xQueueSendToFront()	将一个消息写到队列的前端(LIFO 方式)
	xQueueSendToFrontFromISR()	xQueueSendToFront()的 ISR 版本
	xQueueOverwrite()	只用于长度为 1 的队列，如果队列已满，会覆盖原来的数据
	xQueueOverwriteFromISR()	xQueueOverwrite()的 ISR 版本
读取消息	xQueueReceive()	从队列中读取一个消息，读出后删除队列中的这个消息
	xQueueReceiveFromISR()	xQueueReceive()的 ISR 版本
	xQueuePeek()	从队列中读取一个消息，读出后不删除队列中的这个消息
	xQueuePeekFromISR()	xQueuePeek()的 ISR 版本

12.8 信号量

队列的功能是将进程间需要传递的数据存在其中，所以在有的 RTOS 系统里，队列也被称为"邮箱"。有时进程间需要传递的只是一个标志，用于进程间同步或对一个共享资源的互斥性访问，这时就可以使用信号量或互斥量。信号量和互斥量的实现都是基于队列的，信号量更适用于进程间同步，互斥量更适用于共享资源的互斥性访问。

信号量和互斥量都可应用于进程间通信，它们都是基于队列的基本数据结构，但是信号量和互斥量又有一些区别。从队列派生出来的信号量和互斥量的分类如图 12-21 所示。

12.8.1 二值信号量

二值信号量是只有一个项的队列，这个队列要么是空的，要么是满的，所以相当于只有 0 和 1 两种值。二值信号量就像一个标志，适用于进程间同步的通信。图 12-22 所示是使用二值信号量在 ISR 和任务之间进行同步的示意图。

图 12-21 从队列派生出来的信号量和互斥量的分类

图 12-22 使用二值信号量在 ISR 和任务之间进行同步的示意图

图 12-22 的工作原理如下。

(1) ADC 中断 ISR 进程负责读取 ADC 转换结果并写入缓冲区，数据处理任务进程负责读取缓冲区的内容并进行处理。

(2) 数据缓冲区是两个任务之间需要进行同步访问的对象，为了简化原理分析，假设数据缓冲区只存储一次转换的结果数据。ADC 中断 ISR 读取 ADC 转换结果后，写入数据缓冲区，并且释放(Give)二值信号量，二值信号量变为有效，表示数据缓冲区中已经存入了新的转换结果数据。

(3) 数据处理任务总是获取(Take)二值信号量。如果二值信号量是无效的，任务就进入阻塞状态等待，可以一直等待，也可以设置等待超时时间。如果二值信号量变为有效的，数据处理任务立刻退出阻塞状态，进入运行状态，之后就可以读取缓冲区的数据并进行处理。

如果不使用二值信号量，而是使用一个自定义标志变量实现以上的同步进程，则任务需要不断地查询标志变量的值，而不是像使用二值信号量那样，可以使任务进入阻塞等待状态。所以，使用二值信号量进行进程间同步的效率更高。

12.8.2 计数信号量

计数信号量是有固定长度的队列，队列的每个项是一个标志。计数信号量通常用于对多个共享资源的访问进行控制，其工作原理可见图 12-23。

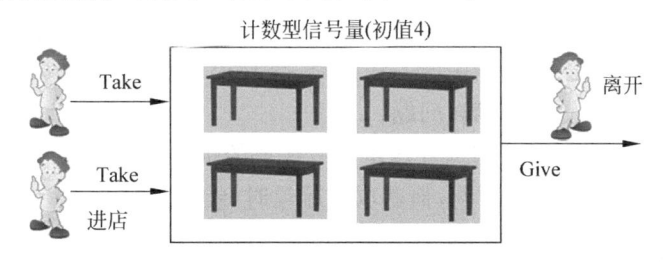

图 12-23 计数信号量的工作原理

(1) 一个计数信号量被创建时设置为初值4,实际上是队列中有4个项,表示可共享访问的4个资源,这个值只是个计数值。可以将这4个资源类比图12-23中一个餐馆里的4张餐桌,客人就是访问资源的ISR或任务。

(2) 当有客人进店时,就是获取(Take)信号量,如果有1个客人进店了(假设1个客人占用1张桌子),计数信号量的值就减1,计数信号量的值变为3,表示还有3张空余桌子。

如果计数信号量的值变为0,表示4张桌子都被占用了,再有客人要进店时就得等待。在任务中申请信号量时,可以设置等待超时时间,在等待时,任务进入阻塞状态。

(3) 如果有1个客人用餐结束离开了,就是释放(Give)信号量,计数信号量的值加1,表示可用资源数量增加了1个,可供其他要进店的人获取。

由计数信号量的工作原理可知,它适用于管理多个共享资源,例如,ADC连续数据采集时,一般使用双缓冲区,就可以使用计数信号量管理。

12.8.3 互斥量

互斥量是针对二值信号量的一种改进。使用二值信号量时,可能会出现优先级翻转的问题,使系统的实时性变差。互斥量引入了优先级继承机制,可以减缓优先级翻转问题,但不能完全消除。

图12-24是互斥量控制互斥型资源访问的示意图,可解释互斥量的工作原理和特点。

图12-24 互斥量控制互斥型资源访问示意图

(1) 两个任务要互斥性地访问串口,也就是在任务A访问串口时,其他任务不能访问串口。

(2) 互斥量相当于管理串口的一把钥匙。一个任务可以获取(Take)互斥量,获取互斥量后,将独占对串口的访问,访问完成后释放(Give)互斥量。

(3) 一个任务获取互斥量后对资源进行访问时,其他想要获取互斥量的进程只能等待。

注意图12-24和图12-23的区别。图12-23是进程间的同步,一个进程只负责释放信号量,另一个进程只负责获取信号量;而图12-24中,一个任务对互斥量既有获取操作,也有释放操作。信号量和互斥量都可以用于图12-23和图12-24的应用场景,但二值信号量更适用于进程间同步,互斥量更适用于控制对互斥型资源的访问。二值信号量没有优先级继承机制,将二值信号量用于互斥型资源的访问时,容易出现优先级翻转问题,而互斥量有优先级继承机制,可以减缓优先级翻转问题。

互斥量不能在ISR中使用,因为互斥量具有任务的优先级继承机制,而ISR不是任务。另外,ISR中不能设置阻塞等待时间,而获取互斥量时,经常是需要等待的。

12.8.4 递归互斥量

递归互斥量是一种特殊的互斥量,可以用于需要递归调用的函数中。一个任务在获取一个互斥量之后,就不能再次获取这个互斥量;而一个任务在获取递归互斥量之后,还可以再次获取这个递归互斥量,但每次获取必须与一次释放配对使用。递归互斥量同样不能在 ISR 中使用。

12.8.5 相关函数概述

信号量和互斥量相关的常量和函数定义都在头文件 semphr.h 中,函数都是宏函数,都是调用文件 queue.c 中的一些函数实现的。这些函数按功能可以划分为 3 组,信号量和互斥量操作相关的函数如表 12-10 所示。

表 12-10 信号量和互斥量操作相关的函数

函 数 名	功 能 描 述
xSemaphoreCreateBinary()	创建二值信号量
xSemaphoreCreateBinaryStatic()	创建二值信号量,静态分配内存
xSemaphoreCreateCounting()	创建计数型信号量
xSemaphoreCreateCountingStatic()	创建计数型信号量,静态分配内存
xSemaphoreCreateMutex()	创建互斥量
xSemaphoreCreateMutexStatic()	创建互斥量,静态分配内存
xSemaphoreCreateRecursiveMutex()	创建递归互斥量
xSemaphoreCreateRecursiveMutexStatic()	创建递归互斥量,静态分配内存
vSemaphoreDelete()	删除这 4 种信号量或互斥量
xSemaphoreGive()	释放二值信号量、计数型信号量、互斥量
xSemaphoreGiveFromISR()	xSemaphoreGive()的 ISR 版本,但不能用于互斥量
xSemaphoreGiveRecursive()	释放递归互斥量
xSemaphoreTake()	获取二值信号量、计数型信号量、互斥量
xSemaphoreTakeFromISR()	xSemaphoreTake()的 ISR 版本,但不用于互斥量
xSemaphoreTakeRecursive()	获取递归互斥量

12.9 FreeRTOS 任务管理应用实例

任务管理应用实例是将任务常用的函数进行一次实验,在正点原子 STM32F407 探索者开发板上进行该实验,目的是学习 FreeRTOS 任务状态与信息查询。

硬件资源及引脚分配如下。

(1) 串口 1(PA9/PA10 引脚连接在板载 USB 转串口芯片 CH340 上)。

(2) 正点原子 4.3 英寸 TFTLCD 模块(MCU 屏,16 位 8080 并口驱动)。

(3) 独立按键 KEY0(PE4)。

实验结果如下。

(1) TFTLCD 模块显示本实验相关信息,如图 12-25 所示。

(2) 按下 KEY0 按键,分步执行函数 uxTaskGetSystemState()的使用、函数 vTaskGetInfo() 的使用、函数 eTaskGetState()的使用、函数 vTaskList()的使用,并通过串口打印相关信息。

FreeRTOS 任务管理 MDK 工程架构如图 12-26 所示。

图 12-25　TFTLCD 模块显示本实验相关信息　图 12-26　FreeRTOS 任务管理 MDK 工程架构

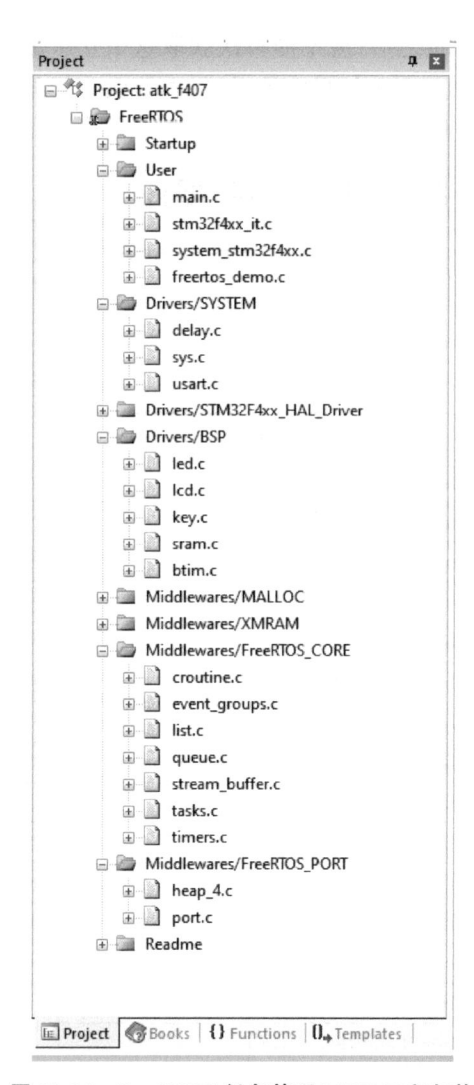

FreeRTOS 任务管理代码清单如下。

1. FreeRTOSConfig.h

```
#ifndef FREERTOS_CONFIG_H
#define FREERTOS_CONFIG_H

/* 头文件 */
#include "./SYSTEM/sys/sys.h"
#include "./SYSTEM/usart/usart.h"
#include <stdint.h>
extern uint32_t SystemCoreClock;
详细源代码请参考电子资源
#endif /* FREERTOS_CONFIG_H */
```

上述代码是 FreeRTOS 的配置文件（FreeRTOSConfig.h），它提供了一系列宏定义，用于定制 FreeRTOS 的行为以适应特定的应用程序需求。配置选项包括任务调度策略、内存管理、中断优先级设置、钩子函数的使用等。

文件 FreeRTOSConfig.h 是 FreeRTOS 应用开发中非常关键的部分,它允许开发者根据具体的应用需求来配置操作系统的行为。通过调整这些配置选项,可以优化系统的性能、响应时间和内存使用等。

2. freertos_demo.c

```c
#include "freertos_demo.h"
#include "./SYSTEM/usart/usart.h"
#include "./BSP/LCD/lcd.h"
#include "./BSP/KEY/key.h"
#include "./MALLOC/malloc.h"
#include "string.h"
/* FreeRTOS *********************************************************
*****/
#include "FreeRTOS.h"
#include "task.h"


/*****************************************************************/
/* FreeRTOS 配置 */

/* START_TASK 任务配置
 * 包括任务句柄、任务优先级、堆栈大小、创建任务
 */
#define START_TASK_PRIO     1                   /* 任务优先级 */
#define START_STK_SIZE      128                 /* 任务堆栈大小 */
TaskHandle_t            StartTask_Handler;      /* 任务句柄 */
void start_task(void *pvParameters);            /* 任务函数 */

/* TASK1 任务配置
 * 包括任务句柄、任务优先级、堆栈大小、创建任务
 */
#define TASK1_PRIO          2                   /* 任务优先级 */
#define TASK1_STK_SIZE      128                 /* 任务堆栈大小 */
TaskHandle_t            Task1Task_Handler;      /* 任务句柄 */
void task1(void *pvParameters);                 /* 任务函数 */

/*****************************************************************
**********/

/*
 * @功能      FreeRTOS 例程入口函数
 * @参数      无
 * @返回值    无
 */
void freertos_demo(void)
{
    lcd_show_string(10, 10, 220, 32, 32, "STM32", RED);
    lcd_show_string(10, 47, 220, 24, 24, "Task Info Query", RED);
    lcd_show_string(10, 76, 220, 16, 16, "ATOM@ALIENTEK", RED);

    xTaskCreate((TaskFunction_t )start_task,        /* 任务函数 */
                (const char *   )"start_task",      /* 任务名称 */
                (uint16_t       )START_STK_SIZE,    /* 任务堆栈大小 */
                (void *         )NULL,              /* 传入给任务函数的参数 */
```

```c
                    (UBaseType_t   )START_TASK_PRIO,          /* 任务优先级 */
                    (TaskHandle_t *)&StartTask_Handler);      /* 任务句柄 */
    vTaskStartScheduler();
}

/**
 * @函数名     start_task
 * @参数      pvParameters : 传入参数(未用到)
 * @返回值    无
 */
void start_task(void * pvParameters)
{
    taskENTER_CRITICAL();                                     /* 进入临界区 */
    /* 创建任务 1 */
    xTaskCreate((TaskFunction_t )task1,
                (const char *   )"task1",
                (uint16_t       )TASK1_STK_SIZE,
                (void *         )NULL,
                (UBaseType_t    )TASK1_PRIO,
                (TaskHandle_t * )&Task1Task_Handler);
    vTaskDelete(StartTask_Handler);                           /* 删除开始任务 */
    taskEXIT_CRITICAL();                                      /* 退出临界区 */
}

/*
 * @函数名     task1
 * @参数      pvParameters : 传入参数(未用到)
 * @返回值    无
 */
void task1(void * pvParameters)
{
    uint32_t            i               = 0;
    UBaseType_t         task_num        = 0;
    TaskStatus_t        *status_array   = NULL;
    TaskHandle_t        task_handle     = NULL;
    TaskStatus_t        *task_info      = NULL;
    eTaskState          task_state      = eInvalid;
    char                *task_state_str = NULL;
    char                *task_info_buf  = NULL;

    /* 第一步:函数 uxTaskGetSystemState()的使用 */
    printf("/********第一步:函数 uxTaskGetSystemState()的使用**********/\r\n");
    task_num = uxTaskGetNumberOfTasks();         /* 获取系统任务数量 */
    status_array = mymalloc(SRAMIN, task_num * sizeof(TaskStatus_t));
    task_num = uxTaskGetSystemState((TaskStatus_t *)status_array,
                                                                /* 任务状态信息 buffer */
                                    (UBaseType_t )task_num,     /* buffer 大小 */
                                    (uint32_t    )NULL);/* 不获取任务运行时间信息 */
    printf("任务名\t\t 优先级\t\t 任务编号\r\n");
    for (i = 0; i < task_num; i++)
    {
        printf("%s\t%s %ld\t\t %ld\r\n",
               status_array[i].pcTaskName,
               strlen(status_array[i].pcTaskName) > 7 ? "" : "\t",
```

```c
                    status_array[i].uxCurrentPriority,
                    status_array[i].xTaskNumber);
    }
    myfree(SRAMIN, status_array);
    printf("/**************************结束**************************/\r
\n");
    printf("按下KEY0键继续!\r\n\r\n\r\n");
    while (key_scan(0) != KEY0_PRES)
    {
        vTaskDelay(10);
    }

    /* 第二步:函数vTaskGetInfo()的使用 */
    printf("/************第二步:函数vTaskGetInfo()的使用**************/\r\n");
    task_info = mymalloc(SRAMIN, sizeof(TaskStatus_t));
    task_handle = xTaskGetHandle("task1");           /* 获取任务句柄 */
    vTaskGetInfo((TaskHandle_t  )task_handle,        /* 任务句柄 */
                 (TaskStatus_t* )task_info,          /* 任务信息buffer */
                 (BaseType_t    )pdTRUE,             /* 允许统计任务堆栈历史最小值 */
                 (eTaskState    )eInvalid);          /* 获取任务运行状态 */
    printf("任务名:\t\t%s\r\n", task_info->pcTaskName);
    printf("任务编号:\t\t%ld\r\n", task_info->xTaskNumber);
    printf("任务状态:\t\t%d\r\n", task_info->eCurrentState);
    printf("任务当前优先级:\t\t%ld\r\n", task_info->uxCurrentPriority);
    printf("任务基优先级:\t\t%ld\r\n", task_info->uxBasePriority);
    printf("任务堆栈基地址:\t\t0x%p\r\n", task_info->pxStackBase);
    printf("任务堆栈历史剩余最小值:\t%d\r\n", task_info->usStackHighWaterMark);
    myfree(SRAMIN, task_info);
    printf("/**************************结束**************************/\r
\n");
    printf("按下KEY0键继续!\r\n\r\n\r\n");
    while (key_scan(0) != KEY0_PRES)
    {
        vTaskDelay(10);
    }
    /* 第三步:函数eTaskGetState()的使用 */
    printf("/************第三步:函数eTaskGetState()的使用*************/\r\n");
    task_state_str = mymalloc(SRAMIN, 10);
    task_handle = xTaskGetHandle("task1");
    task_state = eTaskGetState(task_handle);         /* 获取任务运行状态 */
    sprintf(task_state_str, task_state == eRunning ? "Runing" :
                            task_state == eReady ? "Ready" :
                            task_state == eBlocked ? "Blocked" :
                            task_state == eSuspended ? "Suspended" :
                            task_state == eDeleted ? "Deleted" :
                            task_state == eInvalid ? "Invalid" :
                                                     "");
    printf("任务状态值:%d,对应状态为:%s\r\n", task_state, task_state_str);
    myfree(SRAMIN, task_state_str);
    printf("/**************************结束**************************/\r
\n");
    printf("按下KEY0键继续!\r\n\r\n\r\n");
    while (key_scan(0) != KEY0_PRES)
    {
```

```
        vTaskDelay(10);
    }

    /* 第四步:函数 vTaskList()的使用 */
    printf("/************* 第四步:函数 vTaskList()的使用 ************* /\r\n");
    task_info_buf = mymalloc(SRAMIN, 500);
    vTaskList(task_info_buf);                    /* 获取所有任务的信息 */
    printf("任务名\t\t 状态\t 优先级\t 剩余栈\t 任务序号\r\n");
    printf(" %s\r\n", task_info_buf);
    myfree(SRAMIN, task_info_buf);
    printf("/*********************** 实验结束 ************************/\
r\n");

    while (1)
    {
        vTaskDelay(10);
    }
}
```

这段代码是一个用于演示 FreeRTOS 任务管理和查询功能的实例程序,专为嵌入式系统设计。它使用 STM32 微控制器作为硬件平台,并通过 FreeRTOS 实现多任务处理。程序包含两个主要任务:start_task 和 task1,以及一系列用于展示任务信息查询的步骤。以下是对代码功能的详细说明。

(1) 初始化和任务创建。

显示初始化信息:通过调用函数 lcd_show_string(),程序在 LCD 显示屏上显示初始信息,如"STM32","Task Info Query"和"ATOM@ALIENTEK"等,作为程序的欢迎界面。

start_task 任务创建:使用函数 xTaskCreate()创建了一个名为 start_task 的任务,该任务具有最低的优先级(START_TASK_PRIO 为 1),并分配了 128 字节的堆栈空间(START_STK_SIZE),任务的执行函数是 start_task()。

启动任务调度器:调用函数 vTaskStartScheduler()启动 FreeRTOS 任务调度器,这将使创建的任务开始执行。

(2) start_task 任务。

创建 task1 任务:在 start_task 的执行函数内部,首先通过调用函数 xTaskCreate()创建了另一个任务 task1,具有更高的优先级(TASK1_PRIO 为 2)和同样的堆栈大小,任务的执行函数是 task1。

删除 start_task 任务:创建 task1 任务后,start_task 调用函数 vTaskDelete()自我删除,因为它的主要目的是初始化和启动其他任务。

(3) task1 任务。

在 task1 任务中,演示了如何使用 FreeRTOS 的几个关键 API 来查询和显示系统中任务的信息。

使用函数 uxTaskGetSystemState()获取任务状态:获取系统中所有任务的状态信息,并打印出每个任务的名称、优先级和任务编号。

使用函数 vTaskGetInfo()获取特定任务的详细信息:通过获取 task1 任务自身的句柄,然后调用函数 vTaskGetInfo()来获取并打印任务的详细信息,包括任务名称、编号、状态、优先级等。

使用函数 eTaskGetState()查询任务状态：通过调用函数 eTaskGetState()获取 task1 任务的当前状态，并将状态转换为字符串形式进行显示。

使用函数 vTaskList()获取所有任务的摘要信息：调用函数 vTaskList()将系统中所有任务的摘要信息（包括任务名、状态、优先级、剩余堆栈和任务序号）输出到一个字符串缓冲区中，然后打印这些信息。

（4）循环和资源管理。

内存管理：函数 mymalloc()和 myfree()用于动态分配和释放内存，这些函数可能是对 FreeRTOS 内存管理函数的封装或特定项目的实现。

用户交互：通过检测按键输入(key_scan(0) != KEY0_PRES)来控制程序的流程，等待用户按下特定的按键才继续执行。

持续运行：在 task1 任务的最后，使用函数 vTaskDelay()在一个无限循环中实现延时，这样任务就不会退出，同时允许 CPU 处理其他任务。

整个实例程序展示了 FreeRTOS 在嵌入式系统中的多任务管理和查询功能，通过实际的 API 调用和任务操作，为开发者提供了如何在实际项目中使用 FreeRTOS 的直观理解。

3. Main()函数

```c
#include "./SYSTEM/sys/sys.h"
#include "./SYSTEM/usart/usart.h"
#include "./SYSTEM/delay/delay.h"
#include "./BSP/LED/led.h"
#include "./BSP/LCD/lcd.h"
#include "./BSP/KEY/key.h"
#include "./BSP/SRAM/sram.h"
#include "./MALLOC/malloc.h"
#include "freertos_demo.h"

int main(void)
{
    HAL_Init();                          /* 初始化 HAL 库 */
    sys_stm32_clock_init(336, 8, 2, 7);  /* 设置时钟,168MHz */
    delay_init(168);                     /* 延时初始化 */
    usart_init(115200);                  /* 串口初始化为 115200 */
    led_init();                          /* 初始化 LED */
    lcd_init();                          /* 初始化 LCD */
    key_init();                          /* 初始化按键 */
    sram_init();                         /* SRAM 初始化 */
    my_mem_init(SRAMIN);                 /* 初始化内部 SRAM 内存池 */
    my_mem_init(SRAMEX);                 /* 初始化外部 SRAM 内存池 */
    my_mem_init(SRAMCCM);                /* 初始化内部 CCM 内存池 */

    freertos_demo();                     /* 运行 FreeRTOS 例程 */
}
```

这段代码是一个嵌入式系统项目的主函数（main()函数），它使用了 STM32 微控制器作为硬件平台，并通过 HAL 库进行硬件抽象层的初始化。此外，它还集成了 FreeRTOS 用于管理和调度多个任务。主函数的主要目的是初始化硬件和软件资源，然后运行一个 FreeRTOS 的演示例程。下面是对代码中每个步骤的详细说明。

(1) 硬件初始化和配置。

HAL 库初始化(HAL_Init())：初始化 HAL 库，该库提供了一组标准的 API 来访问 STM32 微控制器的硬件特性，如 GPIO、中断、定时器等。这是进行任何 HAL 库调用之前必须执行的第一步。

时钟设置(sys_stm32_clock_init(336,8,2,7))：通过调用函数 sys_stm32_clock_init() 配置系统时钟。在这个例子中，将系统时钟设置为 168 MHz。函数的参数是针对特定的时钟配置，用于控制 PLL 和其他时钟源的设置。

延时初始化(delay_init(168))：初始化延时功能，参数 168 表示系统时钟频率(MHz)。这个延时功能通常基于系统时钟或定时器实现，用于实现短暂的等待或延迟。

串口初始化(usart_init(115200))：初始化串口通信，设置波特率为 115200。串口通信常用于调试目的，如打印日志信息到 PC 端。

LED 初始化(led_init())：初始化与 LED 相关的 GPIO 引脚，这通常涉及配置 GPIO 为输出模式，并可能初始化为特定状态(如熄灭)。

LCD 初始化(lcd_init())：初始化液晶显示屏(LCD)，配置 LCD 使用的引脚和相关硬件资源，这使得程序可以在 LCD 上显示文本和图形。

按键初始化(key_init())：初始化与按键输入相关的 GPIO 引脚，配置为输入模式。这允许程序检测按键的按下和释放事件。

SRAM 初始化(sram_init())：如果系统中包含外部 SRAM，这一步将初始化与之通信的硬件接口。

(2) 内存管理。

内存池初始化：通过调用函数 my_mem_init()，分别为内部 SRAM(SRAMIN)、外部 SRAM(SRAMEX)和内部 CCM(核心耦合内存，SRAMCCM)初始化内存池。这些内存池用于动态内存分配，支持 FreeRTOS 和其他需要动态分配内存的组件。

(3) 运行 FreeRTOS 例程。

运行 FreeRTOS 演示(freertos_demo())：在完成所有必要的硬件和软件初始化后，调用函数 freertos_demo()开始执行 FreeRTOS 的演示例程。这个函数可能包含了创建和启动任务、配置中断和其他与 FreeRTOS 相关的操作，展示了 FreeRTOS 在实时系统中的使用。

这段代码展示了一个典型的嵌入式系统项目的启动过程，从硬件初始化到操作系统的运行，涵盖了多个关键步骤，为实际的应用程序提供了必要的环境和资源。

下面进行程序调试。

图 12-27 USB 线连接计算机和开发板的 USB 接口

将程序编译好，用 USB 线连接计算机和开发板的 USB 接口(对应丝印为 USB232)，如图 12-27 所示。

用 DAP 仿真器把配套程序下载到正点原子 STM32F407 探索者开发板，在计算机上打开正点原子串口调试助手 ATK XCOM，串口选择 COM7，波特率选择 115200，其他默认，单击"打开串口"按钮，如图 12-28 所示。

然后复位开发板，显示第一步。继续按下开发板上

图 12-28　配置正点原子串口调试助手 ATK XCOM

的 KEY0 按键 3 次,就可以在调试助手中看到串口的打印信息。串口调试助手打印的函数任务执行顺序如图 12-29 所示。

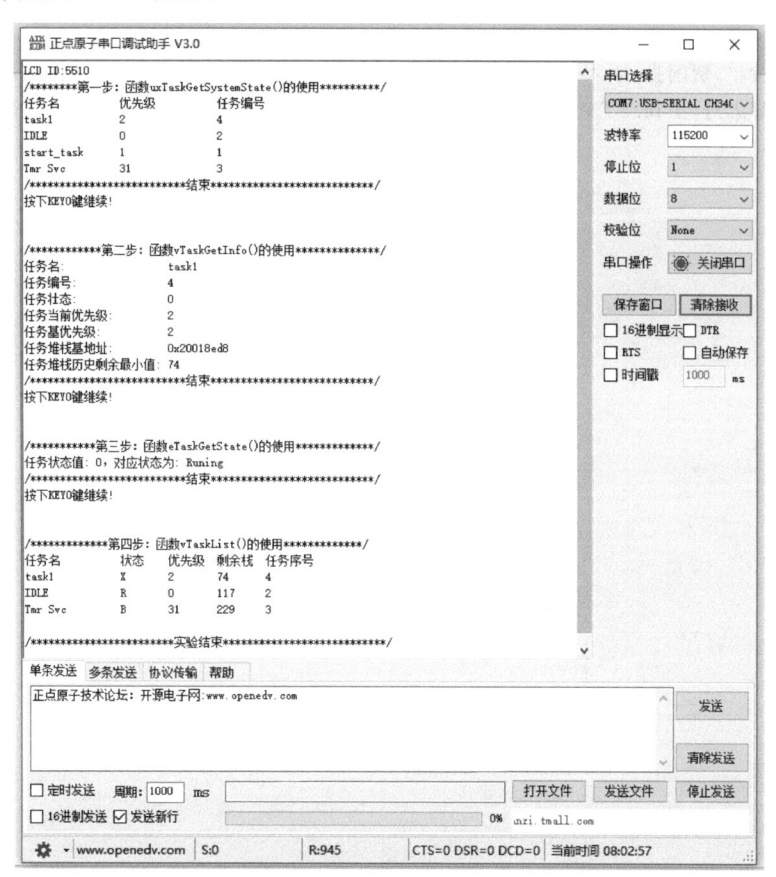

图 12-29　串口调试助手打印的函数任务执行顺序

参 考 文 献

[1] 李正军,李潇然. Arm Cortex-M4 嵌入式系统：基于 STM32Cube 和 HAL 库的编程与开发[M]. 北京：清华大学出版社,2024.
[2] 李正军,李潇然. Arm Cortex-M3 嵌入式系统：基于 STM32Cube 和 HAL 库的编程与开发[M]. 北京：清华大学出版社,2024.
[3] 李正军. Arm 嵌入式系统原理及应用：STM32F103 微控制器架构、编程与开发[M]. 北京：清华大学出版社,2024.
[4] 李正军. Arm 嵌入式系统案例实战：手把手教你掌握 STM32F103 微控制器项目开发[M]. 北京：清华大学出版社,2024.
[5] 李正军. 零基础学电子系统设计[M]. 北京：清华大学出版社,2024.
[6] 李正军. 电子爱好者手册[M]. 北京：清华大学出版社,2025.
[7] 李正军,李潇然. STM32 嵌入式单片机原理与应用[M]. 北京：机械工业出版社,2023.
[8] 李正军,李潇然. STM32 嵌入式系统设计与应用[M]. 北京：机械工业出版社,2023.
[9] 李正军. 计算机控制系统[M]. 4 版. 北京：机械工业出版社,2022.
[10] 李正军. 计算机控制技术[M]. 北京：机械工业出版社,2022.
[11] Yiu J. Arm Cortex-M3 与 Cortex-M4 权威指南[M]. 吴常玉,曹孟娟,王丽红,译. 3 版. 北京：清华大学出版社,2015.
[12] 刘火良,杨森. FreeRTOS 内核实现与应用开发实战指南(基于 STM32)[M]. 北京：机械工业出版社,2021.
[13] 徐灵飞,黄宇,贾国强. 嵌入式系统设计(基于 STM32F4)[M]. 北京：电子工业出版社,2020.
[14] 王维波,鄢志丹,王钊. STM32Cube 高效开发教程(高级篇)[M]. 北京：人民邮电出版社,2022.